高等医药院校药学主要课程复习指南丛书

分析化学复习指南

主　编　温金莲

天津出版传媒集团

天津科技翻译出版有限公司

图书在版编目(CIP)数据

分析化学复习指南 / 温金莲主编 . —天津:天津科技翻译出版有限公司,2014.1 (2021.3重印)
(高等医药院校药学主要课程复习指南丛书)
ISBN 978-7-5433-3311-6

Ⅰ.①分… Ⅱ.①温… Ⅲ.①分析化学－医学院校－教学参考资料 Ⅳ.①O65

中国版本图书馆 CIP 数据核字(2013)第 242522 号

出　　版:天津科技翻译出版有限公司
出 版 人:刘 庆
地　　址:天津市南开区白堤路 244 号
邮政编码:300192
电　　话:022-87894896
传　　真:022-87895650
网　　址:www.tsttpc.com
印　　刷:天津新华印务有限公司
发　　行:全国新华书店
版本记录:787×1092　16 开本　17.5 印张　408 千字
2014 年 1 月第 1 版　2021 年 3 月第 2 次印刷
定价:29.80 元

《高等医药院校药学主要课程复习指南丛书》

编委会名单

《分析化学复习指南》

编者名单

主　编　温金莲

编　者　（按姓名汉语拼音排序）

高金波（佳木斯大学）

郭丽冰（广东药学院）

胡　震（西安交通大学医学院）

龙　宁（广东药学院）

唐　睿（广东药学院）

温金莲（广东药学院）

张珍英（广东药学院）

钟　晨（广东药学院）

周　清（广东药学院）

朱明芳（广东药学院）

前　言

本书是为了帮助广大在校本科生、参加硕士研究生入学考试的考生以及职业药师考试的药学工作者掌握教材的基本知识、基本理论和基本技能，培养学生的科学思维方法和提高学生的理解能力而编写的。编写内容和章节顺序与普通高等教育“十二五”国家级规划教材《分析化学》(供药学类、中药学类专业)基本一致，可用作教学和学习辅助材料及学生考试参考书。

本书分21章和模拟试题，每章内容分内容提要、学习要点、经典习题和知识地图四大部分。第一部分是内容提要，简明扼要地概括本章的基本内容。第二部分是学习要点，主要以提纲、图表方式将药学本科教材《分析化学》中的基本知识、基本内容、基本理论进行高度概括和提炼，突出重点与难点，使复杂问题简单化、抽象问题直观化，进而提高学生们的学习效率，使其在最短的时间内能够较好地掌握分析化学的基本知识、基本内容、基本理论；同时穿插趣味知识，具有浓厚的科学趣味性，可扩大读者的视野，活跃读者的学习气氛。第三部分是经典习题，以全国高等医药院校规划教材本科教学大纲为依据，对相应的知识点出一些典型的习题并附习题答案；习题具有较强的代表性和针对性，并根据各章特点设立题型，包括最佳选择题、配伍选择题、多项选择题、填空题、判断题、问答题、计算题(或综合解析题)，以适应不同程度读者的需求。第四部分是知识地图，把一章的主要内容列于图中，重点内容以“*”标出，帮助学生总结、归纳和记忆。本书后附模拟试题包括两套试题并附试题答案。

参加本书的编写人员有：佳木斯大学高金波、西安交通大学医学院胡震、广东药学院温金莲、郭丽冰、朱明芳、钟晨、唐睿、周清、张珍英、龙宁。参编者都是长期从事分析化学教学及科研工作的骨干教师，具有丰富的教学和科研工作经验。在本书的编写过程中，编者们边教学边写作，认真研究和筛选各类题型。相信本书不仅对广大在校本科生学好《分析化学》有很大的帮助与指导作用，对参加硕士研究生入学考试的考生以及职业药师考试的药学工作者也有很好的帮助。

由于编者水平和时间有限，书中难免存在错误和疏漏，敬请各位读者海涵，恳请各位专家、同仁和读者批评、指正。

编　者

2013年10月

目　录

第一章　绪论

内 容 提 要

本章内容包括：分析化学及其作用；分析化学的发展趋势；分析方法的分类；分析过程和步骤；分析化学的学习方法。

学 习 要 点

1. 分析化学定义　研究物质组成、含量、结构与形态等化学信息的分析方法及相关理论的学科。

2. 分析化学的主要任务　采用各种方法和手段，获取分析数据，确定物质体系的化学组成，测定物质体系有关成分的含量，鉴定物质体系的结构和形态，解决关于物质体系及其性质的问题。

3. 分析化学的方法分类

（1）按任务分类：
- ①定性分析：确定物质体系的组成。
- ②定量分析：测定物质相关成分的含量。
- ③结构分析：确定物质的分子结构或晶体结构。
- ④形态分析：研究物质的价态、结合态、晶态等存在状态及其含量。

（2）按分析对象分类：
- ①无机分析：鉴定试样是由哪些元素、离子、原子团或化合物组成及测定相对含量。
- ②有机分析：进行基团分析及结构分析，测定各组分的相对含量。

（3）按测量原理分类：
- ①化学分析：以物质的化学反应为基础，按化学反应及计量关系进行定性、定量分析。
- ②仪器分析：以物质的物理性质或物理化学性质为基础，通过测量物质的物理或物理化学参数，进行物质的定性、定量及结构分析。

提示

根据分析化学反应的现象和特征鉴定物质的化学成分，称化学定性分析；根据分析化学反应中试样与试剂用量，测定物质中各组分的相对含量，称化学定量分析。化学定量分析又分为滴定分析和重量分析。

化学分析所用仪器简单，结果准确，应用范围广。但只适用于常量分析，且灵敏度较低，分析速度较慢。

在仪器分析中，根据物质的某种物理性质，不经化学反应直接进行定性、定量、结构和形态分析的方法，称物理分析法；根据物质在化学变化中的某种物理性质，进行定性、定量、结构和形态分析的方法，称物理化学分析法。

仪器分析法具有灵敏、快速、准确，应用范围广，发展快的特点。

(4) 按试样用量分类：分为常量分析、半微量分析、微量分析和超微量分析。

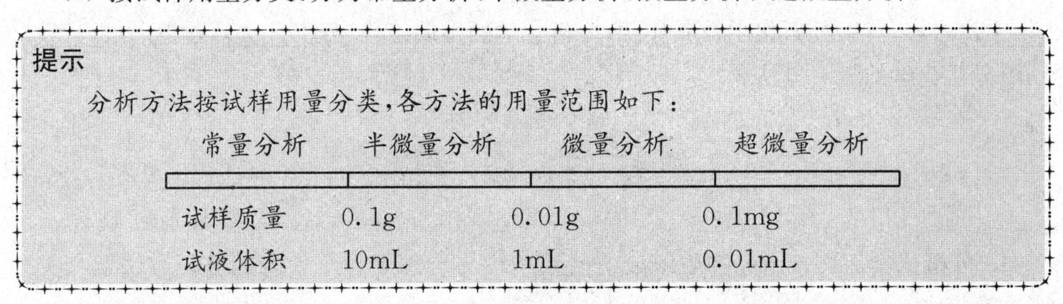

(5) 按试样中被测组分的含量分类：分为常量组分分析、微量组分分析、痕量组分分析。

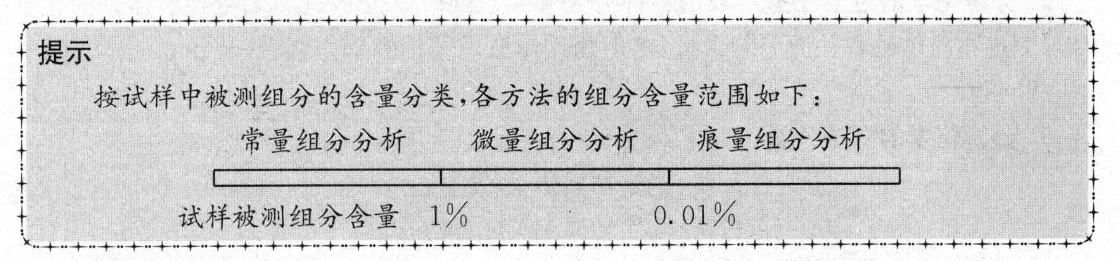

4. 分析过程与步骤

5. 分析化学的学习方法

(1) 掌握各类方法的基本理论、基本概念和基本计算方法及结果的计算与正确表达。

(2) 牢固掌握各种实验技能，操作规范化，仪器测量原理。牢固树立“量”和“定量”的概念。

(3) 学会查阅资料和文献，从中掌握所需的信息。

趣味知识

分析化学的起源可以追溯到古代炼丹、冶金对物质的纯度、成色的判断。由于工业革命纺织、印染、采矿、石油等产业的飞速发展，分析化学获得了前所未有的进步。16世纪，出现第一个使用天平的实验室，分析化学有了科学的内涵。19世纪，分析化学由化学定性手段与定量技术组成，只是一门技术。20世纪以来，分析化学经历三次巨大变革。20世纪初至30年代，建立了溶液四大平衡理论，分析化学成为一门科学。20世纪40～60年代，分析化学从经典分析化学，发展到现代分析化学。从20世纪70年代末开始，生命科学、环境科学、材料科等学科及社会发展对分析化学提出更高要求与挑战。计算机等其他学科的现代理论及技术的发展又为分析化学的发展创造良好条件，丰富了分析化学的内容，使分析化学有了飞速的发展。

经典习题

一、最佳选择题

1. 以物质的化学反应为基础，按化学反应及计量关系进行定性、定量分析的方法称（　　）。

A. 化学分析法　　B. 常量分析法　　C. 仪器分析法

D. 定性分析法　　E. 结构分析法

2. 以物质的物理性质或物理化学性质为基础，通过测量物质的物理或物理化学参数，进行物质的定性、定量及结构分析的方法称（　　）。

A. 化学分析法　　B. 常量分析法　　C. 仪器分析法

D. 定性分析法　　E. 结构分析法

3. 按分析方法的测量原理分类，分析化学分（　　）。

A. 化学分析与仪器分析

B. 常量分析与微量分析

C. 有机分析与无机分析

D. 定性分析与定量分析

E. 常量组分分析与微量组分分析

二、配伍选择题

[1～5]

A. 定性分析　B. 定量分析　C. 结构分析　D. 形态分析　E. 化学分析

试判断下列方法属于

1. 确定物质的分子结构或晶体结构（　　）。
2. 测定物质相关成分的含量（　　）。
3. 研究物质的价态、结合态、晶态等存在状态及其含量（　　）。
4. 确定物质体系的组成（　　）
5. 以物质的化学反应为为基础，按化学反应及计量关系进行定性、定量分析（　　）。

[6～10]

A. 常量分析　B. 常量组分分析　C. 微量组分分析　D. 微量分析　E. 半微量分析

试判断下列方法属于

6. 试样被测组分含量大于1%（　　）。
7. 试样被测组分含量在0.01%～1%（　　）。
8. 试样用量在0.1～10mg（　　）。

9. 试样用量大于 0.1g(　　)。

10. 试样用量大于 10mL(　　)。

[11～15]

A. 微量分析　B. 常量分析　C. 超微量分析　D. 痕量组分分析　E. 半微量分析

试判断下列方法属于

11. 试样被测组分含量小于 0.01%(　　)。

12. 试样用量小于 0.1mg(　　)。

13. 试样用量在 0.01～0.1g(　　)。

14. 试样用量在 1～10mL(　　)。

15. 试样用量在 0.01～1mL(　　)。

三、多项选择题

1. 按测定原理分类,分析化学可分为(　　)。

A. 化学分析法　B. 常量分析法　C. 仪器分析法

D. 定性分析法　E. 结构分析法

2. 按分析任务分类,分析化学可分为(　　)。

A. 定性分析　B. 定量分析　C. 结构分析

D. 形态分析　E. 无机与有机分析

3. 按试样用量分类,分析化学可分为(　　)。

A. 常量分析　B. 常量组分分析　C. 超微量分析

D. 微量分析　E. 半微量分析

4. 按试样中被测组分的含量分类,分析化学可分为(　　)。

A. 常量组分分析　B. 半微量组分分析　C. 微量组分分析

D. 超微量组分分析　E. 痕量组分分析

参考答案

一、最佳选择题

1. A　2. C　3. A

二、配伍选择题

[1～5] CBDAE　[6～10] BCDAA　[11～15] DCEEA

三、多项选择题

1. AC　2. ABCD　3. ACDE　4. ACE

知识地图

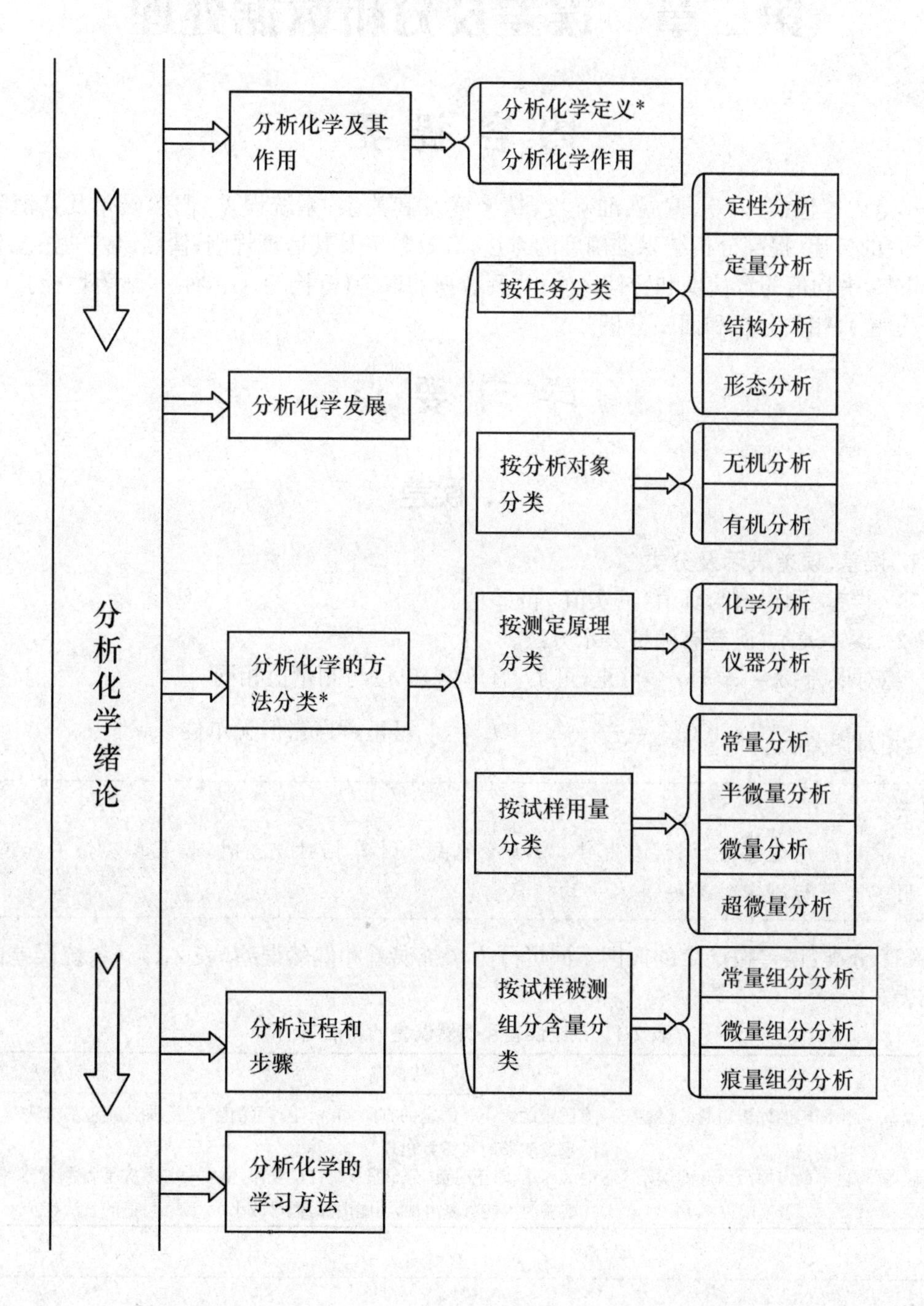

分析化学绪论
分析化学及其作用
分析化学定义*
分析化学作用
分析化学发展
分析化学的方法分类*
按任务分类
定性分析
定量分析
结构分析
形态分析
按分析对象分类
无机分析
有机分析
按测定原理分类
化学分析
仪器分析
按试样用量分类
常量分析
半微量分析
微量分析
超微量分析
按试样被测组分含量分类
常量组分分析
微量组分分析
痕量组分分析
分析过程和步骤
分析化学的学习方法

（温金莲）

第二章　误差及分析数据处理

内 容 提 要

本章内容包括：误差、偏差、准确度、精密度及其关系；系统误差、偶然误差及其消除办法；误差的传递、提高分析结果准确度的方法，有效数字及其运算规则；偶然误差的正态分布与 t 分布，平均值的置信度和置信区间；可疑数据的取舍（Q 检验，G 检验），显著性检验（t 检验，F 检验）；相关分析和回归分析。

学 习 要 点

一、误差

1. 误差、误差表示及分类

(1) 误差：测得值与真值（真实值）的差值。

(2) 误差表示：误差有两种表示方法。

$$\begin{cases} \text{绝对误差：} \delta = x - \mu \quad \text{可正，可负；有单位，单位与测量值相同} \\ \text{相对误差：} \dfrac{\delta}{\mu} \times 100\% = \dfrac{x-\mu}{\mu} \times 100\% \quad \text{可正，可负；但无单位} \end{cases}$$

提示

准确度用误差表示；误差越小，准确度越高。计算相对误差时，如果真实值不知道，可用多次平行测定结果的算术平均值代替。

(3) 分类：误差按产生的原因不同可分为系统误差和偶然误差（表 2-1）。系统误差的种类见表 2-2。

表 2-1　系统误差和偶然误差的特点与消除

名　称	定　义	特　点	消除办法
系统误差	由固定的原因引起的误差	有固定的大小和固定的方向（单相性）；可消除，重复实验时可重复出现	加校正值的方法
偶然误差	由不确定原因引起的误差	时大时小，时正时负，分布服从统计学规律，重复实验时不能重复出现，不能消除，但可减小	多次平行测量求平均值的方法

提示

有时系统误差和偶然误差没有严格的界限，无法分辨，在确定是系统误差还是偶然误差时，要以主要因素为主。

表 2-2　系统误差的分类

名　称	定　义	举　例
方法误差	由于不当的实验设计或方法选择所引起的误差	重量分析时,被测离子沉淀不完全 滴定时,指示剂的变色范围不在滴定突跃范围之内变色
仪器误差	由于实验仪器不准确使测量数据不正确引起的误差	使用未校准的仪器,使测定结果不准确 由于分析天平不等臂,使称量质量不正确
试剂误差	由于实验试剂不纯或不合格使测量结果不正确引起的误差	基准物质中含有杂质 蒸馏水或去离子水不合格
操作误差	由于操作者的主观原因在实验过程中所作的不正确的判断引起的误差	操作者对滴定终点颜色的确定偏深或偏浅

2. 误差的传递规律　见表 2-3。

表 2-3　误差的传递规律

	运算式	$R=x+y-z$	$R=\frac{x\cdot y}{z}$
系统误差		$\delta_R=\delta_x+\delta_y-\delta_z$	$\frac{\delta_R}{R}=\frac{\delta_x}{x}+\frac{\delta_y}{y}-\frac{\delta_z}{z}$
偶然误差	极差误差法	$\lvert\Delta R\rvert=\lvert\Delta x\rvert+\lvert\Delta y\rvert+\lvert\Delta z\rvert$	$\frac{\lvert\Delta R\rvert}{R}=\frac{\lvert\Delta x\rvert}{x}+\frac{\lvert\Delta y\rvert}{y}+\frac{\lvert\Delta z\rvert}{z}$
	标准偏差法	$S_R^2=S_x^2+S_y^2+S_z^2$	$\left(\frac{S_R}{R}\right)^2=\left(\frac{S_x}{x}\right)^2+\left(\frac{S_y}{y}\right)^2+\left(\frac{S_z}{z}\right)^2$

提示

极差误差法是一种不乐观的估计方法,认为各步骤测量值的误差既是最大的,又是叠加的。

二、偏差

1. 偏差　指测量值与测量值的平均值的差值。

2. 偏差的表示与特点　见表 2-4。

表 2-4　偏差的表示与特点

名　称	计算公式	大小单位	特　点
绝对偏差	$d_i=x_i-\overline{x}$	可正,可负;有单位(与测量值的单位相同)	有几个测量值,就存在几个绝对偏差
平均偏差	$\overline{d}=\frac{\sum_{i=1}^{n}\lvert d_i\rvert}{n}=\frac{\sum_{i=1}^{n}\lvert x_i-\overline{x}\rvert}{n}$	均为正值,有单位(与测量值的单位相同)	无论有几个测量值只有一个平均偏差
相对平均偏差	$\overline{d}_r=\frac{\overline{d}}{\overline{x}}\times 100\%$	均为正值,无单位	同上

(待续)

（续表）

名　称	计算公式	大小单位	特　点
标准偏差	$S=\sqrt{\frac{\sum_{i=1}^{n} d_i^2}{n-1}}=\sqrt{\frac{\sum_{i=1}^{n}(x_i-\overline{x})^2}{n-1}}$	均为正值，有单位（与测量值的单位相同）	只有一个值，能突出较大偏差对结果影响的绝对程度
相对标准偏差	$RSD(\%)=\frac{S}{x}\times 100\%$	均为正值，无单位	能突出大偏差对结果影响的相对程度

三、准确度与精密度的关系

准确度与精密度的关系见表 2-5。

表 2-5　准确度、精密度以及两者的关系

	准确度	精密度
概念	指测量值与真实值相接近的程度	指测量值之间相互接近的程度
表示方法	用误差表示	用偏差表示
代表	分析结果的正确性	分析结果的重现性
准确度与精密度的关系	精密度高是保证准确度高的先决条件，精密度差时所得的结果是不可靠的；精密度高不能保证准确度高，因为存在系统误差；只有精密度和准确度都高的测量值才是可靠的。准确度高，要求精密度一定高；但精密度好，准确度不一定高；准确度反映了测量结果的正确性，精密度反映了测量结果的重现性	
重复性	在同样操作条件下，在较短时间间隔内，由同一分析人员对同一试样测定所得结果的接近程度	
中间精密度	在同一实验室内，由于某些试验条件改变，如时间、分析人员和仪器设备等对同一试样测定结果的接近程度	
重现性	在不同实验室之间，由于不同分析人员对同一试样测定结果的接近程度	

四、提高分析结果准确度的方法

方法
- 选择恰当的分析方法
  - 常用组分选用化学分析方法
  - 微量或痕量组分选用仪器分析方法
- 减小测量误差——根据仪器的精密度，控制误差在规定的范围内
- 减小偶然误差——增加平行试验次数
- 消除系统误差
  - 与经典方法进行比较
  - 校准仪器
  - 对照试验
  - 回收试验
  - 空白试验

消除系统误差的操作方法参见表 2-6。

表 2-6 消除系统误差的操作方法

试验名称	操作方法	说明
对照试验	用已知含量(标准值)的标准试样,按所选的测定方法,以相同的实验条件和步骤进行分析的方法	该方法是检查分析过程中有无系统误差的最有效方法。可通过测得结果与标准值比较可知
回收试验	在几份相同的试样中加入适量不同量的被测组分的纯品或标准品,以相同试验条件和步骤进行测定,计算回收率	回收率越接近 100%,系统误差越小,准确度越高,用于检查方法带来的误差
空白试验	在不加试样的情况下,按测定试样相同的条件和步骤进行的分析实验	可直接测定出容器、试剂、溶剂的误差。此空白值不能很大
与经典方法比较	将所建立的方法与公认经典方法对同一试样进行测量并比较	可判断所建立方法的可行性

提示

(1) 用增加平行实验的次数来减免偶然误差的方法是在消除系统误差的前提下进行的。

(2) 计算回收率的公式:

$$回收率(\%)=\frac{加入纯品后的测量值-加入前的测量值}{纯品加入量}\times 100\%$$

回收率越接近 100%,系统误差越小,准确度越高,检查方法误差。

(3) 在化学分析试验中,测量误差的减免是在相对误差$\leqslant 0.1\%$前提下,用分析天平称量物质的质量时,$m\geqslant 0.2$g;用滴定管移取溶液时,$V\geqslant 20$mL。

五、有效数字

1. 定义 是指在分析工作中实际上能测量得到的、有实际意义的数字。

2. 记录原则 只允许最后一位是欠准的数字,其误差是末位数的±1 个单位。

3. 有效数字的位数确定

- 1～9 每一个数字都是一位有效数字
- "0"
  - 数字前面的"0":都不是有效数字
  - 数字中间的"0":都是有效数字
- 数字后面的"0"
  - 数字为小数时:都是有效数字
  - 数字为整数时:不确定

提示

有效数字的位数确定的几种特殊情况

(1) 对数情况:取决于小数部分的数字的位数,如 pH、pK_a 等。

(2) 非测定值:有无穷多位,如反应系数 3、1/2,换算系数 1000 等。

(3) 常数:在计算时要几位取几位,如 π、e 等。

4. 有效数字的修约规则为"四舍,六入,五成双"

修约规则歌:
- 四舍六入五考虑,五后非零皆进一;
- 五后皆零看前面,五前为奇则进一;
- 五前为偶则舍弃,分次修约不可以;
- 为使计算更准确,中途多留一位数;
- 误差修约要注意,切莫用它来修约;
- 修约误差需遵守,余数非零均进一。

举例 1:0.37456,0.37450,0.37350 修约至三位有效数字为 0.375,0.374,0.374。

提示

误差、标准偏差的修约:非零则进一。

举例 2:$S=0.3714$,修约为两位有效数字为 $S=0.38$。

5. 有效数字的计算规则 见表 2-7。

表 2-7 有效数字的计算规则

名 称	计算规则	举 例
加减法	和或差有效数字位数的保留,应以小数点后有效数字位数最少的那个数据为依据	如:0.8943−0.001+ 0.27=1.16 因 0.27 小数点后位数最少
乘除法	积或商有效数字位数的保留,决定于相对误差最大的那个数据	如:0.121×25.64×1.0587=3.28 因 0.121 有效数字最少

提示

在计算过程中,首位数为 8 或 9 的数据多记一位有效数字。

六、偶然误差的正态分布与 t 分布

1. 正态分布和 t 分布 见表 2-8。

表 2-8 偶然误差的分布

分 布	适用条件	变 量	方 程	分布规律
正态分布	无穷测量次数	$u=\frac{x-\mu}{\sigma}$	$y=\phi(u)=\frac{1}{\sqrt{2\pi}}e^{-\frac{1}{2}u^2}$	大误差出现的概率小,小误差出现的概率大,绝对值相等的正负误差出现的概率几乎相等
t 分布	有限测量次数	$t=\frac{x-\mu}{S}$	$y=\phi(t)=\frac{1}{\sqrt{2\pi}}e^{-\frac{1}{2}t^2}$	

2. 正态分布和 t 分布曲线　见图 2-1,图 2-2。

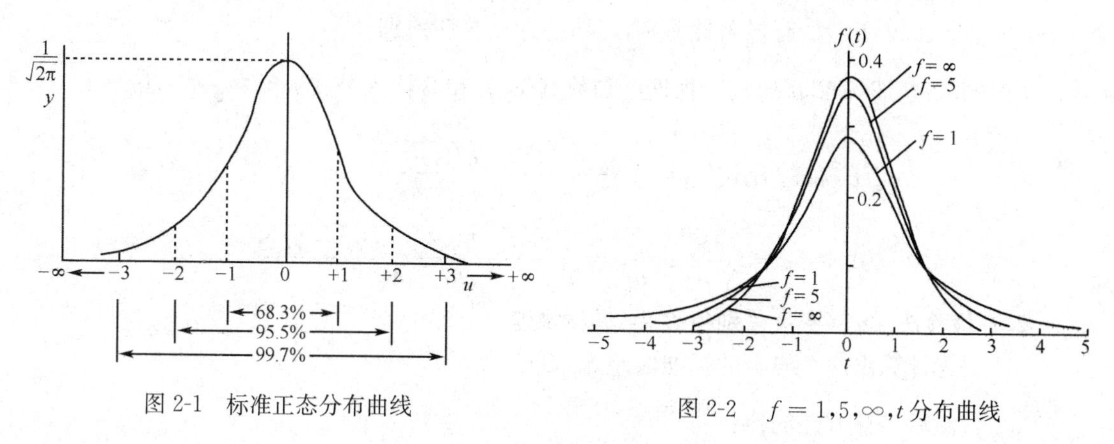

图 2-1　标准正态分布曲线

图 2-2　$f=1,5,\infty$,t 分布曲线

七、平均值的置信度和置信区间

1. 置信度与置信区间

根据:$u=\dfrac{x-\mu}{\sigma}$　$\Rightarrow$　$\mu=x\pm u\sigma$,$\pm u\sigma$ 为置信限。$x\pm u\sigma$ 为置信区间。

置信区间表示:在 P 一定时,以 x 为中心,包括 μ 在内的可信范围(即真值出现的范围)。

两者的关系:置信度不变时,$n\uparrow$,置信区间$\downarrow$;n 不变时,$P\uparrow$,置信区间$\uparrow$。

2. 平均值的精密度

用平均值的标准偏差 $S_{\bar{x}}$ 表示:$S_{\bar{x}}=S/\sqrt{n}$

讨论:$n\uparrow\Rightarrow S_{\bar{x}}\downarrow$,结果越准确。但在 $n>5$ 后变化趋缓,而当 $n>10$ 后,变化甚微。所以一般分析 3~5 次,要求较高的分析一般为 5~9 次即可满足要求。

3. 平均值的置信区间

(1) 点估计:$\bar{x}=\mu$　　不可靠

(2) 用 $\bar{x}$ 估计:
- $\mu=\bar{x}+u\sigma/\sqrt{n}\Rightarrow$多次测定
- $\mu=\bar{x}\pm tS/\sqrt{n}\Rightarrow$少量测定

八、显著性检验

显著性检验
- (1) t 检验法
- (2) F 检验法

提示

大于或小于为单侧;一般为双侧。

1. t 检验法 $\Rightarrow$ 检测有无系统误差 $\Rightarrow$ 准确度

步骤:①求 t 值;

②查表中的 $t_{\alpha,f}$ 值；

③比较：$t>t_{\alpha,f}$ 有显著性差别，$t<t_{\alpha,f}$ 无显著性差别。

t 值的求法：① $\overline{x}$ 和 μ 比较　根据已知数据 $\overline{x}$、μ 和 S 代入公式 $t=\dfrac{\overline{x}-\mu}{S}\cdot\sqrt{n}$

② $\overline{x}_1$ 和 $\overline{x}_2$ 比较　$t=\dfrac{|\overline{x}_1-\overline{x}_2|}{S_R}\cdot\sqrt{\dfrac{n_1\times n_2}{n_1+n_2}}$

式中 $S_R=\sqrt{\dfrac{S_1^2}{n_1}+\dfrac{S_2^2}{n_2}}=\sqrt{\dfrac{(n_1-1)S_1^2+(n_2-1)S_2^2}{n_1+n_2-2}}$

2. *F* 检验法 ⇒ 精密度差别检验 ⇒ 偶然误差

步骤：
- 先计算出两个样本的标准偏差 S_1、S_2
- 然后计算方差的比：$F_{计}=S_{大}^2/S_{小}^2$
- 比较：
  - 若 $F_{计}<F_{表}$，两组数据的精密度无显著性差异
  - 若 $F_{计}>F_{表}$，两组数据的精密度有显著性差异

九、可疑数据的取舍

可疑数据的取舍（用来检验可疑值是否为过失误差）：
- Q 检验法
- G 检验法
- $3d$ 检验法

1. *Q*-检验法　Q-检验法适用于 3～10 次测定，且只有一个可疑数据。

步骤：
- 从小到大进行排列：x_1、x_2、x_3、…… x_n
- 计算：$x_{最大}-x_{最小}$
- 计算：$x_{可疑}-x_{邻近}$
- 计算舍弃商：$Q=\dfrac{|x_{可疑}-x_{邻近}|}{x_{最大}-x_{最小}}$
- 比较：
  - $Q>Q_{表}$，可疑值应舍弃
  - $Q<Q_{表}$，可疑值应保留

2. *G* 检验法（Grubbs 法）

步骤：
- 计算 $\overline{x}$（包括可疑值 x_1、x_n 在内）、$|x_{可疑}-\overline{x}|$ 及 S
- 计算 G：　$G=\dfrac{|\overline{x}-x_{可疑}|}{S}$
- 比较：
  - $G>G_{表}$，可疑值应舍弃
  - $G<G_{表}$，可疑值应保留

检验顺序：可疑值检查→精密度检验→显著性检验

提示

在实际处理数据的过程中，应先用 Q 检验或 G 检验判断可疑值是否可以舍弃，然后再进行 F 检验，当检验精密度无显著性差异时，最后进行 t 检验。

十、相关分析和回归分析

1. 相关分析　相关系数 γ：衡量两个变量间相关性的参数。

$$\gamma=\frac{\sum_{i=1}^{n}(x_i-\overline{x})(y_i-\overline{y})}{\sqrt{\sum_{i=1}^{n}(x_i-\overline{x})^2\cdot\sum_{i=1}^{n}(y_i-\overline{y})^2}}$$

特点：γ 的范围是 $0\sim\pm1$。$\gamma=\pm1$ 时，点都在一条直线上；$\gamma=0$ 时，杂乱无章⇒非线性关系。

$\gamma>0$⇒正相关，$\gamma<0$⇒负相关。

通常在回归分析中，$0.90<\gamma<0.95$ 表示一条平滑的直线；$0.95<\gamma<0.99$ 表示一条良好的直线；$\gamma>0.99$ 表示线性关系很好。

2. 回归分析⇒求线性方程　$y=a+bx$

方法：最小二乘法

求得结果：$a=\dfrac{\sum_{i=1}^{n}y_i-b\sum_{i=n}^{n}x_i}{n}$ 及 $b=\dfrac{n\sum_{i=1}^{n}x_i\cdot y_i-\sum_{i=1}^{n}x_i\cdot\sum_{i=1}^{n}y_i}{n\sum_{i=1}^{n}x_i^2-(\sum_{i=1}^{n}x_i)^2}$

经典习题

一、最佳选择题

1. 偶然误差具有（　　）。

A. 可测性　　B. 重复性　　C. 非单向性

D. 可校正性　　F. 可消除性

2. 在进行样品称量时，由于汽车经过天平室附近引起天平震动是属（　　）。

A. 系统误差　　B. 偶然误差　　C. 过失误差

D. 操作误差　　E. 方法误差

3. 从精密度好就可判断分析结果准确度的前提是（　　）。

A. 偶然误差小　　B. 系统误差大　　C. 相对偏差大

D. 系统误差小　　E. 绝对偏差大

4. 如果要求分析结果达到 0.1%的准确度，使用滴定管测量标准溶液的体积值时，至少应消耗（　　）。

A. 10mL　　B. 20mL　　C. 30mL

D. 40mL　　E. 50mL

5. 如果要求分析结果达到 0.1%的准确度，使用分析天平称量被分析的样品或基准物质时，至少应称量（　　）。

A. 0.2g　　B. 0.02g　　C. 0.1g

D. 0.01g　　E. 2.0g

6. 对某试样进行多次平行测定，获得其中硫的平均含量为 3.25%，则其中某个测定值（如 3.15%）与此平均值之差为该次测定结果的（　　）。

A. 绝对偏差　　B. 相对偏差　　C. 绝对误差

D. 相对误差　　E. 标准偏差

7. 下列叙述正确的是(　　)。

A. 精密度高,准确度也一定高

B. 准确度指测量值与平均值接近的程度

C. 精密度指多次测定结果之间的一致程度

D. 精密度高,系统误差一定小

E. 准确度高,不要求精密度也要高。

8. 在滴定分析中,导致系统误差出现的是(　　)。

A. 试样未经充分混匀　　B. 滴定管的读数读错

C. 滴定时有液滴溅出　　D. 砝码未经校正

E. 终点颜色判断不正确

9. 关于提高分析准确度的方法,以下描述正确的是(　　)。

A. 增加平行实验次数,可以减小系统误差

B. 做空白实验可以估算出试剂不纯等因素带来的误差

C. 回收实验可以判断分析过程是否存在偶然误差

D. 通过对仪器进行校正减免偶然误差

E. 通过对照试验可以判断分析过程是否存偶然误差

10. 在不加样品的情况下,用测定样品同样的方法、步骤,对空白样品进行定量分析,称之为(　　)。

A. 对照试验　　B. 空白试验　　C. 平行试验

D. 预试验　　E. 回收试验

11. 公式 $\mu=\overline{x}\pm\frac{tS}{\sqrt{n}}$ 可用于估计(　　)。

A. 标准偏差的大小

B. 置信度的大小

C. 指定置信度下置信区间的大小

D. 相对误差的大小

E. 偏差的大小

12. 据分析结果求得置信度为95%时,平均值的置信区间是(28.05±0.13)%,意指(　　)。

A. 在28.05±0.13区间内包括总体平均值 μ 的把握有95%

B. 未来测定的实验平均值,有95%落入28.05±0.13区间中

C. 有95%的把握,总体平均值 μ 在28.05±0.13区间之外

D. 已测定数据中,有95%落入28.05±0.13区间中

E. 有5%的把握,总体平均值 μ 在28.05±0.13区间之内

13. 分析工作中实际能够测量到的数字称为(　　)。

A. 精密数字　　B. 准确数字　　C. 可靠数字

D. 有效数字　　E. 可疑数字

14. 测定试样中CaO的质量分数,称取试样0.9080g,滴定耗去EDTA标准溶液20.50mL,以下结果表示正确的是(　　)。

A. 10%　　B. 10.1%　　C. 10.08%

D. 10.077%　　E. 10.0779%

15. 下列叙述正确的是(　　)。

A. 溶液 pH=11.32,读数有四位有效数字

B. 0.0150g 试样的质量有 4 位有效数字

C. 测量数据的最后一位数字不是准确值,其他都是准确值

D. 从 50mL 滴定管中,可以准确放出 5.000mL 标准溶液

E. 0.42457 修约为 3 位有效数字为 0.425

16. 测定矿石试样中铁的百分含量,结果为:11.53%、11.51%及 11.55%。如果第 4 个测定结果不被 Q 检验(置信度为 90%) 所舍弃其最高值和最低值应是(　　)。(已知 $n=4$,$Q_{0.90}=0.76$)

A. 11.53%,11.51%　　B. 11.51%,11.55%　　C. 11.67%,11.38%

D. 11.76%,11.44%　　E. 11.76%,11.51%

17. 两组数据进行显著性检验的基本步骤是(　　)。

A. 可疑数据的取舍→准确度检验→精密度检验

B. 可疑数据的取舍→精密度检验→准确度检验

C. 精密度检验→可疑数据的取舍→准确度检验

D. 精密度检验→准确度检验→可疑数据的取舍

E. A、B、C、D 都正确

二、配伍选择题

[1～6]

A. 正误差　　B. 负误差　　C. 无影响　　D. 不确定

判断下列情况可产生

1. 以标准溶液直接滴定某一样品,因滴定管未洗净,滴定时管内壁挂有液滴(　　)。

2. 以 $K_2Cr_2O_7$ 为基准物,用碘量法标定 $Na_2S_2O_3$ 溶液的浓度时,滴定速度过快,并过早读出滴定管的读数(　　)。

3. 标定标准溶液的基准物,在称量时吸潮了(　　)。

4. 配制标准溶液时,溶液未摇匀(　　)。

5. 基准物硼砂中的部分结晶水失去,用此标定盐酸溶液的浓度时(　　)。

6. 在用基准物质标定标准溶液时,锥形瓶没有烘干(　　)。

[7～12]

A. 方法误差　　B. 仪器误差　　C. 试剂误差　　D. 操作误差　　E. 偶然误差

请指出下列情况可产生

7. 砝码受到腐蚀(　　)。

8. 蒸馏水中含有被测定的离子(　　)。

9. 指示剂的变色点与计量点不一致(　　)。

10. 读取滴定管的读数时,最后一位数字估计不准(　　)。

11. 某人在观察酚酞指示剂的颜色时,总是颜色偏重(　　)。

12. 容量瓶与移液管不配套(　　)。

[13～18]

A. 一位　　B. 二位　　C. 三位　　D. 四位

E. 五位　　F. 六位　　G. 不确定

下列各数据有效数字的位数是

13. $\pi=3.14159$(　　)。

14. pH=12.08(　　)。

15. $1.01\times10^{-8.0}$(　　)。

16. V_{NaON}=25.70mL(　　)。

17. x=2.0700(　　)。

18. 1000(　　)。

[19～21]

A. Q或G检验法　B. t检验法　C. u检验法　D. F检验法

请选择用哪种检验方法进行检验是正确的

19. 有一组测量值,其总体标准偏差σ为未知,要判断得到这组数据的分析方法是否可靠(　　)。

20. 有一组平行测定所得的分析数据,要判断其中是否有异常值,应采用(　　)。

21. 要判断两人分析得到的两组数据间精密度有无显著性差异(　　)。

三、多项选择题

1. 下列有关随机误差的论述中正确的是(　　)。
   A. 随机误差具有单向性
   B. 随机误差是由一些不确定的偶然因素造成的
   C. 随机误差在分析中是不可避免的
   D. 绝对值等同的正、负随机误差出现的概率均等
   E. 增加平行测定次数可减小随机误差

2. 在下述方法中,减免或检查分析测定中系统误差的是(　　)。
   A. 进行对照试验　B. 增加测定次数　C. 做空白试验
   D. 校准仪器　E. 做回收试验

3. 下列定义中正确的是(　　)。
   A. 绝对误差是测量值与真实值之间的差
   B. 相对误差是绝对误差在真实值中所占百分比的分数
   C. 偏差是指测量值与各次测量结果的平均值之差
   D. 总体平均值就是真值
   E. 重复性是在不同实验室之间,由于不同分析人员对同一试样测定结果的接近程度

4. 在分析测定中下列哪些是错误的(　　)。
   A. 用50mL量筒,可以准确量出15.00mL
   B. 从50mL滴定管中,可以准确放出15.00mL标准溶液
   C. 在测量中,测量数据的最后一位数字不是准确值
   D. 感量为±0.1mg的分析天平,称量的质量总是四位的有效数字
   E. 配制稀HCl标准溶液要用量杯量浓HCl,于容量瓶中定容

5. 关于准确度和精密度关系不正确的是(　　)。
   A. 精密度高,准确度一定也高
   B. 准确度高,要求精密度也高
   C. 精密度高,是保证准确度高的先决条件
   D. 准确度高,是保证精密度高的先决条件
   E. 两者没有关系

6. 下列表述中正确的是(　　)。
   A. 置信水平越高,测定的可靠性越高
   B. 置信水平越高,置信区间越宽
   C. 置信区间的大小与测定次数的平方根成反比
   D. 置信区间的位置取决于测定的平均值

E. 当测量次数一定时，置信水平越高，置信区间越宽

7. 系统误差是由固定原因引起的，主要包括(　　)。

A. 仪器误差　　B. 方法误差　　C. 试剂误差

D. 操作误差　　E. 过失误差

四、问答题

1. 在置信度为95%时，欲使平均值的置信区间不超过±S，问至少要平行测定几次？

n	4	5	6	7
$t_{0.05}$	3.18	2.78	2.57	2.45

2. 测定某标准溶液的浓度时，其3次平行测定的结果分别为0.1023mol/L、0.1020mol/L和0.1024mol/L。如果第4次测定结果不为Q检验法($n=4$时，$Q_{0.90}=0.76$)所弃去，其最高值应为多少？(单位：mol/L)

3. 甲、乙两人同时分析血清中的磷时，每次取样0.25mL，分析结果分别报告为：甲：0.63mmol/L；乙：0.6278mmol/L。试问哪一份报告是合理的？为什么？

4. 为何标准偏差能更好地衡量一组数据的精密程度？

5. 在置信度相同的条件下，置信区间是大一点好还是小一点好？为什么？

五、计算题

1. 计算下列各式的结果

(1) $7.9936+8.56-3.258$

(2) $0.2358\times25.86\times105.996\div35.45$

(3) $\dfrac{7.63+0.247\times25.39-8.45\times1.7506\times10^{-4}}{35.451+58.47}$

(4) pH=4.06，换算成$[H^+]$=？

2. 测定某一试样中的Fe_2O_3的百分含量时得到的数据如下(已消除了系统误差)：12.44、12.32、12.45、12.52、12.85、12.38。设置信度为95%，①根据Q检验法判断有无可舍数据；②算术平均值；③平均偏差($\overline{d}$)；④标准偏差；⑤平均值的置信区间。

3. A、B两同学对同一试样中的铁含量进行分析得到的结果如下：

A：20.48%，20.55%，20.58%，20.60%，20.53%，20.50%

B：20.44%，20.64%，20.56%，20.70%，20.38%，20.52%

若已知试样中的铁的标准含量为20.45%。计算A、B两同学测出的平均值的绝对误差和相对误差(以%表示)，哪个结果准确度较高？两者的精密度的大小如何，说明什么问题？

4. 为提高分光光度法测定微量金属铷的灵敏度，选用了一种新的显色剂。设同一被测试液用旧显色剂显色时测定4次，吸光度为0.290、0.283、0.285、0.286；用新显色剂显色时测定6次，吸光度为0.322、0.328、0.325、0.301、0.330、0.327。试用置信度95%判断：①有无逸出值($n=4$，$Q_{0.95}=0.85$；$n=5$，$Q_{0.95}=0.73$；$n=6$，$Q_{0.95}=0.64$)，②谁的精密度好，③两者的精密度是否有显著性差异($F_{0.05,5,2}=19.30$，$F_{0.05,5,3}=9.01$，$F_{0.05,4,3}=9.12$)，④新的显色剂与旧显色剂测定铷的灵敏度是否有显著性提高。

5. 某试样中含MgO约30%，用重量法测定其含量时，Fe^{3+}产生共沉淀，设试液中的Fe^{3+}有1%进入沉淀。若要求测定结果的相对误差小于0.1%，求试样中Fe_2O_3允许的最高质量分数为多少？(已知$M_{Fe}=55.85$，$M_{Fe_2O_3}=159.7$)

6. 经过无数次分析(假定已消除了系统误差)测得某药物中阿司匹林的含量为78.60%，其标准偏差σ为0.10%，试求测定值落在78.40%～78.80%的概率为多少？

7. 已知测定某元素的原子量时，经过无数次的测定得原子量为10.82，标准偏差是0.12。若该结果分别是测定1次、4次、9次得出。计算置信度为95%时的平均值的置信区间。上述结果说明什么问题。(置信度为95%时，$u=1.96$)

参考答案

一、最佳选择题

1.C 2.B 3.D 4.B 5.A 6.A 7.C 8.D 9.B 10.B 11.C 12.A 13.D 14.C 15.C 16.C 17.B

二、配伍选择题

[1～6] ABADBC [7～12] BCAEDB [13～18] GBCDEG [19～21] BAD

三、多项选择题

1.BCDE 2.ACDE 3.ABC 4.ADE 5.ADE 6.BCDE 7.ABCD

四、问答题

1. 答：本题是在总体标准偏差未知，已知样本的标准偏差来计算平均值的置信区间为$\bar{x}\pm S$时，应测定的次数。所以用t分布。

由公式$\mu=\bar{x}\pm t_{\alpha,f}\cdot S/\sqrt{n}$，根据题意知$\pm t_{\alpha,f}/\sqrt{n}\leqslant 1$，由分布表中提供的数据

$n=6$时，$t_{0.05,5}=2.57$，$\pm 2.57/\sqrt{6}=\pm 1.05>1$

$n=7$时，$t_{0.05,6}=2.45$，$\pm 2.45/\sqrt{7}=\pm 0.928<1$，故至少应测7次。

2. 答：设最高值为x，它不被Q检验法舍去，应该满足$Q_1=\dfrac{x-0.1024}{x-0.1020}=0.76$所以，最高值应为0.1037。

3. 答：甲是合理的，因为取样为0.25mL，是二位有效数字，通过计算后的结果最多也与此相当，所以甲计算结果合理。

4. 答：因为，由于将偏差平方后，会使大的偏差变得更大，故采用S能够比单次测量值的偏差或相对偏差更能突出较大偏差的影响。

5. 答：因为平均值的置信区间可表示为$\mu=\bar{x}\pm\dfrac{t\cdot S}{\sqrt{n}}$，置信区间的大小取决于$\pm\dfrac{t\cdot S}{\sqrt{n}}$，在置信度相同、测量次数一定时，置信区间只与$S$有关，所以置信区间小一点好，说明测量方法的精密度较好。

五、计算题

1. 解(1) 原式$=7.994+8.56-3.258=13.30$

(2) 原式$=18.23$

(3) 原式$=\dfrac{7.63+6.271-0.001}{93.921}=\dfrac{13.900}{93.921}=0.1480$

(4) $[H^+]=8.7\times10^{-5}$(两位有效数据)。

2. 解：(1) 首先把六个数据从小到大排列如下：12.32、12.38、12.44、12.45、12.52、12.85，其中12.85与其余五个数据相差较大，根据Q检验决定是否取舍：

$$Q=\frac{12.85-12.52}{12.85-12.32}=\frac{0.33}{0.53}=0.62$$

查表：$n=6$时，$Q_{0.95}=0.64$ $Q<Q_{0.95}$ 应保留

(2) 算术平均值

$$\bar{x}=\frac{12.32+12.38+12.44+12.45+12.52+12.85}{6}=12.49$$

(3) 平均偏差($\bar{d}$)

$$\bar{d}=\frac{0.17+0.11+0.05+0.04+0.03+0.36}{6}=0.13$$

(4) 标准偏差

$$\bar{d}=\frac{0.17^2+0.11^2+0.05^2+0.04^2+0.03^2+0.36^2}{6-1}=0.19$$

(5) 平均值的置信区间

置信度为95%，$n=6$时，$t=2.571$

$$\mu=\bar{x}\pm\frac{t_{0.05,5}S}{\sqrt{n}}=12.49\pm\frac{2.571\times0.19}{\sqrt{6}}=12.49\pm0.20$$

答：该组数据无逸出值，其算术平均值为12.49，平均偏差($\bar{d}$)为0.13；标准偏差0.19；平均值的置信区间12.49±0.20。

3. 解：先求得A、B两同学测定结果的平均值。A：$\bar{x}=20.54\%$ B：$\bar{x}=20.54\%$ 绝对误差：A：$20.54\%-20.45\%=0.09\%$；B：$20.54\%-20.45\%=0.09\%$

相对误差：A：$\frac{0.09\%}{20.45\%}\times100\%=0.44\%$

B：$\frac{0.09\%}{20.45\%}\times100\%=0.44\%$

说明两者的准确度相同。

通常用平行测定的一组数据的标准偏差来衡量测定结果的精密度

A：$S=\left(\sqrt{\frac{0.06^2+0.01^2+0.04^2+0.06^2+0.01^2+0.04^2}{6-1}}\right)\%=0.046\%$

B：$S=\left(\sqrt{\frac{0.10^2+0.10^2+0.02^2+0.16^2+0.16^2+0.02^2}{6-1}}\right)\%=0.12\%$

计算的结果表明A的精密度较好，显然学生A的测定结果比B学生的测定结果更为可靠。

4. 解：(1) 采用Q检验，检查两组数据中有无逸出值

判断旧显色剂中0.290是否为逸出值：$Q=\frac{0.290-0.286}{0.290-0.283}=\frac{0.004}{0.007}=0.57$

∵$n=4$，$Q_{0.95}=0.85$，∴0.290不是逸出值，应保留

判断新显色剂中0.301是否为逸出值：$Q=\frac{0.322-0.301}{0.330-0.301}=\frac{0.021}{0.029}=0.72$

∵$n=6$，$Q_{0.95}=0.64$，∴0.301是逸出值，应舍弃。

(2) 将该舍弃的数字舍弃后计算

用旧显色剂时：$\bar{x}_1=0.286$　$S_1=2.95\times10^{-3}$　$n_1=4$　$f_1=4-1=3$

用新显色剂时：$\bar{x}_2=0.326$　$S_2=3.09\times10^{-3}$　$n_2=5$　$f_1=5-1=4$

∵$S_1<S_2$，∴旧显色剂的精密度较好。

(3) 判断精密度是否有显著性差异用F检验

$$F=\frac{S_{大}^2}{S_{小}^2}=\frac{S_1^2}{S_2^2}=\frac{(3.09\times10^{-3})^2}{(2.95\times10^{-3})^2}=1.10$$

查表得$F_{0.05,4,3}=9.12$，$F<F_{0.05,4,3}$，故两种方法的精密度无显著性差异。

(4) 判断用新、旧原显色剂测定铷的灵敏度是否有显著性提高，即为检验两个平均值之间有无显著性差异问题，而且属于单侧检验，用t检验。合并两组数据的标准偏差：

$$S=\sqrt{\frac{(n_1-1)\ S_1^2+(n_2-1)\ S_2^2}{n_1+n_2-2}}$$

$$=\sqrt{\frac{3\times(2.95\times10^{-3})^2+4\times(3.09\times10^{-3})^2}{4+5-2}}=3.03\times10^{-3}$$

$$t=\frac{|\bar{x}_1-\bar{x}_2|}{S}\times\sqrt{\frac{n_1n_2}{n_1+n_2}}=\frac{|0.286-0.326|}{3.03\times10^{-3}}\times\sqrt{\frac{4\times5}{4+5}}=19.68$$

查 t 分布表(单侧),$n_1+n_2=9$,$f=7$,$t_{0.05,7}=1.895$,即 $t>t_{0.05,7}$,故两者有显著性差异,即新的显色剂的灵敏度有明显提高。

5. 解:设允许 1.000g 试样中最多允许存在 Fe_2O_3 为 xg 符合测定要求相对误差小于 0.1%,根据题意,试液中的 Fe^{3+} 有 1%进入沉淀,而且每摩尔 Fe_2O_3 中有 2mol Fe^{3+},已知 Fe 的相对原子量为 55.85g/mol;Fe_2O_3 的相对原子量为 159.7g/mol,误差的计算公式,则有

$$\frac{x\cdot\frac{2\times55.85}{159.7}\times1\%}{1.000\times0.30}=0.10\%$$

解得:$x=0.043$,即试样中 Fe_2O_3 的最高允许含量为 4.3%。

6. 解:本题是在总体标准偏差已知情况下来计算偶然误差(随机误差)的区间概率问题,所以用标准正态分布进行计算,公式:$u=\frac{x-\mu}{\sigma}$

$x=78.40\%$时,$u=\frac{x-\mu}{\sigma}=\frac{78.40\%-78.60\%}{0.10\%}=-2$

$x=78.80\%$时,$u=\frac{x-\mu}{\sigma}=\frac{78.80\%-78.60\%}{0.10\%}=+2$

$u=\pm2$,查表得其相应的概率为:$0.4773\times2=0.955$

结果表明,测定值落在 78.40%~78.80%的概率为 95.5%。

7. 解:由公式:

$n=1$ 时,$\mu=\bar{x}\pm u\cdot\sigma/\sqrt{n}=10.82\pm1.96\times0.12/\sqrt{1}=10.82\pm0.24$

$n=4$ 时,$\mu=\bar{x}\pm u\cdot\sigma/\sqrt{n}=10.82\pm1.96\times0.12/\sqrt{4}=10.82\pm0.12$

$n=9$ 时,$\mu=\bar{x}\pm u\cdot\sigma/\sqrt{n}=10.82\pm1.96\times0.12/\sqrt{9}=10.82\pm0.08$

由上述计算的结果说明,在相同的置信度下,增加 n 可缩小平均值的置信区间,即多次测定平均值的置信区间比单次测量的要小,并且测量的次数愈多,平均值的置信区间愈小,平均值愈接近真实值。

知识地图

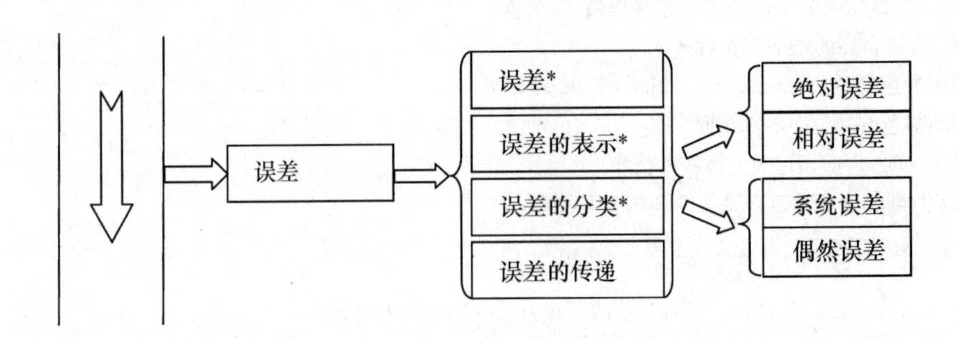

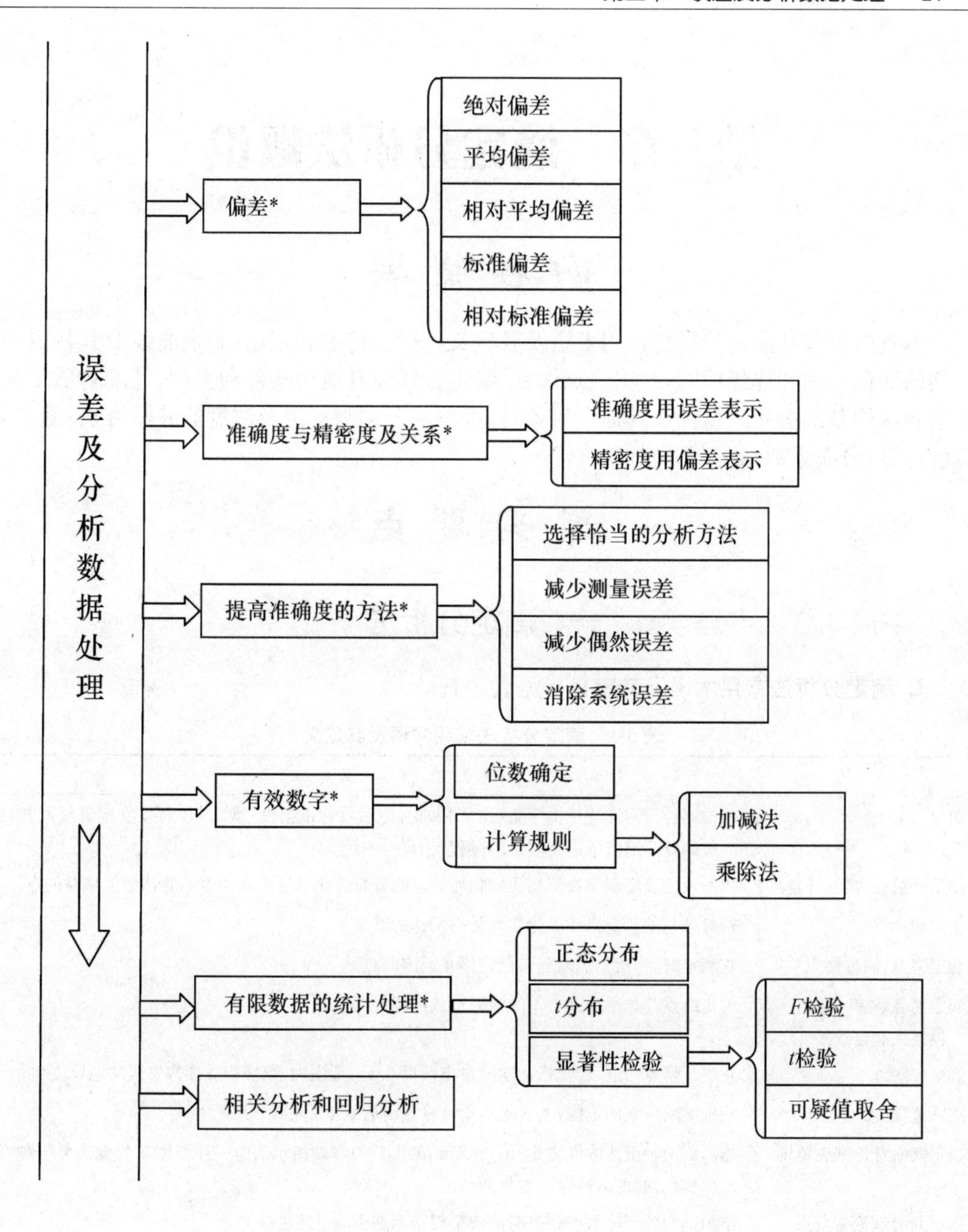
误差及分析数据处理
偏差*
绝对偏差
平均偏差
相对平均偏差
标准偏差
相对标准偏差
准确度与精密度及关系*
准确度用误差表示
精密度用偏差表示
提高准确度的方法*
选择恰当的分析方法
减少测量误差
减少偶然误差
消除系统误差
有效数字*
位数确定
计算规则
加减法
乘除法
有限数据的统计处理*
正态分布
t分布
显著性检验
F检验
t检验
可疑值取舍
相关分析和回归分析

（高金波）

第三章　滴定分析法概论

内容提要

本章内容包括滴定分析法常用术语及其定义、分类、特点和用途；滴定曲线及其特点；指示剂的变色原理和选择原则；滴定终点误差；滴定方式及其适用条件和实例；基准物质定义、要求和常用基准物质的名称及其标定对象；标准溶液配制与标定及浓度的表示方法；滴定分析的计算；分布系数；化学平衡处理方法。

学习要点

一、滴定分析法

1. 滴定分析法常用术语及其定义　见表3-1。

表3-1　滴定分析法常用术语及其定义

术　语	定　义
滴定	将被测物质溶液置于锥形瓶（或烧杯）中，然后将标准溶液（滴定剂）通过滴定管逐滴加到被测物质溶液中进行测定的过程
化学计量点（简称计量点）	当加入的滴定剂与被测物质的物质的量刚好符合化学反应式所表示的计量关系时的点
指示剂	通过颜色的改变来指示化学计量点到达的试剂
滴定终点（简称终点）	在滴定时，当指示剂改变颜色而停止滴定的点
滴定终点误差（简称终点误差或滴定误差）	滴定终点与化学计量点不一致而造成的相对误差
滴定突跃	化学计量点附近，通常指化学计量点前后0.1%范围内，溶液相关参数发生的急剧变化
突跃范围	滴定突跃所在的范围，通常指化学计量点前后0.1%范围
指示剂的理论变色范围	指示剂两种型体浓度之比[In]/[XIn]在0.1～10（即指示剂由一种型体颜色变为另一种型体颜色）时的溶液参数变化的范围
指示剂的理论变色点	指示剂两种型体浓度相等时溶液呈现指示剂中间过渡色时的点

提示

（1）要注意区别化学计量点（sp）、滴定终点（ep）和指示剂的理论变色点，还要注意区别突跃范围、指示剂的实际变色范围和指示剂的理论变色范围。

（2）化学计量点并不一定在突跃范围的中点上。

（3）突跃范围的意义：突跃范围是选择指示剂的依据，反映滴定反应的完全程度。

2. 滴定分析法分类

(1) 按原理可分为：酸碱滴定法、配位滴定法、沉淀滴定法和氧化还原滴定法。

(2) 按溶剂可分为：水溶液滴定法和非水滴定法。

3. 滴定分析法特点、用途　滴定分析法的特点是准确度高，操作简便、快速，仪器简单、价廉。主要用于常量组分分析（组分含量在 1%以上）和常量分析（取样量大于 0.1g 或 10mL）。

二、滴定曲线

1. 滴定曲线的纵坐标　与组分浓度有关的某种参数（酸碱滴定中的 pH，配位滴定或沉淀滴定中的 pM，氧化还原滴定中的电极电位）；横坐标：加入的滴定剂体积（或滴定百分数）。

2. 滴定曲线特点

(1) 曲线的起点决定于被滴定物质的性质或浓度，一般被滴定物质的浓度越高，滴定曲线（pH－V 图）的起点越低（注意被滴定物质若是碱，则它的浓度越高，滴定曲线的起点越高）。

(2) 滴定开始时，加入滴定剂引起的相关参数变化比较平缓，其变化速度与被滴定物质的性质或滴定反应平衡常数的大小有关。

(3) 计量点附近，溶液的参数发生突变，曲线变陡直。

(4) 计量点后，曲线由陡直逐渐趋于平缓，其变化趋势决定于滴定剂浓度。

三、指示剂

1. 指示剂的变色原理　指示剂在溶液中能以两种（或两种以上）的型体存在，且两种型体具有明显不同的颜色。滴定突跃时，被测溶液的相关参数发生急剧变化，使指示剂由一种型体转变为另一种型体，溶液颜色发生明显变化，从而确定滴定终点的到达。

2. 指示剂的选择原则　使指示剂的变色点尽可能接近化学计量点，或使指示剂的变色范围全部或部分落在滴定突跃范围内。

四、滴定终点误差

林邦误差公式：$TE\% = \dfrac{10^{\Delta pX} - 10^{-\Delta pX}}{\sqrt{cK_t}} \times 100\%$，式中各项的值见表 3-2。

表 3-2　不同滴定形式林邦误差公式各项的值

滴定形式	ΔpX	K_t	c
强酸强碱滴定		$1/K_w = 10^{14}$ (25°C)	c_{sp}^2
强酸（碱）滴定弱碱（酸）	$\Delta pM = pM_{ep} - pM_{sp}$	K_b/K_w 或 K_a/K_w	c_{sp}
配位滴定	$\Delta pM = pM_{ep} - pM_{sp}$	K'_{MY}	$c_{M(sp)}$

五、滴定方式

1. 滴定方式有四种 直接滴定、返滴定（或剩余滴定或回滴）、置换滴定和间接滴定。要注意与滴定方法相区别。

2. 四种滴定方式的适用条件比较 见表 3-3。

表 3-3 四种滴定方式适用条件比较

滴定方式	适用条件			
	有确定终点的方法	反应有确定的计量关系	反应定量进行	反应速度快
直接滴定	√	√	√	√
返滴定	√	√	×	×
置换滴定	×	×	√	√
间接滴定	×	×	×	×

提示

(1) 被测物质与滴定剂反应速度很慢，可通过加催化剂、加热、调节酸度等方法来使反应速度加快到一定程度，方可用直接滴定的方式。如用 $Na_2C_2O_4$ 作基准物质标定 $KMnO_4$，由于两者反应太慢，要加 H_2SO_4，调节酸度在 1～2mol/L；滴定开始将 $Na_2C_2O_4$ 溶液预先加热至 75℃～85℃，并保持滴定过程中溶液温度不低于 60℃；另外可在滴定前加入 Mn^{2+} 作催化剂。被测物质与滴定剂反应速度很慢，还可采用返滴定方式。

(2) 被测物质与滴定剂反应速度很慢（如用 EDTA 测定 Al^{3+}，Zn^{2+} 作返滴定剂），或者滴定剂直接滴定固体试样（如用 HCl 测定 $CaCO_3$，NaOH 作返滴定剂），又或者没有合适的指示剂（如酸性溶液中用 $AgNO_3$ 测定 Cl^-，NH_4SCN 作返滴定剂），都可采用返滴定方式。

(3) $Na_2S_2O_3$ 不能直接滴定 $K_2Cr_2O_7$ 等强氧化剂，因在酸性溶液中这些强氧化剂能将 $S_2O_3^{2-}$ 氧化成 $S_4O_6^{2-}$ 和 SO_4^{2-} 的混合物，反应没有确定的化学计量关系。所以，碘量法用 $K_2Cr_2O_7$ 作基准物质标定 $Na_2S_2O_3$ 应采用置换滴定方式。

3. 四种滴定方式实例及操作过程 见表 3-4。

表 3-4 四种滴定方式实例及操作过程

滴定方式	实 例	操作过程
直接滴定	用 HCl 测定 NaOH	用 HCl 标准溶液直接滴定 NaOH 溶液
返滴定	用 EDTA 测定 Al^{3+}	先向 Al^{3+} 溶液加入定量过量的 EDTA 标准溶液，待反应完全之后，再用 Zn^{2+} 标准溶液滴定剩余的 EDTA
置换滴定	碘量法用 $K_2Cr_2O_7$ 作基准物质标定 $Na_2S_2O_3$	向 $K_2Cr_2O_7$ 溶液中加入过量的 KI，在一定条件下反应，生成定量的 I_2 后，再用 $Na_2S_2O_3$ 溶液去滴定生成的 I_2
间接滴定	$KMnO_4$ 法测定 Ca^{2+}	先将 Ca^{2+} 沉淀为 CaC_2O_4，滤过洗净后溶于硫酸中，使生成 $H_2C_2O_4$，再用 $KMnO_4$ 标准溶液滴定

提示

直接滴定反应只涉及两种物质，引进的误差最小，应尽可能使用这种滴定方式。而间接滴定反应涉及的物质最多，引进的误差一般是最大的，应尽可能避免使用。如测定 Ca^{2+}，可以用 $KMnO_4$ 间接法滴定，不如改为用 EDTA 法直接滴定(采用钙指示剂)。

六、基准物质

1. 基准物质定义 用以直接配制标准溶液或标定标准溶液浓度的物质。

2. 基准物质的要求 ①组成与化学式完全相符；②纯度足够高(主成分含量在 99.9%以上)，且所含杂质不影响滴定反应的准确度；③性质稳定；④应按滴定反应式定量进行反应，且没有副作用；⑤最好有较大的摩尔质量，以减小称量时的相对误差。

3. 常用基准物质及其标定的对象 见表 3-5。

表 3-5 常用基准物质及其标定对象

基准物质		标定对象
名 称	化学式	
无水碳酸钠	Na_2CO_3	酸
硼砂	$Na_2B_4O_7 \cdot 10H_2O$	酸
二水合草酸	$H_2C_2O_4 \cdot 2H_2O$	碱或 $KMnO_4$
邻苯二甲酸氢钾	$KHC_8H_4O_4$	碱或 $KClO_4$
锌或氧化锌	Zn /ZnO	EDTA
重铬酸钾	$K_2Cr_2O_7$	还原剂
氯化钠	NaCl	$AgNO_3$

七、标准溶液

1. 标准溶液定义 具有准确已知浓度的试剂溶液。

2. 标准溶液的配制方法有两种 直接法，不用标定；间接法(又称标定法)，需要标定。两种配制方法比较见表 3-6。

表 3-6 标准溶液两种配制方法比较

配制方法	溶质类型	溶质称取/量取仪器及方法	配制器具	溶液体积	溶液浓度
直接法	基准物质	分析天平准确称取	容量瓶	准确	根据 $c=m/(MV)$ 求得准确浓度
间接法	非基准物质	托盘天平粗略称取、量筒/量杯粗略量取	烧杯	不准确	配制的浓度近似于所需的浓度，准确浓度通过标定来得到

3. 标定标准溶液的方法有两种 一是用基准物质进行标定，计算公式为 $c_T=\frac{t}{b} \cdot \frac{m_B}{M_B} \cdot \frac{1000}{V_T}$；二是用其他标准溶液进行比较，计算公式为 $c_B=\frac{b}{t} \cdot \frac{c_T V_T}{V_B}$。

4. 标准溶液浓度的表示方法

(1) 物质的量浓度 c_B (常用单位 mol/L) $c_B=\frac{m_B}{M_B \cdot V}$

(2) 滴定度(常用单位 g/mL 或 mg/mL)

1) T_A:每毫升标准溶液中含有溶质 A 的质量(g 或 mg) $T_A = m_A/V$

2) $T_{T/B}$:每毫升滴定剂 T 相当于被测物质 B 的质量(g 或 mg) $T_{T/B} = \frac{m_B}{V_T}$

八、滴定分析的计算

1. 滴定分析中的计量关系

对于化学反应:$tT + bB = cC + dD$

则有计量关系:$n_T = \frac{t}{b} \cdot n_B$ 或 $n_B = \frac{b}{t} \cdot n_T$

趣味知识

化学计量规律——质量守恒定律、当量定律和定组成定律

1756 年俄国罗蒙诺索夫(M. B. ЛОМОНОСОВ)从大量实验中概括出质量守恒定律。1774 年拉瓦锡(Antoine Laurent Lavoisier)用精确的定量实验证实该定律。

德国里希特(J. B. Richter)在 1792～1794 年出版的《化学元素测量术》中,首次提出"化学计量"术语,指出物质化合时存在固定质量比的当量定律,还总结出酸碱当量表。

1799 年法国普罗斯(J. L. Proust)阐述了定组成定律。1860 年比利时斯达(J. S. Stas)用一系列精密的氯化银试验确证了该定律。

2. 公式演变 见图 3-1。

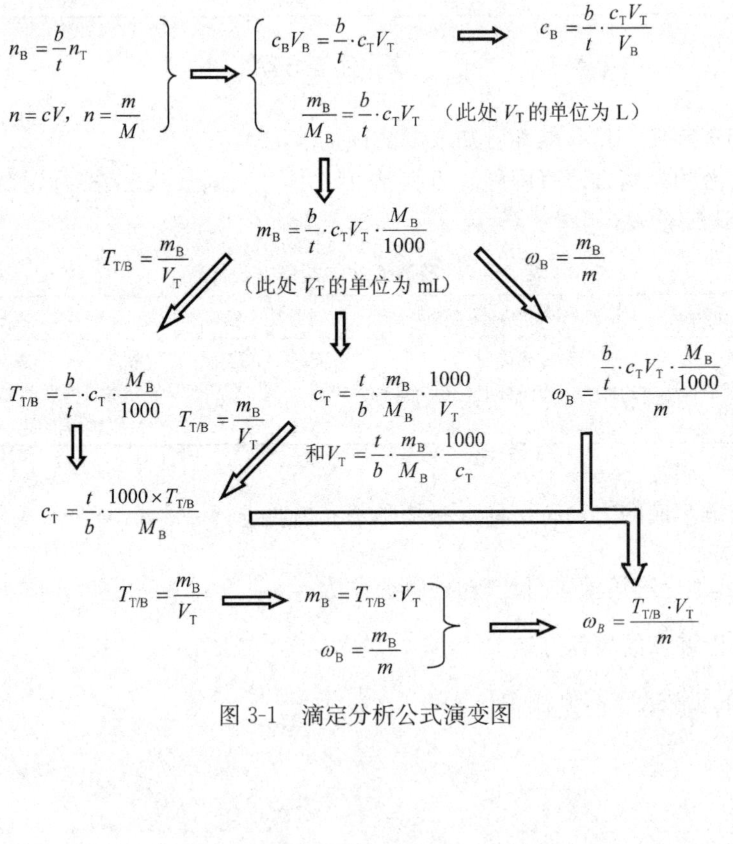

$$n_B = \frac{b}{t}n_T,\quad n = cV,\quad n = \frac{m}{M} \Rightarrow \begin{cases} c_B V_B = \frac{b}{t}\cdot c_T V_T \Rightarrow c_B = \frac{b}{t}\cdot\frac{c_T V_T}{V_B} \\ \frac{m_B}{M_B} = \frac{b}{t}\cdot c_T V_T \end{cases}$$

(此处 V_T 的单位为 L)

$$\Downarrow$$

$$m_B = \frac{b}{t}\cdot c_T V_T \cdot \frac{M_B}{1000}$$

(此处 V_T 的单位为 mL)

$$T_{T/B} = \frac{m_B}{V_T} \Rightarrow T_{T/B} = \frac{b}{t}\cdot c_T \cdot \frac{M_B}{1000} \Rightarrow c_T = \frac{t}{b}\cdot\frac{1000\times T_{T/B}}{M_B}$$

$$c_T = \frac{t}{b}\cdot\frac{m_B}{M_B}\cdot\frac{1000}{V_T} \text{ 和 } V_T = \frac{t}{b}\cdot\frac{m_B}{M_B}\cdot\frac{1000}{c_T}$$

$$T_{T/B} = \frac{m_B}{V_T}$$

$$\omega_B = \frac{m_B}{m} \Rightarrow \omega_B = \frac{\frac{b}{t}\cdot c_T V_T \cdot \frac{M_B}{1000}}{m}$$

$$T_{T/B} = \frac{m_B}{V_T} \Rightarrow m_B = T_{T/B}\cdot V_T,\quad \omega_B = \frac{m_B}{m} \Rightarrow \omega_B = \frac{T_{T/B}\cdot V_T}{m}$$

图 3-1 滴定分析公式演变图

提示

（1）上述公式中，最基本的公式有5个：

① $n_B=\frac{b}{t}n_T$；② $n=cV$；③ $n=\frac{m}{M}$；④ $\omega_B=\frac{m_B}{m}$；⑤ $T_{T/B}=\frac{m_B}{V_T}$

利用这5个公式可推导出其他公式。

（2）上述各式不能直接用于返滴定，先要按反应方程式找出被求物与两个标准溶液之间的化学计量关系，方可推导出类似的计算公式。如用HCl测定$CaCO_3$（用NaOH返滴定），得$n_{CaCO_3}=\frac{1}{2}(n_{HCl}-n_{NaOH})$，于是有

$$w_{CaCO_3}\%=\frac{\frac{1}{2}(c_{HCl}V_{HCl}-c_{NaOH}V_{NaOH})\cdot\frac{M_{CaCO_3}}{1000}}{m}\times 100$$

3. 三步列式法步骤

（1）列出反应方程式，配平。

（2）找出被求物与已知物的物质的量的关系式，注意被求物写在等号左边，已知物写在等号右边。

（3）代入$n=m/M$和$n=cV$及质量分数、滴定度定义式，对上述等式进行变形，即可推导出所需的公式。

提示

三步列式法可避免记忆大量的公式，只需记住五个最基本的公式中的后四个即可，并且不用判断被求物是B还是T，即无须搞清公式中系数是$\frac{b}{t}$还是$\frac{t}{b}$，对初学者和基础较差者在计算时尤为有用。

九、分布系数

1. 分析浓度与平衡浓度　分析浓度（总浓度）是溶液中溶质各型体的平衡浓度的总和，用c表示。平衡浓度（型体浓度）是在平衡状态时溶液中溶质各型体的浓度，用[　]表示。

2. 分布系数（分布分数）　是溶液中溶质某型体平衡浓度在溶质总浓度中所占的分数，用δ_i表示。定义式$\delta_i=[i]/c$。

（1）n元弱酸H_nA在水溶液中有$n+1$种可能存在的型体，即H_nA，$H_{n-1}A^-$，$H_{n-2}A^{2-}$，…$HA^{(n-1)-}$和A^{n-}，计算各型体分布系数的公式中，分母均为：

$[H^+]^n+[H^+]^{n-1}K_{a_1}+[H^+]^{n-2}K_{a_1}K_{a_2}+\cdots+[H^+]K_{a_1}K_{a_2}\cdots K_{a_{n-1}}+K_{a_1}K_{a_2}\cdots K_{a_n}$而分子依次为分母中相应的各项。如磷酸为三元弱酸，在水溶液中有四种存在型体：H_3PO_4、$H_2PO_4^-$、HPO_4^{2-}和PO_4^{3-}，各型体的分布系数分别为：

$$\delta_0=\frac{[H^+]^3}{[H^+]^3+[H^+]^2K_{a_1}+[H^+]K_{a_1}K_{a_2}+K_{a_1}K_{a_2}K_{a_3}}$$

$$\delta_1=\frac{[H^+]^2K_{a_1}}{[H^+]^3+[H^+]^2K_{a_1}+[H^+]K_{a_1}K_{a_2}+K_{a_1}K_{a_2}K_{a_3}}$$

$$\delta_2=\frac{[H^+]K_{a_1}K_{a_2}}{[H^+]^3+[H^+]^2K_{a_1}+[H^+]K_{a_1}K_{a_2}+K_{a_1}K_{a_2}K_{a_3}}$$

$$\delta_3=\frac{K_{a_1}K_{a_2}K_{a_3}}{[H^+]^3+[H^+]^2K_{a_1}+[H^+]K_{a_1}K_{a_2}+K_{a_1}K_{a_2}K_{a_3}}$$

n 元弱碱 B 在水溶液中也有 $n+1$ 种可能存在的型体，它们的分布系数与 n 元弱酸的相似，只要用$[OH^-]$代替$[H^+]$，用 K_{b_i} 代替 K_{a_i} 即可。

(2) 能与 L 发生 n 级配位的金属离子 M 在水溶液中有 $n+1$ 种可能存在的型体，即 M、ML、ML_2…ML_n，计算各型体分布系数的公式中，分母均为 $1+\beta_1[L]+\beta_2[L]^2+\cdots+\beta_n[L]^n$，而分子依次为分母中相应的各项。如锌-氨配合物中的 $Zn(NH_3)^{2+}$ 型体的分布系数为：

$$\delta_1=\delta_{Zn(NH_3)^{2+}}=\frac{\beta_1[NH_3]}{1+\beta_1[NH_3]+\beta_2[NH_3]^2+\beta_3[NH_3]^3+\beta_4[NH_3]^4}$$

提示

某型体的分布系数决定于酸或碱或配合物的性质(K_{a_i}、K_{b_i} 或 β_i)、溶液的酸度($[H^+]$) 或碱度($[OH^-]$) 或游离配体的浓度($[L]$)，而与总浓度无关。

3. 从多元弱酸 δ_i－pH 曲线可得出如下结论(表 3-7)，这些结论可利用图 3-2 来帮助记忆。

表 3-7　多元弱酸 δ_i－pH 曲线得到的结论

酸　度	主要存在型体	相邻型体间的关系
$pH<pK_{a_1}$	H_nA	
$pK_{a_1}<pH<pK_{a_2}$	$H_{n-1}A^-$	
$pK_{a_2}<pH<pK_{a_3}$	$H_{n-2}A^{2-}$	
……	……	
$pH>pK_{a_n}$	A^{n-}	
$pH=pK_{a_1}$		$[H_nA]=[H_{n-1}A^-]$
$pH=pK_{a_2}$		$[H_{n-1}A^-]=[H_{n-2}A^{2-}]$
……		……
$pH=pK_{a_n}$		$[HA^{(n-1)^-}]=[A^{n-}]$

提示

当 $pH=\frac{1}{2}(pK_{a_1}+pK_{a_2})$时，$[H_{n-1}A^-]$达到最大值当 $pH=\frac{1}{2}(pK_{a_2}+pK_{a_3})$时，$[H_{n-2}A^{2-}]$达到最大值……当 $pH=\frac{1}{2}(pK_{a_{n-1}}+pK_{a_n})$时，$[HA^{(n-1)-}]$达到最大值。

H_nA　　$H_{n-1}A^-$　　$H_{n-2}A^{2-}$　　……　$HA^{(n-1)-}$　　A^{n-}

pK_{a_1}　　pK_{a_2}　　pK_{a_3}　　……　pK_{a_n}

图 3-2　多元弱酸 δ_i-pH 曲线结论辅助记忆示意图

多元弱碱 δ_i-pOH 曲线得出的结论及辅助记忆的图与多元弱酸 δ_i-pH 曲线的类似，只要用 pOH 代替 pH，用 pK_{b_i} 代替 pK_{a_i} 即可。

十、化学平衡处理方法

1. 质量平衡　在平衡状态下某一组分的分析浓度等于该组分各种型体的平衡浓度之和，这种关系称为质量平衡或物料平衡。质量平衡将平衡浓度与分析浓度联系起来。书写质量平衡方程要注意写全某组分各种型体的平衡浓度。

2. 电荷平衡　在平衡状态下水溶液中荷正电质点所带正电荷的总数等于荷负电质点所带负电荷的总数，即溶液是电中性的，这种关系称为电荷平衡。电荷平衡将阳离子和阴离子的平衡浓度联系起来。书写电荷平衡方程要注意：一是离子平衡浓度前的系数等于该离子所带电荷数；二是中性分子不出现在方程中。

3. 质子平衡　当酸碱反应达到平衡时，酸失去的质子数与碱得到的质子数相等，这种关系称为质子平衡。质子平衡将酸和碱得失质子后的产物的平衡浓度联系起来。书写质子条件式（或质子平衡式）要注意：一是不发生质子得失的型体和参考水准不出现在式子中；二是生成某型体得/失质子的数目写在其平衡浓度前面。质子条件式用途：与有关平衡常数相结合，可以推导出酸碱水溶液中氢离子浓度的计算式。

质子条件式的书写方法有两种：参考水准法、利用质量平衡和电荷平衡导出。

参考水准法写出质子条件式的步骤：

（1）从酸碱平衡体系中选取溶液中大量存在并参与质子转移反应的物质（包括溶剂）作为质子参考水准（或称零水准）。

（2）当溶液中的酸碱反应（包括溶剂的质子自递反应）达到平衡后，根据质子参考水准判断得失质子的产物及得失质子数，绘出得失质子示意图。

（3）根据得失质子数相等的原则写出质子条件式，将所有得到质子后的产物写在等式的一端，所有失去质子后的产物写在等式的另一端。

经典习题

一、最佳选择题

1. 滴定误差是由于(　　)的不一致而造成的。

   A. 滴定终点与指示剂理论变色点

   B. 化学计量点与指示剂理论变色点

   C. 滴定终点与化学计量点

   D. 滴定终点与指示剂理论变色点

   E. 化学计量点与指示剂变色范围

2. HCl 标准溶液测定 $CaCO_3$ 的滴定方式为(　　)。

A. 直接滴定　　B. 返滴定　　C. 置换滴定
D. 间接滴定　　E. A、B、C、D 四种方式都行

3. 滴定反应 $aA+bB=cC+dD$ 到达化学计量点时，$n_A:n_B$ 是(　　)。
A. 1∶1　　B. $a:b$　　C. $b:a$
D. $c:d$　　E. 不确定

4. 已知某二元酸 H_2A 的 与 分别为 2.1、5.7，欲以 HA^- 为主要存在型体，则需控制溶液的 pH 值(　　)。
A. 小于 2.1　　B. 2.1～5.7　　C. 大于 5.7
D. 大于 3.6　　E. 大于 7

5. 写 $Na(NH_4)HPO_4$ 溶液的质子条件式，选取的质子参考水准为(　　)。
A. Na^+、NH_4^+ 和 HPO_4^{2-}　　B. NH_4^+、H^+ 和 PO_4^{3-}　　C. Na^+、NH_4^+ 和 H_2O
D. NH_4^+、HPO_4^{2-} 和 H_2O　　E. NH_4^+ 和 HPO_4^{2-}

二、配伍选择题

[1～3]

A. 化学计量点　　B. 滴定终点　　C. 理论变色点

下列的定义解释属于

1. 在滴定时，当指示剂改变颜色而停止滴定的这一点(　　)。
2. 指示剂两种型体浓度相等时溶液呈现指示剂中间过渡颜色的时刻(　　)。
3. 当加入的滴定剂与被测物质的物质的量刚好符合化学反应式所表示的计量关系时的点(　　)。

[4～8]

A. 无水碳酸钠　B. 氧化锌　C. 邻苯二甲酸氢钾　D. 重铬酸钾　E. 氯化钠

标定下列物质应选用基准物质是

4. NaOH(　　)。
5. HCl(　　)。
6. EDTA(　　)。
7. $AgNO_3$(　　)。
8. $Na_2S_2O_3$(　　)。

[9～15]

A. $[H_3A]=[H_2A^-]$　　B. $[H_2A^-]=[HA^{2-}]$　　C. $[HA^{2-}]=[A^{3-}]$
D. H_3A 为主要存在型体　　E. H_2A^- 为主要存在型体
F. HA^{2-} 为主要存在型体　　G. A^{3-} 为主要存在型体

对于三元弱酸 H_3A，酸度为下列情况时有

9. $pH=pK_{a_1}$(　　)。
10. $pH=pK_{a_2}$(　　)。
11. $pH=pK_{a_3}$(　　)。
12. $pH<pK_{a_1}$(　　)。
13. $pK_{a_1}<pH<pK_{a_2}$(　　)。
14. $pK_{a_2}<pH<pK_{a_3}$(　　)。
15. $pH>pK_{a_3}$(　　)。

三、多项选择题

1. 滴定方式包括(　　)。

A. 直接滴定　　B. 返滴定　　C. 置换滴定
D. 间接滴定　　E. 非水滴定

2. 下列哪些是基准物质的要求？（　　）
A. 组成与化学式完全相符
B. 性质稳定　　C. 纯度足够高
D. 按滴定反应式定量进行反应，且没有副作用
E. 溶解度小

3. 与二元弱酸 H_2A 的分布系数有关的是（　　）。
A. K_{a_1}　　B. K_{a_2}
C. H_2A 的总浓度 c　　D. 溶液[H^+]

4. c mol/L Na_2CO_3 溶液的质量平衡方程正确的是（　　）。
A. [Na^+]=c　　B. [CO_3^{2-}]=c　　C. [Na^+]=$2c$
D. [CO_3^{2-}]+[HCO_3^-]+[H_2CO_3]=c　　E. [HCO_3^-]+[H_2CO_3]=c

5. 10.00mL HCl 与 20.00mL NaOH 刚好完全反应，下列叙述正确的是（　　）。
A. 此时刚好到达化学计量点
B. HCl 与 NaOH 的化学计量关系是 1∶2
C. HCl 与 NaOH 的化学计量关系是 2∶1
D. HCl 与 NaOH 的浓度之比为 2∶1
E. HCl 与 NaOH 的质量相等
F. HCl 与 NaOH 的物质的量相等

四、问答题

1. 什么是滴定曲线？它有何特点？
2. 什么是滴定突跃范围？它在滴定分析中有什么实际意义？
3. 滴定突跃范围与指示剂的理论变色范围有什么区别？
4. 根据林邦误差公式，滴定误差跟哪些因素有关？
5. 标准溶液的两种配制方法分别叫什么？比较这两种配制方法。
6. 下列物质哪些可以直接法配制标准溶液，哪些则只能采用间接法配制标准溶液？
HCl　NaOH　NaCl　Na_2CO_3　$Na_2S_2O_3$　$AgNO_3$　$K_2Cr_2O_7$
7. 滴定度 $T_{T/B}$ 的定义是什么？它与物质的量浓度 c_T 的关系式是怎样的？
8. 对于化学反应：$tT + bB = cC + dD$
请推导出公式 $m_B = \frac{b}{t} \cdot c_T V_T \cdot \frac{M_B}{1000}$，并指出该公式的三方面应用。
9. HCl 溶液可用 NaOH 标准溶液或基准物质 Na_2CO_3 来标定，请分别写出计算 c_{HCl} 的公式。
10. HAc 在水溶液中存在哪两种型体？什么时候这两种型体平衡浓度相等？
11. 请分别写出 H_2CO_3、NH_4Ac、Na_2HPO_4 在水溶液中的质子条件式。

五、计算题

1. 欲配制 0.1000mol/L NaCl 标准溶液 200.00mL，需称取基准级 NaCl 多少克？（已知 M_{NaCl} = 58.489）

2. 用密度为 1.84g/mL、含 H_2SO_4 96%的浓硫酸配制 0.10mol/L H_2SO_4 标准溶液 10 L，需要量取浓硫酸多少毫升？（已知 $M_{H_2SO_4}$ = 98.08）

3. 欲使 0.2000mol/L HCl 标准溶液在滴定时消耗 22mL，应称取基准物质 Na_2CO_3 多少克？并求 HCl 对 Na_2CO_3 的滴定度。（已知 $M_{Na_2CO_3}$ = 105.99）

4. 称取0.2500g $CaCO_3$ 试样(含不干扰测定的杂质),先加0.2600mol/L HCl标准溶液25.00mL,待完全反应后,再用0.1000mol/L NaOH标准溶液返滴定,到终点时消耗NaOH标准溶液18.03mL。试计算试样中 $CaCO_3$ 的百分质量分数。(已知 $M_{CaCO_3}=100.09$)

5. 称取基准物质硼砂0.4121g,加蒸馏水溶解,用HCl溶液滴定到终点时消耗21.52mL,计算HCl溶液的浓度。(已知 $M_{硼砂}=381.37$)

6.(1) 已知HAc的 $K_a=1.7\times10^{-5}$,求[HAc]=[Ac^-]时溶液的pH。(2) 当溶液的pH=5.00,计算0.10mol/L HAc溶液中各型体的分布系数和平衡浓度。

参考答案

一、最佳选择题

1.C 2.B 3.B 4.B 5.D

二、配伍选择题

[1~3] BCA [4~8] CABED [9~15] ABCDEFG

三、多项选择题

1.ABCD 2.ABCD 3.ABD 4.CD 5.ADF

四、问答题

1. 滴定曲线是以加入的滴定剂体积(或滴定百分数)为横坐标,溶液的与组分(被滴定组分或滴定剂)浓度相关的某种参数为纵坐标所绘制的曲线。滴定曲线的特点是:

(1) 曲线的起点决定于被滴定物质的性质或浓度,一般被滴定物质的浓度越高,滴定曲线(pH-V图)的起点越低(注意被滴定物质若是碱,则它的浓度越高,滴定曲线的起点越高);

(2) 滴定开始时,加入滴定剂引起的相关参数变化比较平缓,其变化速度与被滴定物质的性质或滴定反应平衡常数的大小有关;

(3) 计量点附近,溶液的参数发生突变,曲线变陡直;

(4) 计量点后,曲线由陡直逐渐趋于平缓,其变化趋势决定于滴定剂的浓度。

2. 突跃范围是指突跃所在的范围,通常指计量点前后0.1%内溶液参数变化的范围。

突跃范围的意义:是选择指示剂的依据;能反映滴定反应的完全程度。

3. 突跃范围是指突跃所在的范围,通常指计量点前后0.1%内溶液参数变化的范围。

指示剂的理论变色范围:指示剂两种型体浓度之比[In]/[XIn]在0.1~10(即指示剂由一种型体颜色变为另一种型体颜色)时的溶液参数变化的范围。

4. 滴定误差跟ΔpX(即滴定终点 pX_{ep} 与化学计量点 pX_{sp} 之差)、滴定常数 K_t 和化学计量点时滴定产物的总浓度 c_{sp} 有关。

5. 标准溶液的配制方法有直接法和间接法(标定法)。两者比较请参见表3-6。

6. 直接法配制:NaCl、Na_2CO_3、$AgNO_3$、$K_2Cr_2O_7$;间接法配制:HCl、NaOH、$Na_2S_2O_3$。

7. $T_{T/B}$是指每毫升滴定剂T相当于被测物质B的质量(g或mg)。$T_{T/B}$与 c_T 的关系式:

$$T_{T/B}=\frac{b}{t}\cdot c_T\cdot\frac{M_B}{1000}\text{或}\ c_T=\frac{t}{b}\cdot\frac{1000\times T_{T/B}}{M_B}$$

8. 推导请参看本章"学习要点"第八部分。

公式 $m_B=\frac{b}{t}\cdot c_TV_T\cdot\frac{M_B}{1000}$的三方面应用:

(1) 已知标准溶液的浓度和滴定体积,求试样中被测组分的质量或估算试样的称样量;

(2) 根据基准物质的质量和滴定剂的消耗体积,求滴定剂的浓度;

(3) 根据基准物质的质量和滴定剂的浓度,估算滴定剂消耗的体积。

9. 用 NaOH 标准溶液标定:$c_{HCl}=\dfrac{c_{NaOH}V_{NaOH}}{V_{HCl}}$

用基准物质 Na_2CO_3 标定:$c_{HCl}=\dfrac{2000\times m_{Na_2CO_3}}{M_{Na_2CO_3}V_{HCl}}$

10. HAc 在水溶液中存在 HAc 和 Ac^- 两种型体。当溶液的 pH 与 HAc 的 pK_a 相等时,这两种型体平衡浓度相等。

11. 质子条件式:

H_2CO_3:$[H^+]=[OH^-]+[HCO_3^-]+2[CO_3^{2-}]$

NH_4Ac:$[H^+]+[HAc]=[OH^-]+[NH_3]$

Na_2HPO_4:$[H^+]+[H_2PO_4^-]+2[H_3PO_4]=[OH^-]+[PO_4^{3-}]$

五、计算题

1. 解:$m=\dfrac{cV\cdot M}{1000}=\dfrac{0.1000\times 200.00\times 58.489}{1000}=1.170\ (g)$

2. 解:$V=\dfrac{(cV)_{H_2SO_4}\cdot M_{H_2SO_4}}{\rho\cdot\omega}=\dfrac{0.10\times 10\times 98.08}{1.84\times 96\%}=56\ (mL)$

3. 解:$m_{Na_2CO_3}=\dfrac{\frac{1}{2}c_{HCl}V_{HCl}\cdot M_{Na_2CO_3}}{1000}=\dfrac{\frac{1}{2}\times 0.20\times 22\times 105.99}{1000}=0.23\ (g)$

$$T_{HCl/Na_2CO_3}=\frac{1}{2}\cdot c_{HCl}\cdot\frac{M_{Na_2CO_3}}{1000}$$
$$=\frac{1}{2}\times 0.2000\times\frac{105.99}{1000}$$
$$=0.01060\ (g/mL)$$

4. 解:$w_{CaCO_3}\%=\dfrac{\frac{1}{2}(c_{HCl}V_{HCl}-c_{NaOH}V_{NaOH})\cdot\frac{M_{CaCO_3}}{1000}}{m}\times 100$

$$=\frac{\frac{1}{2}\times(0.2600\times 25.00-0.1000\times 18.03)\times\frac{100.09}{1000}}{0.2500}\times 100$$
$$=94.02$$

5. 解:$c_{HCl}=\dfrac{2000m_{Na_2B_4O_7\cdot 10H_2O}}{V_{HCl}\cdot M_{Na_2B_4O_7\cdot 10H_2O}}=\dfrac{2000\times 0.4121}{21.52\times 381.37}=0.1004\ (mol/L)$

6. 解:(1) 根据 HAc 的 $K_a=\dfrac{[H^+][Ac^-]}{[HAc]}$可知,当$[HAc]=[Ac^-]$时,$[H^+]=K_a$,故

$pH=pK_a=-\lg(1.7\times 10^{-5})=4.77$

(2) $\delta_{HAC}=\dfrac{[H^+]}{[H^+]+K_a}=\dfrac{1.0\times 10^{-5}}{1.0\times 10^{-5}+1.7\times 10^{-5}}=0.37$

$\delta_{Ac^-}=\dfrac{K_a}{[H^+]+K_a}=\dfrac{1.7\times 10^{-5}}{1.0\times 10^{-5}+1.7\times 10^{-5}}=0.63$

(或 $\delta_{Ac^-}=1-\delta_{HAc}=1-0.37=0.63$)

$[HAc]=c_{HAc}\cdot\delta=0.10\times 0.37=0.037\ (mol/L)$

$[Ac^-]=c_{HAc}\cdot\delta_{Ac^-}=0.10\times 0.63=0.063\ (mol/L)$

知识地图

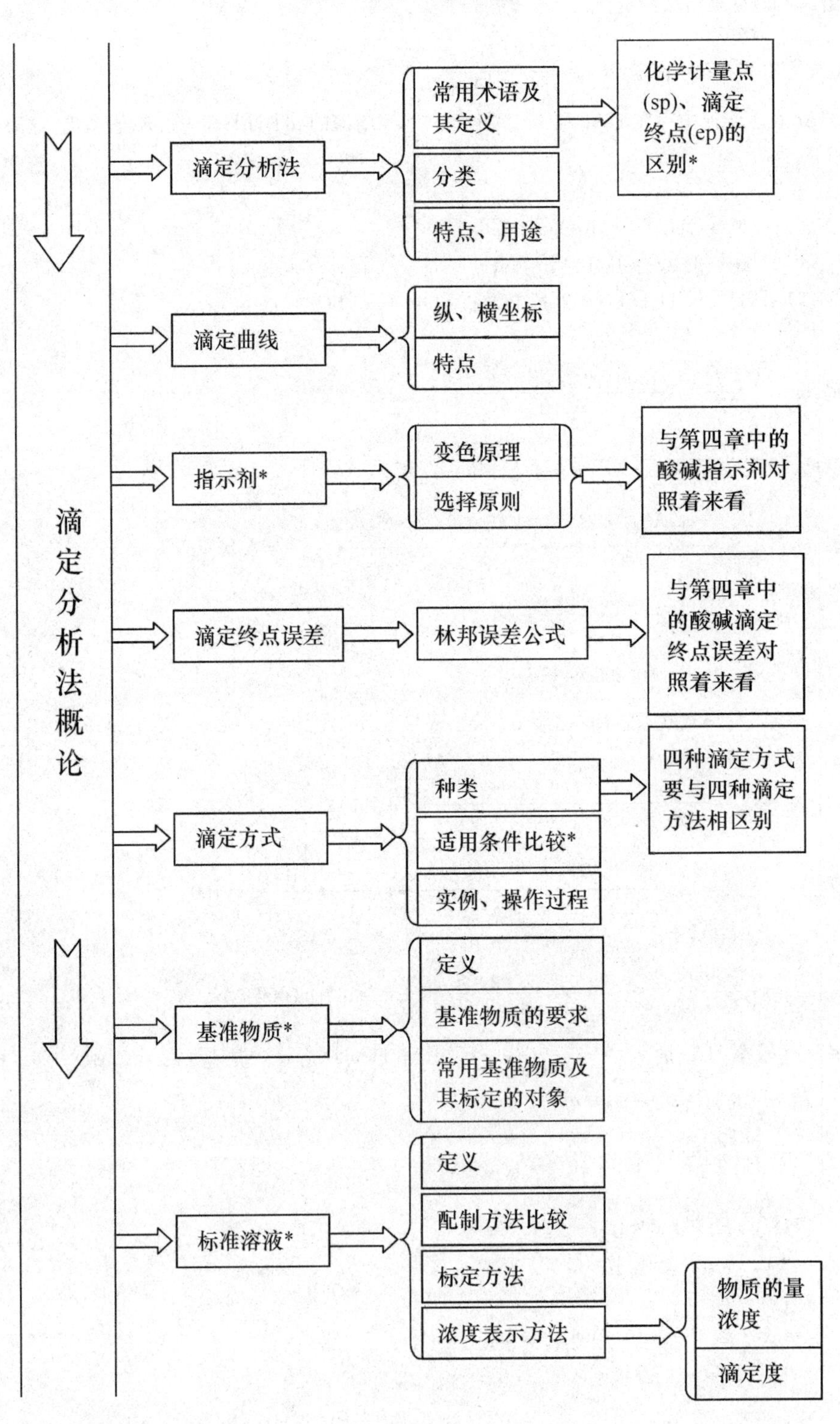

滴定分析法概论
滴定分析法
常用术语及其定义
化学计量点(sp)、滴定终点(ep)的区别*
分类
特点、用途
滴定曲线
纵、横坐标
特点
指示剂*
变色原理
选择原则
与第四章中的酸碱指示剂对照着来看
滴定终点误差
林邦误差公式
与第四章中的酸碱滴定终点误差对照着来看
滴定方式
种类
四种滴定方式要与四种滴定方法相区别
适用条件比较*
实例、操作过程
基准物质*
定义
基准物质的要求
常用基准物质及其标定的对象
标准溶液*
定义
配制方法比较
标定方法
浓度表示方法
物质的量浓度
滴定度

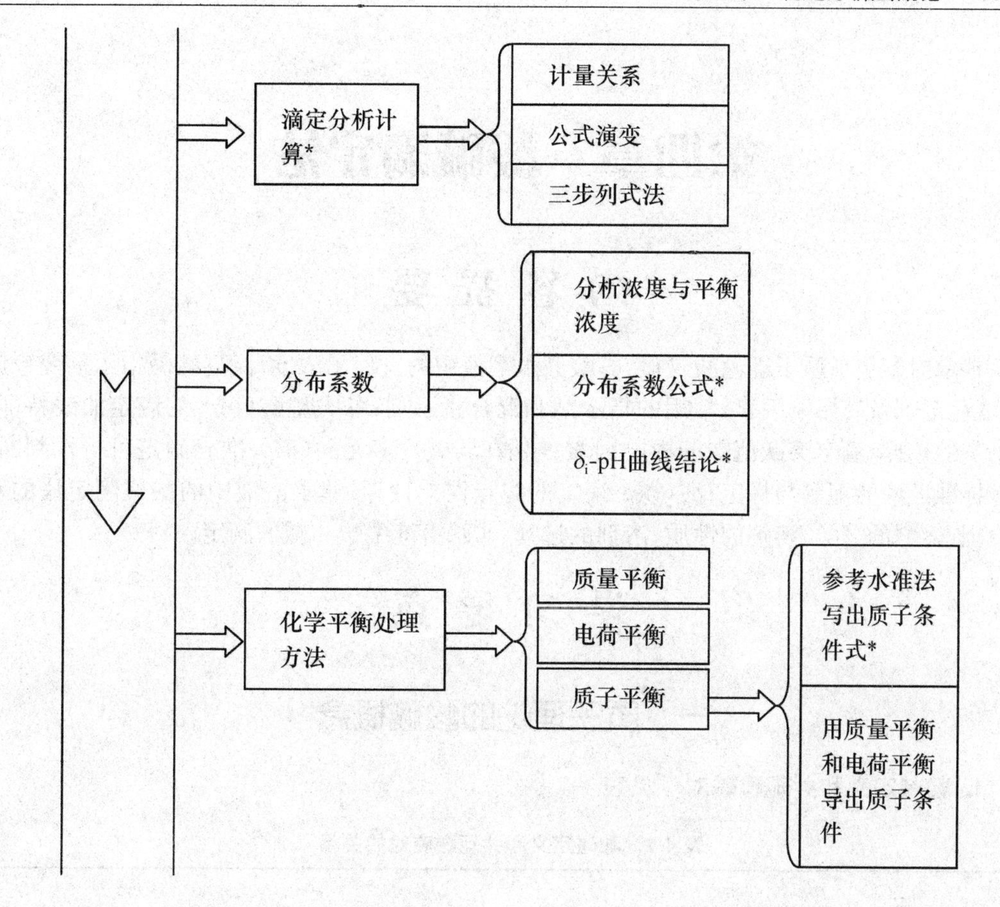

滴定分析计算*
计量关系
公式演变
三步列式法
分布系数
分析浓度与平衡浓度
分布系数公式*
δ_i-pH曲线结论*
化学平衡处理方法
质量平衡
电荷平衡
质子平衡
参考水准法写出质子条件式*
用质量平衡和电荷平衡导出质子条件

（钟 晨）

第四章 酸碱滴定法

内容提要

本章内容包括质子理论酸碱概念；酸碱水溶液中的氢离子浓度计算；酸碱指示剂变色原理、变色范围及其影响因素，常用的指示剂和混合指示剂；各类型酸（碱）的滴定曲线特征，指示剂的选择，滴定突跃范围的影响因素；弱酸（弱碱）、多元酸（碱）准确滴定可行性判断；酸碱标准溶液的配制与标定；酸（碱）滴定的终点误差计算；非水溶液中的酸碱滴定法的基本原理：溶剂的分类、溶剂的性质、溶剂的选择、非水溶液中酸和碱的滴定。

学习要点

一、质子理论的酸碱概念

1. 酸碱定义和共轭酸碱对 见表 4-1。

表 4-1 酸碱定义和共轭酸碱对的关系

名称	定义
酸	能给出质子的物质
碱	能接受质子的物质
两性物质	既能给出也能接受质子的物质
共轭关系	酸(HA)失去一个质子变为碱(A^-)，碱(A^-)得到一个质子形成酸(HA)，这种酸与碱相互依存的关系称轭酸碱对关系，HA 与 A^- 称共轭酸碱对

提示

$HA \rightleftharpoons A^- + H^+$

酸　　碱　质子

└─共轭─┘

$H_2PO_4^- + H^+ \rightleftharpoons H_3PO_4$

$H_2PO_4^- - H^+ \rightleftharpoons HPO_4^{2-}$

两性物质

2. 酸碱的强度及共轭酸碱对的 K_a 与 K_b 的关系 见表 4-2。

表 4-2 酸碱的强度及共轭酸碱对的 K_a 与 K_b 的关系

强度与关系	表达方式
酸的强度	用酸的离解平衡常数 K_a 大小来衡量
碱的强度	用碱的离解平衡常数 K_b 大小来衡量
K_a 与 K_b 的关系	一元弱酸及共轭碱：$K_a \times K_b = K_w$
	多元弱酸及共轭碱：$K_{a_1} \times K_{b_n} = K_w$，$K_{a_2} \times K_{b_{n-1}} = K_w$，……，$K_{a_n} \times K_{b_1} = K_w$

提示

K_a 值越大，酸的酸性越强，离解程度越大，给出质子的能力越强。K_b 值越大，碱的碱性越强，得到质子的能力越强。根据共轭酸碱对 K_a 与 K_b 的关系，碱的 K_b 可用其共轭酸的 K_a 来表示，这样酸碱的强度便可用 K_a 来统一反映。

二、酸碱溶液中氢离子浓度的计算(表 4-3)

表 4-3 各种酸碱溶液的 pH 计算

溶液名称	最简式及使用条件	近似式及使用条件
一元强酸	$[H^+]=c_a$ $c_a \geqslant 10^{-6}$ mol/L	
一元强碱	$[OH^-]=c_b$ $c_b \geqslant 10^{-6}$ mol/L	
一元弱酸	$[H^+]=\sqrt{c_aK_a}$ $c_aK_a \geqslant 20K_w$，$c_a/K_a \geqslant 500$	$[H^+]=\dfrac{-K_a+\sqrt{K_a^2+4K_ac_a}}{2}$ $c_aK_a \geqslant 20K_w$，$c_a/K_a < 500$ $[H^+]=\sqrt{K_ac_a+K_w}$ $c_aK_a < 20K_w$，$c_a/K_a > 500$
一元弱碱	$[OH^-]=\sqrt{c_bK_b}$ $c_bK_b \geqslant 20K_w$，$c_b/K_b \geqslant 500$	$[OH^-]=\dfrac{-K_b+\sqrt{K_b^2+4K_bc_b}}{2}$ $c_bK_b \geqslant 20K_w$，$c_b/K_b < 500$ $[OH^-]=\sqrt{K_bc_b+K_w}$ $c_bK_b < 20K_w$，$c_b/K_b > 500$
多元弱酸(碱)	一般只考虑第一级离解，按一元弱酸(碱)处理。将一元酸(碱)的 $[H^+]$($[OH^-]$) 计算公式中的 K_a (K_b) 转换为多元酸的 K_{a_1} (K_{b_1}) 即可	
两性物质	$[H^+]=\sqrt{K_{a_1}K_{a_2}}$ $cK_{a_2} \geqslant 20K_w$，$c \geqslant 20K_{a_1}$	$[H^+]=\sqrt{\dfrac{K_{a_1}K_{a_2}c}{K_{a_1}+c}}$ $cK_{a_2} \geqslant 20K_w$，$c < 20K_{a_1}$ $[H^+]=\sqrt{\dfrac{K_{a_1}(K_{a_2}c+K_w)}{K_{a_1}+c}}$ $cK_{a_2} < 20K_w$，$c < 20K_{a_1}$
混合弱酸弱碱溶液(如 $NH_4Cl+NaAc$)	在上述两性物质溶液 pH 计算各式中以混合弱酸弱碱溶液中碱(Ac^-)的共轭酸(HAc)的 K_a 代替 K_{a_1}，以酸(NH_4^+)的 K_a 代替和 K_{a_2} 即可	
缓冲溶液($HA-A^-$)	$[H^+]=c_a\dfrac{c_a}{c_b}$， 即 $pH=pK_a+\lg\dfrac{c_b}{c_a}$ c_a 和 $c_b \geqslant 20[H^+]$ 或 c_a 和 $c_b \geqslant 20[OH^-]$	$[H^+]=K_a\dfrac{[HA]}{[A^-]}=K_a\dfrac{c_a-[H^+]}{c_b+[H^+]}$ pH<6 $[H^+]=K_a\dfrac{[HA]}{[A^-]}=K_a\dfrac{c_a+[OH^-]}{c_b-[OH^-]}$ pH>8

提示

滴分析中常用的酸或碱的强度都较强，浓度也较大。故溶液的 pH 计算常用最简式，近似式少用到。

三、酸碱指示剂

1. 变色原理 酸碱指示剂一般是有机弱酸或弱碱，它们的共轭酸碱对具有不同结构，因而呈现不同颜色。当溶液的 pH 值改变时，指示剂失去质子成为碱式结构体，或得到质子成为酸式结构体。在酸碱滴定过程中，溶液的 pH 值不断变化，指示剂酸式结构体与碱式结构体浓度比值也发生变化，当此浓度比值变化一定数值时，就会引起溶液颜色的变化。

2. 变色范围 指示剂的理论变色范围为 $pH=pK_{HIn}\pm1$。当指示剂酸式结构体与碱式结构体浓度相等时，$pH=pK_{HIn}$，此时的 pH 值为酸碱指示剂的理论变色点。

3. 指示剂的选择原则 指示剂理论变色点与化学计量点尽量接近，变色范围全部或大部分落在滴定突跃范围内，颜色变化明显。

4. 几种常用指示剂 见表 4-4。

表 4-4 几种常用的酸碱指示剂

指示剂	pK_{In}	变色范围 pH	颜色	
			酸式色	碱式色
甲基橙	3.45	3.2～4.4	红	黄
甲基红	5.1	4.2～6.3	红	黄
酚酞	9.1	8.0～10.0	无	红

5. 影响指示剂变色范围的因素 ①温度：滴定宜在室温下进行，如必须加热，应将溶液冷却至室温后再进行滴定；②指示剂的用量：不宜过多，否则带来误差，单色指示剂需要严格控制用量；③电解质：不宜有大量的盐类存在；④滴定顺序：颜色由浅色变至深色，易判断。

四、酸碱滴定法的基本原理

1. 各类型酸碱滴定过程 pH 计算 见表 4-5。

表 4-5 各类型酸碱滴定

滴定类型	滴定阶段	溶液组成	pH 计算式	滴定突跃	指示剂
强碱滴定强酸（如 NaOH 滴定 HCl）	滴定前	强酸	$[H^+]=c_a$（全部酸的浓度）	酸性区间与碱性区	甲基橙、酚酞等
	滴定开始至化学计量点前	强酸	$[H^+]=c_a$（剩余酸的浓度）		
	化学计量点时	H_2O	$[H^+]=[OH^-]=1.0\times10^{-7}$		
	化学计量点后	强酸	$[OH^-]=c_b$（过量碱的浓度）		

（待续）

（续表）

滴定类型	滴定阶段	溶液组成	pH 计算式	滴定突跃	指示剂
强酸滴定强碱（如 HCl 滴定 NaOH）	滴定前	强碱	$[OH^-]=c_b$（全部碱的浓度）	酸性区间与碱性区	甲基橙、酚酞等
	滴定开始至化学计量点前	强碱	$[OH^-]=c_b$（剩余碱的浓度）		
	化学计量点时	H_2O	$[H^+]=[OH^-]=1.0\times10^{-7}$		
	化学计量点后	强酸	$[H^+]=c_a$（过量酸的浓度）		
强碱滴定一元弱酸（如 NaOH 滴定 HA）	滴定前	一元弱酸	$[H^+]=\sqrt{c_aK_a}$（c_a：全部 HA 的浓度）	碱性区间	酚酞、百里酚酞等
	滴定开始至化学计量点前	缓冲溶液 HA＋NaA	$pH=pK_a+\lg\frac{c_b}{c_a}$（$c_a$：剩余 HA 的浓度；$c_b$：生成 NaA 的浓度）		
	化学计量点时	一元弱碱 NaA	$[OH^-]=\sqrt{K_bc_b}=\sqrt{(K_w/K_a)\,c_b}$ $[H^+]=1.0\times10^{-14}/[OH^-]$（$c_b$：生成 NaA 的浓度）		
	化学计量点后	强碱	$[OH^-]=c_b$（过量碱的浓度）		
强酸滴定一元弱碱（如 HCl 滴定 A^-）	滴定前	一元弱碱	$[OH^-]=\sqrt{c_bK_b}$（c_b：全部 A^- 的浓度）	酸性区间	甲基橙、甲基红等
	滴定开始至化学计量点前	缓冲溶液 HA＋A^-	$pH=pK_a+\lg\frac{c_b}{c_a}$（$c_a$：生成 HA 的浓度；$c_b$：剩余 A^- 的浓度）		
	化学计量点时	一元弱酸	$[H^+]=\sqrt{K_ac_a}=\sqrt{(K_w/K_b)c_a}$（$c_a$：生成 HA 的浓度）		
	化学计量点后	强酸	$[H^+]=c_a$（过量 HCl 的浓度）		
强酸滴定多元碱（如 HCl 滴定 Na_2CO_3）	第一计量点	两性物质 HCO_3^-	$[H^+]=\sqrt{K_{a_1}K_{a_2}}$	碱性区间	酚酞、甲酚红-酚酞
	第二计量点	弱酸饱和 H_2CO_3 溶液	$[H^+]=\sqrt{K_{a_1}c}$（$c=0.04mol/L$）	酸性区间	甲基橙、溴酚蓝
强碱滴定多元酸（如 NaOH 滴定 H_3PO_4）	第一计量点	两性物质 $H_2PO_4^{2-}$	$[H^+]=\sqrt{K_{a_1}K_{a_2}}$	酸性区间	甲基橙、甲基橙-溴甲酚绿
	第二计量点	两性物质 HPO_4^-	$[H^+]=\sqrt{K_{a_2}K_{a_3}}$	碱性区间	百里酚酞、酚酞-百里酚酞

提示

酸碱滴定过程 pH 计算，首先判断滴定至某阶段溶液的组成，相应体积下各组成的浓度，然后用相应酸碱物质溶液的 pH 计算式进行计算。对于强酸（强碱）或一元弱酸（弱碱）的滴定，计算滴定突跃 pH 范围，选择变色范围全部在滴定突跃范围或部分在突跃范围内的指示剂指示终点；对于多元酸（碱）的滴定，一般计算化学计量点的 pH，选择变色点与化学计量点相近的指示剂指示终点。

酸碱滴定突跃范围：在滴定过程，溶液在化学计量点附近（相对误差在±0.1%的范围内）pH 的突变称为酸碱滴定突跃，突跃所在的 pH 范围称为酸碱滴定突跃范围。

2. 影响滴定突跃范围的因素

强酸（碱）滴定强碱（酸）：与酸、碱浓度大小有关，c_a 或 c_b 越大，滴定突跃范围越大。

强碱（酸）滴定弱酸（碱）：
- （1）与酸、碱浓度大小有关，c_a 或 c_b 越大，滴定突跃范围越大。
- （2）与 K_a 或 K_b 的大小有关，K_a 或 K_b 越大，滴定突跃范围越大。

提示

强酸（碱）滴定强碱（酸），当 c 改变 10 倍，突跃范围改变 2pH；强碱（酸）滴定弱酸（碱），当 c 改变 10 倍，突跃范围改变 1pH。

3. 酸碱准确滴定的判断 见表 4-6。

表 4-6 酸碱准确滴定的判断

被滴定物质	准确滴定与分步滴定条件	判断结果
一元弱酸	$c_a K_a \geqslant 10^{-8}$	可被强碱准确滴定
一元弱碱	$c_b K_b \geqslant 10^{-8}$	可被强酸准确滴定
多元酸	$K_{a_n} c_a \geqslant 10^{-8}$	第 n 级离解的 H^+ 能用强碱准确滴定
多元碱	$K_{a_n} / K_{a_{n+1}} \geqslant 10^4$	第 n 级离解的 H^+ 可分步滴定，不受第 $n+1$ 级离解的 H^+ 干扰，有一个滴定突跃
	$K_{b_n} c_b \geqslant 10^{-8}$	第 n 级离解的 OH^- 能用强碱准确滴定
	$K_{b_n} / K_{b_{n+1}} \geqslant 10^4$	第 n 级离解的 OH^- 可分步滴定，不受第 $n+1$ 级离解的 H^+ 干扰，有一个滴定突跃

提示

用强碱滴定 H_2A，有下列几种情况：①若 $K_{a_2} c_a \geqslant 10^{-8}$，且 $K_{a_1} / K_{a_2} \geqslant 10^4$，则可分步滴定，两级离解的 H^+ 都可准确滴定，形成两个突跃，可选指示剂分别指示第一和第二计量点。②若 $K_{a_2} c_a \geqslant 10^{-8}$，但 $K_{a_1} / K_{a_2} < 10^4$，两级离解的 H^+ 都可准确滴定，但不可分步滴定，滴定时两个突跃将合并在一起，形成一个突跃，可选指示剂指示第二计量

点。③若 $K_{a_1}c_a \geqslant 10^{-8}$，$K_{a_2}c_a < 10^{-8}$，且 $K_{a_1}/K_{a_2} \geqslant 10^4$，则可分步滴定，第一级离解的 H^+ 可准确滴定，形成一个突跃，可选指示剂指示第一计量点，第二级离解的 H^+ 不可准确滴定。④若 $K_{a_1}c_a \geqslant 10^{-8}$，$K_{a_2}c_a < 10^{-8}$，但 $K_{a_1}/K_{a_2} < 10^4$，虽然第一级离解满足准确滴定要求，但第二级离解的 H^+ 会干扰，故最终两级离解都不能准确滴定。⑤若 $K_{a_1}c_a < 10^{-8}$，两级离解都不能准确滴定。

4. 酸碱标准溶液的配制与标定

标准溶液	HCl	NaOH
配制方法	标定法	标定法（浓碱法沉淀 Na_2CO_3）
基准物质	无水碳酸钠（Na_2CO_3）	邻苯二甲酸氢钾（$KHC_8H_4O_4$）
	硼砂（$Na_2B_4O_7 \cdot 10H_2O$）	草酸（$H_2C_2O_4$）

提示

浓盐酸易挥发，氢氧化钠易吸收空气中的 CO_2，易吸潮，因此用标定法配制。

五、滴定终点误差

1. 强碱滴定强酸　$TE(\%) = \dfrac{[OH^-]-[H^+]}{c_{酸sp}} \times 100$

2. 强酸滴定强碱　$TE(\%) = \dfrac{[H^+]-[OH^-]}{c_{碱sp}} \times 100$

3. 强碱滴定一元弱酸　$TE(\%) = \left(\dfrac{[OH^-]}{c_{HAsp}} - \delta_{HA}\right) \times 100$

4. 强酸滴定一元弱碱　$TE(\%) = \left(\dfrac{[H^+]}{c_{Bsp}} - \delta_B\right) \times 100$

提示

$TE\% > 0$，表示终点在计量点之后为正误差；$TE\% < 0$，表示终点在计量点之前为负误差。等浓度滴定时 $c_{sp} = \dfrac{1}{2}c$。$\delta_{HA} = \dfrac{[H^+]}{[H^+]+K_a}$，$\delta_B = \dfrac{[OH^-]}{[OH^-]+K_b}$。

六、非水溶液中的酸碱滴定法

1. 非水酸碱滴定适用于范围和特点　非水酸碱滴定适用于：①在水中不能准确滴定的弱酸或弱碱[$c_{a(b)}K_{a(b)} \leqslant 10^{-8}$]；②在水中不能分步或分别滴定的多元酸（碱）、混合酸（碱）；③难溶于水的有机酸、碱物质。非水酸碱滴定特点：扩大滴定分析的应用范围。

2. 溶剂的分类

(1) 质子溶剂
- 酸性溶剂:给出质子能力较强的溶剂。常用溶剂有冰醋酸、丙酸。适合于弱碱性物质。
- 碱性溶剂:接受质子能力较强的溶剂。常用溶剂有乙二胺、液氨、乙醇胺。适合于弱酸性物质。
- 两性溶剂:既易接受质子又易给出质子的溶剂。常用溶剂有甲醇、乙醇、异丙醇、乙二醇。适合于不太弱的酸、碱性物质。

(2) 无质子溶剂
- 偶极亲质子溶剂:分子中无转移性质子,有较弱的接受质子倾向和程度不同的形成氢键能力。常溶剂有酰胺类、酮类、腈类、吡啶、二甲亚砜。适合于弱酸或某些混合物。
- 惰性溶剂:溶剂分子不参与酸碱反应,也无形成氢键的能力。常用溶剂有苯、氯仿、二氧六环。常与质子溶剂混合使用,以改善样品的溶解性能,增大滴定突跃。

3. 溶剂的性质

(1) 离解性:溶剂自身质子转移反应,生成溶剂合质子和溶剂阴离子。反应达平衡常数 K_s 称为溶剂的质子自递常数或溶剂的离子积。K_s 越小(pK_s 越大),溶剂的离解度越小,即溶剂的酸、碱性越弱,滴定时突跃范围越大。

(2) 酸碱性:弱酸溶于碱性溶剂中可以增强其酸性,弱碱溶于酸性溶剂中可以增强其碱性。选择适当的溶剂可使原来在水溶液中不能滴定的弱酸或弱碱能够被滴定。

(3) 极性:溶剂的介电常数 ε 越大,极性越大,越有利于酸(碱) 的离解,酸(碱) 强度也越大。

(4) 均化效应和区分效应:①均化效应:将各种不同强度的酸(或碱) 均化到溶剂化质子(或溶剂阴离子) 水平的效应。如水是 $HClO_4$ 和 HCl 的均化性溶剂;液氨是盐酸和醋酸的均化性溶剂。②区分效应:能区分酸(或碱) 强弱的效应。如醋酸是 $HClO_4$ 和 HCl 的区分性溶剂;水是盐酸和醋酸的区分性溶剂。

提示

酸性溶剂是碱的均化性溶剂,是酸的区分性溶剂;碱性溶剂是碱的区分性溶剂,是酸的均化性溶剂。

4. 溶剂的选择

被测物质
- 弱酸:选碱性溶剂或偶极质子溶剂。
- 弱碱:选酸性溶剂或惰性溶剂。
- 混合酸(碱):选酸(碱) 性都弱的混合溶剂——惰性溶剂及 pK_a 大的溶剂。

提示

溶剂的选择首先要考虑的是溶剂的酸碱性。对溶剂的要求要有利于滴定反应完全,终点明显。注意:①溶剂应有一定的纯度、黏度小、挥发性低,易于精制、回收、价廉、安全;②溶剂应能溶解试样及滴定反应的产物;③常用的混合溶剂:惰性溶剂与质子溶剂结合而成;④溶剂应不引起副反应。

5. 非水溶液中酸和碱的滴定

（1）碱的滴定：

溶剂：常用冰醋酸（加酸酐除水）。

标准溶液：高氯酸－冰醋酸（酸酐除水，易乙酰化样品不宜过量）。

基准物质：邻苯二甲酸氢钾。

标定反应：$C_6H_4(COOK)(COOH) + HClO_4 \longrightarrow C_6H_4(COOH)(COOH) + KClO_4$

终点检测：①指示剂：结晶紫；②电位法。

应用：①有机弱碱（$K_b>10^{-10}$）：冰醋酸作溶剂；$K_b<10^{-12}$的极弱碱：冰醋酸－醋酐作溶剂。②有机酸的碱金属盐：其共轭碱——有机酸根在冰醋酸中显较强的碱性。③有机碱的氢卤酸盐：加入过量醋酸汞→卤化汞↓，消除氢卤酸对滴定的干扰。④有机碱的有机酸盐：使用冰醋酸或冰醋酸－醋酐混合溶剂。

（2）酸的滴定：

溶剂：①不太弱的羧酸：用醇作溶剂；②弱酸和极弱酸：用乙二胺、二甲基甲酰胺作溶剂；③混合酸的区分滴定：用甲基异丁酮作溶剂；④酸的滴定也常使用混合溶剂甲醇－苯、甲醇－丙酮。

标准溶液：甲醇钠的苯－甲醇溶液氢氧化四丁基铵。

基准物质：苯甲酸。

标定反应：$C_6H_5COOH + CH_3Na \rightleftharpoons CH_3OH + C_6H_5COOH^- + Na^+$

终点检测：指示剂：百里酚蓝（中等强度酸）、偶氮紫（较弱的酸）、溴酚蓝（在甲醇、苯、氯仿等溶剂滴定羧酸、磺胺类、巴比妥类等）。

应用：①羧酸类：高级羧酸水中 pK_a5～6，苯－甲醇作溶剂，用甲醇钠滴定。更弱的羧酸，用二甲基甲酰胺溶剂。②酚类：乙二胺为溶剂，用氨基乙醇钠滴定；酸性较强的酚，用二甲基甲酰胺溶剂。③磺酰胺类（两性）：酸性较强，用甲醇－丙酮或甲醇－苯作溶剂，甲醇钠滴定。酸性较弱，丁胺或乙二胺溶剂，标准碱溶液滴定。

趣味知识

人体血液中的 CO_2 约 95％以上是以 $H_2CO_3^-$ 离子形式存在，测定 $H_2CO_3^-$ 离子浓度可帮助临床诊断血液中酸碱指标。正常血浆 HCO_3^- 浓度为 22～28mmol/L。$H_2CO_3^-$ 离子浓度测定方法可采用酸碱滴定法：

在血浆中加入过量 HCl 标准溶液，与 $H_2CO_3^-$ 离子反应而生成 CO_2，并使 CO_2 逸出，然后用酚红为指示剂，用 NaOH 标准溶液滴定剩余的 HCl，根据 HCl 和 NaOH 标准溶液的用量计算血浆中 HCO_3^- 离子的浓度（mol/L）：$c_{HCO_3^-}=\dfrac{(cV)_{HCl}-(cV)_{NaOH}}{V_s}$。

经典习题

一、最佳选择题

1. 在相同浓度下，碱性最强的溶液是(　　)。
   A. 甲胺($K_a = 2.0 \times 10^{-11}$)　B. 羟胺($K_a = 1.1 \times 10^{-6}$)　C. 硼砂($K_a = 5.8 \times 10^{-10}$)
   D. 苯胺($K_a = 1.3 \times 10^{-5}$)　E. 苯酚($K_a = 1.0 \times 10^{-9}$)
2. 下列溶液浓度均为 0.10mol/L，能采用等浓度强碱的标准溶液直接准确进行滴定的是(　　)。
   A. $NaHCO_3$ (H_2CO_3 $K_{a_1} = 4.5 \times 10^{-7}$, $K_{a_2} = 4.7 \times 10^{-11}$)
   B. CH_3NH_2 ($K_a = 2.0 \times 10^{-11}$)
   C. $(CH_2)_6N_4$ ($K_a = 7.1 \times 10^{-6}$)
   D. NaHS (H_2S $K_{a_1} = 8.9 \times 10^{-8}$, $K_{a_2} = 1.9 \times 10^{-19}$)
   E. $NaHPO_4$ (H_3PO_4 $K_{a_1} = 6.9 \times 10^{-3}$, $K_{a_2} = 6.2 \times 10^{-8}$, $K_{a_3} = 4.8 \times 10^{-13}$)
3. 下列多元酸或混合酸中，用 NaOH 滴定出现两个突跃的是(　　)。
   A. $C_2H_2(COOH)_2$ ($K_{a_1} = 9.5 \times 10^{-4}$, $K_{a_2} = 4.2 \times 10^{-5}$)
   B. $H_2C_2O_4$ ($K_{a_1} = 5.6 \times 10^{-2}$, $K_{a_2} = 1.5 \times 10^{-4}$)
   C. $HCl + H_3PO_4$ ($K_{a_1} = 6.9 \times 10^{-3}$, $K_{a_2} = 6.2 \times 10^{-8}$, $K_{a_3} = 4.8 \times 10^{-13}$)
   D. H_2S ($K_{a_1} = 8.9 \times 10^{-8}$, $K_{a_2} = 1.9 \times 10^{-19}$)
   E. H_2NCH_2COOH ($K_{a_1} = 4.5 \times 10^{-3}$, $K_{a_2} = 1.7 \times 10^{-10}$)
4. 用 HCl 标准溶液滴定某一元弱碱 NaA 时，取两份体积相同的试液，一份溶液以甲基橙作指示剂，消耗 HCl 的体积为 $V_甲$；另一份溶液以酚酞作指示剂，消耗 HCl 的体积为 $V_酚$，则 $V_甲$ 和 $V_酚$ 的关系是(　　)。
   A. $V_甲 = V_酚$　B. $V_甲 \approx V_酚$　C. $V_甲 < V_酚$
   D. $V_甲 > V_酚$　E. $2V_甲 = V_酚$
5. 用 NaOH 溶液(0.10mol/L) 滴定同浓度的醋酸($K_a = 1.75 \times 10^{-5}$) 溶液，可选用的指示剂是(　　)。
   A. 百里酚蓝($pK_{In} = 1.65$)　B. 甲基橙($pK_{In} = 3.45$)　C. 溴酚蓝($pK_{In} = 4.1$)
   D. 甲基红($pK_{In} = 5.1$)　E. 酚酞($pK_{In} = 9.1$)
6. 用双指示剂法进行碳酸盐混合碱分析时，取一份溶液用酚酞作指示剂，用 HCl 标准液滴定，酚酞变色时消耗的体积为 V_1，用甲基橙作指示剂，继续用 HCl 标准液滴定，甲基橙变色时又消耗标准液 HCl 的体积为 V_2，若 $V_1 = V_2$，则碱的组成是(　　)。
   A. NaOH　B. Na_2CO_3　C. $NaHCO_3$
   D. $NaHCO_3 + Na_2CO_3$　E. $NaOH + NaHCO_3$
7. 用双指示剂法进行磷酸盐混合碱分析时，取两份体积相同的试液，一份溶液以酚酞作指示剂，消耗 HCl 的体积为 V_1；另一份溶液以甲基橙作指示剂，消耗 HCl 的体积为 V_2，若 $2V_1 = V_2$，则碱的组成是(　　)。
   A. Na_3PO_4　B. Na_2HPO_4　C. NaH_2PO_4
   D. $Na_3PO_4 + Na_2HPO_4$　E. $Na_2HPO_4 + NaH_2PO_4$
8. 用 HCl 滴定 0.1mol/L Na_3A (H_3A 的 $K_{a_1} = 6.9 \times 10^{-3}$, $K_{a_2} = 6.2 \times 10^{-8}$, $K_{a_3} = 4.8 \times 10^{-13}$)，有几个突跃？(　　)
   A. 0　B. 1　C. 2
   D. 3　E. 4

9. 在下列何种溶剂中,醋酸、水杨酸、盐酸及高氯酸的酸强度都不相同的是(　　)。

A. 乙二胺　　B. 吡啶　　C. 液氨
D. 纯水　　E. 甲基异丁酮

10. 在非水滴定中,溶剂的选择优先考虑的是(　　)。

A. 溶剂的极性　　B. 溶剂的离解性　　C. 溶剂的黏度
D. 溶剂的酸碱性　　E. 溶剂的挥发性

二、配伍选择题

[1～5]

A. 酸　B. 碱　C. 两性物质　D. 共轭酸　E. 共轭碱

判断下列物质属于

1. HPO_4^{2-} 是 PO_4^{3-} 的(　　)。
2. $H_2PO_4^-$ 的是 H_3PO_4 的(　　)。
3. $H_2PO_4^-$ 是(　　)。
4. H_3PO_4 是(　　)。
5. PO_4^{3-} 是(　　)。

[6～10]

A. 酚酞　B. 甲基橙　C. 甲基红　D. 结晶紫　E. 百里酚蓝

为下列测定选择指示剂

6. 用 HCl 标准溶液直接滴定 $NH_3 \cdot H_2O$($pK_b=4.76$)(　　)。
7. 用 HCl 标准溶液直接滴定 Na_3PO_4(H_3PO_4 $pK_{a_1}=2.2$,$pK_{a_2}=7.21$,$pK_{a_3}=12.32$)至第一计量点(　　)。
8. 用 NaOH 标准溶液直接滴定枸橼酸($pK_{a_1}=3.13$,$pK_{a_2}=4.76$,$pK_{a_3}=6.40$)(　　)。
9. 以二甲基甲酰胺为溶剂,用甲醇钠标准溶液直接滴定磺酰胺类(　　)。
10. 以无水 HAc 为溶剂,用 $HClO_4$ 标准溶液直接滴定苯胺(　　)。

[11～12]

A. 增大　B. 减小　C. 不变

判断下列情况对滴定突跃范围的影响

11. 用强酸标准溶液直接滴定弱碱,浓度增大(　　)。
12. 用强酸标准溶液直接滴定弱碱,K_b 越小(　　)

[13～17]

A. 偏低　B. 偏高　C. 无影响　D. 不能确定

判断下列情况对测定结果的影响

13. 标定 HCl 溶液的浓度时,若 Na_2CO_3 基准物质已吸湿(　　)。
14. 若 $Na_2B_4O_7 \cdot 10H_2O$ 风化,则测定硼砂含量结果(　　)。
15. 标定 NaOH 溶液的浓度时,邻苯二甲酸氢钾基准物中混有少量的邻苯二甲酸(　　)。
16. 若 NaOH 标准溶液在保存过程中吸收了 CO_2,以酚酞作指示剂,用该标准溶液测定 HCl 的浓度(　　)。
17. 若 NaOH 标准溶液在保存过程中吸收了 CO_2,以甲基橙作指示剂,用该标准溶液测定 HCl 的浓度(　　)。

三、多项选择题

1. 下列物质溶液(浓度 0.10mol/L),能用 0.10mol/L HCl 标准溶液直接准确滴定的是(　　)。

A. NaCOOH(HCOOH　$pK_a=4.20$)

B. $NH_4H_2BO_3$（H_3BO_3 $pK_a=9.27$）

C. NH_4NO_3（$NH_3 \cdot H_2O$ $pK_b=4.75$）

D. NH_4Ac（HAc $pK_a=4.75$）

E. $NH_3 \cdot H_2O$（$pK_b=4.75$）

2. 当浓度增加10倍时，滴定突跃范围增加1个pH单位的是（　　）。

A. HCl滴定NaOH　B. HCl滴定$NH_3 \cdot H_2O$　C. NaOH滴定HAc

D. HCl滴定$NH_4H_2BO_3$　E. NaOH滴定HCOOH

3. 下列酸或碱（浓度为0.10mol/L）能用等浓度的碱或酸标准溶液准确进行分步滴定的是（　　）。

A. $H_2C_2O_4$（$pK_{a_1}=1.25$，$pK_{a_2}=3.81$）

B. 乙二胺（$pK_{b_1}=4.08$，$pK_{b_2}=7.14$）

C. 邻苯二甲酸（$pK_{a_1}=2.94$，$pK_{a_2}=5.43$）

D. 顺式丁烯二酸（$pK_{a_1}=1.92$，$pK_{a_2}=6.23$）

E. 马来酸（$pK_{a_1}=1.92$，$pK_{a_2}=6.23$）

4. 在酸碱滴定法中，选择指示剂时须考虑的因素有（　　）。

A. 指示剂的变色范围　B. 滴定突跃的范围　C. 指示剂的颜色变化

D. 指示剂的用量大小　E. 被滴定液的温度变化

5. 标定0.1mol/L NaOH可选用的基准物质是（　　）。

A. 无水Na_2CO_3　B. $Na_2B_4O_7 \cdot 10H_2O$　C. 邻苯二甲酸氢钾

D. $H_2C_2O_2 \cdot 2H_2O$　E. HCl

6. 下列滴定产生负误差的是（　　）。

A. HCl滴定NaOH，用甲基橙作指示剂

B. NaOH滴定H_3PO_4至第一计量点，用甲基橙作指示剂

C. 用HCl吸收$NH_3 \cdot H_2O$（$pK_b=4.75$），用酚酞作指示剂

D. HCl滴定NaOH，用酚酞作指示剂

E. NaOH滴定甲酸（$pK_a=4.20$），甲基红作指示剂（终点pH=6.20）

四、问答题

1. 请问：①酸碱滴定最常用的酸标准溶液浓度是多少？现用浓盐酸配制该浓度的HCl标准溶液500mL，请写出溶液配制方法和主要注意事项。②标定盐酸常用的基准物有哪些？

2. 用盐酸能否直接滴定硼砂或醋酸钠？用氢氧化钠能否直接滴定醋酸或硼酸？为什么？

3. 如采用双指示剂法滴定混合磷酸盐（$Na_3PO_4+Na_2HPO_4$），可采用什么指示剂？如何进行？如何计算？（已知H_3PO_4 $pK_{a_1}=2.16$，$pK_{a_2}=7.21$，$pK_{a_3}=12.32$）

4. 已知某二元酸H_2A的$pK_{a_1}=4.41$，$pK_{a_2}=5.41$。请问该酸能否直接准确滴定？若能，有几个突跃？化学计量点的pH是多少？用什么指示剂？

5. 某酸碱指示剂HIn的$K_{HIn}=1\times10^{-5}$，则该指示剂的理论变色点和变色范围的pH为多少？

6. 有一碱液，可能是NaOH、Na_2CO_3、$NaHCO_3$或它们的混合物，若用盐酸标准溶液滴定到酚酞终点时，用去酸V_1mL，继续以甲基橙为指示剂滴至终点，又用去V_2mL，由V_1和V_2的关系判断碱液的组成。

(1) $V_1>V_2>0$　(2) $V_2>V_1>0$　(3) $V_1=V_2$

(4) $V_2>0$　$V_1=0$　(5) $V_1>0$　$V_2=0$

7. 在下列何种溶剂中，硝酸、硫酸、盐酸及高氯酸的强度相度？

(1) 纯水　(2) 醋酸　(3) 甲基异丁酮　(4) 苯甲酸

8. 拟定下列混合物的测定方案（指出方法原理、指示剂、操作步骤、计算式）

(1) HCl-H_3PO_4　(2) HCl-NH_4Cl

五、计算题

1. 计算下列溶液的 pH 值。

(1) 0.10mol/L C_6H_5COOH($K_a=6.5\times10^{-5}$);

(2) 0.10mol/L $NH_3\cdot H_2O$($NH_3\cdot H_2O$ 的 $K_a=5.6\times10^{-10}$);

(3) 0.10$H_2C_2O_4$ 水溶液($c=0.040$mol/L)($K_{a_1}=5.9\times10^{-2}$,$K_{a_2}=6.5\times10^{-5}$);

(4) 0.10mol/L 酒石酸氢钠溶液(酒石酸的 $K_{a_1}=6.8\times10^{-4}$,$K_{a_2}=1.2\times10^{-5}$);

(5) 0.10mol/L NH_4Cl 与 0.10mol/L NaAc 的混合溶液(NH_4^+ 的 $K_a=5.6\times10^{-10}$,HAc 的 $K_a=1.7\times10^{-5}$);

(6) 0.20mol/L 吡啶溶液与 0.10mol/L HCl 溶液等体积混合溶液($C_5H_5NH^+$ 的 $pK_a=5.23$)。

2. 称取 1.250g 某一元弱酸(HA) 纯品,配成 50mL 水溶液,用 0.09000mol/L 的 NaOH 溶液滴定。当滴定至 NaOH 体积 8.24mL 时,溶液的 pH 为 4.30;当滴定至 NaOH 体积 41.20mL 时到达终点。计算①HA相对分子质量;②HA 的 K_a 值;③化学计量点时的 pH,选何种指示剂?

3. 用 NaOH(0.10mol/L) 溶液滴定某一元弱酸 HA(0.10mol/L) 20.00mL。计算化学计量点时溶液的 pH 及滴定突跃 pH 范围,并说明应选择何种指示剂?(HA 的 $K_a=1.8\times10^{-4}$)

4. 称取 0.5490g 乙酰水杨酸试样,加入 50.00mL 的 NaOH(0.1660mol/L) 煮沸,与水杨酸试样反应完全。过量的碱用 HCl 标准溶液滴定,消耗 27.14mL。已知 $T_{HCl/Na_2B_4O_7\cdot10H_2O}=0.03814$mg/mL,求乙酰水杨酸的百分含量。($M_{乙酰水杨酸}=180.16$,$M_{硼砂}=381.4$)

5. 称取某二元酸 H_2A 试样 0.3658g,用 NaOH(0.09540mol/L) 进行滴定。由 0.00mL 开始,滴定至 18.42mL 时,溶液 pH 为 2.85;滴定至 36.84mL 时,到达第一计量点,溶液 pH 为 4.26;滴定至 55.25mL 时,溶液 pH 为 5.66;滴定至 73.66mL 时,到达第二计量点,溶液 pH 为 8.50。计算 H_2A 的 pK_{a_1}、pK_{a_2} 和其百分含量。($M_{H_2A}=104.1$)

6. 称取工业硼砂 $Na_2B_4O_7\cdot10H_2O$ 1.000g,用 HCl(0.2000mol/L) 滴定至甲基红变色消耗体积为 24.50mL,计算试样中 $Na_2B_4O_7\cdot10H_2O$ 的百分含量和以 B_2O_3 及 B 表示的质量分数。($M_{硼砂}=381.4$,$M_{B_2O_3}=69.62$,$M_B=10.811$)

7. 称取食品试样 0.5000g,经消化处理后,加碱蒸馏,用 4% 硼酸溶液吸收释出的氨,然后用 0.1020mol/L HCl 滴定至终点,消耗 23.46mL。计算该试样蛋白质的含量。(蛋白质中氮的质量换算为蛋白质的质量的换算因素为 6.25,$M_N=14.01$)

8. 一试样中含有 NaOH 和 Na_2CO_3(杂质不与 HCl 发生反应)。现称取 1.806g 溶解后定容至 250mL。取 25.00mL 试样溶液,以酚酞作指示剂,用 0.1135mol/L 的 HCl 标准溶液滴定至终点,用去 29.00mL。另取 20.00mL 试样溶液,以甲基橙作指示剂,用 HCl 标准溶液滴定至终点,用去 32.66mL。计算该试样中 NaOH 和 Na_2CO_3 的质量分数。($M_{NaOH}=40.00$,$M_{Na_2CO_3}=106.0$)

9. 已知试样可能含有 Na_3PO_4、Na_2HPO_4、NaH_2PO_4 或它们的混合物,以及不与酸作用的物质。称取试样 2.000g,溶解后以酚酞作指示剂,用 0.5000mol/L HCl 标准溶液滴定至红色消失,消耗 HCl 溶液 12.00mL。向溶液加入甲基红指示剂,继续用 HCl 滴定至橙色,又消耗 HCl 溶液 20.00mL。求试样的组成及各组分的含量。($M_{Na_3PO_4}=163.94$,$M_{Na_2HPO_4}=141.96$,$M_{NaH_2PO_4}=119.98$)

10. 称取 0.1369g 水杨酸钠样品,用适量醋酐-冰醋酸(1∶4) 溶解,以结晶紫为指示剂,用 0.1016mol/L $HClO_4$ 滴定,消耗体积 8.20mL;相同条件下做一空白试验,消耗体积 0.05mL,试计算样品中水杨酸钠的含量($M_{水杨酸钠}=160.10$)。

参考答案

一、最佳选择题

1.A　2.C　3.C　4.D　5.E　6.B　7.A　8.C　9.E　10.D

二、配伍选择题

[1～5] DECAB [6～10] CAAED [11～12] AB [13～17] BBABC

三、多项选择题

1. BE 2. BCDE 3. DE 4. ABCDE 5. CD 6. BCDE

四、问答题

1. 答：①最常用的酸标准溶液浓度是 0.1mol/L。而浓盐酸的浓度为 12mol/L，经计算配制 0.10mol/L 的 HCl 溶液需浓盐酸 $V=\frac{0.10\times500}{12}=4.2\text{mL}$。考虑浓盐酸的挥发性，浓度会降低，实际用体积会多些，并采用标定法配制。0.1mol/L 盐酸标准溶液的配制：量取浓盐酸 4.5mL 于烧杯中，加水至 500mL，搅匀，装入试剂瓶中，摇匀，贴上标签即可；注意要在通风橱或空旷通风的地方进行。②基准物有：无水 Na_2CO_3 和硼砂。

2. 答：硼砂($Na_2B_4O_7\cdot10H_2O$) 可看成是 H_3BO_3 和 NaH_2BO_3 按 1∶1 组成的，则 $B_4O_7^{2-}+5H_2O=2H_2BO_3^-+2H_3BO_3$。而 $H_2BO_3^-$ 的 $K_b=\frac{1.0\times10^{-14}}{5.4\times10^{-10}}=1.8\times10^{-5}$，由于 $cK_b>10^{-8}$，故可用 HCl 标准溶液滴定。而 NaAc 的 $K_b=\frac{1.0\times10^{-14}}{1.79\times10^{-5}}=5.6\times10^{-10}$，由于 $cK_b<10^{-8}$，故不能用 HCl 标准溶液直接滴定。同理，HAc 的 $K_a=1.7\times10^{-5}$，因为 $cK_a>10^{-8}$，所以可用 NaOH 滴定；而硼酸 H_3BO_3 的实际形式为 $HBO_2\cdot H_2O$，$K_a=5.4\times10^{-10}$，$cK_a<10^{-8}$，故不能用 NaOH 标准溶液直接滴定。

3. 答：设浓度为 0.10mol/L，因 PO_4^{3-} 的 $K_{b_1}=\frac{10^{-14.0}}{10^{-12.32}}=10^{-1.68}$，$cK_b>10^{-8}$，$HPO_4^{2-}$ 的 $K_{b_2}=\frac{10^{-14.0}}{10^{-7.21}}=10^{-6.79}$，$cK_b>10^{-8}$，均可用盐酸滴定。且 $\frac{K_{b_1}}{K_{b_2}}=\frac{10^{-1.68}}{10^{-6.79}}=10^{5.11}>10^4$，可分步滴定。

第一步反应：$Na_3PO_4+HCl=Na_2HPO_4+NaCl$，计量点时

$\text{pH}=\frac{1}{2}(\text{p}K_{a_2}+\text{p}K_{a_3})=\frac{1}{2}(7.21+12.32)=9.77(\text{mol/L})$，可选酚酞作指示剂。

第二步反应：$Na_2HPO_4+HCl=NaH_2PO_4+NaCl$，计量点时

$\text{pH}=\frac{1}{2}(\text{p}K_{a_1}+\text{p}K_{a_2})=\frac{1}{2}(2.16+7.21)=4.68$，可选甲基红作指示剂。

混合磷酸盐($Na_3PO_4+Na_2HPO_4$) 测定：精密称取样品 m 克，加入一定体积水溶解后，加酚酞指示剂，用盐酸标准溶液滴定至溶液由红变无色，记录消耗体积为 V_1；加甲基红指示剂，继续用盐酸标准溶液滴定至溶液由黄变橙色，记录消耗体积为 V_2；

$$w_{\text{磷酸钠}}\%=\frac{c_{HCl}V_1\times\frac{M_{\text{磷酸钠}}}{1000}}{m_s}\times100$$

$$w_{\text{磷酸氢钠}}\%=\frac{c_{HCl}(V_2-V_1)\times\frac{M_{\text{磷酸钠}}}{1000}}{m_s}\times100$$

4. 答：设 $c=0.10\text{mol/L}$，因该酸 $cK_{a_1}>10^{-8}$，$cK_{a_2}>10^{-8}$，但 $\frac{K_{a_1}}{K_{a_2}}<10^4$，故可用 NaOH 直接准确滴定，但不能分步滴定，只有 1 个突跃，可选指示剂滴定至第二计量点。第二计量点的组成为 Na_2A，是二元碱：

$$[OH^-]=\sqrt{c_bK_{b_1}}=\sqrt{\frac{c_a}{3}\times\frac{K_w}{K_{a_2}}}=\sqrt{\frac{0.10}{3}\times\frac{1.0\times10^{-14}}{10^{-6.07}}}=2.0\times10^{-5}(\text{mol/L})$$

pOH=4.70，pH=9.30，可选择酚酞作指示剂。

5. 答：指示剂的理论变色点 $\text{pH}=\text{p}K_{HIn}=5$；变色范围 $\text{pH}=\text{p}K_{HIn}\pm1=5\pm1$，即 pH3～4。

6. 答：因酚酞变色时，Na_2CO_3 与 HCl 反应生成 $NaHCO_3$，NaOH 反应完全生成 NaCl；甲基橙变色时，

$NaHCO_3$ 与 HCl 反应生成 CO_2+H_2O。而 Na_2CO_3 与 HCl 反应至第一计量点消耗 HCl 的体积与第一计量点至第二计量点消耗 HCl 的体积是相等的。故：当 $V_1=V_2$ 时，应只有 Na_2CO_3；当 $V_1>0$，$V_2=0$ 时，应只有 NaOH；当 $V_2>0$，$V_1=0$ 时，应只有 $NaHCO_3$；若 $V_1>V_2>0$，则应是 $NaOH+Na_2CO_3$；若 $V_2>V_1>0$ 时，则是 $NaHCO_3+Na_2CO_3$。

7. 答：是(1) 纯水。因为醋酸、甲基异丁酮、苯甲酸都是硝酸、硫酸、盐酸及高氯酸的区分性溶剂，而在水中的这四种酸的强度都被调平至 H_3O^+ 水平。

8. 答：(1) $HCl-H_3PO_4$：取一份试液以甲基橙为指示剂，用 NaOH 滴定，消耗体积为 V_1。反应如下：$HCl+NaOH=NaCl+H_2O$，$H_3PO_4+NaOH=NaH_2PO_4+H_2O$。另取一份试液以酚酞为指示剂，用 NaOH 滴定，消耗体积为 V_2。反应如下：$HCl+NaOH=NaCl+H_2O$，$H_3PO_4+2NaOH=Na_2HPO_4+H_2O$。按下式计算：

$$w_{H_3PO_4}\%=\frac{c_{NaOH}(V_2-V_1)\times M_{H_3PO_4}}{V_s\times 1000}\times 100\text{；}w_{HCl}\%=\frac{c_{NaOH}(2V_1-V_2)\times M_{HCl}}{V_s}\times 100$$

(2) $HCl-NH_4Cl$：NH_4^+ 的 $pK_a=9.25$，不能用 NaOH 滴定。取一份试液用 NaOH 标准溶液滴定。反应为：$HCl+NaOH=NaCl+H_2O$，此时溶液组成为 NH_4^++NaCl，其 $pH\approx 5.2$，可选用甲基红(4.4～6.2)指示剂。计算式为：

$$w_{HCl}\%=\frac{c_{NaOH}V_{NaOH}\times M_{HCl}}{V_s\times 1000}\times 100$$

继续加入甲醛与 NH_4Cl 反应：$4NH_4^++6HCHO=(CH_2)_6N_4H^++3H^++6H_2O$，生成相当的酸(质子化六次甲基四铵和 H^+) 用 NaOH 滴定，酚酞作指示剂。计算式为：$w_{NH_4Cl}\%=\dfrac{c_{NaOH}V_{NaOH}\times \dfrac{M_{NH_4Cl}}{1000}}{V_s}\times 100$。

五、计算题

1. 解：(1) 因 $c_aK_a>20K_w$，$c_a/K_a>500$；故可用最简式计算：

$$[H^+]=\sqrt{c_aK_a}=\sqrt{0.10\times 6.5\times 10^{-5}}=2.5\times 10^{-3}(mol/L)$$

$$pH=2.60$$

(2) $NH_3\cdot H_2O$ 的 $K_b=\dfrac{K_w}{K_a}=\dfrac{1.0\times 10^{-14}}{5.6\times 10^{-10}}=1.8\times 10^{-5}$。因为 $c_bK_b>20K_w$，并且 $c_b/K_b>500$，可用最简式计算：

$$[OH^-]=\sqrt{c_bK_b}=\sqrt{1.8\times 10^{-5}\times 0.10}=1.3\times 10^{-3}(mol/L)$$

$$pOH=2.89\qquad pH=14.00-pOH=11.11$$

(3) 因 $c_aK_{a_1}>20K_w$，$\dfrac{c_a}{K_{a_1}}<500$，$\dfrac{2K_{a_2}}{\sqrt{c_aK_{a_1}}}<0.05$，所以用近似式计算：

$$[H^+]=\frac{-K_{a_1}+\sqrt{K_{a_1}^2+4c_aK_{a_1}}}{2}=\frac{-5.9\times 10^{-2}+\sqrt{(5.9\times 10^{-2})^2+4\times 0.10\times 5.9\times 10^{-2}}}{2}=0.053(mol/L)$$

$pH=1.28$

(4) 由于 $c>20K_{a_1}$，$cK_{a_2}>20K_w$，可用最简式计算：

$$[H^+]=\sqrt{K_{a_1}K_{a_2}}=\sqrt{6.8\times 10^{-4}\times 1.2\times 10^{-5}}=9.0\times 10^{-5}(mol/L)$$

$$pH=4.04$$

或 $pK_{a_1}=3.17$，$pK_{a_2}=4.92$，$pH=\dfrac{1}{2}(pK_{a_1}+pK_{a_2})=\dfrac{1}{2}(3.17+4.92)=4.04$

(5) NH_4^+ 的 $K_a=5.6\times 10^{-10}$，Ac^- 的共轭酸 HAc 的 $K_a'=1.7\times 10^{-5}$，因 $c_{NH_4^+}K_a>>K_w$，$\dfrac{c_{HAc}}{K_a'}>>1$，

$c_{Ac^-} \approx c_{NH_4^+}$，可用最简式计算：

$$[H^+]=\sqrt{K_aK'_a}=\sqrt{5.6\times10^{-10}\times1.7\times10^{-5}}=9.8\times10^{-8}(mol/L)$$

$$pH=7.01$$

(6) $C_5H_5N + HCl \rightleftharpoons C_5H_5NH^+ + Cl^-$

等体积混合后，生成 $C_5H_5NH^+$ 的浓度为 0.10/2=0.050(mol/L)

剩余的吡啶浓度为：$\frac{0.20-0.10}{2}=0.050(mol/L)$

因此，吡啶与吡啶盐组成缓冲溶液的 pH 计算：

$$pH=pK_a+\lg\frac{c_{C_5H_5N}}{c_{C_5H_5NH^+}}=5.23+\lg\frac{0.050}{0.050}=5.23$$

2. 解：①计算 HA 的相对分子质量：

滴定终点与化学计量点相近，此时：$\frac{m_{HA}}{M_{HA}}\times1000=c_{NaOH}\cdot V_{NaOH}$

$$M_{HA}=\frac{m_{HA}\times1000}{c_{NaOH}\cdot V_{NaOH}}=\frac{1.250\times1000}{0.0900\times41.20}=337.1$$

②求 HA 的 K_a：

当加入 NaOH 8.24mL 时，溶液为缓冲液。

$$c_b=[A^-]=\frac{0.0900\times8.24}{50+8.24}(mol/L)$$

$$c_a=[HA]=\frac{0.0900\times(41.20-8.24)}{50+8.24}(mol/L)$$

$pH=pK_a+\lg\frac{c_b}{c_a}$　代入数据 $4.30=pK_a+\lg\frac{8.24}{41.20-8.24}$

$pK_a=4.90$　$K_a=1.26\times10^{-5}$

③化学计量点时生成 NaA，是弱碱：

$$[OH^-]=\sqrt{\frac{K_w}{K_a}\cdot c_b}=\sqrt{\frac{1.0\times10^{-14}}{1.26\times10^{-5}}\times\frac{0.09000\times41.20}{50.00+41.20}}=5.68\times10^{-6}(mol/L)$$

pOH=5.24，pH=8.75，可选酚酞作指示剂。

3. 解：化学计量点前 0.1%时，溶液组成为 $HCOOH+HCOO^-$，是缓冲液：

$$pH=pK_a+\lg\frac{c_b}{c_a}$$

$$c_b=[HCOO^-]=\frac{19.98\times0.10}{20.00+19.98}$$

$$c_a=[HCOOH]=\frac{0.02\times0.10}{20.00+19.98}$$

$$pH=3.75+\lg\frac{19.98}{0.02}=6.75$$

化学计量点时，溶液为 $HCOO^-$，是一元弱碱：

$$[OH^-]=\sqrt{\frac{K_w}{K_a}\cdot c_b}=\sqrt{\frac{10^{-14}}{10^{-3.75}}\times\frac{0.10}{2}}=1.68\times10^{-6}(mol/L)$$

$$pOH=5.78 \qquad pH=14.00-5.78=8.22$$

化学计量点后 0.1%时，溶液组成为 $HCOO^-$ +NaOH(过量)，溶液 pH 由过量 NaOH 决定：

$$[OH^-]=\frac{0.10\times0.02}{20.00+20.02}=5.00\times10^{-5}(mol/L)$$

$$pOH=4.30 \qquad pH=14.00-4.30=9.70$$

滴定突跃范围 pH6.75～9.70，选酚酞作指示剂。

4. 解：$Na_2B_4O_7+2HCl+5H_2O=2NaCl+4H_3BO_3$

1mol 硼砂相当于 2mol 的盐酸，即 $n_{HCl}=2n$ 硼砂

$$c_{HCl}=\frac{2T_{HCl/Na_2B_4O_7\cdot 10H_2O}\times 1000}{M_{硼砂}}=\frac{2\times 0.03814\times 1000}{381.4}=0.2000(mol/L)$$

乙酰水杨酸与 NaOH 反应：

$$HOOCC_6H_4OCOCH_3+2NaOH=CH_3COONa+C_6H_4OHCOONa+H_2O$$

1mol NaOH 相当于 1/2mol 的乙酰水杨酸，即 $n_{乙}=\frac{1}{2}n_{NaOH}$

$$w_{乙}(\%)=\frac{\frac{1}{2}(c_{NaOH}V_{NaOH}-c_{HCl}V_{HCl})\times\frac{M_{乙}}{1000}}{m_s}\times 100$$

$$=\frac{\frac{1}{2}(50.00\times 0.1660-0.2000\times 27.14)\times\frac{180.16}{1000}}{0.5490}\times 100$$

$$=47.12$$

5. 解：第一计量点时消耗 NaOH 36.84mL，当滴入 36.84/2＝18.42(mL) 时，第一步反应 $H_2A+NaOH\rightleftharpoons NaHA+H_2O$ 进行到一半，此时$[H_2A]=[HA^-]$，由离解平衡式 $K_{a_1}=\frac{[HA^-][H^+]}{[H_2A]}$ 得 $pK_{a_1}=pH_1=2.85$。

同理，当滴入(73.66－36.84) /2＋36.84＝55.25(mL) 时，即第二步反应 $NaHA+NaOHNa_2A+H_2O$ 进行到一半，此时$[HA^-]=[A^{2-}]$，由离解平衡 $K_{a_2}=\frac{[A^{2-}][H^+]}{[HA^-]}$ 得 $pK_{a_2}=pH_2=5.66$。H_2A 的含量为：

$$w_{H_2A}\%=\frac{\frac{1}{2}c_{NaOH}V_{NaOHl}\times\frac{M_{H_2A}}{1000}}{m_s}\times 100$$

$$=\frac{\frac{1}{2}\times 0.09540\times 73.66\times\frac{104.1}{1000}}{0.3658}\times 100$$

$$=99.99$$

6. 解：根据 $Na_2B_4O_7+2HCl+5H_2O=4H_3BO_3+2NaCl$ 可得：1mol HCl 相当于 1/2mol 的 $Na_2B_4O_7\cdot H_2O$，即$\frac{1}{2}n_{HCl}=n_{硼砂}$

$$w_{硼砂}\%=\frac{\frac{1}{2}c_{HCl}V_{HCl}\times\frac{M_{硼砂}}{1000}}{m_s}\times 100=\frac{\frac{1}{2}\times 0.2000\times 24.50\times\frac{381.4}{1000}}{1.000}\times 100=93.44$$

1mol HCl 相当于 1mol 的 B_2O_3，即 $n_{HCl}=n_{B_2O_3}$

$$w_{B_2O_3}\%=\frac{c_{HCl}V_{HCl}\times\frac{M_{B_2O_3}}{1000}}{m_s}\times 100=\frac{0.2000\times 24.50\times\frac{69.62}{1000}}{1.000}\times 100=34.11$$

1mol HCl 相当于 2mol 的 B，即 $2n_{HCl}=n_B$

$$w_B\%=\frac{2c_{HCl}V_{HCl}\times\frac{M_B}{1000}}{m_s}\times 100=\frac{2\times 0.2000\times 24.50\times\frac{10.81}{1000}}{1.000}\times 100=10.59$$

7. 解：$NH_3+H_3BO_3\rightleftharpoons NH_4H_2BO_3$

$$NH_4H_2BO_3+HCl\rightleftharpoons H_3BO_3+NH_4Cl$$

1mol HCl 相当于 1mol 的 N，即 $n_{HCl}=n_N$

$$w_{蛋白质}\%=6.25\times w_{N}\%=\frac{6.25c_{HCl}V_{HCl}\times\frac{M_{N}}{1000}}{m_{s}}\times100$$

$$=\frac{6.25\times0.1020\times23.46\times\frac{14.01}{1000}}{0.5000}\times100$$

$$=41.91$$

8. 解：酚酞作指示剂滴定时，反应为：$NaOH+HCl=NaCl+H_2O$，$Na_2CO_3+HCl=NaHCO_3+H_2O$，消耗 HCl 体积为 V_1。甲基橙作指示剂滴定时，反应为：$NaOH+HCl=NaCl+H_2O$，$Na_2CO_3+2HCl=NaCl+CO_2+H_2O$，消耗 HCl 体积为 V_2。因此试样中 NaOH 消耗 HCl 体积为 $V_1-(V_2-V_1)$。1mol HCl 相当于 1mol 的 NaOH，即 $n_{HCl}=n_{NaOH}$

$$w_{NaOH}\%=\frac{c_{HCl}(2V_1-V_2)\times\frac{M_{NaOH}}{1000}}{m_s\times\frac{25.00}{250.0}}\times100$$

$$=\frac{0.1135\times(29.00\times2-32.66)\times\frac{40.00}{1000}}{1.806\times\frac{25.00}{250.0}}\times100=63.70$$

试样中 Na_2CO_3 消耗 HCl 体积为 $2(V_2-V_1)$。1mol HCl 相当于 1/2mol 的 Na_2CO_3，即 $\frac{1}{2}n_{HCl}=n_{Na_2CO_3}$

$$w_{Na_2CO_3}\%=\frac{\frac{1}{2}c_{HCl}\times2(V_2-V_1)\times\frac{M_{Na_2CO_3}}{1000}}{m_s\times\frac{25.00}{250.0}}\times100$$

$$=\frac{\frac{1}{2}\times0.1135\times2\times(32.66-29.00)\times\frac{106.0}{1000}}{1.806\times\frac{25.00}{250.0}}\times100$$

$$=24.4$$

9. 解：酚酞作指示剂滴定时，反应为：$Na_3PO_4+HCl=Na_2HPO_4+NaCl$，消耗 HCl 体积为 V_1。甲基橙作指示剂滴定时，反应为：$Na_2HPO_4+HCl=NaH_2PO_4+NaCl$，消耗 HCl 体积为 V_2。因此试样中 Na_3PO_4 的反应为：$Na_3PO_4+2HCl=NaH_2PO_4+NaCl$，消耗 HCl 体积为 $2V_1$。1mol HCl 相当于 1/2mol 的 Na_3PO_4，即 $n_{Na_3PO_4}=\frac{1}{2}n_{HCl}$

$$w_{Na_3PO_4}\%=\frac{\frac{1}{2}c_{HCl}\cdot2V_1\times\frac{M_{Na_3PO_4}}{1000}}{m_s}\times100$$

$$=\frac{\frac{1}{2}\times0.5000\times2\times12.00\times\frac{163.94}{1000}}{2.000}\times100$$

$$=49.18$$

试样中 Na_2HPO_4 消耗 HCl 体积为 (V_2-V_1)。1mol HCl 相当于 1mol 的 Na_2HPO_4，即 $n_{Na_3PO_4}=n_{HCl}$

$$w_{Na_2HPO_4}\%=\frac{c_{HCl}\times(V_2-V_1)\times\frac{M_{Na_2HPO_4}}{1000}}{m_s}\times100$$

$$=\frac{0.5000\times(20.00-12.00)\times\frac{141.96}{1000}}{2.000}\times100$$

$$=28.39$$

10. 解：$w_{水杨酸钠}\%=\dfrac{c_{HClO_4}(V_{HClO_4}-V_{空白})\times\dfrac{M_{水杨酸钠}}{1000}}{m_s}\times100$

$=\dfrac{0.1016\times(8.20-0.05)\times\dfrac{160.10}{1000}}{0.1369}\times100=96.8$

知识地图

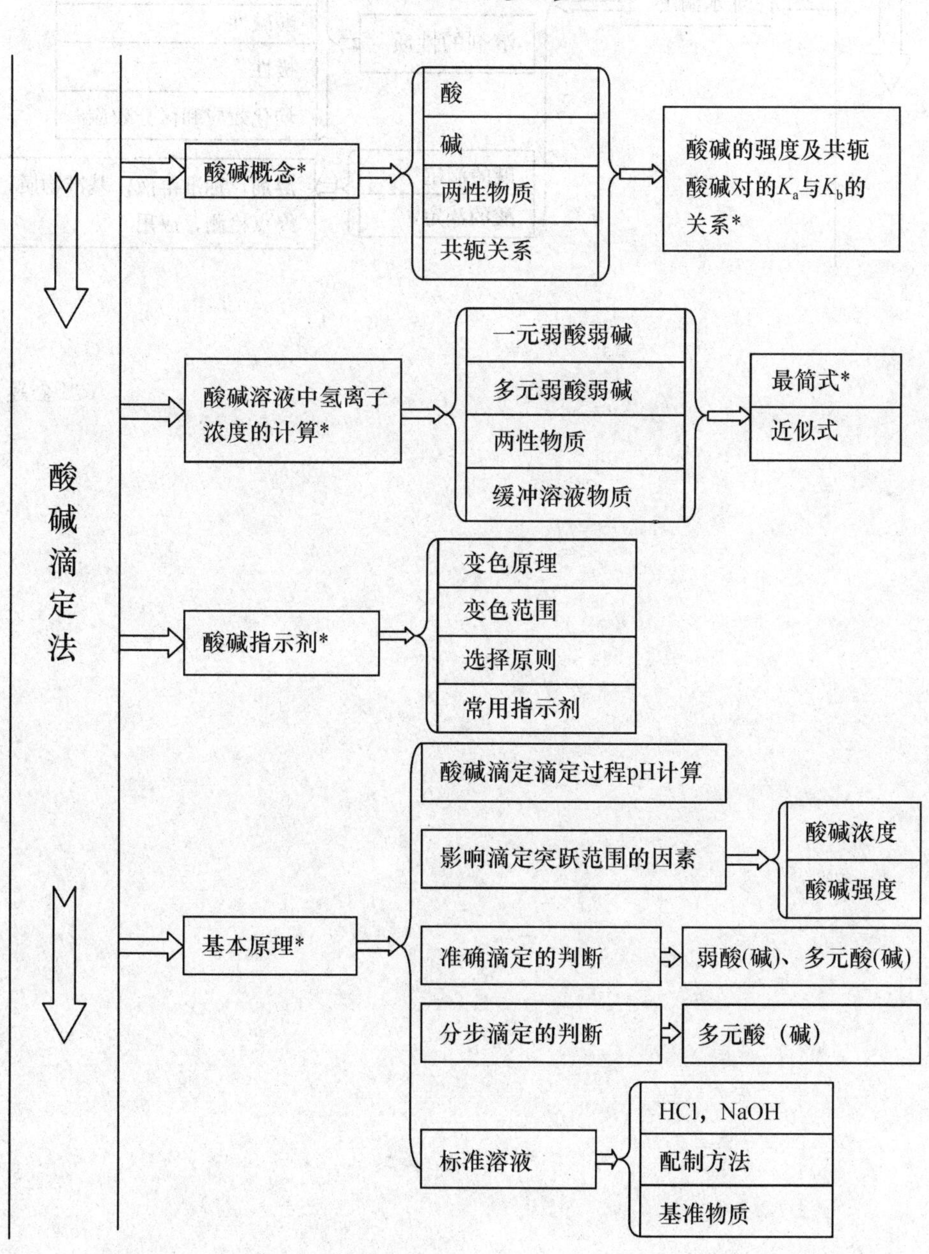

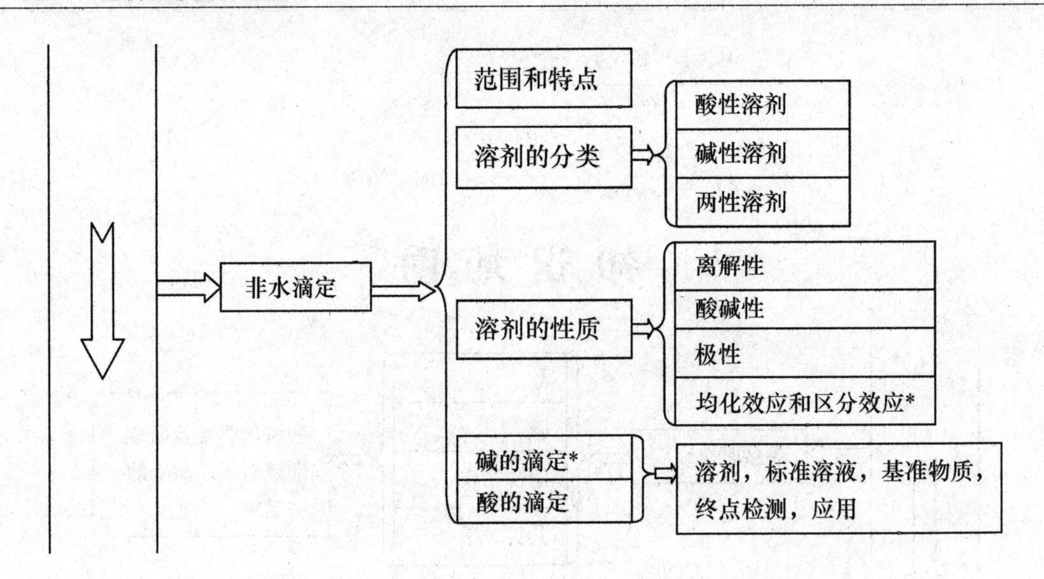
非水滴定
范围和特点
溶剂的分类
酸性溶剂
碱性溶剂
两性溶剂
溶剂的性质
离解性
酸碱性
极性
均化效应和区分效应*
碱的滴定*
酸的滴定
溶剂，标准溶液，基准物质，终点检测，应用

（温金莲）

第五章　配位滴定法

内 容 提 要

本章内容包括配位滴定的基本概念；EDTA 性质、结构特点；配位平衡常数，影响配位平衡的因素（酸效应、共存离子效应、配位效应、羟基配位效应），条件平衡常数，化学计量点时 pM'_{sp} 的计算，金属指示剂的作用原理、变色点时 pM'_t 的计算；常用的金属离子指示剂；配位滴定的滴定曲线特征，影响滴定突跃范围的因素；单一离子 M 准确滴定的可行性判断；配位滴定标准溶液的配制与标定；滴定的终点误差计算；四种滴定方式在配位滴定中的应用。

学 习 要 点

一、配位滴定中 EDTA 的一般性质

1. 配位滴定的基本概念

配位滴定法：以配位反应为基础的滴定分析方法。

配位反应：中心离子 ＋ 配位剂配位化合物。

配位剂：
- 无机配位剂，如 NH_3、CN^-，多级配位，稳定性差。
- 有机配位剂，如 EDTA、EGTA、8-羟基喹啉、多元酚等。

提示

EDTA——乙二胺四乙酸（配位滴定中常用的配位剂）；

EGTA——乙二醇二乙醚二胺四乙酸；

EDTP——乙二胺四丙酸。

2. EDTA 的一般性质　见表 5-1。

表 5-1　EDTA 的一般性质

EDTAD 分子结构	结构特点	物理性质
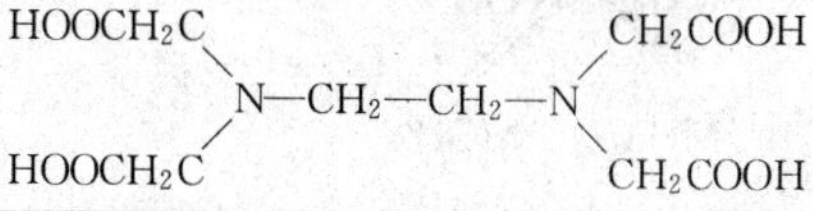 $(HOOCH_2C)_2N—CH_2—CH_2—N(CH_2COOH)_2$	两个氨基，四个羧基 配位原子：2 个 N； 4 个羟基 O	白色晶体，微溶于水

3. 配位化合物的特点

(1) 与金属离子可形成多个五元或六元环，配位化合物很稳定。

(2) 1∶1 配位，配位比简单。

(3) 大多为无色。

(4) 配合物水溶性好。

4. EDTA 的电离平衡 EDTA 为四元酸，可用 H_4Y 表示，当酸度很高时，可再接受两个质子(H^+)，形成 H_6Y^{2+}，因此，EDTA 相当于(看作是) 六元酸，存在六级离解平衡(表 5-2)。

表 5-2 EDTA 的六级离解平衡和存在形式

电离平衡	平衡常数	pH	主要存在型体
$H_6Y^{2+} \rightleftharpoons H^+ + H_5Y^+$	$K_{a_1}=\frac{[H][H_5Y^+]}{[H_6Y^{2+}]}=10^{-0.9}$	<0.90	H_6Y^{2+}
$H_5Y^+ \rightleftharpoons H^+ + H_4Y$	$K_{a_2}=\frac{[H][H_4Y]}{[H_5Y^+]}=10^{-1.6}$	0.90～1.60	H_5Y^-
$H_4Y \rightleftharpoons H^+ + H_3Y^-$	$K_{a_3}=\frac{[H][H_3Y^-]}{[H_4Y]}=10^{-2.0}$	1.60～2.00	H_4Y
$H_3Y^- \rightleftharpoons H^+ + H_2Y^{2-}$	$K_{a_4}=\frac{[H][H_2Y^{2-}]}{[H_3Y^-]}=10^{-2.67}$	2.00～2.67	H_3Y^-
$H_2Y^{2-} \rightleftharpoons H^+ + HY^{3-}$	$K_{a_5}=\frac{[H][HY^{3-}]}{[H_2Y^{2-}]}=10^{-6.16}$	2.67～6.16	H_2Y^{2-}
$HY^{3-} \rightleftharpoons H^+ + Y^{4-}$	$K_{a_6}=\frac{[H][Y^{4-}]}{[HY^{3-}]}=10^{-10.26}$	6.16～10.26	HY^{3-}
$c_Y=[Y]+[HY]+[H_2Y]+[H_3Y]+[H_4Y]+[H_5Y]+[H_6Y]$		>10.26	Y^{4-} 直接配位体

二、配位滴定法的基本原理

1. 配合物稳定常数 配位反应通式为(为讨论方便，省去电荷)：

$$M + Y \rightleftharpoons MY \qquad K_{MY}=\frac{[MY]}{[M][Y]}$$

提示

①温度一定，K_{MY} 为一定；②$K_{MY}\uparrow$，MY 越稳定；③碱金属离子的 $\lg K_{MY}<8$；碱土金属离子的 $\lg K_{MY}=8\sim11$；Al^{3+} 及二价过渡元素的 $\lg K_{MY}=14\sim19$；Hg^{2+} 及三价金属离子的 $\lg K_{MY}>20$。

2. EDTA 配位反应的副反应 受多种因素的影响(表 5-3)EDTA 与金属离子配位反应总的平衡关系表示如下：

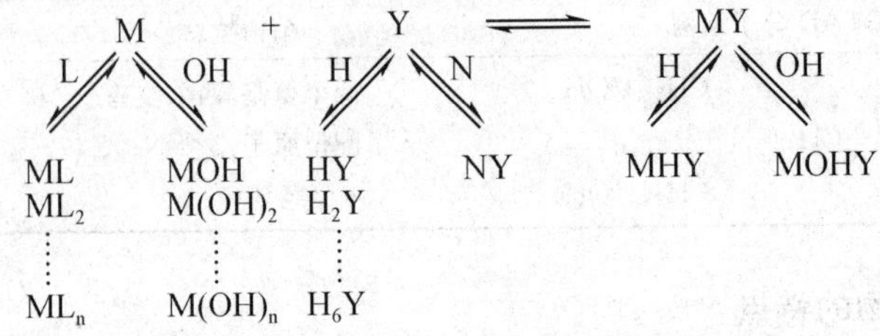

表 5-3　影响因素的解释与符号表示

概念名称	解　释	符号表示
酸效应	由于 H^+ 离子的存在使 Y 参与主反应的能力降低的现象	$\alpha_{Y(H)}$
共存离子效应	当溶液中存在其他金属离子 N 时，且当 N 也能与 Y 形成配合物 NY，使得 Y 参与主反应的能力降低的现象	$\alpha_{Y(N)}$
辅助配位效应	由于其他配位剂 L 的存在，M 与 L 反应生成配合物后，降低了 M 离子的浓度，使其参与主反应的能力降低的现象	$\alpha_{M(L)}$
羟基配位效应	由于 OH^- 配位剂的存在，M 与 OH^- 反应生成氢氧化物后，使 M 参与主反应的能力降低的现象	$\alpha_{M(OH)}$

3. 配位剂 Y 的副反应系数　见表 5-4。

表 5-4　配位剂 Y 的副反应系数

项目名称	公　式	影响因素
Y 的副反应系数	$\alpha_Y=[Y']/[Y]$	$[Y']$是未与金属离子配位的 EDTA 的总浓度，$[Y]$是平衡体系中 Y^{4-} 存在时的平衡浓度
酸效应系数	$\alpha_{Y(H)}=1+\frac{[H^+]}{K_{a_6}}+\frac{[H^+]^2}{K_{a_6}K_{a_5}}\cdots\cdots\frac{[H^+]^6}{K_{a_6}K_{a_5}K_{a_4}K_{a_3}K_{a_2}K_{a_1}}$	(1) $[H^+]\uparrow$时，$\alpha_{Y(H)}\uparrow\Rightarrow$ MY 稳定性$\downarrow$； (2) 没副反应时，$\alpha_{Y(H)}=1$； (3) 有副反应时，$\alpha_{Y(H)}>1$
配位效应系数	$\alpha_{Y(N)}=1+K_{NY}[N]$	(1) $[N]\uparrow$时，$\alpha_{Y(N)}\uparrow$，$K_{MY}\downarrow$； (2) $K_{NY}\uparrow$时，$\alpha_{Y(N)}\uparrow$，$K_{MY}\downarrow$； (3) 没有副反应时，$\alpha_{Y(N)}=1$
Y 总副反应系数	$\alpha_{Y(H)}+\alpha_{Y(N)}-1$	$\alpha_{Y(H)}>>\alpha_{Y(N)}$时，$\alpha_{Y(N)}$可忽略

4. 金属离子 M 的副反应系数　见表 5-5。

表 5-5　金属离子 M 的副反应系数

项目名称	公　式	影响因素
M 的副反应系数	$\alpha_M=\frac{[M']}{[M]}$	$[M]$为游离金属离子的平衡浓度，$[M']$为没与 Y 配位的金属离子的总浓度
配位效应系数	$\alpha_{M(L)}=1+\beta_1[L]+\beta_2[L]^2+\cdots+\beta_n[L]^n$	(1) $[L]\uparrow$时，M(L) 值$\uparrow$，$K_{MY}\downarrow$；(2) M(L)=1 时，没有与 M 配位的其他配位剂存在，没有副反应
羟基配位效应系数	OH 可以看作是 L	可从附录表中查到
M 的总副反应系数	$\alpha_M=\alpha_{M(L_1)}+\alpha_{M(L_2)}+\cdots\cdots+\alpha_{M(L_p)}+(1-P)$	如同时存在 OH^-、缓冲溶液 NH_3、掩蔽剂 F^-……P 种配位剂时

5. 条件稳定常数　条件平衡常数的数学表达式：

$$K'_{MY}=\frac{[MY']}{[M'][Y']}$$

由于$[M']=\alpha_M[M]$　　$[Y']=\alpha_Y[Y]$　　$[MY']=\alpha_{MY}[MY]$

所以：

$$K'_{MY}=\frac{\alpha_{MY}[MY]}{\alpha_M[M]\alpha_Y[Y]}=K_{MY}\frac{\alpha_{MY}}{\alpha_M\alpha_Y}$$

两边取对数有：$\lg K'_{MY} = \lg K_{MY} - \lg\alpha_Y - \lg\alpha_M + \lg\alpha_{MY}$

K'_{MY} 是校正了副反应影响的实际稳定常数称为条件稳定常数。

6. 配位滴定曲线的计算 设 M 的初始浓度为 c_M，体积为 V_M，Y 的初始浓度为 c_Y，加入 Y 的体积为 V_Y。在滴定过程中的任何时刻，滴定液中 M 和 Y 的总浓度均有如下关系：

平衡关系：
$$\begin{cases}[M']+[MY']=\dfrac{V_M}{V_M+V_Y}c_M\\[Y']+[MY']=\dfrac{V_Y}{V_M+V_Y}c_Y\\K'_{MY}=\dfrac{[MY']}{[M'][Y']}\end{cases}$$

滴定方程：$$K'_{MY}[M]^2+\left(\frac{c_YV_Y-c_MV_M}{V_M+V_Y}\cdot K'_{MY}+1\right)[M']-\frac{V_M}{V_M+V_Y}\cdot c_M=0$$

滴定曲线：

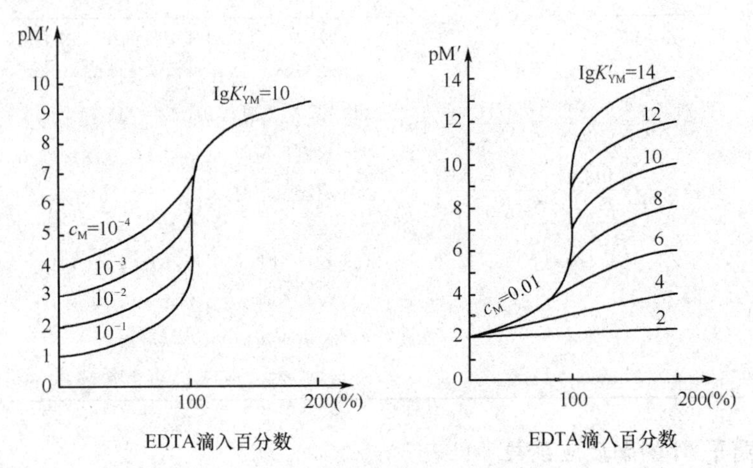

7. 影响滴定突跃范围大小的因素 见表 5-6。

表 5-6 影响规律与结果

影响因素	影响规律与结果	
金属离子浓度	K_{MY}一定时，$c_M\uparrow\Rightarrow\Delta pM'\uparrow$；$c_M\uparrow$ 10 倍⇒滴定突跃↑1 个 pH 单位	
条件稳定常数	稳定常数	$K_{MY}\uparrow\Rightarrow K'_{MY}\uparrow\Rightarrow$滴定突跃↑
	酸、碱度	$pH\downarrow\Rightarrow\alpha_{Y(H)}\uparrow\Rightarrow K'_{MY}\downarrow\Rightarrow$滴定突跃↓
	其他配位	$[L]\uparrow\Rightarrow\alpha_{M(L)}\uparrow\Rightarrow K'_{MY}\downarrow\Rightarrow$滴定突跃↓

注：借助调节 pH，控制[L]，可以增大 K'_{MY}，从而增大滴定突跃。

8. 化学计量点 pM'_{sp} 的计算

前提条件 $[M']=[Y']$，$K'_{MY}=\dfrac{[MY']}{[M'][Y']}$，$[MY]=c_{M(sp)}-[M']\approx c_{M(sp)}$

计算公式 $pM'_{sp}=\dfrac{1}{2}(pc_{M(sp)}+\lg K'_{MY})$

提示

$c_{M(sp)}$ 为化学计量点时金属离子的总浓度。若滴定剂与被滴定物浓度相等，$c_{M(sp)}$ 为金属离子原始浓度的一半。

三、金属指示剂

1. 作用原理　金属指示剂是一类能与金属离子生成有色配合物，能够指示在滴定过程中金属离子浓度的变化的有机染料。以铬黑 T 为指示剂，在用 EDTA 标准溶液滴定 Mg^{2+} 为例（表 5-7）。

表 5-7　指示剂变色原理

滴定阶段	反　应	溶液颜色与颜色变化
终点前	$Mg^{2+} + HIn^{2-} \rightleftharpoons MgIn^{-}$	紫红色
滴定过程	$Mg^{2+} + H_2Y^{2-} \rightleftharpoons MgY^{2-}$	紫红色
滴定终点	$MgIn + H_2Y^{2-} \rightleftharpoons MgY + HIn^{2-}$	紫红色→蓝色

2. 金属指示剂的特性、必须具备的条件及颜色转变点的计算　见表 5-8。

表 5-8　金属指示剂的特性、必须具备的条件及颜色转变点的计算

金属指示剂的特性	必须具备的条件	颜色转变点的计算
(1) pH 不同，溶液的颜色不同 (2) MY 的颜色与指示剂本身的颜色不同	(1) MIn 与 In 颜色明显不同 (2) MIn 的稳定性要适当，且 $K_{MY}/K_{MIn} > 10^2$ (3) MIn 易溶于水	$pM'_t = \lg K_{MIn} - \lg\alpha_{In} - \lg\alpha_M$

3. 金属指示剂的封闭现象和僵化现象　见表 5-9。

表 5-9　金属指示剂的封闭现象和僵化现象

	概　念	产生的原因	消除方法
封闭现象	滴入过量的 EDTA 不能从金属指示剂配合物中置换出指示剂本身而使滴定终点延后的现象	$K_{MIn} > K_{MY}$	由被测定离子本身引起时，可采用剩余滴定的方式。由其他共存金属离子引起时，可加入掩蔽剂
僵化现象	滴入过量的 EDTA 不能立刻与 MIn 作用，而使滴定终点延后的现象	MIn 为沉淀	适当选择溶剂增加 MIn 溶解性。如乙醇等

四、配位滴定中标准溶液的配制与标定（表 5-10）

表 5-10　配位滴定中标准溶液的配制与标定

标准溶液	配制方法	配制材料	基准物质	标定条件
EDTA	标定法	EDTA-2Na	Zn、ZnO、$CaCO_3$ $ZnSO_4 \cdot 7H_2O$	pH＝9～1 铬黑 T pH＝5～6，二甲酚橙
Zn^{2+}	标定法	$ZnSO_4$，ZnO		

提示

市售的 EDTA 中含有杂质；虽然纯 Zn 和 ZnO 的纯度足够高，但是常采用标定法配制。

五、配位滴定条件的选择

1. 配位滴定的终点误差计算公式——林邦公式

$$TE\% = \frac{10^{\Delta pM'} - 10^{-\Delta pM'}}{\sqrt{c_{M(sp)} K'_{MY}}} \times 100$$

提示

条件：(1) $\Delta pM' = pM'_{ep} - pM'_{sp}$；

(2) $[MY']_{sp} \approx [MY']_{ep}$；$[Y']_{sp} = [M']_{sp} = \sqrt{\frac{c_{M(sp)}}{K'_{MY}}}$

2. 单一离子能否被准确滴定的判断条件

前提：①$\Delta pM' = \pm 0.2$；②$TE\% = \pm 0.1$

判据：$\lg c_M K'_{MY} \geqslant 6$

3. 单一离子滴定的最高酸度、最低酸度和最佳酸度

最高酸度：$\lg \alpha_{Y(H)} = \lg K_{MY} - \lg c_{M(sp)}$，当 $c_{M(sp)} = 1.0 \times 10^{-2}$ mol/L 时，$\lg \alpha_{Y(H)} = \lg K_{MY} - 8$

最低酸度：$[OH^-] = \sqrt[n]{K_{sp}/c_M}$

最佳酸度时　$\Delta pM' = pM'_{ep} - pM'_{sp} = 0$

4. 配位滴定中缓冲溶液的作用和选择

常用的缓冲溶液：

- 碱性区→加入 $NH_3 - NH_4Cl$(pH＝8～10)
- 酸性区→加入 HAc－NaAc(pH＝5～6)

5. 混合物中选择滴定 M 离子的条件

前提：①$\Delta pM' = \pm 0.2$；②$TE\% = \pm 0.3$

$\Delta \lg cK = \lg c_M K_{MY} - \lg c_N K_{NY} \geqslant 5$

提示

当满足选择滴定 M 离子的条件时，可通过调节酸度，使 $\lg c_N K_{NY} \leqslant 1$，$\lg c_M K'_{MY} \geqslant 6$ 达到滴定的目的。当不满足选择滴定 M 离子的条件时，加入掩蔽剂。

趣味知识

天然水中一般都含有少量 Ca^{2+} 和 Mg^{2+}，还有少量的 HCO_3^-，将天然水煮沸时，$Ca(HCO_3)_2$ 和 $Mg(HCO_3)_2$ 就会分解成 $CaCO_3$、$MgCO_3$、CO_2 和水，$CaCO_3$ 和 $MgCO_3$

溶解度很小，形成沉淀，这个沉淀就是人们说的水垢。水垢导热性差，一是浪费能源，二是锅炉来说，水垢多了还会引起锅炉的爆炸。

水分为软水和硬水，总硬度0～30ppm称为软水，总硬度60ppm以上称为硬水，硬度是指1L水中含有钙镁离子的总量折算成$CaCO_3$的重量，以每升水中含有$CaCO_3$的毫克数表示硬度，单位：mg/L，$CaCO_3$的摩尔质量为100.09 g/mol。高品质的饮用水不超过25ppm，高品质的软水总硬度在10ppm以下。因此，测定水的硬度是制药厂水处理车间的一件重要的事，测定方法为配位滴定法。

操作方法：精密量取水样100mL，置于250mL的锥形瓶中，加pH=10的$NH_3 H_2O$-NH_4Cl缓冲溶液5mL，铬黑T指示剂少许，用0.01mol/L EDTA标准溶液滴定，记录消耗的EDTA的体积。按下式计算水的硬度

$$硬度=(cV)_{EDTA}\times 100.09\times 10\ (ppm)$$

六、配位滴定的条件与滴定方式

1. 配位滴定的条件　直接滴定的必备条件，缺一不可。

(1) 被测离子的浓度c_M与条件稳定常数应满足$\lg c_M K'_{MY}\geqslant 6$；

(2) 配位速度要快；

(3) 有变色敏锐的指示剂，且不存在封闭现象和僵化现象；

(4) 配位化合物最好为可溶的；

(5) 在选择的滴定条件下被测定离子无水解和沉淀生成。

2. 配位滴定的滴定方式　见表5-11。

表5-11　配位滴定的滴定方式与测定对象

方式	适用情况	具体操作	测定对象	备注
直接滴定	同时满足配位滴定的条件中的①②③④⑤	用EDTA标准溶液直接滴定被测离子	pH=1.0时，Zr^{4+}；pH=2.0～3.0时，Fe^{3+}、Bi^{3+}、Th^{4+}、Ti^{4+}、Hg^{2+}；pH=5.0～6.0时，Zn^{2+}、Pb^{2+}、Cd^{2+}、Cu^{2+}及稀土元素；pH=10.0时，Mg^{2+}、Co^{2+}、Ni^{2+}、Zn^{2+}、Cd^{2+}、Pb^{2+}；Ca^{2+} pH=12.0时，Ca^{2+}等	方便、快捷、准确
剩余滴定	不满足②③⑤时	先加入过量EDTA（或Zn^{2+}）标准溶液，再用锌（或EDTA）标准溶液滴定剩余的EDTA（或Zn^{2+}）	Ba^{2+}、Sr^{2+}没有指示剂 Al^{3+}、Cr^{3+}速度慢，对指示剂有封闭作用	可扩大配位滴定的应用范围
置换滴定	不满足①时　置换出金属离子	可让M置换出另一配位化合物(NL)中的金属离子(N)，再用EDTA标准溶液滴定N	如Ag^+	提高指示剂的灵敏性

（待续）

（续表）

方式	适用情况	具体操作	测定对象	备注
置换滴定	不满足①时 置换出EDTA	将M和干扰离子一起与EDTA配合，加入选择性高的配位剂L以夺取M释放等量的EDTA。用锌标准溶液滴定释放的DETA	合金中的某金属	可有选择地测定混合物中的被测组分
间接滴定	不与EDTA作用者	加入过量的含有能与DETA配位的金属离子沉淀剂，①剩余的沉淀剂用EDTA滴定，②沉淀过滤溶解后，用EDTA滴定释放出的金属离子	Na^+、K^+、Ag^+ SO_4^{2-}、PO_4^{3-}等	可滴定金属离子或非金属离子等。从而扩大应用范围

3. 应用举例 见表5-12。

表5-12 配位滴定法应用实例

方法	测定对象	滴定条件	指示剂	预备反应	滴定反应
直接滴定	Ca(血清中的) Ca+Mg(水硬度)	pH>12 pH=10	钙指示剂 铬黑T	无	$Ca^{2+}+Y \rightarrow CaY$
剩余滴定	Al^{3+}(铝盐含量)	pH=5～6 pH=10	二甲酚橙 铬黑T	$Al^{3+}+Y$(过量)$\rightarrow AlY+Y$(剩余)	Y(剩余)$+Zn^{2+} \rightarrow ZnY$
置换滴定	Ag^+	pH=10	紫脲酸铵	$2Ag^+ + Ni(CN)_4^{2-} \rightleftharpoons 2Ag(CN)_2^- + Ni^{2+}$	$Ni+Y \rightarrow NiY$
	合金中Sn	pH=4～6	二甲酚橙	合金+EDTA作用完全后用Zn^{2+}中和过量的EDTA，向其中加入F^-，发生：$SnY+F^- \rightleftharpoons SnF_6^{2-}+Y$	$Y+Zn^{2+} \rightarrow ZnY$
间接滴定	如K^+、SO_4^{2-}(硫酸盐)	pH=1～3 pH=10	二甲酚橙 铬黑T	$K^+ \rightarrow K_2NaCo(NO)_6 6H_2O \rightarrow Co^{3+}$ $SO_4^{2-}+Ba^{2+}$(过量)$\rightarrow BaSO_4+Ba^{2+}$(剩余)	$Co^{3+}+Y \rightarrow CoY$ $Ba^{2+}+Y \rightarrow BaY$

经典习题

一、最佳选择题

1. 直接与金属离子配位的EDTA型体为(　　)。

A. H_6Y^{2+}　　B. H_5Y^+　　C. H_2Y^{2-}

D. Y^{4-}　　E. H_4Y

2. 一般情况下，EDTA与金属离子形成的配合物的配合比是(　　)。

A. 1∶1　　B. 2∶1　　C. 1∶3

D. 1∶2　　E. 3∶1

3. EDTA滴定Ca^{2+}反应的$\lg K_{CaY}=10.69$。若在某酸度条件下该反应的$\lg K'_{CaY}=8.00$，则该条件下Y^{4+}的酸效应系数$\lg\alpha$等于(　　)。(注：除了酸效应，无其他副反应发生。)

A. 8.00　　B. 2.69　　C. 10.69
D. −2.69　　E. 4.69

4. 在配位滴定中，配合物的条件稳定常数 K'_{MY} 与溶液的 pH 的关系为（　　）。
A. $\lg K'_{MY}$ 随 pH 增大而减小
B. $\lg K'_{MY}$ 与 pH 无关
C. $\lg K'_{MY}$ 随 $[H^+]$ 增加而增加
D. $\lg K'_{MY}$ 随 $[H^+]$ 增加而减小
E. $\lg K'_{MY}$ 与 pH 关系不确定

5. 用 EDTA 测定水硬度时，溶液的 pH 应为（　　）。
A. 4～5　　B. 6～8　　C. 10～11
D. 12 以上　　E. 4 以下

6. 测定水中钙硬度时，Mg^{2+} 的干扰用的是（　　）消除的。
A. 控制酸度法　　B. 配位掩蔽法　　C. 氧化还原掩蔽法
D. 沉淀掩蔽法　　E. 萃取分离

7. 用 EDTA 滴定 Cu^{2+}、Fe^{3+} 等离子时，可用下列何种指示剂（　　）。
A. PAN　　B. EBT　　C. XO
D. MO　　E. NN

8. 在 pH 为 10 的氨性溶液中，已计算出 $\alpha_{Zn(NH_3)}=10^{4.75}$，$\alpha_{Zn(OH)}=10^{2.4}$，$\alpha_{Y(H)}=10^{0.45}$，$\lg K_{ZnY}=16.5$。在此条件下 $\lg K'_{ZnY}$ 为（　　）。
A. 11.3　　B. 11.8　　C. 9.4
D. 8.9　　E. 14.1

9. 某溶液主要含有 Ca^{2+}、Mg^{2+} 和极少量的 Fe^{3+}、Al^{3+}。今在酸性介质中，加入三乙醇胺后，调 pH=10，以 EDTA 滴定，用铬黑 T 为指示剂，则测定的是什么物质（　　）。
A. Ca^{2+}　　B. Mg^{2+}　　C. Ca^{2+}、Mg^{2+}
D. Fe^{3+}、Al^{3+}　　E. Fe^{3+}

10. 现用 EDTA 滴定法在 pH=10 的条件下测定某水样中的 Ca^{2+} 的含量，则标定 EDTA 的基准物质应为（　　）。
A. $Pb(NO_3)_2$　　B. $NaCO_3$　　C. ZnO
D. $CaCO_3$　　E. Zn

11. 今有两份相同浓度的 Zn^{2+} 溶液，分别在 pH=10.0 的氨性缓冲溶液和 pH=5.5 的六次甲基四胺缓冲溶液中滴定。对 pZn 值的大小叙述正确的是（　　）。
A. pZn 值相等
B. 前者的 pZn 值大于后者的 pZn 值
C. 前者的 pZn 值小于后者的 pZn 值
D. 上述三种情况均不正确
E. 前者与后者的 pZn 值均不能确定

12. 用 EDTA 直接滴定有色金属离子 M 终点所呈现的颜色是（　　）。
A. 游离指示剂的颜色　　B. M－EDTA 配合物的颜色　C. M－指示剂配合物的颜色
D. 上述 A+B 的混合色　　E. 上述 A+C 的混合色

13. 在配位滴定中，指示剂被封闭是指（　　）。
A. 指示剂与金属离子不起反应
B. 指示剂已变质不能使用

C. 指示剂与金属离子形成更稳定的配合物而不能被 EDTA 置换

D. 指示剂与金属离子形成胶体或沉淀而使终点拖长

E. 指示剂与金属离子形成的配合物不稳定很快被 EDTA 置换

14. 某金属指示剂与金属离子 M 形成的配合物的 $K'_{MIn}=10^4$，而 $K'_{MY}/K'_{MIn}>10^4$，当用该指示剂，以 EDTA 滴定 M 时，终点将（　　）。

A. 合适，结果正确　　B. 提前，测得 M 偏低　　C. 提前，测得 M 偏高

D. 拖后，测得 M 偏低　　E. 拖后，测得 M 偏高

15. 用 EDTA 滴定 Pb^{2+} 时，要求控制 pH＝5～6。较合适的缓冲溶液为（　　）。

A. NaAc—HAc（$pK_a=4.74$）

B. $NH_3 \cdot H_2O$—NH_4Cl（$pK_b=4.74$）

C. $(CH_2)_6N_4$—$(CH_2)_6N_4H^+$（$pK_b=8.85$）

D. KH_2PO_4—Na_2HPO_4（H_3PO_4 $pK_{a_1}=2.16$，$pK_{a_2}=7.21$，$pK_{a_3}=12.32$）

E. $NaHPO_4$—Na_3PO_4（H_3PO_4 $pK_{a_1}=2.16$，$pK_{a_2}=7.21$，$pK_{a_3}=12.32$）

二、配伍选择题

[1～3]

A. 控制酸度法　B. 配位掩蔽法　C. 氧化还原掩蔽法　D. 沉淀掩蔽法

以下宜采用的方法是

1. 已知 $\lg K_{AlY}=16.1$，$\lg K_{FeY}=25.1$，$\lg K_{FeY^{2-}}=14.3$。用 EDTA 滴定 Fe^{3+}、Al^{3+} 混合溶液中的 Fe^{3+} 时，为消除 Al^{3+} 的干扰（　　）。

2. 在 Fe^{3+}、Al^{3+}、Ca^{2+}、Mg^{2+} 的混合液中，用 EDTA 法测定 Fe^{3+}、Al^{3+}，要消除 Ca^{2+}、Mg^{2+} 的干扰（　　）。

3. 已知 $\lg K_{BiY}=27.9$，$\lg K_{FeY^-}=25.1$，$\lg K_{FeY^{2-}}=14.3$。欲用 EDTA 测定 Fe^{3+}、Bi^{3+} 混合溶液中 Bi^{3+}，消除 Fe^{3+} 的干扰（　　）。

[4～7]

A. ≥5　B. ≥6　C. ≥4　D. ≥2　E. ≥8

匹配下列各值

4. 当被滴定溶液中有 M 和 N 两种离子共存时，欲使 EDTA 滴定 M 而 N 不干扰（设 $c_M=c_N$），则在 3% 的误差要求下 $\lg K'_{MY}-\lg K'_{NY}$（　　）。

5. 在配位滴定中，金属指示剂与金属离子 M 所形成的配合物要有一定的稳定性，要求 $\lg K'_{MIn}$（　　）。

6. 某金属指示剂可与金属离子 M 形成稳定的配合物，当用 EDTA 滴定 M 时，要求 $\lg(K'_{MY}/K'_{MIn})$（　　）。

7. 用 EDTA 准确滴定金属离子 M 时，若误差要求为±0.1%，检测灵敏度 ΔpM 为±0.2，则滴定条件必须满足 $\lg c_M K'_{MY}$（　　）。

[8～10]

A. 铬黑 T　B. 钙指示剂　C. 磺基水杨酸　D. PAN　E. XO

为下列滴定选择合适的指示剂

8. 在 pH＝10 时，用 EDTA 滴定水中的 Ca^{2+}、Mg^{2+} 离子的总量（　　）。

9. 在 pH＝12 时，用 EDTA 滴定水中的 Ca^{2+} 离子含量（　　）。

10. 在 pH＝5～6 时，用 EDTA 滴定试样中的 Zn^{2+} 含量（　　）。

[11～14]

A. K'_{MY}　B. $\lg\alpha_Y$　C. K_{MY}　D. $\lg\alpha_M$

除温度外，符合下列情况的是

11. 不受任何条件的影响（　　）。

12. 受稳定常数和副反应大小的影响（　　）。
13. 只受配位剂和酸度的影响（　　）。
14. 当酸度一定时，在无其他共存离子存在的情况下，它是一个常数（　　）。
[15～19]
A. NH_4F　　B. KCN　　C. 三乙醇胺　　D. 酒石酸　　E. 铜试剂　　F. 抗坏血酸
为了消除干扰，加入掩蔽剂的是
15. 用 EDTA 滴定 Bi^{3+} 时，为了消除 Fe^{3+} 的干扰（　　）。
16. 用 EDTA 测定 Mg^{2+}，Zn^{2+} 将产生干扰。为消除 Zn^{2+} 的干扰（　　）。
17. 用 EDTA 滴定 Ca^{2+} 时，Fe^{3+} 将产生干扰，为消除 Fe^{3+} 的干扰（　　）。
18. 用 EDTA 测定 Ca^{2+} 时，Al^{3+} 将产生干扰。为消除 Al^{3+} 的干扰（　　）。
19. 二甲酚橙作指示剂，用 EDTA 测定 Pb^{2+}、Al^{3+} 将产生干扰，为消除 Al^{3+} 的干扰（　　）。
[20～23]
A. 不受影响　　B. 升高　　C. 降低　　D. 不确定
指出下列叙述中的结果
20. 酸效应使配合物的稳定性（　　）。
21. 辅助酸效应使配合物的稳定性（　　）。
22. 用含有少量的 Ca^{2+}、Mg^{2+} 离子的蒸馏水配制 EDTA，标定时 pH＝5.5，测定自来水硬度时 pH＝10.5，其测定结果（　　）。
23. 使用铬黑 T 为指示剂测定 Ca^{2+} 时，为使滴定终点敏锐，在其中加入了 MgY^{2-}，这样做会使测定结果（　　）。

三、多项选择题

1. 某 EDTA 滴定的 pM 突跃范围很大，这说明滴定时有可能（　　）。
   A. M 的浓度很大　　B. 共存金属离子浓度很大
   C. 酸度很大　　D. 反应平衡常数很大
   E. 配位效应程度大
2. EDTA 的副反应有（　　）。
   A. 配位效应　　B. 水解效应　　C. 共存离子效应
   D. 酸效应　　E. 沉淀效应
3. 用 EDTA 滴定金属离子 M 时，适宜的酸度是（　　）。
   A. 小于或等于允许的最低 pH
   B. 永远保证 $c_M K'_{MY} \geqslant 6$ 时的 pH
   C. 大于允许的最低 pH，小于 M 离子水解的 pH
   D. 可在任意大于允许的最低 pH
   E. 可在任意小于允许的最高 pH
4. 可以作为标定 EDTA 标准溶液的基准物是（　　）。
   A. $ZnSO_4$　　B. $CaCO_3$　　C. $Na_2C_2O_4$
   D. NaCl　　E. ZnO
5. 由于铬黑 T 不能指示 EDTA 滴定 Ba^{2+}，在找不到合适的指示剂时，常用下列何种滴定法测定钡量（　　）。
   A. 沉淀掩蔽法　　B. 返滴定法　　C. 置换滴定法
   D. 间接滴定法　　E. 直接滴定法
6. 在下列叙述不正确的是（　　）。

A. 配位滴定法只能用于测定金属离子。

B. 配位滴定法只能用于测定阴离子。

C. 配位滴定法既可以测定金属离子又可测定阴离子。

D. 配位滴定法只能用于测定一价以上的金属离子。

E. 配位滴定法主要用于测定金属离子。

7. 用 EDTA 滴定 Ca^{2+} 时的 pCa 突跃范围本应较大，但实际滴定中却表现为很小，这可能是由于滴定时(　　)。

A. 溶液的 pH 太低了　　B. 被滴定物浓度太大了　　C. 指示剂变色范围太宽了

D. 反应产物的副反应严重了　E. CaY 的稳定性太高了

四、问答题

1. EDTA 和金属离子形成的配合物有哪些特点？

2. 何谓配位滴定法？能用于配位滴定的配位反应必须具备哪些条件？为什么无机配位剂在配位滴定中应用不多？

3. 何谓副反应系数？何谓条件稳定常数？它们之间的关系？

4. 何谓酸效应系数？它与溶液的酸度及配合物的稳定性有何关系？

5. 影响配位滴定 pM 突跃范围大小的因素有哪些？如何影响？

6. 金属指示剂的作用原理是什么？它应具备哪些条件？

7. 什么叫作指示剂的封闭现象与僵化现象？怎样消除这些现象？

五、计算题

1. 用配位滴定法测定氯化锌的含量。称取 0.2500g 试样，溶于水后稀释到 250.0mL，移取溶液 25.00mL，在 pH＝5～6 时，用二甲酚橙作指示剂，用 0.01024mol/L 的 EDTA 标准溶液滴定，用去 17.61mL。计算试样中氯化锌的质量分数。($M_{ZnCl_2}=136.3$)

2. 称取铝盐试样 1.250g，溶解后加入 0.05000mol/L 的 EDTA 溶液 25.00mL，在适当条件下反应后，以调节溶液 pH 为 5～6，以二甲酚橙为指示剂，用 0.02000mol/L 的 Zn^{2+} 标准溶液回滴过量的 EDTA，消耗 Zn^{2+} 溶液 21.50mL，计算铝盐中铝的质量分数。($M_{Al}=26.98$)

3. 用 EDTA 溶液(2.0×10^{-2}mol/L) 滴定相同浓度的 Cu^{2+}，若溶液 pH＝10，游离氨浓度为 0.20mol/L，计算化学计量点时的 pCu'_{sp}。(氨与铜配合物的累积稳定常数为 $\lg\beta_1=4.13$、$\lg\beta_2=7.61$、$\lg\beta_3=10.48$、$\lg\beta_4=12.59$ 。$\lg K_{CuY}=18.80$)

4. 用 10^{-2}mol/L 的 EDTA 滴定等浓度的 Ca^{2+}，若在 pH＝5.0 的条件下，K'_{CaY}＝？可否准确滴定？若能准确滴定，求允许的最低 pH 为多少。

(已知：pH＝5.0 时，$\lg\alpha_{Y(H)}=6.45$，$\lg\alpha_{Ca(OH)}=0$，$\lg K_{CaY}=10.69$)

5. 欲以 0.020mol/L EDTA 滴定同浓度的 Pb^{2+} 和 Ca^{2+} 混合溶液中的 Pb^{2+}。

(1) 能否在 Ca^{2+} 存在下分步滴定 Pb^{2+}？

(2) 若可能，求滴定 Pb^{2+} 的 pH 范围和化学计量点时的 pPb_{sp}。

(3) 求以二甲酚橙为指示剂的最佳 pH，并在此 pH 滴定，因确定终点有±0.2 单位的出入，所产生的终点误差是多少？[已知 $\lg K_{PbY}=18.04$，$\lg K_{CaY}=10.69$，$K_{sp,Pb(OH)_2}=10^{-15.7}$]

6. 在 Zn^{2+}、Cd^{2+}(浓度均为 2×10^{-2} mol/L) 混合溶液中，加入 KI 掩蔽 Cd^{2+}。若终点时 $[I^-]$＝0.5mol/L，在 pH＝5.5 时，能否用同浓度的 EDTA 准确滴定 Zn^{2+}？

7. 在 Mg^{2+} 存在条件下，能否用 EDTA 直接滴定 Ca^{2+}？若不能滴定应采取何种措施？(已知 $\lg K_{CaY}=10.69$，$\lg K_{MgY}=8.7$，$c_{Ca}=c_{Mg}=1.0\times10^{-2}$mol/L)

8. 按照下列数据回答问题。

金属离子		配位剂(L)	
配合物	$\lg K_{稳}$	pH	$\lg\alpha_{L(H)}$
ML	18.0	3.0	20.0
NL	13.0	5.0	10.0
QL	9.0	7.0	5.0
RL	7.0	9.0	2.0
SL	3.0	10.0	1.0

ML、NL、QL、RL、SL 中哪一个稳定性大？M、N、Q、R、S 等金属离子浓度均为 0.01mol/L，哪些可以用配位剂 L 准确滴定？并指出滴定允许的最低 pH。在 pH=5.0 时，用配位剂 L 滴定 0.02mol/L 的 M 离子，计算理论终点时 100mL 的溶液中金属离子的 pM 值。

9. Al^{3+} 配位滴定方法是在 pH=5.0 的 HAc－NaAc 介质中加过量 EDTA，煮沸 3～5 分钟，加入 0.5%二甲酚橙指示剂后，用 Zn^{2+} 标准溶液滴定到由黄色变为橙色为终点。

(1) 计算 pH=5.0 时，$\lg K'_{AlY}$ =？

(2) 说明为何不采用直接滴定法测定 Al^{3+}？[已知 $\lg K_{AlY}=16.11$，pH=5.0 时，$\lg\alpha_{Y(H)}=6.45$，$\lg\alpha_{Al(OH)}=0$]

10. 要求 $TE\%\leqslant\pm0.2\%$，实验检测终点时 $\Delta pM=0.38$，用 2.00×10^{-2} mol/L EDTA 滴定等浓度的 Bi^{3+}，最低允许的 pH 为多少？检测终点时 $\Delta pM=1.0$，则最低允许的 pH 又为多少？(已知：$\lg K_{BiY}=27.94$)

11. 浓度为 0.020mol/L 的 Cd^{2+}、Hg^{2+} 混合溶液，欲在 pH=6.0 时，用等浓度的 EDTA 滴定其中的 Cd^{2+}，试问：

(1) 用 KI 掩蔽其中的 Hg^{2+}，使终点时 I^- 的游离浓度为 10^{-2}mol/L，能否完全掩蔽？$\lg K'_{CdY}$ 为多大？

(2) 已知二甲酚橙与 Cd^{2+}、Hg^{2+} 都显色，在 pH=6.0 时，$\lg K'_{CdIn}=5.5$，$\lg K'_{HgIn}=9.0$，能否用二甲酚橙作 Cd^{2+} 的指示剂？

(3) 滴定 Cd^{2+} 时，若用二甲酚橙作指示剂，终点误差为多大？

(4) 若终点时，I^- 游离浓度为 0.5mol/L，按(3) 的条件进行滴定，终点误差又为多大？

12. 在 pH=5.0 时，的缓冲溶液中，用 0.0020mol/L EDTA 滴定 0.0020mol/L Pd^{2+}，以二甲酚橙作指示剂，在下列两种情况下，终点误差各是多少？

(1) 使用 HAc－NaAc 缓冲溶液，终点时，缓冲剂的总浓度为 0.3mol/L。

(2) 使用六亚甲基四胺缓冲溶液(六亚甲基四胺不与 Pd^{2+} 配位)。

[已知：$Pd(Ac)_2$ 的 $\lg\beta_1=1.9$，$\lg\beta_2=3.8$，在 pH=5.0 时，$\lg\alpha_{Y(H)}=6.45$；$\lg K'_{PdIn}=7.0$，HAc 的 $K_a=10^{-4.74}$，$\lg K_{PdY}=18.30$]

13. 用 0.020mol/L EDTA 滴定浓度为 0.020mol/L La^{3+} 和 0.050mol/L Mg^{2+} 混合溶液中的 La^{3+}。

(1) 设 $\Delta pLa'=0.2$pM 单位，欲要求 $TE\%\leqslant0.3\%$时，则适宜酸度范围是多少？

(2) 若指示剂不与 Mg^{2+} 显色，并以二甲酚橙作指示剂，$\alpha_{Y(H)}=0.10\alpha_{Y(Mg)}$ 时，则适宜酸度范围又是多少？

(3) 在(2) 的条件下用 EDTA 滴定 La^{3+} 的终点误差为多少？

[已知：$\lg K'_{LaIn}$ 在 pH=4.5、5.0、5.5、6.0 时分别为 4.0、4.5、5.0、5.6，且 Mg^{2+} 与二甲酚橙作不显色；$La(OH)_3$ 的 $K_{sp}=10^{-18.8}$，$\lg K_{LaY}=15.25$]

参考答案

一、最佳选择题

1.D　2.A　3.B　4.D　5.C　6.D　7.A　8.A　9.C　10.D　11.B　12.D　13.C　14.A　15.C

二、配伍选择题

[1～3] BAC　[4～7] ACDB　[8～10] ABE　[11～14] CADB　[15～19] FBCCA　[20～23] CCBA

三、多项选择题

1. AD 2. CD 3. BC 4. ABE 5. BC 6. ABD 7. AD

四、问答题

1. 答：①EDTA 与金属离子配位时形成五个五元环，具有特殊的稳定性。②EDTA 与不同价态的金属离子生成配合物时，配位比简单。③生成的配合物易溶于水。④EDTA 与无色金属离子配位形成无色配合物，可用指示剂指示终点；EDTA 与有色金属离子配位形成配合物的颜色加深，不利于观察。

2. 答：是以形成配位化合物反应为基础的滴定分析方法。配位反应必须具备的条件：反应完全，生成的配合物稳定，反应定量进行；迅速；有适当的指示剂指示终点；生成的配合物最好有可溶性。因为许多无机配位剂与金属离子形成的配合物不够稳定，有分级配位现象，而且各级配合物的稳定性差且没有显著差别，所以滴定中，被测离子浓度变化不明显，从而无法准确判定终点，因此无机配位剂在配位滴定中应用不广。

3. 答：将被测离子 M 与滴定剂 Y 之间的反应作为主反应，其他伴随的反应均为副反应，对主反应的影响程度用副反应系数(酸效应系数、共存离子效应、配位效应等) 来衡量。配位剂的副反应系数 $\alpha_Y=[Y']/[Y]$；金属离子的副反应系数 $\alpha_M=[M']/[M]$。

条件稳定常数为在一定条件下将各种副反应对金属离子-配位化合物的影响同时考虑时，配位化合物的实际稳定常数。它表示了在一定的条件下有副反应发生时主反应进行的程度。表达式为 $K'_{MY}=[MY']/[M'][Y']$。

它们之间的关系是：$\lg K'_{MY}=\lg K_{MY}-\lg\alpha_Y-\lg\alpha_M+\lg\alpha_{MY}$

4. 答：由于 H^+ 的存在，在 H^+ 与 Y 之间发生副反应，使 Y 参加主反应能力降低的现象称为酸效应。酸效应的大小用酸效应系数来衡量。H^+ 浓度越大，则酸效应系数越大，使配合物的稳定性降低。

5. 答：影响配位滴定 pM 突跃范围大小的因素有：

(1) 配合物的条件稳定常数对滴定突跃的影响

①酸度：酸度高时，$\lg\alpha_{Y(H)}$ 大，$\lg K'_{MY}$ 变小。因此滴定突跃就减小。

②其他配位剂的配位作用：滴定过程中加入掩蔽剂、缓冲溶液等辅助配位剂的作用会增大值 $\lg\alpha_{M(L)}$，使 $\lg K'_{MY}$ 变小，因而滴定突跃就减小。

(2) 浓度对滴定突跃的影响：金属离子 c_M 越大，滴定曲线起点越低，因此滴定突跃越大。反之则相反。

6. 答：金属指示剂的作用原理是：

滴定开始前：$M+HIn$(颜色 A)$\rightleftharpoons MIn$(颜色 B)$+H^+$

滴定过程中：$M+H_2Y^{2-}\rightleftharpoons MY+2H^+$

滴定终点时：MIn(颜色 B)$+H_2Y^{2-}\rightleftharpoons HIn$(颜色 A)$+MY+H^+$

金属指示剂应具备的条件是：①金属指示剂与金属离子生成的配合物(MIn) 颜色应与指示剂本身的颜色有明显区别；②金属指示剂与金属配合物的稳定性应比金属- EDTA 配合物的稳定性低，一般要求 $K'_{MY}/K'_{MIn}>10^2$；③MIn 本身应是可溶的；④MIn 本身应较稳定，$K'_{MIn}>10^4$，不分解，不被氧化。

7. 答：在配位滴定中，若指示剂与金属离子形成的配合物很稳定($K'_{MIn}>K'_{MY}$)，以致在终点时不能被 EDTA 置换，这种现象称为封闭现象。

若被测物质产生封闭现象，采用回滴定的方式进行测定，可避免封闭现象的发生，也可采用更换其他指示剂的方法加以解决。

若是干扰离子产生的封闭现象，可加入掩蔽剂进行掩蔽干扰离子。

若指示剂与金属离子形成的配合物在水中的溶解度较小，虽能被 EDTA 置换，但置换速度缓慢致使终点拖长，这种现象称为僵化现象。选择合适的溶剂来增加指示剂配合物的溶解性。

五、计算题

1. 解：
$$w_{ZnCl_2}\%=\frac{c_{EDTA}V_{EDTA}\times\frac{M_{ZnCl_2}}{1000}}{m_s\times\frac{25.00}{250.0}}\times100=\frac{0.01024\times17.61\times\frac{136.3}{1000}}{0.2500\times\frac{25.00}{250.0}}\times100=98.31$$

2. 解：

$$w_{Al}\%=\frac{(c_{EDTA}V_{EDTA}-c_{Zn}V_{Zn})\times\frac{M_{Al}}{1000}}{m}\times100$$

$$=\frac{(0.05000\times25.00-0.02000\times21.00)\times\frac{26.98}{1000}}{1.250}\times100=1.79$$

3. 解：化学计量点时，$c_{Cu(sp)}=\frac{1}{2}\times(2.0\times10^{-2})=1.0\times10^{-2}\ (mol/L)$

$$pc_{Cu(sp)}=2.00$$

$$[NH_3]_{sp}=\frac{1}{2}\times0.20=0.10\quad(mol/L)$$

$$\alpha_{Cu(NH_3)}=1+\beta_1[NH_3]+\beta_2[NH_3]^2+\beta_3[NH_3]^3+\beta_4[NH_3]^4$$

$$=1+10^{4.13}\times0.10+10^{7.61}\times0.10^2+10^{10.48}\times0.10^3+10^{12.59}\times0.10^4$$

$$=10^{8.62}$$

pH=10 时，$\alpha_{Cu(OH)}=10^{1.7}<<10^{8.62}$，故 $\alpha_{Cu(OH)}$ 可以忽略，$\alpha_{Cu}\approx10^{8.62}$。因为　pH=10 时，$\lg\alpha_{Y(H)}=0.45$。所以，

$$\lg K'_{CuY}=\lg K_{CuY}-\lg\alpha_Y-\lg\alpha_{Cu}=18.80-0.45-8.62=9.73,$$

$$pCu'_{sp}=\frac{1}{2}[pc_{Cu(SP)}+\lg K'_{CuY}]=\frac{1}{2}\times(2.00+9.73)=5.86$$

4. 解：查表 pH=5.0 时，$\lg\alpha_{Y(H)}=6.45$，$\lg\alpha_{Ca(OH)}=0$，$\lg K_{CaY}=10.69$

$$\lg K'_{CaY}=\lg K_{CaY}-\lg\alpha_Y-\lg\alpha_{Ca}=10.69-6.45-0=4.24$$

$$\lg cK'_{CaY}=2.24<6$$

故不能准确滴定。

若欲准确滴定，要求：$\lg cK'_{CaY}\geqslant6$，即 $\lg K'_{CaY}\geqslant8$

$$\alpha_{Y(H)}\leqslant\lg K_{CaY}-8=10.69-8=2.69$$

查表可知：$\alpha_{Y(H)}=2.69$ 时，pH≈7.6，所以，允许的最低 pH 为 7.6。

5. 解：(1) Pb^{2+} 和 Ca^{2+} 两者浓度相同

根据 $\Delta\lg c+\Delta\lg K=\lg c_M-\lg c_N+\lg K_{MY}-\lg K_{NY}=18.0-10.7=7.3>5$

所以，可以在 Ca^{2+} 存在下分步滴定 Pb^{2+}。

(2) 滴定 Pb^{2+} 的酸度范围

最高酸度：$\lg\alpha_{Y(H)}=\lg\alpha_{(Ca)}\approx\lg c_{Ca(sp)}K_{CaY}=-2+10.7=8.7$

查 $\lg\alpha_{Y(H)}$-pH 表，$\lg\alpha_{Y(H)}=8.7$ 对应的 pH 约为 4.0，即该体系滴定 Pb^{2+} 的最低 pH。

最低酸度：$K_{sp,Pb(OH)_2}=10^{-15.7}$

$$[OH^-]=\sqrt{\frac{K_{sp,Pb(OH)_2}}{c_{Pb^{2+}}}}==\sqrt{\frac{10^{-15.7}}{2\times10^{-2}}}=10^{-7.0}$$

$$pH=7.0$$

故在该体系条件下，滴定 Pb^{2+} 的适宜 pH 范围为 4.0～7.0，在此酸度范围内，$\lg K'_{PbY}$ 和 $pPb_{(sp)}$ 为定值。

$$\lg K'_{PbY}=\lg K_{PbY}-\lg\alpha_{Y(Ca)}=18.0-8.7=9.3$$

所以　$pPb_{(sp)}=\frac{1}{2}[\lg K'_{PbY}+pc_{Pb^{2+}(sp)}]=\frac{1}{2}(9.3+2.0)=5.7$

(3) 以二甲酚橙为指示剂的最佳 pH 和终点误差

当 $pPb_{(ep)}=pPb_{(sp)}$ 时对应的 pH 即最佳 pH。查二甲酚橙的 pM_t-pH 曲线(或表) 得 $pM_t=pPb_{(ep)}=$

5.7 时,对应的 pH 为 4.3 即最佳 pH。

当$\triangle pM'=\pm0.2$,pH=4.3,$\lg K'_{PbY}=9.3$ 时的 $TE\%$

$$TE\%=\frac{10^{\Delta pM'}-10^{-\Delta pM'}}{\sqrt{c_{M(sp)}K'_{MY}}}\times100=\frac{10^{0.2}-10^{-0.2}}{\sqrt{10^{9.3}\times10^{-2.0}}}\times100=0.02$$

6. 解:查表镉碘配合物的 $\lg\beta_1$、$\lg\beta_2$、$\lg\beta_3$、$\lg\beta_4$,依次为 2.4、3.4、5.0、6.15,$[I^-]_{ep}=0.5=10^{-0.3}$则

$$\begin{aligned}\alpha_{Cd(I)}&=1+[I^-]\beta_1+[I^-]^2\beta_2+[I^-]^3\beta_3+[I^-]^4\beta_4\\&=1+10^{-0.3}\times10^{2.4}+10^{-0.6}\times10^{3.4}+10^{-0.9}\times10^{5.0}+10^{-1.2}\times10^{6.15}\\&\approx10^{5.0}\end{aligned}$$

$$\because\ \alpha_{Cd(I)}=\frac{c_{Cd}}{[Cd^{2+}]},\qquad\therefore\ [Cd^{2+}]=\frac{c_{Cd}}{\alpha_{Cd(I)}}$$

$$\alpha_{Y(Cd)}=1+K_{CdY}\cdot[Cd^{2+}]=1+\frac{10^{-2}}{10^{5.0}}\times10^{16.5}=10^{9.5}$$

因 pH=5.5 时,$\alpha_{Y(H)}=10^{5.5}<\alpha_{Y(Cd)}$,$\alpha_{Zn(OH)}=1.0$ 所以

$$\alpha_Y=\alpha_{Y(Cd)}=10^{9.5},\alpha_{Zn}=\alpha_{Zn(OH)}=1.0$$

$$\lg K'_{ZnY}=\lg K_{ZnY}-\lg\alpha_Y-\lg\alpha_{Zn}=16.5-9.5-0=7.0<8$$

所以不能准确滴定 Zn^{2+}。

7. 解:若 $\Delta pM=\pm0.2$,$TE\%=\pm0.3\%$,能否用 EDTA 分步滴定 Ca^{2+}、Mg^{2+} 的可行性的判断标准为:

$$\Delta\lg Kc=\lg c_{Ca}K_{CaY}-\lg c_{Mg}K_{MgY}\geqslant5$$

$$\because\ c_{Ca}=c_{Mg}$$

$$\therefore\ \Delta\lg K=\lg K_{CaY}-\lg K_{MgY}=10.69-8.7=1.99<5$$

故不能在 Mg^{2+} 存在的条件下,用 EDTA 直接滴定 Ca^{2+}。

采取的措施是用沉淀法掩蔽 Mg^{2+},即加入 NaOH,使 Mg^{2+} 成为 $Mg(OH)_2$ 沉淀。

pH=12.00 时,选用钙指示剂用 EDTA 滴定,

$$pH=12.00\text{ 时},\ \lg\alpha_{Y(H)}=0.01,\ [Mg^{2+}]=\frac{K_{sp}}{[OH]^2}=\frac{7.1\times10^{-12}}{10^{-4}}=7.1\times10^{-8}$$

$$\alpha_{Y(Mg)}=1+K_{MgY}[Mg^{2+}]=1+7.1\times10^{-8}\times10^{8.7}=36.6$$

$$\alpha_Y=\alpha_{Y(H)}+\alpha_{Y(Mg)}-1=1.02+36.6-1\approx36.6=10^{1.6}$$

$$\lg K'_{CaY}=\lg K_{CaY}-\lg\alpha_Y-\lg\alpha_{Ca}=10.69-1.6-0=9.09>8$$

计算结果表明,此条件下可以准确滴定 Ca^{2+}。

8. 解:(1) $\lg K_{稳}$ 值越大表示配合物的稳定性越大,所以 ML 的稳定性越大。

(2) 目测极限 0.2pM,滴定误差≤0.1%作为准确滴定的条件,则要求 $\lg K_{MY}c_M\geqslant6$。本题给定 $c_M=0.01$mol/L,则 $\lg K_{MY}\geqslant8$,所以 M、N、Q 金属离子可以用配位剂 L 准确滴定。最低 pH 分别为 5.0、7.0、10.0。

在 pH=5.0 时,$\alpha_{Y(H)}=10.0$,用配位剂 L 滴定 0.02mol/L 的 M 离子

$$\lg K'_{MY}=\lg K_{MY}-\lg\alpha_{Y(H)}=18.0-10.0=8.0$$

$$\frac{[ML']}{[M'][L']}=10^{8.0},$$

理论终点时,$[ML']\approx[ML]=10^{-2}$mol/L

由于$[M']=[L']$,故

$$[M']=\sqrt{\frac{10^{-2}}{10^{8.0}}}=10^{-5.0}$$

$$pM=5.0$$

9. 解:(1) $\lg K'_{AlY}=\lg K_{AlY}-\lg\alpha_Y-\lg\alpha_{Al}=16.11-6.45=9.66>8$

(2) Al^{3+} 的 EDTA 滴定法采用返滴定方式的原因有三个：

①Al^{3+} 与 EDTA 缓慢配位，需过量 EDTA 并加热煮沸，配位反应才能配位完全；

②Al^{3+} 对二甲酚橙指示剂有封闭作用，只能加入过量 EDTA 将 Al^{3+} 配位后，再加入二甲酚橙指示剂。用 Zn^{2+} 标准溶液滴定剩余的 EDTA 来测定 Al^{3+}；

③在 pH=5.0 滴定时，Al^{3+} 由于酸度不高将产生一系列多核羟基配合物，这些配合物与 EDTA 配位时速度很慢，且配合比值不固定，对滴定不利。

10. 解：

$$TE\%=\frac{10^{\Delta pBi}-10^{-\Delta pBi}}{\sqrt{c_{Bi(sp)}\cdot K'_{BiY}}}\times 100\leqslant\pm 0.2$$

当 $\Delta pM=0.38$ 时，$K'_{BiY}\cdot c_{Bi(sp)}=10^{5.99}$，$c_{Bi(sp)}=1.0\times10^{-2}$，$K'_{BiY}=10^{7.99}$

$\lg\alpha_{Y(H)}=\lg K_{BiY}-7.99=27.94-7.99=19.95$，与之对应的 pH 为 0.64。

当 $\Delta pM=1.0$ 时，$K'_{BiY}\cdot c_{Bi(sp)}=10^{7.39}$，$c_{Bi(sp)}=1.0\times10^{-2}$，$K'_{BiY}=10^{9.39}$

$\lg\alpha_{Y(H)}=\lg K_{BiY}-9.39=27.94-9.39=18.55$，与之对应的 pH 为 0.90。

11. 解：(1) 用 KI 掩蔽时，使 Hg^{2+} 形成配合物，其配合物的 $\lg\beta_1\sim\lg\beta_4$ 依次为 12.87、23.82、27.60、29.83；使 Cd^{2+} 形成配合物，其配合物的 $\lg\beta_1\sim\lg\beta_4$ 依次为 2.4、3.4、5.0、6.15；

$$\alpha_{Hg(I)}=1+[I^-]\beta_1+[I^-]^2\beta_2+[I^-]^3\beta_3+[I^-]^4\beta_4\approx 10^{22.03}$$

$$[Hg^{2+}]=10^{-2}/10^{22.03}=10^{-24.03}$$

$$\alpha_{Y(Hg)}=1+[Hg^{2+}]\cdot K_{HgY}=1+10^{-24.03}\times10^{21.8}\approx 1$$

所以，可以完全掩蔽

$$\alpha_{Cd(I)}=1+[I^-]\beta_1+[I^-]^2\beta_2+[I^-]^3\beta_3+[I^-]^4\beta_4\approx 10^{0.41}，[Cd^{2+}]=10^{-2}/10^{0.41}=0.0039$$

查表知：pH=6.0 时，$\lg\alpha_{Y(H)}=4.65$

$$\alpha_Y=\alpha_{Y(H)}+\alpha_{Y(Hg)}-1=10^{4.65}+1-1\approx10^{4.65}$$

$$\lg K'_{CdY}=\lg K_{CdY}-\lg\alpha_{Y(H)}-\lg\alpha_{Cd}=16.40-4.65-0.41=11.34$$

(2) $\lg K'_{HgIn}=9.0$，且从上述计算可知，加入 KI 后，$[Hg^{2+}]=10^{-24.03}$，$\alpha_{In(Hg)}=1+[Hg^{2+}]\cdot K_{HgIn}=1+10^{-24.03}\times10^9\approx1$，说明 Hg^{2+} 几乎不与 In 反应，因此 Hg^{2+} 不能与指示剂显色；$[Cd^{2+}]=0.0039$，$\lg K'_{CdIn}=5.5$，同理可知 Cd^{2+} 与 In 有反应，又由于 $K'_{CdY}/K'_{CdIn}>10^2$，所以 Cd^{2+} 可与指示剂二甲酚橙显色并能指示终点。

(3) 在化学计量点时，$c_{Cd(sp)}=0.0200/2=0.0100mol/L$

$$pCd_{(sp)}=\frac{1}{2}[\lg K'_{CdY}+pc_{Cd(sp)}]=\frac{1}{2}(11.34+2)=6.67$$

终点时，$pCd_t=\lg K'_{CdIn}=5.5$

$$\Delta pCd=5.5-6.67=-1.17\approx-1.2$$

$$TE\%=\frac{10^{\Delta pCd}-10^{-\Delta pCd}}{\sqrt{c_{Cd(sp)}\cdot K'_{CdY}}}\times100=\frac{10^{-1.2}-10^{1.2}}{\sqrt{10^{-2}\times10^{11.34}}}\times100=-0.034$$

(4) 若终点时，I^- 游离浓度为 0.5mol/L，Hg^{2+} 被掩蔽的更完全，$\alpha_{Y(Hg)}=1$

$$\alpha_{Cd(I)}=1+[I^-]\beta_1+[I^-]^2\beta_2+[I^-]^3\beta_3+[I^-]^4\beta_4\approx10^{4.29}$$

$$\lg K'_{CdY}=\lg K_{CdY}-\lg\alpha_{Y(H)}-\lg\alpha_{Cd}=16.40-4.65-4.29=7.46$$

$$pCd_{(sp)}=\frac{1}{2}[\lg K'_{CdY}+pc_{Cd(sp)}]=\frac{1}{2}(7.46+2)=4.73$$

$$\Delta pCd=5.5-4.73=0.77$$

$$TE\%=\frac{10^{\Delta pCd}-10^{-\Delta pCd}}{\sqrt{c_{Cd(sp)}\cdot K'_{CdY}}}\times100=\frac{10^{0.77}-10^{-0.77}}{\sqrt{10^{-2}\times10^{7.46}}}\times100=1.1$$

12. 解：(1) 终点时，pH=5.0，缓冲剂的总浓度为 0.30mol/L，故

$$[Ac^-]=\frac{K_a c}{K_a+[H^+]}=\frac{10^{-4.74}\times 0.31}{10^{-4.74}+10^{-5}}=0.20\text{mol/L}$$

$$\alpha_{Pd(Ac)}=1+[Ac^-]\beta_1+[Ac^-]^2\beta_2=10^{2.43}$$

已知：$\lg K_{PdY}=18.30$，pH=5.0 时，$\lg\alpha_{Y(H)}=6.45$；

$$\lg K'_{PdY}=\lg K_{PdY}-\lg\alpha_{Y(H)}-\lg\alpha_{Pd}=18.30-6.45-2.43=9.42$$

计量点时：$c_{Pd(sp)}=0.00200/2=0.00100$mo/L

$$pPd_{(sp)}=\frac{1}{2}[\lg K'_{PdY}+pc_{Pd(sp)}]=\frac{1}{2}(9.42+3)=6.21$$

终点时，$pPd_t=\lg K'_{PdIn}=7.0$

$$\Delta pPd=7.0-6.21=0.79$$

$$TE\%=\frac{10^{\Delta pPd}-10^{-\Delta pPd}}{\sqrt{c_{Pd(sp)}\cdot K'_{PdY}}}\times 100=\frac{10^{0.79}-10^{-0.79}}{\sqrt{10^{-3}\times 10^{9.42}}}\times 100=0.37$$

(2) 已知：$\lg K_{PdY}=18.30$，pH=5.0 时，$\lg\alpha_{Y(H)}=6.45$，六亚甲基四胺不与 Pd^{2+} 配位

$$\lg K'_{PdY}=\lg K_{PdY}-\lg\alpha_{Y(H)}-\lg\alpha_{Pd}=18.30-6.45-0=11.85$$

$$pPd_{(sp)}=\frac{1}{2}[\lg K'_{PdY}+pc_{Pd(sp)}]=\frac{1}{2}(11.85+3)=7.43$$

终点时，$pPd_t=\lg K'_{PdIn}=7.0$

$$\Delta pPd=7.0-7.43=-0.43$$

$$TE\%=\frac{10^{\Delta pPd}-10^{-\Delta pPd}}{\sqrt{c_{Pd(sp)}\cdot K'_{PdY}}}\times 100=-0.009$$

13. 解：(1) 根据终点误差公式

$$TE\%=\frac{10^{\Delta pLa}-10^{-\Delta pLa}}{\sqrt{c_{La(sp)}\cdot K'_{LaY}}}\times 100\leqslant 0.3$$

当 $\Delta pM=0.20$ 时，$c_{La(sp)}\cdot K'_{LaY}=10^{5.00}$，$c_{La(sp)}=1.0\times 10^{-2}$，$K'_{LaY}=10^{7.00}$

已知：$\lg K_{LaY}=15.25$

$$\lg\alpha_{Y(H)}=\lg K_{LaY}-\lg K'_{LaY}=15.25-7.00=8.25$$

查表知，与之对应的 pH 为 4.0，为最低 pH。

考虑到 La^{3+} 会生成沉淀，故

$$[OH]=\sqrt[3]{\frac{K_{sp[La(OH)_3]}}{[La^{3+}]}}=10^{-5.70},pH=8.3$$

则适宜的酸度范围是 4.0～8.3。

(2) 若指示剂不与 Mg^{2+} 显色，$[Mg^{2+}]=0.050$mol/L

$$\alpha_{Y(Mg)}=1+K_{MgY}[Mg^{2+}]=1+0.050\times 10^{8.64}=10^{7.40}$$

用二甲酚橙作指示剂时，滴定 La^{3+} 的 pH

$$\alpha_{Y(H)}=0.10\alpha_{Y(Mg)}=10^{6.40}$$

查表知，与之对应的 pH 为 5.0，为最低 pH。

则适宜的酸度范围是 5.0～8.3。

(3) 终点误差为

$$\alpha_Y=\alpha_{Y(H)}+\alpha_{Y(Mg)}-1=10^{7.40}+10^{6.40}-1=10^{7.44}$$

$$\lg K'_{LaY}=\lg K_{LaY}-\lg\alpha_Y=15.25-7.44=7.81$$

$$pLa=\frac{1}{2}[\lg K'_{LaY}+pc_{La(sp)}]=\frac{1}{2}(7.81+2.00)=4.91$$

pH＝5.0 时，$\lg K'_{\text{LaIn}}=4.5$

$\Delta\text{pLa}=4.5-4.91=-0.41$

$$TE\%=\frac{10^{\Delta\text{pLa}}-10^{-\Delta\text{pLa}}}{\sqrt{c_{\text{La(sp)}}\cdot K'_{\text{LaY}}}}\times 100=-0.27$$

知识地图

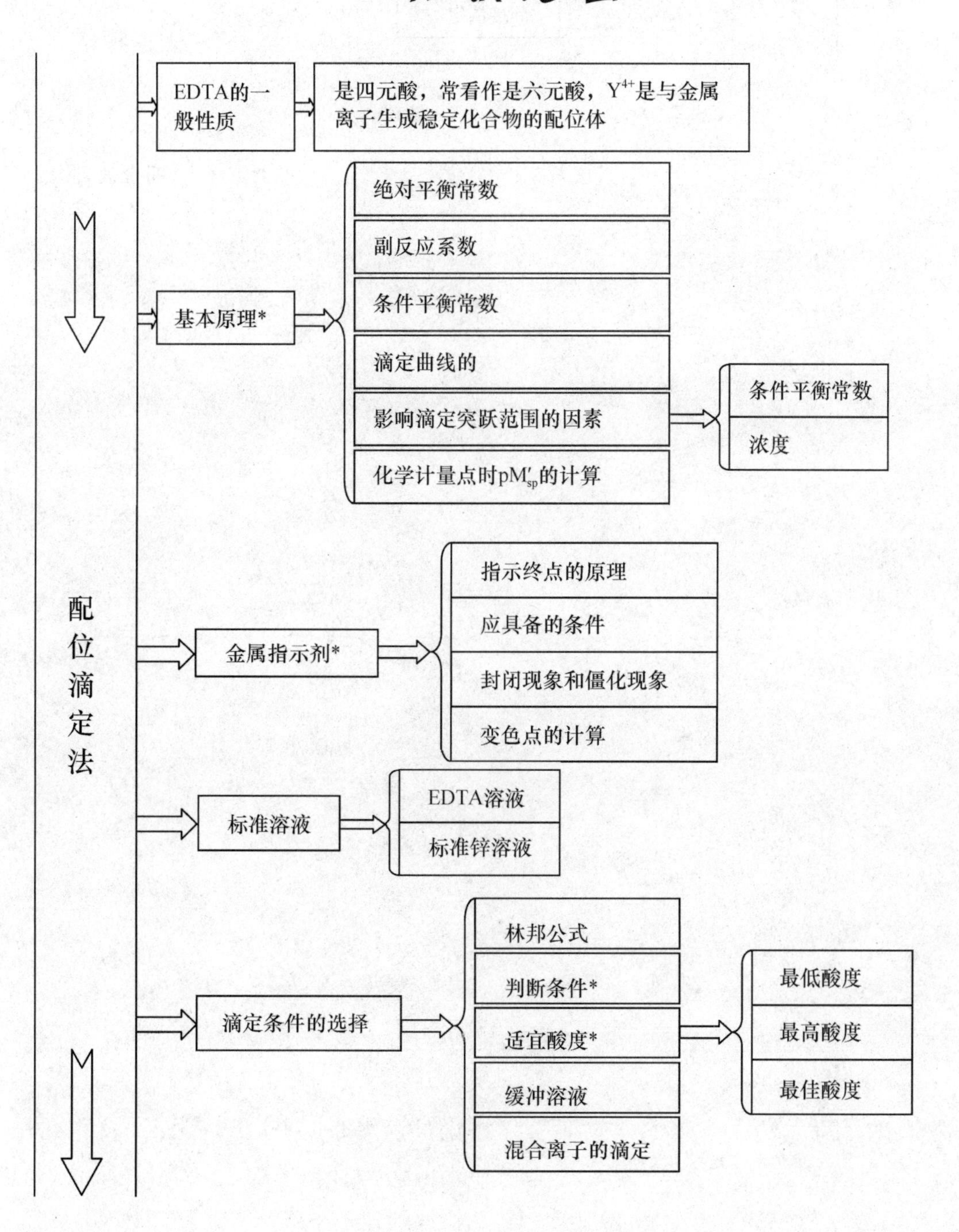

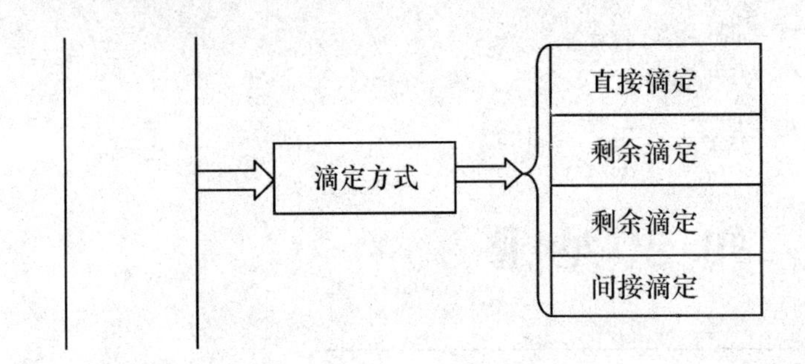

（高金波）

第六章　氧化还原滴定法

内 容 提 要

本章内容包括氧化还原反应的机制、影响因素、氧化反应动力学和热力学基本概念；氧化还原滴定的基本原理，其中包括氧化还原滴定的滴定曲线、指示剂等；三种常见的氧化还原滴定法：碘量法、高锰酸钾法、亚硫酸钠法的原理、操作条件及方法；其他氧化还原滴定法：溴酸钾法、溴量法、重铬酸钾法、铈量法及高碘酸钾法的原理及应用。

学 习 要 点

一、氧化还原反应

1. 条件电位及其影响因素

(1) 定义：在特定条件下，电对的氧化态和还原态物质的分析浓度均为 1mol/L 或它们的浓度比为 1 时，而且校正了各种因素的影响后得到的实际电位称为条件电位。

(2) 计算通式：$\varphi^{\theta'} = \varphi^{\theta} + \frac{0.059}{n}\lg\frac{\gamma_{Ox}\alpha_{Red}}{\gamma_{Red}\alpha_{Ox}}$

(3) 影响因素

1) 盐效应：一般可忽略盐效应的影响。

2) 生成沉淀：电对的氧化态生成沉淀 $\Rightarrow \varphi^{\theta'}\downarrow$；还原态生成沉淀 $\Rightarrow \varphi^{\theta'}\uparrow$。

3) 生成配合物：生成的氧化态物质稳定性大于还原态物质的稳定性 $\Rightarrow \varphi^{\theta'}\downarrow$；反之 $\Rightarrow \varphi^{\theta'}\uparrow$。

4) 酸效应：凡是有 OH^- 或 H^+ 直接参加氧化还原反应，或物质的还原态(氧化态) 是弱酸或弱碱时，电对的条件电位受酸度的影响较大。

2. 氧化还原反应进行的程度

(1) 定义：利用条件电位计算的氧化还原反应的平衡常数称为条件平衡常数(K')。该参数是衡量氧化还原反应进行程度的参数。

(2) 计算通式：$\lg K' = \frac{n_1 n_2(\varphi_1^{\theta'} - \varphi_2^{\theta'})}{0.059} = \frac{n_1 n_2 \Delta\varphi^{\theta'}}{0.059}$。$n_1$、$n_2$ 是氧化还原反应方程式中氧化剂与还原剂的系数。

(3) K' 含义：$K'\uparrow \Rightarrow$ 反应越完全；K' 值只说明反应完成的程度，不说明反应进行的快慢。

(4) 判据：当 $\lg K' \geqslant 3(n_1+n_2)$ 或 $\Delta\varphi^{\theta'} \geqslant \frac{0.059\times 3(n_1+n_2)}{n_1 n_2}$，反应完全。

提示

上述判据为判断一个氧化还原反应是否可以应用于滴定分析，其中 n_1、n_2 是氧化还原反应方程式中氧化剂与还原剂的系数。一般认为若 $\Delta\varphi^{\theta'} \geq 0.4V$，反应就能定量地进行。

3. 影响氧化还原反应速度的因素

(1) 浓度：$c_{反应物}$ ↑⇒反应速度(v) ↑。

(2) 温度：温度(T) ↑⇒ v↑。

(3) 催化剂：可改变 v。

二、氧化还原滴定的基本原理

1. 滴定曲线(φ-$V_{滴定剂}$曲线)

(1) 定义：反映滴定过程中体系的电位随滴定剂加入体积而变化的情况。

(2) 化学计量点

1) 电位计算通式：对于对称电对 $\varphi_{sp} = \dfrac{n_1\varphi_1^{\theta'} + n_2\varphi_2^{\theta'}}{n_1 + n_2}$。$n_1$ 是氧化剂电极反应的电子得失数，n_2 还原剂电极反应的电子得失数。

2) 位置：$n_1 = n_2 \Rightarrow \varphi_{sp}$ 在突跃范围的中点；$n_1 \neq n_2 \Rightarrow \varphi_{sp}$ 偏向 n 值大的一方。注意：选指示剂时应使指示剂的变色点电位尽量靠近化学计量点电位。

(3) 滴定突跃范围

1) 电位计算通式：$\varphi_2^{\theta'} + \dfrac{0.059 \times 3}{n_2} \sim \varphi_1^{\theta'} - \dfrac{0.059 \times 3}{n_1}$。$n_1$ 是氧化剂电极反应的电子得失数，n_2 还原剂电极反应的电子得失数。

2) 影响因素：$\Delta\varphi^{\theta'}$ ↑⇒突跃范围↑。$\Delta\varphi^{\theta'}$ 是氧化剂与还原剂两电对的条件电位差。

提示

氧化还原滴定曲线和酸碱滴定及配位滴定曲线的共性：均是在滴定剂不足 0.1% 和过量 0.1%时形成滴定突跃；均是利用滴定曲线的突跃提供选择指示剂的依据。其特性是：酸碱滴定曲线是以溶液的 pH 值为纵坐标、配位滴定曲线是以 pM 为纵坐标，而氧化还原滴定曲线是以 φ 值为纵坐标，其横坐标均是加入的标准溶液的体积(V)。酸碱滴定与配位滴定的滴定突跃大小与滴定剂浓度有关，而氧化还原滴定的滴定突跃大小与滴定剂浓度无关，只与 $\Delta\varphi^{\theta'}$ 有关。

2. 指示剂分类 见表 6-1。

表 6-1 氧化还原指示剂的分类

指示剂类型	示 例
自身指示剂	$KMnO_4$、$Ce(SO_4)_2$、I_2 液等
特殊指示剂	淀粉等

(待续)

（续表）

指示剂类型	示　例
外指示剂	碘化钾-淀粉糊（或试纸）等
氧化还原指示剂	二苯胺、邻二氮菲亚铁等
不可逆指示剂	甲基红或甲基橙等

提示

氧化还原指示剂的理论变色范围是：$\varphi^{\theta'}_{In_{Ox}/In_{Red}} \pm 0.059/n$ (V)，理论变色点为：$\varphi = \varphi^{\theta'}_{In_{Ox}/In_{Red}}$，选择原则为指示剂变色范围或变色点的电位在滴定突跃范围电位内，且有明显的颜色变化。

三、碘量法

1. 碘量法的基本原理　见表6-2。

表6-2　典量法的基本原理

	直接法	间接法	
		置换碘量法	剩余碘量法
基本反应	$I_2(s) + 2e \rightleftharpoons 2I^-$	$2I^- + 2e \rightleftharpoons I_2$， $I_2 + 2S_2O_3^{2-} \rightleftharpoons 2I^- + S_4O_6^{2-}$	$I_2(s) + 2e \rightleftharpoons 2I^-$， $2S_2O_3^{2-} + I_{2(剩余)} \rightleftharpoons 2I^- + S_4O_6^{2-}$
标准溶液	I_2 液：间接法配制，可用 As_2O_3 作基准物标定	$Na_2S_2O_3$ 液：间接法配制（提前2周），用 $K_2Cr_2O_7$ 作基准物标定	I_2 液和 $Na_2S_2O_3$ 液
指示剂及加入时间	淀粉，滴定前加入	淀粉，近终点时加入	
终点颜色	蓝色出现	蓝色消失	
测定条件	酸度：酸性、中性或弱碱性（pH<9） 温度：室温 滴定速度：稍快	酸碱性：中性或弱酸性 温度：室温 滴定速度：稍快、避光	
测定范围	电位低于 $\varphi^{\theta'}_{I_2/2I^-}$ 的强还原性物质	电位高于 $\varphi^{\theta}_{I_2/2I^-}$ 的氧化性物质	电位低于 $\varphi^{\theta}_{I_2/2I^-}$ 的还原性物质

2. 碘量法主要误差来源及减免措施

（1）主要误差来源：I_2 的挥发和 I^- 被空气中的 O_2 氧化。

（2）减免措施：

1）防止 I_2 挥发的方法：①在配制 I_2 标准溶液或置换 I_2 反应中加入过量的KI；②在室温下进行反应和滴定；③间接碘量法使用碘量瓶，且快滴慢摇。

2）防止 I^- 被空气中 O_2 氧化的方法：①降低溶液的酸度，酸度增大会使 I^- 被空气中的 O_2 氧化速度加快；②除去对 I^- 的氧化起催化作用的 Cu^{2+}、NO_2^- 等催化剂；③置换 I_2 的反应过程中应密塞避光，析出 I_2 的反应完全后立即滴定。

四、高锰酸钾法

1. 基本反应 $MnO_4^- + 8H^+ + 5e \rightleftharpoons Mn^{2+} + 4H_2O$，$\varphi^{\theta}_{MnO_4^-/Mn^{2+}} = 1.51V$

2. 标准溶液 $KMnO_4$ 液，间接法配制，常用 $Na_2C_2O_4$ 作基准物标定。

3. 指示剂 $KMnO_4$ 自身指示剂。

4. 终点颜色 粉红色(30 秒不褪)。

5. 测定条件
- 酸度：宜用 H_2SO_4，应控制在 1～2mol/L。酸度过低会有部分 $KMnO_4$ 被还原为 MnO_2；酸度过高会使 $H_2C_2O_4$ 分解。HCl 有还原性，HNO_3 有氧化性均不宜用。
- 温度：常将溶液加热至 70℃～80℃。反应温度过高，会使部分 $H_2C_2O_4$ 分解，温度低于 60℃反应速度太慢。
- 滴定速度：先慢后快(可利用自动催化作用加快反应速度)。

6. 测定范围 还原性物质(直接滴定法)；氧化性物质(剩余滴定法)；非氧化还原性物质(间接滴定法)。

提示

高锰酸钾法可用于测定 $FeSO_4$ 原料药含量，但不用于 $FeSO_4$ 制剂(如硫酸亚铁片或缓释片)的含量测定。原因是 $KMnO_4$ 的氧化性太强，也氧化制剂中的辅料。对于硫酸亚铁制剂的含量测定，可选用铈量法。

五、亚硝酸钠法

1. 基本反应

重氮化滴定法：$ArNH_2 + NaNO_2 + 2HCl \rightleftharpoons [Ar—N^+ \equiv N]Cl^- + NaCl + 2H_2O$

亚硝基化滴定法：$ArNHR + NaNO_2 + HCl \rightleftharpoons Ar—N(NO)—R + NaCl + H_2O$

2. 标准溶液 $NaNO_2$ 液，间接法配制，一般用对氨基苯磺酸作基准物标定。

3. 指示终点方法
- 外指示剂：如碘化钾-淀粉糊(试纸)
- 内指示剂：如橙黄Ⅳ-亚甲蓝等
- 永停滴定法

4. 测定条件
- 酸度：HCl，一般 1～2mol/L 酸度下进行。
- 温度：室温，采用“快速滴定法”进行。
- 滴定速度：先快后慢，可加入适量 KBr 加以催化。

5. 苯环上取代基影响 胺基对位上，有吸电子基团→加快反应；有斥电子基团→减慢反应速度。

6. 测定范围 重氮化滴定法主要测定芳伯胺类化合物，亚硝基化滴定法测定芳仲胺类化合物。

提示

《中国药典》(2010 年版) 中用亚硝酸钠法测定含量的药物，均用永停滴定法指示终点。永停滴定法属于电化学法。

六、其他氧化还原滴定法(表 6-3)

表 6-3 其他氧化还原滴定法

	溴酸钾法	溴量法	重铬酸钾法	铈量法	高碘酸钾法
标准溶液	$KBrO_3$	Br_2;($KBrO_3$+KBr)	$K_2Cr_2O_7$	$Ce(SO_4)_2$	$NaIO_4$
反应条件	酸性	稀酸	强酸	强酸	酸性
半反应	$BrO_3^- + 6H^+ + 6e \rightleftharpoons Br^- + 3H_2O$	$Br_2 + 2e \rightleftharpoons 2Br^-$	$Cr_2O_7^{2-} + 14H^+ + 6e \rightleftharpoons 2Cr^{3+} + 7H_2O$	$Ce^{4+} + e \rightleftharpoons Ce^{3+}$	$H_5IO_6 + H^+ + 2e \rightleftharpoons IO_3^- + 3H_2O$
及其 φ^θ	$\varphi^\theta_{BrO_3^-/Br^-} = 1.44V$	$\varphi^\theta = 1.065V$	$\varphi^\theta = 1.33V$	$\varphi^\theta = 1.45V$	$\varphi^\theta = 1.60V$
应用	测定亚铁盐、亚砷酸盐、亚铜盐、碘化物、异烟肼等	测定司可巴比妥钠、盐酸去氧肾上腺素、苯酚等	测定 Fe^{2+}、盐酸小檗碱、水的化学需氧量(COD) 等	测定 Fe^{2+} (如硫酸亚铁片、硫酸亚铁缓释片) 等	测定 α-羟基醇、α-氨基醇、α-羰基醇、多羟基醇等

趣味知识

研究表明水果中含有黄酮类化合物、原花青素、维生素、多酚类物质等物质，能清除自由基(即作为还原剂)，从而起到一定的“抗衰老”作用。可以用高锰酸钾的强氧化性模拟自由基，根据氧化还原滴定的原理，利用高锰酸钾溶液的强氧化性来滴定水果中抗氧化性物质，并以高锰酸钾的颜色变化作为滴定终点，测定常见水果的抗氧化性总量，从而比较常见水果的抗氧化性效果。

经 典 习 题

一、最佳选择题

1. 间接碘量法滴定至终点的溶液，放置(5 分钟) 后又变为蓝色，原因是(　　)。

A. 被测物质与 KI 反应不完全　B. KI 加入量太少　C. 反应速度太慢

D. 空气中氧的作用　E. 溶液中指示剂加入量太多

2. 用 $Ce(SO_4)_2$ 滴定 Fe^{2+} 时两个电对的电极电位相等的情况是(　　)。

A. 仅在化学计量点时　B. 在滴定剂加入 50%时　C. 在每加一滴滴定剂平衡后

D. 仅在指示剂变色时　E. 在滴定剂加入 100%时

3. 用相关电对的电极电位不能判断(　　)。

A. 氧化还原反应的速度　　B. 氧化还原反应进行的程度
C. 氧化还原反应的方向　　D. 氧化还原滴定突跃范围的大小
E. 氧化还原反应能否定量进行

4. 间接碘量法中加入淀粉指示剂的适宜时间是(　　)。
A. 滴定开始时加入　　B. 滴定至近终点时加入　　C. 滴定至溶液无色时加入
D. 和 KI 同时加入　　E. 滴定液滴加一半时加入

5. 在亚硝酸钠滴定法中,能用重氮化滴定法测定的是(　　)。
A. 芳伯胺类化合物　　B. 芳仲胺类化合物　　C. 芳叔胺类化合物
D. 芳伯酸类化合物　　E. 季铵盐

6. 不属于氧化还原滴定法的是(　　)。
A. 重铬酸钾法　　B. 高锰酸钾法　　C. 溴酸钾法
D. 铬酸钾指示剂法　　E. 高碘酸钾法

7. 用 $Na_2C_2O_4$ 标定 $KMnO_4$ 溶液浓度时,溶液的酸度过低,会使测定结果(　　)。
A. 无影响　　B. 偏高　　C. 无法确定
D. 偏低　　E. 视当时情况而定

8. 用 $KMnO_4$ 标准溶液滴定 $Na_2C_2O_4$ 时,反应速度由慢到快的原因是(　　)。
A. 副反应　　B. 自身催化反应　　C. 催化反应
D. 诱导反应　　E. 歧化反应

9. 对于氧化还原反应:$n_2Ox_1+n_1Red_2 \rightleftharpoons n_2Red_1+n_1Ox_2$,两电对都是对称电对,化学计量点电位表达正确的是(　　)。(注 n_1 与 n_2 分别是氧化还原半反应的电子得失数)
A. $\varphi_{sp}=\dfrac{n_1\varphi_1^{\theta'}-n_2\varphi_2^{\theta'}}{n_1+n_2}$　　B. $\varphi_{sp}=\dfrac{n_1\varphi_1^{\theta'}+n_2\varphi_2^{\theta'}}{n_1+n_2}$　　C. $\varphi_{sp}=\dfrac{n_1\varphi_1^{\theta'}+n_2\varphi_2^{\theta'}}{0.059}$
D. $\varphi_{sp}=\dfrac{n_1\varphi_1^{\theta'}+n_2\varphi_2^{\theta'}}{n_1-n_2}$　　E. $\varphi_{sp}=\dfrac{n_1\varphi_1^{\theta'}-n_2\varphi_2^{\theta'}}{0.059}$

10. 配制 $Na_2S_2O_3$ 溶液时,使用新鲜煮沸放冷的蒸馏水的目的是(　　)。
A. 除去水中的 CO_2、O_2 和杀死嗜硫菌等微生物
B. 增强 $Na_2S_2O_3$ 的还原性　　C. 中和 $Na_2S_2O_3$ 溶液的酸性
D. 除去酸性杂质　　E. 除去水中的空气

二、配伍选择题

[1～4]
A. 对氨基苯磺酸　　B. As_2O_3　　C. $K_2Cr_2O_7$　　D. $Na_2C_2O_4$　　E. NaCl
标定下列标准溶液常用的基准物是
1. 碘标准溶液(　　)。
2. 硫代硫酸钠标准溶液(　　)。
3. 高锰酸钾标准溶液(　　)。
4. 亚硝酸钠标准溶液(　　)。

[5～6]
A. H_2SO_4　　B. HCl　　C. HNO_3　　D. KI　　E. KBr
下列分析方法的调节酸度的介质是
5. 亚硝酸钠法(　　)。
6. 高锰酸钾法(　　)。

[7～10]
A. 高锰酸钾法　　B. 碘量法　　C. 铈量法　　D. 溴量法　　E. 亚硝酸钠法
测定下列物质含量常使用的方法是
7. 硫酸亚铁原料药(　　);

8. 硫酸亚铁糖浆(　　)；
9. 维生素 C(　　)；
10. 苯酚(　　)。
[11～15]
A. 增加反应物浓度,加快反应速度
B. 增加反应物浓度,加快反应速度,同时降低 I_2 的挥发程度
C. 使反应完全,减弱 I^- 被空气中的 O_2 氧化程度
D. 降低酸度,防止 $Na_2S_2O_3$ 分解,同时减弱 I^- 被空气中的 O_2 氧化程度
E. 防止 I_2 的挥发
用 $K_2Cr_2O_7$ 为基准物标定 $Na_2S_2O_3$ 标准溶液,下列操作目的是(　　)。
11. 置换 I_2 的反应要加 HCl(　　)。
12. 置换 I_2 的反应要暗处放置 10 分钟(　　)。
13. 置换 I_2 的反应加过量的 KI(　　)。
14. 置换 I_2 的反应要在碘量瓶中进行(　　)。
15. 用 $Na_2S_2O_3$ 滴定前要稀释(　　)。
[16～18]
A. 直接碘量法　B. 置换碘量法　C. 剩余碘量法　D. 重氮化滴定法　E. 亚硝基化滴定法
下列物质分析所使用的方法属于
16. 碘量法测定维生素 C 的含量(　　)。
17. 用 $K_2Cr_2O_7$ 标定 $Na_2S_2O_3$ 溶液浓度(　　)。
18. 碘量法测定漂白粉中有效氯的含量(　　)。

三、多项选择题

1. 根据电对的 $\varphi^{\theta'}$ 可以判断(　　)
A. 反应完全程度　B. 反应速度　C. 反应方向
D. 反应次序　E. 物质氧化还原能力的大小
2. 判断氧化还原反应能否用于滴定分析的依据是(　　)。(n_1、n_2 是氧化还原反应方程式中氧化剂与还原剂的系数)
A. $\lg K' \geqslant 3(n_1+n_2)$　B. $\lg K' \geqslant 8$　C. $\Delta\varphi^{\theta'} \geqslant 0.4V$
D. $\Delta\varphi^{\theta'} \geqslant \frac{0.059\times 3(n_1+n_2)}{n_1 n_2}$　E. $\lg K' \geqslant 6$
3. 碘量法中为防止 I^- 被空气中的氧氧化的措施有(　　)。
A. 降低溶液酸度　B. 避免光的照射　C. 使用碘量瓶
D. 增大溶液酸度　E. 加入过量的 KI
4. 用基准 $Na_2C_2O_4$ 标定 $KMnO_4$ 溶液浓度时,在终点前出现了褐色沉淀的主要原因有(　　)。
A. 滴定速度过快　B. 酸度过高　C. 酸度过低
D. 温度低于 60℃　E. 温度高于 90℃
5. 必须使用碘量瓶的测定是(　　)
A. 用 $K_2Cr_2O_7$ 法测定铁　B. 用间接碘量法测定枸橼酸铁铵
C. 用 $KMnO_4$ 法测定 H_2O_2　D. 用 $Na_2S_2O_3$ 标准溶液标定 I_2 液
E. 用溴量法($KBrO_3$-KBr) 测定苯酚
6. 用基准 $Na_2C_2O_4$ 标定 $KMnO_4$ 溶液浓度的条件是(　　)
A. 加催化剂　B. H_2SO_4 酸性　C. 水浴加热至 65℃
D. HCl 酸性　E. 暗处放置 10 分钟
7. 影响条件电位的因素主要有(　　)。

A. 盐效应　　B. 生成沉淀　　C. 配合物

D. 酸效应　　E. 温度

8. 用间接碘量法滴定时的酸度条件是(　　)

A. 强酸性　　B. 中性　　C. 弱酸性

D. 弱碱性性　　E. 强碱性

四、填空题

1. 氧化剂和还原剂的氧化还原能力大小,可用________来衡量。

2. 直接碘量法的酸度条件是________。

3. 对于氧化还原反应 $n_2 Ox_1 + n_1 Red_2 \rightleftharpoons n_2 Red_1 + n_1 Ox_2$,反应平衡常数($\lg \boldsymbol{K}'$)用两电对条件电位表达的计算通式为________。

4. 用淀粉来指示直接碘量法的终点,指示剂加入的时间为________,终点颜色为________。

5. 用基准 $K_2Cr_2O_7$ 标定 $Na_2S_2O_3$ 标准溶液浓度的滴定方式属于________。

五、判断题(正确打"√",错误打"×")

1. 只要满足 $\lg K' \geqslant 3(n_1+n_2)$ 的氧化还原反应就能用于滴定分析。(　　)

2. 亚硝酸钠法中采用"快速滴定法",其目的是为了减小 $NaNO_2$ 的逸失和分解。(　　)

3. 氧化还原滴定,可选择变色范围在突跃范围内且变色明显的氧化还原指示剂。(　　)

4. $Na_2S_2O_3$ 标准溶液应临用新制并及时标定。(　　)

5. 滴定剂浓度大,氧化还原滴定的突跃范围也越大。(　　)

6. Fe^{2+} 的样品溶液只能用 $KMnO_4$ 法测定。(　　)

六、问答题

1. 何谓条件电位?它与标准电极电位有何区别?

2. 硫代硫酸钠滴定液(0.1mol/L)的配制和标定如下:

【配制】 取硫代硫酸钠 26g 与无水碳酸钠 0.20g,加新沸过的冷水适量使溶解成 1000mL,摇匀,放置7~10天后滤过。

【标定】 取在 120℃ 干燥至恒重的基准重铬酸钾 0.15g,精密称定,置碘瓶中,加水 50mL 使溶解,加碘化钾 2.0g,轻轻振摇使溶解,加稀硫酸 40mL,摇匀,密塞;在暗处放置 10 分钟后,加水 250mL 稀释,用本液滴定至近终点时,加淀粉指示液 3mL,继续滴定至蓝色消失而显亮绿色,并将滴定的结果用空白试验校正。根据本液的消耗量与重铬酸钾的取用量,算出本液的浓度,即得。($Na_2S_2O_3 \cdot 5H_2O$ 和 $K_2Cr_2O_7$ 的摩尔质量分别为 248.19 和 294.18)

(1) 请解释实验步骤中画线部分。

(2) 写出标定 $Na_2S_2O_3$ 有关的反应式。

(3) 写出硫代硫酸钠溶液浓度的计算式。

3. 简述用碘量法测定漂白粉中有效氯含量的方法(包括测定原理、滴定反应式、滴定方式、标准溶液、指示剂、测定条件、终点颜色变化、计算式和简要步骤)。

4. 已知 $\varphi^{\theta}_{Cu^{2+}/Cu^{+}}$ (0.159V) $< \varphi^{\theta}_{I_2/2I^-}$ (0.534V),但是 Cu^{2+} 却能将 I^- 氧化为 I_2,为什么?

七、计算题

1. 计算 pH=2.0,含有未配合的 EDTA 浓度为 0.10mol/L 时,Fe^{3+}/Fe^{2+} 电对的条件电位(忽略离子强度的影响)。[已知 $\varphi^{\theta}_{Fe^{3+}/Fe^{2+}}=0.771V$;pH=2.0 时,$\lg\alpha_{Y(H)} = 13.51$;$\lg K_{FeY^{2-}} = 14.32$;$\lg K_{FeY^-} = 25.1$]

2. 在 25℃,1mol/L HCl 溶液中,用 Fe^{3+} 标准溶液滴定 Sn^{2+} 液。①计算滴定反应的平衡常数并判反应是否完全;②计算化学计量点的电极电位,化学计量点是否在滴定突跃中间?③计算滴定突跃电位范围。(已知 $\varphi^{\theta'}_{Fe^{3+}/Fe^{2+}}=0.70V$,$\varphi^{\theta'}_{Sn^{4+}/Sn^{2+}}=0.14V$)

3. 称取石灰石样品 0.1502g,溶解后,将其沉淀为 CaC_2O_4,滤过、洗净后,溶解于硫酸中,恰好与浓度为

0.02250mol/L 的 $KMnO_4$ 溶液 22.30mL 作用完全，求石灰石样品中 CaO 的百分含量(M_{CaO}=56.08)。

4. 称取含铁样品 0.4950g，用酸溶解后，加入 $SnCl_2$ 将 Fe^{3+} 还原为 Fe^{2+}，然后用 $KMnO_4$ 标准溶液滴定，用去 24.50mL。已知 1mL 该 $KMnO_4$ 溶液相当于 0.01240g 的 $H_2C_2O_4 \cdot 2H_2O$，$M_{H_2C_2O_4 \cdot 2H_2O}$ = 126.07，$M_{Fe_2O_3}$=159.69，$M_{H_2O_2}$=34.02，M_{O_2} = 32.00 。

(1) 写出有关的反应。

(2) 求出铁样品中 Fe_2O_3 的百分含量。

(3) 需用多少毫升该 $KMnO_4$ 标准溶液滴定 2.80g 3.00%的 H_2O_2？

(4) 求放出氧气的质量。

参考答案

一、最佳选择题

1.D　2.C　3.A　4.B　5.A　6.D　7.D　8.B　9.B　10.A

二、配伍选择题

[1～4] BCDA　[5～6] BA　[7～10] ACBD　[11～15] ACBED　[16～18] ABB

三、多项选择题

1.ACDE　2.ACD　3.AB　4.ACD　5.BE　6.BC　7.ABCD　8.BC

四、填空题

1. 有关电对的电极电位(简称电位)

2. 酸性、中性或弱碱性(pH＜9)

3. $\lg K' = \frac{n_1 n_2 (\varphi_1^{\theta'} - \varphi_2^{\theta'})}{0.059}$ 或 $\lg K' = \frac{n_1 n_2 \Delta\varphi^{\theta'}}{0.059}$

4. 滴定前加入　终点颜色为蓝色

5. 置换滴定法

五、判断题

1.√　2.√　3.√　4.×　5.×　6.×

六、问答题

1. 答：条件电位是在一定条件下，电对的氧化态和还原态物质的分析浓度均为 1mol/L 或它们的浓度比为 1 时，而且校正了各种因素(如酸度、沉淀剂、配位剂、存在强电解质等)的影响后得到的实际电极电位。标准电极电位是指在 25℃ 的条件下，氧化还原半反应中各组分活度都是 1mol/L，气体分压都是 101325Pa(1atm) 时的电极电位。标准电极电位是一常数，而条件电位随溶液中所含能引起离子强度改变和产生副反应的电解质的种类和浓度的不同而不同，只有在一定条件下才为一常数。

2. 答：(1) 市售硫代硫酸钠 ($Na_2S_2O_3 \cdot 5H_2O$) 常含有少量 S、S^{2-}、SO_3^{2-}、Cl^-、CO_3^{2-} 等杂质，易风化或潮解。$Na_2S_2O_3$ 标准溶液只能用间接法来配制，先配成近似浓度的溶液，然后再标定。

配制时使用新煮沸放冷的蒸馏水，是为了除去水中的 CO_2、O_2 和杀死嗜硫细菌，因为水中溶解的 CO_2 和溶解 O_2 均可与 $Na_2S_2O_3$ 反应，使 S 析出($S_2O_3^{2-} + CO_2 + H_2O \rightleftharpoons HSO_3^- + HCO_3^- + S\downarrow$，$2S_2O_3^{2-} + O_2 \rightleftharpoons 2SO_4^{2-} + 2S\downarrow$)；嗜硫细菌也使 $Na_2S_2O_3$ 分解，使 S 析出($2S_2O_3^{2-} \rightleftharpoons SO_3^{2-} + S\downarrow$)。

配制时加入少许无水 Na_2CO_3，是为了使溶液呈弱碱性(pH=9～10)，起到抑制嗜硫细菌生长和防止硫代硫酸钠分解的作用。

放置 7～10 天后滤过，是因为上述反应均发生在配好后的几天中，待浓度稳定，滤除 S 后，再进行标定。

(2) 标定 $Na_2S_2O_3$ 有关的反应式如下：

$$Cr_2O_7^{2-} + 6I^- + 14H^+ \rightleftharpoons 2Cr^{3+} + 3I_2 + 7H_2O \text{(置换反应)}$$

$$I_2 + 2S_2O_3^{2-} \rightleftharpoons S_4O_6^{2-} + 2I^- \text{(滴定反应)}$$

(3) $$c_{Na_2S_2O_3}=\frac{6m_{K_2Cr_2O_7}}{M_{K_2Cr_2O_7}\times 1000}$$

3. 答：漂白粉中有效氯的测定。

方法原理：在漂白粉的溶液中加入过量 KI，然后酸化溶液，反应生成的 I_2 用 $Na_2S_2O_3$ 标准溶液滴定。

有关反应式如下：
$$CaCl(OCl)+2H^+ \rightleftharpoons Ca^{2+}+Cl_2+H_2O$$
$$Cl_2+2I^- \rightleftharpoons I_2+2Cl^-$$
$$I_2+2S_2O_3^{2-} \rightleftharpoons 2I^-+S_4O_6^{2-}$$

滴定方式：置换滴定法

标准溶液：硫代硫酸钠滴定液

指示剂：淀粉指示液

测定条件：酸性（H_2SO_4）条件

终点颜色：蓝色消失

计算式：
$$Cl(\%)=\frac{(cV)_{Na_2S_2O_3}\times\frac{M_{Cl}}{1000}}{m_s}\times 100\%$$

测定步骤：取漂白粉试样 5g，置研钵中，加水研细，定量转移至 500mL 量瓶中。精密吸取 50mL，置 250mL 碘瓶中，加碘化钾 2g 及稀硫酸 15mL，用硫代硫酸钠滴定液（0.1mol/L）滴定，至近终点时，加淀粉指示液 2mL，继续滴定至蓝色消失。

4. 答：虽然 $\varphi^{\theta}_{Cu^{2+}/Cu^+}(0.159V)<\varphi^{\theta}_{I_2/2I^-}(0.534V)$，其半反应为：
$$Cu^{2+}+e \rightleftharpoons Cu^+$$
$$I_2+2e \rightleftharpoons 2I^-$$

但因溶液中有 CuI 生成，即 $Cu^++I^- \rightleftharpoons CuI\downarrow$（CuI 的 $K_{sp}=1.1\times10^{-12}$），使溶液中的 Cu^+ 浓度降低，Cu^{2+}/Cu^+ 电对的电位升高，从而使 $\varphi_{Cu^{2+}/Cu^+}>\varphi_{I_2/2I^-}$，$Cu^{2+}$ 能将 I^- 氧化为 I_2，即反应方向为：
$$2Cu^{2+}+4I^- \rightleftharpoons 2CuI\downarrow+I_2$$

七、计算题

1. 解：此题是讨论配位剂会发生酸效应的情况下，电对中的氧化态与还原态都发生配位副反应对条件电位的影响。已知$[Y']=0.10mol/L$，pH=2.0 时，查表得 $\lg\alpha_{Y(H)}=13.51$，由此可求$[Y]=\frac{[Y']}{\alpha_{Y(H)}}=\frac{0.10}{10^{13.51}}=10^{-14.51}$。查表得 $\lg K_{FeY^{2-}}=14.32$，$\lg K_{FeY^-}=25.1$，此时可计算 EDTA 与 Fe^{3+} 和 Fe^{2+} 配合的副反应系数：
$$\alpha_{Fe^{2+}(Y)}=1+K_{FeY^{2-}}[Y]=1+10^{14.32}\times10^{-14.51}=10^{0.21}$$
$$\alpha_{Fe^{3+}(Y)}=1+K_{FeY^-}[Y]=1+10^{25.1}\times10^{-14.51}=10^{10.59}$$

当 $c_{Fe^{2+}}=c_{Fe^{3+}}=1mol/L$ 时：
$$\varphi^{\theta'}_{Fe^{3+}/Fe^{2+}}=\varphi^{\theta}_{Fe^{3+}/Fe^{2+}}+0.059\lg\frac{\alpha_{Fe^{2+}}}{\alpha_{Fe^{3+}}}=0.771+0.059\lg\frac{10^{0.21}}{10^{10.59}}=0.158(V)$$

2. 解：滴定反应为：
$$2Fe^{3+}+Sn^{2+} \rightleftharpoons 2Fe^{2+}+Sn^{4+}$$

电对半电池反应为：
$$Fe^{3+}+e \rightleftharpoons Fe^{2+}$$
$$Sn^{2+}-2e \rightleftharpoons Sn^{4+}$$

①反应平衡常数为：
$$\lg K'=\frac{n_1n_2(\varphi_1^{\theta'}-\varphi_2^{\theta'})}{0.059}=\frac{2\times1\times(0.70-0.14)}{0.059}=18.98$$

滴定反应为 2∶1 型反应，因 $\lg K'>9$，故该反应完全。

②化学计量点电位为：
$$\varphi_{sp}=\frac{n_1\varphi_1^{\theta'}+n_2\varphi_2^{\theta'}}{n_1+n_2}=\frac{1\times0.7+2\times0.14}{1+2}=0.33(V)$$

③电位突跃范围：

$$\varphi^{\theta'}_{+0.1\%}=\varphi^{\theta'}_{Fe^{3+}/Fe^{2+}}-\frac{0.059\times3}{n_1}=0.70-\frac{0.059\times3}{1}=0.52(V)$$

$$\varphi^{\theta'}_{-0.1\%}=\varphi^{\theta'}_{Sn^{4+}/Sn^{2+}}+\frac{0.059\times3}{n_2}=0.14+\frac{0.059\times3}{2}=0.23(V)$$

故电位突跃范围为:0.23～0.52V

因为 $n_1\neq n_2$,所以化学计量点电位(0.33V) 不在滴定突跃范围(0.23～0.52V) 的中间。

3. 解:有关反应如下:　$Ca^{2+}+C_2O_4^{2-}\rightleftharpoons CaC_2O_4\downarrow$

$$CaC_2O_4+H_2SO_4\rightleftharpoons CaSO_4+H_2C_2O_4$$

$$2MnO_4^-+5C_2O_4^{2-}+16H^+\rightleftharpoons 2Mn^{2+}+10CO_2\uparrow+8H_2O$$

由反应式可见:1molCaO ≎ 1molCa^{2+} ≎ 1mol CaC_2O_4 ≎ 1mol $H_2C_2O_4$ ≎ 2/5molMnO_4^-

故 CaO 与 $KMnO_4$ 的计量关系为:$n_{CaO}=\frac{5}{2}n_{KMnO_4}$

$$w_{CaO}(\%)=\frac{m_{CaO}}{m_s}\times100=\frac{\frac{5}{2}\times c_{KMnO_4}V_{KMnO_4}m_{CaO}}{m}\times100$$

$$w_{CaO}(\%)=\frac{\frac{5}{2}\times0.02250\times22.30\times56.08}{0.1502\times10^3}\times100=46.83$$

4. 解:(1) 有关的反应如下:

$$2Fe^{3+}+Sn^{2+}\rightleftharpoons Sn^{4+}+2Fe^{2+}$$

$$2MnO_4^-+5C_2O_4^{2-}+16H^+\rightleftharpoons 2Mn^{2+}+10CO_2\uparrow+8H_2O$$

$$5Fe^{2+}+MnO_4^-+8H^+\rightleftharpoons 5Fe^{3+}+Mn^{2+}+4H_2O$$

$$2MnO_4^-+5H_2O_2+6H^+\rightleftharpoons 2Mn^{2+}+5O_2\uparrow+8H_2O$$

(2) 由反应式可见,2mol MnO_4^- ≎ 5mol$C_2O_4^{2-}$,即

$n_{KMnO_4}=\frac{2}{5}n_{C_2O_4^-}$,$(cV)_{KMnO_4}=\frac{2}{5}\times\frac{m_{H_2C_2O_4\cdot2H_2O}}{M_{H_2C_2O_4\cdot2H_2O}}$,$c_{KMnO_4}\times1=\frac{2}{5}\times\frac{0.01240\times1000}{126.07}$,

$c_{KMnO_4}=0.03934(mol/L)$

又由反应式可见,1mol Fe_2O_3 ≎ 2mol Fe^{3+} ≎ 2mol Fe^{2+} ≎ 2/5mol MnO_4^-,

即 $n_{Fe_2O_3}=\frac{5}{2}n_{KMnO_4}$,

$$w_{Fe_2O_3}(\%)=\frac{m_{Fe_2O_3}}{m_s}\times100=\frac{\frac{5}{2}\times(cV)_{KMnO_4}\times M_{Fe_2O_3}}{m_s}\times100$$

$$=\frac{\frac{5}{2}\times0.03934\times24.50\times159.69}{0.4950\times1000}\times100=77.73$$

(3) 由反应式可见,2mol MnO_4^- ≎ 5molH_2O_2,即 $n_{H_2O_2}=\frac{5}{2}n_{KMnO_4}$,

依题意有:

$$w_{H_2O_2}(\%)=\frac{5(cV)_{KMnO_4}M_{H_2O_2}}{2m_{(H_2O_2)}\times1000}\times100$$

$$3.00=\frac{5\times(0.03934\times V)_{KMnO_4}\times34.02}{2\times2.80\times1000}\times100$$

解得:$V_{KMnO_4}=25.10(mL)$

(4) 由反应式可见,2mol MnO_4^- ≎ 5molO_2,即 $n_{O_2}=\frac{5}{2}n_{KMnO_4}$

因此:$m_{O_2}=5/2(cV)_{KMnO_4}M_{O_2}=0.03934\times25.10\times32.00\times5/2=78.99(mg)$

知识地图

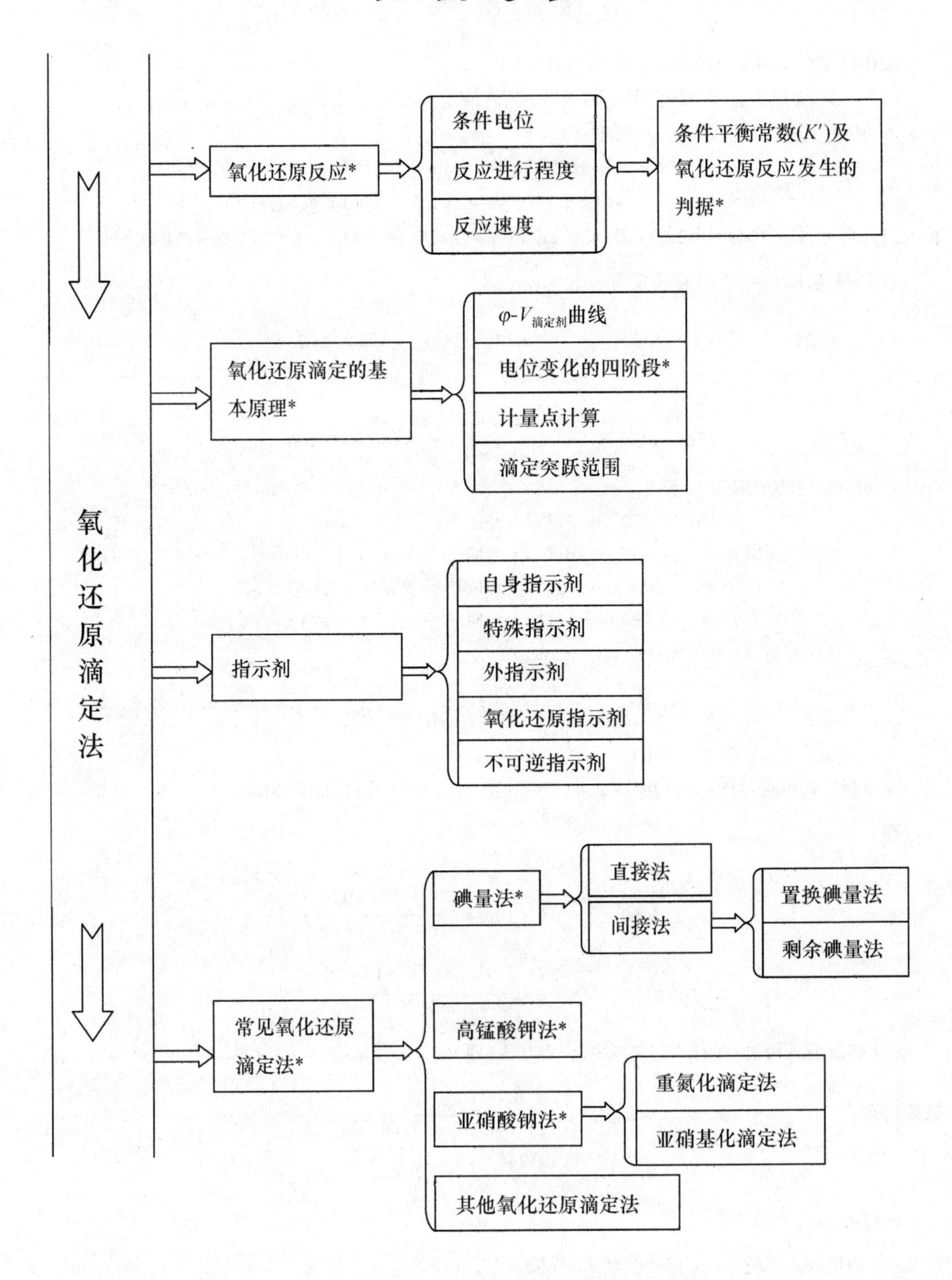

氧化还原滴定法
氧化还原反应*
条件电位
反应进行程度
反应速度
条件平衡常数(K′)及氧化还原反应发生的判据*
氧化还原滴定的基本原理*
φ-V滴定剂曲线
电位变化的四阶段*
计量点计算
滴定突跃范围
指示剂
自身指示剂
特殊指示剂
外指示剂
氧化还原指示剂
不可逆指示剂
常见氧化还原滴定法*
碘量法*
直接法
间接法
置换碘量法
剩余碘量法
高锰酸钾法*
亚硝酸钠法*
重氮化滴定法
亚硝基化滴定法
其他氧化还原滴定法

（胡　震）

第七章　沉淀滴定法和重量分析法

内容提要

本章内容包括沉淀滴定法的定义，对用于滴定的沉淀反应的要求；银量法及其基本原理；银量法三种终点确定方法的原理、滴定条件和应用范围；银量法基准物质、标准溶液配制与标定；重量分析法的定义、原理、分类、特点和应用；沉淀重量法的定义；沉淀重量法中沉淀形式、称量形式及对它们的要求；沉淀重量法中沉淀形态、沉淀的形成与沉淀条件；影响沉淀溶解度和纯度的因素及减小误差采取的措施；沉淀重量法对沉淀的处理；重量因数及百分质量分数的计算；挥发重量法的定义、分类；试样中水的存在状态和干燥方式。

学习要点

一、沉淀滴定法

1. 沉淀滴定法的定义　是以沉淀反应为基础的滴定分析方法。

2. 对用于滴定的沉淀反应的要求

(1) 沉淀要有固定的组成。

(2) 沉淀溶解度要小。

(3) 沉淀对构晶离子的吸附及与其他离子共沉淀引起的误差要小。

(4) 沉淀反应必须迅速完成。

(5) 有适当的方法指示化学计量点。

3. 隶属关系　沉淀滴定法是滴定分析法的一种，银量法是沉淀滴定法中最常用的一种。

提示

沉淀滴定法从18世纪中期出现萌芽，到18世纪末奠定基础。除了银量法以外，Ba^{2+}(Pb^{2+})与SO_4^{2-}、Hg^{2+}与S^{2-}、$K_4[Fe(CN)_6]$与Zn^{2+}、$NaB(C_6H_5)_4$与K^+等沉淀反应也能用于沉淀滴定分析。

趣味知识

银量法发明者——盖·吕萨克

化学家盖·吕萨克(Gay Lussac)于1778年2月6日诞生在法国中部。1824年，他发明了银量法，绘出了最早的“溶解度曲线”。

盖·吕萨克的许多成就中,首先是反映气体体积与温度关系的盖·吕萨克定律和气体反应体积的定律,还有他研究了碘,发现了氰,改进了制硫酸的工艺。

盖·吕萨克还以科学界勇士的美名著称于世,他曾两次乘热气球对高空的大气层进行研究,其中第二次(1804 年)上升到 7000 米的高空,并将纪录一直保持到 1968 年。

二、银量法及其基本原理

1. 银量法的定义 是利用生成难溶性银盐来进行测定的方法。

2. 银量法的用途 可用来测定含 Cl^-、Br^-、I^-、CN^-、SCN^-、Ag^+ 等离子的化合物,也可测定经处理后能定量产生这些离子的有机物。

3. 银量法基本原理 以直接滴定方式来说明。

(1) 滴定反应: $Ag^+ + X^- \rightarrow AgX\downarrow$

(2) 滴定过程计算:以 0.1000mol/L $AgNO_3$ 溶液滴定 20.00mL 0.1000mol/L NaCl 溶液为例。

1) 滴定开始前:$[Cl^-]=0.1000\text{mol/L}$ $\quad pCl=1.00$

2) 滴定开始到化学计量点前:$[Cl^-]=\dfrac{0.1000\times(20.00-V_{AgNO_3})}{20.00+V_{AgNO_3}}$

$$pAg=-\lg K_{sp(AgCl)}-pCl=9.74-pCl$$

如加入 $AgNO_3$ 溶液 19.98mL,即滴定突跃的起始点。

$$[Cl^-]=\frac{0.1000\times(20.00-19.98)}{20.00+19.98}=5.0\times10^{-5}\text{mol/L} \qquad pCl=4.30$$

$$pAg=9.74-4.30=5.44$$

3) 化学计量点时:

$$[Ag^+]=[Cl^-]=\sqrt{K_{sp(AgCl)}}=\sqrt{1.8\times10^{-10}}=1.34\times10^{-5}\text{mol/L}$$

$$pAg=pCl=4.87$$

4) 化学计量点后:$[Ag^+]=\dfrac{0.1000\times(V_{AgNO_3}-20.00)}{20.00+V_{AgNO_3}}$

$$pCl=-\lg K_{sp(AgCl)}-pAg=9.74-pAg$$

如加入 $AgNO_3$ 溶液 20.02mL,即滴定突跃的终止点。

$$[Ag^+]=\frac{0.1000\times(20.02-20.00)}{20.00+20.02}=5.0\times10^{-5}\text{mol/L} \qquad pAg=4.30$$

$$pCl=9.74-4.30=5.44$$

(3) 滴定曲线:以加入滴定剂的体积或体积百分数为横坐标,以构晶离子的浓度或其负对数为纵坐标。其特点:①滴定开始时曲线比较平坦,近化学计量点时形成滴定突跃,之后曲线渐趋平坦;②忽略滴定过程中体积的变化,pCl、pAg 两条曲线均各自以化学计量点为中心对称,pCl 与 pAg 两条曲线的关系是以滴定百分数=100%的直线为轴对称。

4. 影响沉淀滴定突跃范围大小的因素

(1) 溶液的浓度:沉淀的溶解度一定,溶液的浓度越大,突跃范围就越大。

(2) 沉淀的溶解度：溶液的浓度一定，沉淀的溶解度越小，突跃范围就越大。

提示

(1) 要注意溶液的浓度一定，沉淀的 K_{sp} 越小，突跃范围不一定就越大。当沉淀其构型相同时，沉淀的 K_{sp} 越小，突跃范围才越大。

(2) 当共存的被沉淀离子的浓度相差不大时，沉淀溶解度小的构晶离子先被滴定。故用 $AgNO_3$ 滴定含有相同浓度的 Cl^-、Br^-、I^- 的试样，I^-、Br^-、Cl^- 依次被滴定，这就出现了分步滴定法。

三、银量法终点确定方法

1. 确定终点的方法　按指示剂作用原理的不同分为三种：

(1) 铬酸钾指示剂法(莫尔法，Mohr method)——形成有色沉淀。

(2) 铁铵矾指示剂法(佛尔哈德法，Volhard method)——形成有色配位化合物。

(3) 吸附指示剂法(法扬司法，Fajans method)——指示剂被吸附而引起沉淀颜色的改变。

2. 铬酸钾指示剂法

(1) 原理：在中性或弱碱性的介质中，以 K_2CrO_4 为指示剂，用 $AgNO_3$ 作标准溶液，直接滴定 Cl^- 或 Br^-。

滴定反应：$Ag^+ + Cl^- \rightleftharpoons AgCl\downarrow$ (白色)

终点反应：$2Ag^+ + CrO_4^{2-} \rightleftharpoons Ag_2CrO_4\downarrow$ (砖红色)

(2) 滴定条件

1) 指示剂用量应适当：K_2CrO_4 的浓度在 $2.6\times10^{-3}\sim5.2\times10^{-3}$ mol/L 为宜。K_2CrO_4 的浓度若太大，使终点提前，且其本身的黄色会影响对终点的观察；浓度若太小，又会使终点滞后。

2) 溶液酸度：中性或弱碱性，即 pH6.5～10.5。铵盐存在时 pH6.5～7.2。

3) 滴定时应剧烈振摇，使被 AgX 吸附的 X^- 及时游离出来，防终点提前。

4) 干扰的消除：S^{2-}、SO_3^{2-}、CO_3^{2-}、PO_4^{3-}、AsO_4^{3-}、Ba^{2+}、Pb^{2+}、Cu^{2+}、Co^{2+}、Ni^{2+}、Fe^{3+}、Al^{3+}、Bi^{3+}、Sn^{4+} 等均干扰测定，应预先除去。

(3) 应用范围：主要用于 Cl^-、Br^-、CN^- 的测定，不适用于测定 I^-、SCN^-。也不能以 NaCl 溶液直接测定 Ag^+。

3. 铁铵矾指示剂法

(1) 直接滴定法

1) 原理：在酸性条件下，以铁铵矾 $NH_4Fe(SO_4)_2\cdot12H_2O$ 为指示剂，用 NH_4SCN(或 KSCN) 为标准溶液直接滴定 Ag^+。

2) 滴定反应：$Ag^+ + SCN^- \rightleftharpoons AgSCN\downarrow$ (白色)

3) 终点反应：$Fe^{3+} + SCN^- \rightleftharpoons Fe(SCN)^{2+}$ (红色)

4) 滴定条件：①酸度：应在 0.1～1mol/L 硝酸酸性下滴定；②终点时 [Fe^{3+}] 控制在

0.015mol/L;③滴定时要大力振摇,使被 AgSCN 吸附的 Ag^+ 及时游离出来,防终点提早到达。

5) 应用范围:可以测定 Ag^+ 等。

(2) 返滴定法

1) 原理:在含卤素离子的硝酸溶液中,加入一定量过量的 $AgNO_3$ 标准溶液,以铁铵矾为指示剂,用 NH_4SCN 为标准溶液返滴定剩余的 $AgNO_3$。

2) 滴定前反应:Ag^+(定量、过量)$+X^- \rightleftharpoons AgX\downarrow$

3) 滴定反应:Ag^+(剩余)$+SCN^- \rightleftharpoons AgSCN\downarrow$(白色)

4) 终点反应:$Fe^{3+}+SCN^- \rightleftharpoons Fe(SCN)^{2+}$(红色)

5) 滴定条件:①酸度:应在 0.1~1mol/L 硝酸酸性下滴定;②强氧化剂、氮氧化物及铜盐、汞盐均与 SCN^- 作用而干扰测定,必须事先除去;③测 Cl^- 时注意沉淀转化,当滴定到达化学计量点时,应避免用力振摇;④防止 Fe^{3+} 氧化 I^-:测定碘化物时,必须有 $AgNO_3$ 过量时,才能加指示剂。

6) 应用范围:可以测定 Cl^-、Br^-、I^-、CN^-、SCN^- 等。

提示

(1) 由于 AgCl 的溶解度比 AgSCN 的溶解度大,当剩余的 Ag^+ 被完全滴定后,过量的 SCN^- 将争夺 AgCl 中的 Ag^+,从而使 AgCl 沉淀溶解,生成 AgSCN 沉淀,即发生了沉淀的转化。

(2) 铁铵矾指示剂法返滴定测定 Cl^- 时避免沉淀转化措施:

1) 试液中加入 $AgNO_3$ 后,将溶液加热煮沸使 AgCl 沉淀凝聚,过滤除去,再用 NH_4SCN 标准溶液滴定滤液。

2) 在用 NH_4SCN 标准溶液返滴定前,向生成的 AgCl 沉淀中加入 1~2mL 硝基苯或 1,2-二氯乙烷,强烈振摇,使有机溶剂包裹在 AgCl 沉淀的表面上,使 AgCl 沉淀与 SCN^- 的隔离。

3) 提高指示剂的浓度以减小终点时 SCN^- 的浓度。

(3) 测定 Br^-、I^- 时,由于 AgBr 和 AgI 的溶解度都比 AgSCN 的溶解度小,所以不会发生沉淀转化反应。

4. 吸附指示剂法

(1) 原理:吸附指示剂是一类有色的有机染料。当它被沉淀表面吸附后,会因结构的改变而引起颜色的变化,从而确定滴定终点。

以 $AgNO_3$ 标准溶液滴定 Cl^- 时,用荧光黄(HFIn)作指示剂为例说明:

荧光黄在溶液中发生离解反应　$HFIn \rightleftharpoons FIn^-$(黄绿色)$+H^+$

终点前:Cl^- 过量　$AgCl\cdot Cl^- + FIn^-$(黄绿色)

终点后:Ag^+ 过量　$AgCl\cdot Ag^+ + FIn^- \rightleftharpoons AgCl\cdot Ag^+\cdot FIn^-$(粉红色)

(2) 滴定条件:①沉淀的比表面积要尽可能大,常加入糊精等;②溶液的酸度要适当:必须有利于指示剂的显色型体的存在;③适当的吸附力:胶体微粒对指示剂的吸附能力应略小于对被测离子的吸附能力；④避免强光照射；⑤溶液浓度不能太稀。

提示

胶体微粒对被测离子和吸附指示剂的吸附能力大小如下：

I^->二甲基二碘荧光黄>SCN^->Br^->曙红>Cl^->荧光黄

上述三种指示剂，滴定 Cl^- 只能选荧光黄；滴定 SCN^-、Br^- 只能选曙红；而滴定 I^- 可选二甲基二碘荧光黄或曙红。

(3) 应用范围：可以测定 Cl^-、Br^-、I^-、SCN^-、SO_4^{2-} 和 Ag^+ 等。

四、银量法的基准物质与标准溶液

1. 基准物质

(1) $AgNO_3$：用一级纯或基准级；纯度不够，可在稀硝酸中重结晶纯制。密闭避光保存。

(2) NaCl：用基准级；一般试剂级别可精制。置干燥器中保存。

2. 标准溶液的配制与标定　见表 7-1。

表 7-1　沉淀滴定法常见标准溶液的配制与标定方法及浓度计算

标准溶液名称	配制方法及浓度计算	标定方法及浓度计算
$AgNO_3$	用基准级 $AgNO_3$ 直接法配制：$c=\dfrac{\frac{m}{M}\times 1000}{V}$ 用分析纯 $AgNO_3$ 间接法配制	用基准物 NaCl 标定： $c_{AgNO_3}=\dfrac{\frac{m_{NaCl}}{M_{NaCl}}\times 1000}{V_{AgNO_3}}$
NH_4SCN 或 KSCN	间接法配制	以铁铵矾为指示剂，用 $AgNO_3$ 标准溶液直接滴定方式进行标定： $c_{SCN^-}=\dfrac{(cV)_{AgNO_3}}{V_{SCN^-}}$

提示

(1) 标定方法最好与样品测定的方法相同，以消除方法误差。

(2) 还可以用 NaCl 作基准物质，采用铁铵矾指示剂法的返滴定方式同时标定 NH_4SCN(KSCN) 和 $AgNO_3$(需做空白试验)。

$$c_{SCN^-}=\frac{\frac{m_{NaCl}}{M_{NaCl}}\times 1000}{(V_{空}-V_{样})_{SCN^-}} \qquad c_{AgNO_3}=\frac{(cV_{空})_{SCN^-}}{V_{AgNO_3}}$$

趣味知识

变废为宝——从含银废液中回收硝酸银

银量法实验后会产生大量含银废液，如果任意排放，不仅会污染环境，而且也使贵金属银大量流失，因此，回收工作非常重要。

含银废液分为两种：一种是配制过量或滴定剩余的 $AgNO_3$，另一种是实验中滴定产物 AgCl。

回收的方法是：后一种废液先加 6mol/L HCl 和 6mol/L NaCl，过滤得到氯化银，再用葡萄糖在碱性条件下还原或用锌粉滴加盐酸还原，得到粗银粉，然后加浓硝酸，抽滤，得 $AgNO_3$ 溶液。与前一种废液合并，加热蒸发(可重结晶)，最后烘干成 $AgNO_3$ 晶体。

五、重量分析法

1. 重量分析法的定义 是通过称量物质的某种称量形式的质量来确定被测组分含量的一种定量分析方法，简称重量法。

2. 重量分析法的原理 见图 7-1。

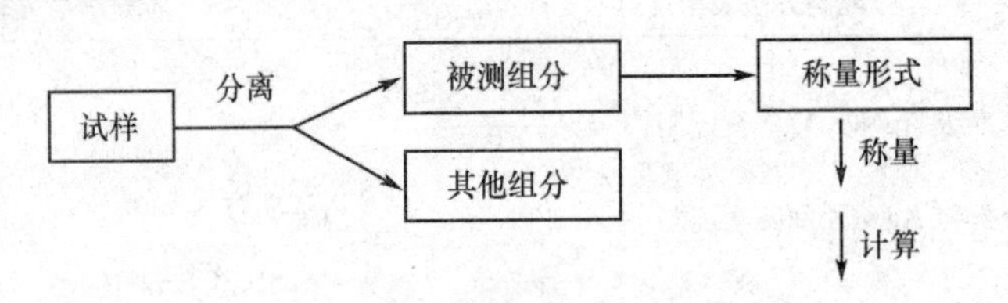

图 7-1 重量分析法的原理

3. 根据分离方法的原理不同，重量分析法分为三种

(1) 沉淀法：利用沉淀反应使被测组分以难溶化合物的形式沉淀出来。

(2) 挥发法：利用物质的挥发性质，通过加热或其他方法使被测组分从试样中挥发逸出。

(3) 萃取法：利用被测组分与其他组分在互不混溶的两种溶剂中分配系数不同，使被测组分从试样中定量转移至提取剂中而与其他组分分离。

4. 重量分析法的特点 不需要基准物质，不需要容量器皿，常量分析准确度比较高，但操作烦琐、费时，灵敏度不高，对低含量组分误差较大，不适宜微量及痕量组分的测定。

5. 重量分析法的应用 目前已逐渐为其他分析方法所代替。不过对于某些常量元素(如硫、硅、钨等)的含量及水分、灰分、挥发物等的测定仍在采用重量分析法。在校对其他分析方法的准确度时，也常用重量分析法的测定结果作为标准。

六、沉淀重量法

趣味知识

17世纪已有人使用过重量分析法，但未受广泛重视。18世纪中期罗蒙诺索夫(M. B. ломоносов)在俄国，18世纪70年代拉瓦锡(Lavoisier)在法国，分别独立使用了定量方法。特别是拉瓦锡从物质不灭定律出发，强调并亲自使用天平开展定量研究，引起化学界对定量分析化学的重视，从此真正开始了定量分析的时代。克拉普罗特(M. H. Klaproth)、贝采里乌斯(Berzelius)相继使用新手段和新仪器，把定量分析的准确性提到一个新的高度。伏罗森纽斯于1946年写出定量分析教材，把分析天平的灵敏度提高到0.1mg。

1. 沉淀重量法的定义　是利用沉淀反应，将被测组分转化成难溶物，以沉淀形式从溶液中分离出来，经滤过、洗涤、烘干或灼烧成称量形式，然后称其质量，计算被测组分含量的方法。

提示

沉淀重量法与沉淀滴定法的异同。相同点：两者都是以沉淀反应为基础。不同点：沉淀重量法是重量分析法的一种，需对生成的沉淀进行处理，如过滤、洗涤、定量转移、干燥和灼烧等，最后得到沉淀的称量形式，通过分析天平的称量求得被测组分的含量；而沉淀滴定法则属滴定分析法，滴定剂与被滴定剂发生沉淀反应，沉淀不需进行处理，利用过量的滴定剂与指示剂生成有色沉淀或配合物，又或者沉淀吸附了指示剂使之发生结构的改变而呈不同的颜色来指示滴定终点的到达，根据标准溶液的浓度及消耗的体积等求出被测组分的含量。

2. 沉淀形式、称量形式及对它们的要求

(1) 沉淀形式：是沉淀重量法中析出沉淀的化学组成；称量形式是沉淀经过处理后具有固定组成、供最后称量的化学组成。

(2) 两者关系：两者可以相同，也可以不同。

沉淀形式　　　　称量形式

$$SO_4^{2-} + Ba^{2+} \rightarrow BaSO_4\downarrow \xrightarrow{\text{滤过、洗涤}} \xrightarrow{\text{灼烧}} BaSO_4$$

$$Ca^{2+} + C_2O_4^{2-} \rightarrow CaC_2O_4\downarrow \xrightarrow{\text{滤过、洗涤}} \xrightarrow{\text{灼烧}} CaO$$

(3) 对沉淀形式的要求：①溶解度要小，不超过分析天平的称量误差范围；②纯度要高；③便于滤过和洗涤；④易于转化为称量形式。

(4) 对称量形式的要求：①必须有确定的化学组成；②必须稳定；③摩尔质量要大。

3. 沉淀形态、沉淀的形成与沉淀条件

(1) 沉淀形态的分类　见表7-2。

表 7-2 沉淀形态的类型及相应的性质、典型沉淀

	晶形沉淀	无定形沉淀	
		凝乳状沉淀	胶状沉淀
性质	颗粒直径 0.1～1μm,沉淀致密,吸附杂质少,易于滤过、洗涤。	颗粒直径 0.02～0.1μm,沉淀疏松,容易吸附杂质,不易滤过、洗涤。	颗粒直径<0.02μm,沉淀疏松,容易吸附杂质,不易滤过、洗涤。
典型沉淀	$BaSO_4$、CaC_2O_4	AgCl	$Fe_2O_3 \cdot nH_2O$

(2) 沉淀的形态取决于沉淀的性质、形成沉淀的条件以及沉淀预处理方法。

(3) 沉淀的形成包括晶核形成和晶核长大两个过程见图 7-2。

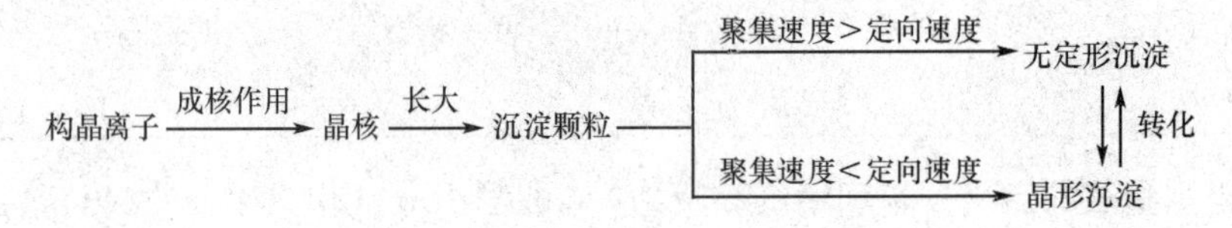

图 7-2 沉淀形成过程及转化示意图

(4) 聚集速度和定向速度:沉淀颗粒聚集成更大聚集体的速度称为聚集速度。构晶离子在沉淀颗粒上按一定顺序定向排列的速度称为定向速度。在沉淀过程中,聚集速度小于定向速度,倾向于形成晶形沉淀;聚集速度大于定向速度,倾向于形成无定形沉淀。

聚集速度主要由沉淀条件(相对过饱和度)决定,冯·韦曼(Von Weimarn)经验公式:$v = K(Q-S)/S$;定向速度则主要决定于沉淀物质的本性(极性)。

(5) 晶形沉淀的沉淀条件:①在稀溶液中沉淀:c↘,Q↘,$(Q-S)/S$↘;②在热溶液中沉淀:一般 t↗,S↗,$(Q-S)/S$↘;③搅拌下,慢慢加沉淀剂:Q↘,$(Q-S)/S$↘;④进行陈化:小晶粒溶解,大晶粒长大。

(6) 无定形沉淀的沉淀条件:①在较浓溶液中沉淀:降低水化程度;②在热溶液中沉淀:降低水化程度,减少表面吸附;③加入大量电解质:防止胶体形成,降低水化程度;④搅拌下,适当加快沉淀剂加入速度;⑤不必陈化。

4. 沉淀溶解度和纯度

(1) M_mA_n 型难溶盐溶解度

1) 没有副反应:$S = \sqrt[m+n]{\dfrac{K_{sp}}{m^m n^n}}$

2) 有副反应:$S = \sqrt[m+n]{\dfrac{K'_{sp}}{m^m n^n}} = \sqrt[m+n]{\dfrac{K_{sp} \cdot \alpha_M^m \alpha_A^n}{m^m n^n}}$

(2) 影响沉淀溶解度的因素:

1) 同离子效应 ——S↘,有利于沉淀完全。

提示

沉淀剂用量控制:在烘干或灼烧时易挥发或分解除去的沉淀剂,一般可过量50%～100%;不易挥发的沉淀剂,则以过量 20%～30%为宜。

2）酸效应——不同类型的沉淀，$S\searrow$或$\nearrow$，有利于/不利于沉淀的完全。

3）配位效应
4）盐效应 $\Big\}$——$S\nearrow$，不利于沉淀的完全。

5）其他因素：温度、溶剂、颗粒大小与形态、水解作用、胶溶作用。

（3）影响沉淀纯度的因素

1）共沉淀：是当某种沉淀从溶液中析出时，溶液中共存的可溶性杂质也夹杂在该沉淀中一起析出的现象。分为表面吸附、形成混晶或固溶体、包埋或吸留三种。

2）后沉淀：是在沉淀析出后，溶液中本来不能析出沉淀的组分，也在沉淀表面逐渐沉积出来的现象。

（4）沉淀的溶解损失和沉淀不纯是沉淀重量法两个最主要的误差来源。

1）降低沉淀溶解损失的措施：优化沉淀条件，如利用同离子效应来减小沉淀的溶解度，避免酸效应、配位效应和盐效应，还要注意水解作用、胶溶作用、温度、溶剂、晶体结构和颗粒大小等对溶解度的影响，保证沉淀完全。

2）提高沉淀纯度的措施：洗涤沉淀、沉淀陈化或重结晶、加入配位剂以避免和减少共沉淀，缩短沉淀和母液共置的时间以避免和减少后沉淀。

5. 对沉淀的处理

（1）滤过：滤过是使沉淀与母液分开。常使用定量滤纸、漏斗滤过。滤过时采用“倾泻法”。若沉淀的溶解度随温度升高变化不大，可采用趁热滤过。

（2）洗涤：洗涤是为了除去沉淀表面的吸附杂质和混杂在沉淀中的母液。洗涤时应尽量减少沉淀的溶解损失和防止形成胶溶。洗涤液要根据沉淀的情况来选择，见表 7-3。

表 7-3　沉淀的情况和洗涤液的选择

沉淀的情况	洗涤液
溶解度小且不易形成胶体沉淀	蒸馏水
溶解度大的晶形沉淀	稀沉淀剂/沉淀饱和溶液
易胶溶的无定形沉淀	易挥发的电解质的稀溶液
溶解度随温度升高变化不大的沉淀	热溶液

洗涤过程遵循“少量多次”的原则，洗涤干净与否要用特效反应来检查。

（3）干燥或灼烧至恒重：干燥是在 110℃～120℃烘 40～60 分钟，除去沉淀中的水分和挥发性物质，得到沉淀的称量形式。灼烧是在 800℃以上彻底去除水分和挥发性物质，并使沉淀分解为组成恒定的称量形式。经多次连续干燥或灼烧，置于干燥器中放冷后，用分析天平称量，直至恒重。

《中国药典》规定，连续两次干燥或灼烧后称量的质量差小于 0.3mg。

坩埚及其里面称量形式的总质量减去装沉淀前空坩埚的质量，即为称量形式的质量。称量形式的质量控制：晶型沉淀称量形式 0.2～0.5g；非晶型沉淀称量形式 0.2g 以下。

6. 重量因数及百分质量分数的计算

（1）重量因数（换算因数）：$F=\dfrac{a\times\text{被测组分的摩尔质量}}{b\times\text{称量形式的摩尔质量}}$

式中，a 和 b 是使被测组分和称量形式中共含某基元数目相等而乘以的系数。注意 H

原子或O原子不能作为基元。

提示

若被测组分和称量形式没有共含的基元，则要通过沉淀形式来确定 a/b。

(2) 被测组分的百分质量分数：$w\%=\frac{m'\cdot F}{m}\times100\%$。

七、挥发重量法

1. 挥发重量法的定义 是利用被测组分的挥发性或可转化为挥发性物质的性质，进行含量测定的方法。

2. 分类

(1) 直接法：利用加热等方法使试样中挥发性组分逸出，用适宜的吸收剂将其全部吸收，根据吸收剂质量的增加来计算该组分含量的方法。

(2) 间接法：利用加热等方法使试样中挥发性组分逸出以后，称量其残渣，根据挥发前后试样质量的差值来计算挥发组分含量的方法。

3. 试样中水的存在状态

(1) 引湿水(湿存水、吸湿水)。

(2) 包埋水。

(3) 吸入水。

(4) 结晶水。

(5) 组成水。

4. 干燥方式

(1) 常压加热干燥：适用于受热不易分解变质、氧化或挥发等性质稳定的试样。

(2) 减压加热干燥：适用于高压中易变质、熔点低或水分较难挥发的试样。

(3) 干燥剂干燥：适用于能升华或受热不稳定、容易变质的试样。

经典习题

一、最佳选择题

1. 在 $AgNO_3$ 滴定 Cl^- 中，与滴定突跃的大小无关的是(　　)。

A. Ag^+ 的浓度　　B. Cl^- 的浓度　　C. 沉淀的溶解度

D. 指示剂的浓度　　E. 沉淀的溶度积

2. 莫尔法测定 Cl^- 时，如酸度过高，则(　　)。

A. AgCl 沉淀不完全　　B. AgCl 吸附 Cl^- 增强　　C. Ag_2CrO_4 沉淀不易形成

D. AgCl 沉淀易胶溶　　E. AgCl 沉淀不易形成

3. AgCl 在 HCl 溶液中，溶解度随 HCl 的浓度增大，先减小后增大，是由于(　　)。

A. 开始减小是由于同离子效应，后来增大是由于盐效应

B. 开始减小是由于同离子效应，后来增大是由于配位效应

C. 开始减小是由于盐效应，后来增大是由于同离子效应

D. 开始减小是由于配位效应,后来增大是由于酸效应
E. 开始减小是由于配位效应,后来增大是由同离子效应

4. 下列叙述正确的是(　　)。
A. 聚集速度主要由沉淀物质的本性决定
B. 定向速度主要决定于沉淀条件
C. 定向速度大于聚集速度时,将形成晶形沉淀
D. 冯·韦曼经验公式中描述是定向速度与溶解度的关系
E. 定向速度小于聚集速度时,将形成晶形沉淀

5. 在沉淀重量法中,洗涤无定形沉淀的洗涤剂应该是(　　)。
A. 热电解质溶液　B. 热水　C. 冷水
D. 含沉淀剂的稀溶液　E. 有机溶剂

6. 用洗涤法可除去的是(　　)。
A. 吸附共沉淀杂质　B. 混晶共沉淀杂质　C. 包埋共沉淀杂质
D. 后沉淀杂质　E. 结晶水

二、配伍选择题

[1～3]
A. 铬酸钾　B. 铁铵矾　C. 荧光黄
下列银量法终点确定方法可用的指示剂是
1. 莫尔法(　　)。
2. 法扬司法(　　)。
3. 佛尔哈德法(　　)。

[4～5]
A. 曙红　B. 荧光黄　C. 二甲基二碘荧光黄
要测定下列离子,应选的吸附指示剂是
4. Cl^-(　　)。
5. Br^-(　　)。

[6～10]
A. 增大　B. 减小　C. 不确定
下列影响沉淀溶解度因素使沉淀溶解度
6. 同离子效应(　　)。
7. 酸效应(　　)。
8. 配位效应(　　)。
9. 盐效应(　　)。
10. 水解作用(　　)。

[11～17]
A. 偏高　B. 偏低　C. 不受影响
下列情形会使分析测定结果
11. pH 4 或 pH 11 时,用铬酸钾指示剂法测定 Cl^-(　　)。
12. 用铁铵矾指示剂法测定 Cl^- 时,未加硝基苯或未进行沉淀过滤(　　)。
13. 用铁铵矾指示剂法测定 Br^- 时,未加硝基苯或未进行沉淀过滤(　　)。
14. 有铵盐共存时,在 pH 10 条件下用铬酸钾指示剂法测定 Cl^-(　　)。
15. 用铬酸钾指示剂法测定 I^-(　　)。

16. 用曙红为指示剂测定 Cl^-（　　）。

17. 用荧光黄为指示剂测定 I^-（　　）。

三、多项选择题

1. 用银量法测定 $CaCl_2$ 中 Cl^- 的含量时，可选用（　　）作指示剂。
   A. 铬酸钾　　B. 铁铵矾　　C. 荧光黄
   D. 高锰酸钾　　E. 重铬酸钾

2. 用银量法测定 $BaCl_2$ 中 Cl^- 的含量时，可应选用（　　）作指示剂。
   A. 铬酸钾　　B. 铁铵矾　　C. 荧光黄
   D. 高锰酸钾　　E. 重铬酸钾

3. 要测定 I^-，可选的吸附指示剂是（　　）。
   A. 二甲基二碘荧光黄　　B. 二氯荧光黄　　C. 荧光黄
   D. 曙红　　E. 重铬酸钾

4. 属于晶形沉淀的沉淀条件是（　　）。
   A. 在稀溶液中沉淀　　B. 在浓溶液中沉淀　　C. 在热溶液中沉淀
   D. 陈化　　E. 快加沉淀剂

5. 对沉淀形式的要求有（　　）。
   A. 溶解度小　　B. 纯度高　　C. 便于滤过和洗涤
   D. 易于转化为称量形式　　E. 晶形沉淀

6. 对称量形式的要求有（　　）。
   A. 有确定的化学组成　　B. 性质稳定　　C. 摩尔质量要大
   D. 便于滤过和洗涤　　E. 非晶形沉淀

四、问答题

1. 为什么用铬酸钾法不能测定 I^-？

2. 比较铬酸钾指示剂法滴定 Cl^- 和铁铵矾指示剂法直接滴定 Ag^+ 时大力振摇原因的异同。

3. 银量法中，用铁铵矾指示剂测定 Cl^- 时，为什么要加入硝基苯？

4. 已知被测组分为 P_2O_5，沉淀形式为 $MgNH_4PO_4$，称量形式为 $Mg_2P_2O_7$，请写出换算因数的计算公式。

5. 沉淀重量法与沉淀滴定法有何异同？

五、计算题

1. 称取基准物质 NaCl 0.1179g，溶解后加入 $AgNO_3$ 标准溶液 30.00mL，然后用 NH_4SCN 标准溶液返滴定，到终点时消耗 3.42mL。已知 20.00mL $AgNO_3$ 标准溶液与 21.60mL NH_4SCN 标准溶液能完全作用，计算 $AgNO_3$ 和 NH_4SCN 溶液的浓度各为多少？（已知 $M_{NaCl} = 58.489$）

2. 仅含有纯的 KCl 和 KBr 的混合物 0.3074g，溶解于水中后，用铬酸钾作指示剂，用 0.1012mol/L $AgNO_3$ 标准溶液滴定，到终点时共消耗 30.96mL，计算试样中 KCl 和 KBr 各自的百分质量分数。（已知 $M_{KCl} = 74.551$，$M_{KBr} = 119.00$）

3. 某试样含 35% $Al_2(SO_4)_3$ 和 60% $KAl(SO_4)_2 \cdot 12H_2O$，若用沉淀重量法使它们都生成 $Al_2O_3 \cdot xH_2O$，灼烧后欲得 0.15g Al_2O_3，应取试样多少克？[已知 $M_{Al_2(SO_4)_3} = 342.14$，$M_{KAl(SO_4)_2 \cdot 12H_2O} = 474.39$，$M_{Al_2O_3} = 101.96$]

参考答案

一、最佳选择题

1.D　2.C　3.B　4.C　5.A　6.A

二、配伍选择题

[1～3] ACB　[4～5] BA　[6～10] BCAAA　[11～17] ABCABBA

三、多项选择题

1. ABC　2. BC　3. AD　4. ACD　5. ABCD　6. ABC

四、问答题

1. 答:因为 AgI 沉淀会对 I^- 有强烈吸附作用,即使剧烈振摇也无法使 I^- 释放出来,导致终点过早到达,产生太大的滴定误差。

2. 答:相同点:大力振摇都是为了想让被 AgX 吸附的构晶离子及时游离出来,以防终点提前。不同点:吸附的离子不同,前者吸附 Cl^-,后者吸附 Ag^+。

3. 答:因为 AgCl 的溶解度比 AgSCN 的大,当剩余的 Ag^+ 被完全滴定后,过量的 SCN^- 将争夺 AgCl 中的 Ag^+,AgCl 沉淀溶解,并不断转化为 AgSCN。沉淀的转化反应会消耗过多的 NH_4SCN 而使测定的 Cl^- 偏低。加入硝基苯,它将包裹在 AgCl 沉淀表面,使 AgCl 沉淀与 SCN^- 隔离,便可有效阻止上述沉淀转化反应的发生。

4. 答:$F=\dfrac{M_{P_2O_5}}{M_{Mg_2P_2O_7}}$

5. 答:相同点:两者都是以沉淀反应为基础。不同点:沉淀重量法是重量分析法的一种,需对生成的沉淀进行处理,如过滤、洗涤、定量转移、干燥和灼烧等,最后得到沉淀的称量形式,通过分析天平的称量求得被测组分的含量;而沉淀滴定法则属滴定分析法,滴定剂与被滴定剂发生沉淀反应,沉淀不需进行处理,利用过量的滴定剂与指示剂生成有色沉淀或配位化合物,又或者沉淀吸附了指示剂使之发生结构的改变而呈不同的颜色来确定滴定终点的到达,根据标准溶液的浓度及消耗的体积等求出被测组分的含量。

五、计算题

1. 解:

$$c_{AgNO_3}=\frac{1000m_{NaCl}}{M_{NaCl}(V_{总}-V_{过})_{AgNO_3}}=\frac{1000\times0.1179}{58.489\times\left(30.00-3.42\times\dfrac{20.00}{21.60}\right)}$$

$$=7.512\times10^{-2}(mol/L)$$

$$c_{NH_4SCN}=\frac{c_{AgNO_3}V_{AgNO_3}}{V_{NH_4SCN}}=\frac{7.512\times10^{-2}\times20.00}{21.60}=6.956\times10^{-2}(mol/L)$$

2. 解:设 KCl 的百分质量分数为 x,则 KBr 的百分质量分数为$(1-x)$,于是

$$\frac{mx}{M_{KCl}}+\frac{m(1-x)}{M_{KBr}}=\frac{c_{AgNO_3}V_{AgNO_3}}{1000}$$

$$\frac{0.3074x}{74.551}+\frac{0.3074(1-x)}{119.00}=\frac{0.1012\times30.96}{1000}$$

$$x=0.3571=35.71\%,1-x=1-35.71\%=64.29\%$$

即 KCl 和 KBr 各自的百分质量分数分别是 35.71%和 64.29%。

3. 解:设应称取试样 xg,则

$$\frac{35\%x}{M_{Al_2(SO_4)_3}}+\frac{60\%x}{2M_{KAl(SO_4)_2\cdot12H_2O}}=\frac{m_{Al_2O_3}}{M_{Al_2O_3}}$$

$$\frac{35\%x}{342.14}+\frac{60\%x}{2\times474.39}=\frac{0.15}{101.96}$$

$$x=0.89(g)$$

即应取试样 0.89g。

知识地图

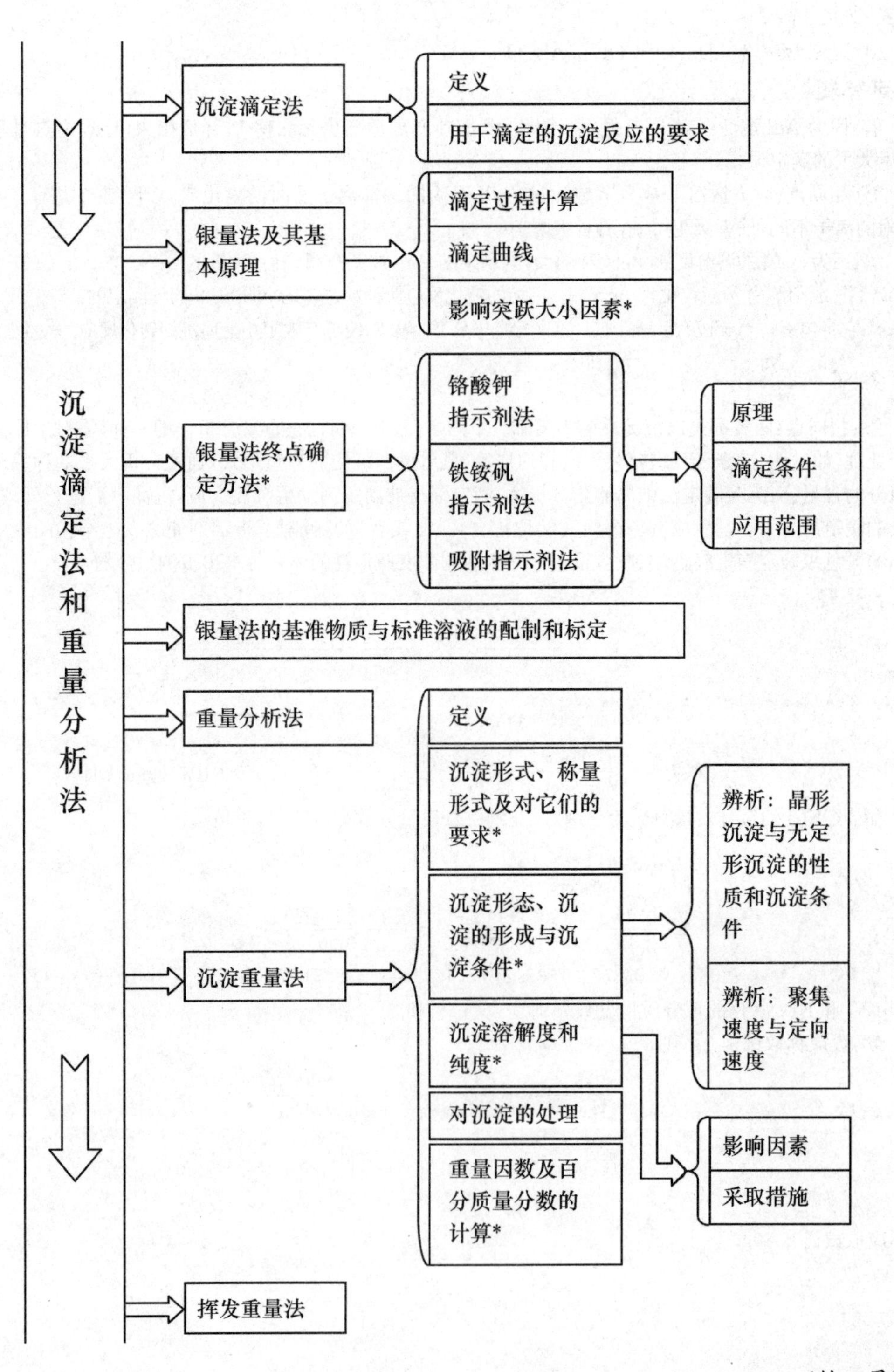

沉淀滴定法和重量分析法
沉淀滴定法
定义
用于滴定的沉淀反应的要求
银量法及其基本原理
滴定过程计算
滴定曲线
影响突跃大小因素*
银量法终点确定方法*
铬酸钾指示剂法
铁铵矾指示剂法
吸附指示剂法
原理
滴定条件
应用范围
银量法的基准物质与标准溶液的配制和标定
重量分析法
定义
沉淀形式、称量形式及对它们的要求*
沉淀形态、沉淀的形成与沉淀条件*
沉淀溶解度和纯度*
对沉淀的处理
重量因数及百分质量分数的计算*
辨析：晶形沉淀与无定形沉淀的性质和沉淀条件
辨析：聚集速度与定向速度
影响因素
采取措施
沉淀重量法
挥发重量法

（钟　晨）

第八章　电位法和永停滴定法

内 容 提 要

本章内容包括电化学分析法基本概念；电位法的基本原理：化学电池的原理、构成及基本概念等；离子浓度（溶液 pH）的测定；电位滴定法的原理及应用；永停滴定法的原理及应用。

学 习 要 点

一、电化学分析法概述

1. 电化学分析法定义　电化学分析法是依据电化学原理和物质的电化学性质而建立起来的一类分析方法。

2. 电化学分析法分类　根据原理不同可做如下分类（表 8-1）。

表 8-1　电化学分析法分类

电解分析法	库仑法、库仑滴定法、电重量法
电位分析法	直接电位法、电位滴定法
电导分析法	直接电导法、电导滴定法
伏安法	溶出伏安法、极谱法、电流滴定法（含永停滴定法）

二、电位法的基本原理

1. 化学电池

(1) 定义：化学反应能与电能相互转换的装置。

(2) 组成：两个电极＋电解质溶液＋外电路。

(3) 分类
- 按电池液接界面分
  - 无液接界电池
  - 有液接界电池
- 按电极反应分
  - 原电池
  - 电解池

提示

原电池是化学能转变为电能的装置，电极反应可自发进行。电解池是电能转变为化学能的装置，电极反应在外电流作用下被迫进行。

(4) 电池电动势：$E=\varphi_{(+)}-\varphi_{(-)}$ 。

2. 基本概念

(1) 相界电位：指相界面两边形成的双电层而产生的稳定的电位差。

(2) 液接电位：指两种组成不同或组成相同而浓度不同的溶液接触界面两边间存在的电位差。产生的主要原因：离子在溶液中扩散速度的差异。消除方法：用盐桥连接两溶液。

(3) 指示电极：电极的电位随被测离子的活(浓) 度变化而改变的一类电极。

(4) 参比电极：在一定条件下，电位值恒定，不受溶液组成变化影响的电极。

3. 电极类型

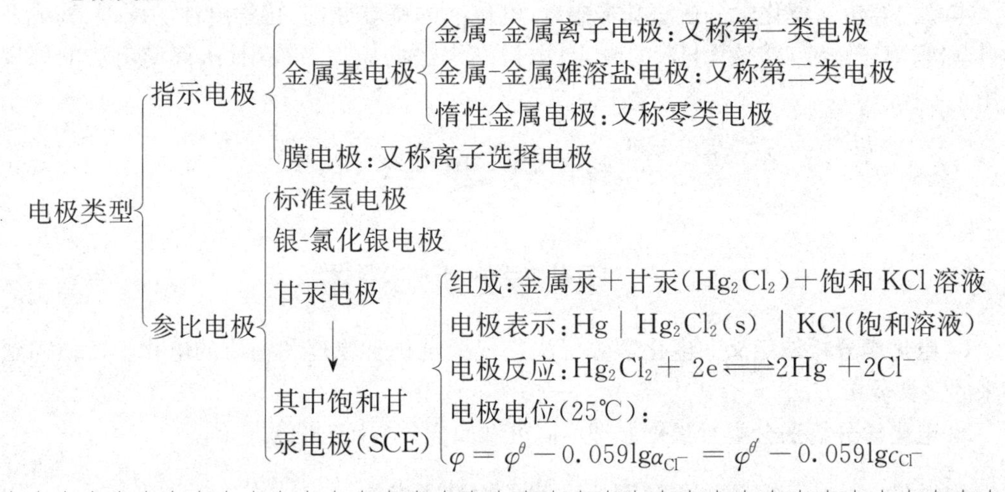

提示

提示：金属基电极是以金属为基体，基于电子转移反应的一类电极；其响应机制是基于电子转移。如银电极、铜电极、银-氯化银电极、甘汞电极、铂电极等。膜电极(离子选择电极) 是以固体膜或液体膜为传感器，对溶液中特定离子产生选择性响应的电极；其响应机制是基于离子扩散和离子交换。如玻璃电极、氯离子选择电极、氟离子选择电极等。

三、直接电位法

1. 基本概念

(1) 不对称电位：指膜电极两侧溶液离子强度相同(如 pH 相等) 时，膜电位应等于零，但实际的膜电位并不为零的这一电位。消除方法："两次测量法"，玻璃电极在水中长时间(24 小时) 浸泡后该电位恒定。

(2) 碱差(或钠差)：是指 pH>9 时，由于玻璃电极对 H^+ 和 Na^+ 都有响应，pH 读数小于真实值而产生的负误差。

(3) 酸差：是指 pH<1 时，由于 pH 读数大于真实值而产生的正误差。

(4) 残余液接电位：是指参比电极(如 SCE) 在标准缓冲溶液和待测溶液中产生的液接电位不完全相等所产生的两者之差。消除方法："两次测量法"，使 $\Delta pH=|pH_s-pH_x|\leqslant 3$。

(5) pH 玻璃电极：是指一种对氢离子有选择性响应的离子选择性电极。其下端为一特殊玻璃的球形薄膜，膜内盛有一定浓度的缓冲溶液，溶液中插有 Ag-AgCl 内参比电极，其电极电位与氢离子浓度关系式：$\varphi_{玻} = K - 0.059\text{pH}$ (25℃)。

(6) 复合 pH 电极：将玻璃电极和参比电极组合在一起的单一电极体。其内管为玻璃电极，外管为一参比电极，下端为微孔隔离材料，起盐桥作用。

(7) 离子选择性电极(ISE)：是指对溶液中特定离子有选择性响应的电极，其电极电位与响应离子的活(浓)度满足 Nernst 关系式：$\varphi = K' \pm \dfrac{2.303RT}{nF}\lg c_i$。

(8) 选择性系数($K_{X,Y}$)：是指提供相同电位响应的 X 离子和 Y 离子的活度比，表示为 $K_{X,Y} = \dfrac{a_X}{(\alpha_Y)^{n_X/n_Y}}$。$K_{X,Y}\downarrow \Rightarrow$ X 离子响应选择性$\uparrow \Rightarrow$ Y 离子的干扰$\downarrow$。$K_{X,Y}$ 可用来确定电极的适用范围或估计干扰离子存在时产生的测量误差。

(9) 总离子强度调节缓冲剂(TISAB)：是指为了稳定离子强度而加入的惰性电解质，是由特定的 pH 缓冲剂、辅助配位剂和高浓度惰性电解质溶液组成。其作用有：①控制溶液的离子强度，维持活度系数恒定；②控制溶液的 pH；③掩蔽干扰离子。例如：F^- 含量测定时使用的 TISAB 为 NaCl-枸橼酸钠-HAc-NaAc 混合体系。

2. 溶液 pH 的测定

(1) 工作电池：
- 参比电极：饱和甘汞电极(SCE)
- 指示电极：pH 玻璃电极(SGE)

(2) 电池表示：(－) pH 玻璃电极 | 待测液 ┆┆ 饱和甘汞电极(＋)

(3) 电池电动势：$E = \varphi_{甘} - \varphi_{玻}$，$E = K' + \dfrac{2.303RT}{F}\text{pH}$ (理论依据)

(4) 测定方法："两次测量法"

(5) 计算公式：$\text{pH}_x = \text{pH}_s + \dfrac{E_x - E_s}{0.059}$ (25℃，实用定义式)

(6) 注意事项：
- ①pH 玻璃电极适用范围为 pH 1～9，pH>9 者应使用锂玻璃电极。
- ②pH 玻璃电极使用前需在蒸馏水中浸泡 24 小时以上。
- ③pH 玻璃电极的玻璃膜易损坏，不宜测定 F^- 含量高的溶液。
- ④pH_S 应尽量与待测溶液的 pH_x 值接近，一般相差不超过 3 个 pH 单位。
- ⑤标准缓冲溶液与待测液的温度必须相同并尽量保持恒定。
- ⑥标准缓冲溶液的配制、使用、保存应严格按规定进行。

3. 其他离子浓度的测定

(1) 工作电池：
- 指示电极：离子选择电极(ISE)
- 参比电极：常用饱和甘汞电极

(2) 电池表示：内参比电极 | 内充液 (α_i 一定) | 待测液 (α_i 未知) ┆┆ 外参比电极

（其中"内参比电极 | 内充液"合称为：离子选择电极）

(3) 电池电动势：$E = \varphi_{参比} - \varphi_{离子选择电极}$，$E = K \pm \dfrac{2.303RT}{nF}\lg c_i$ (理论依据)。

(4) 测量方法：直接比较法，标准曲线法，标准加入法。

(5) 测量误差

- 电极选择性误差：引起的相对误差为

$$\frac{\Delta c}{c}(\%)=\frac{K_{X,Y}(\alpha_Y)^{n_X/n_Y}}{a_X}\times 100\%$$

- 电动势测量误差：引起的相对误差为

$$\frac{\Delta c}{c}(\%)\approx 3900n\Delta E\times 100\%$$

四、电位滴定法

1. 电位滴定法 是指在滴定反应的基础上，选择合适的指示电极和参比电极与滴定溶液一起组成工作电池，在滴定过程中，通过监测电池电动势的变化来确定终点的方法（工作电池是原电池）。

2. 确定滴定终点的方法 表 8-2。

表 8-2 电位滴定法确定滴定终点的方法

方 法		滴定曲线	滴定终点
图解法	$E-V$ 曲线法		曲线的转折点（拐点）
	$\triangle E/\triangle V-\overline{V}$ 曲线法（一阶微商法）		峰状曲线的极大点
	$\triangle^2E/\triangle V^2-V$ 曲线法（二阶微商法）		$\triangle^2E/\triangle V^2=0$ 的点（二阶导数为零点）
二阶微商内插法（线性插值法）	若计量点前 $V=V_1$ 时，$\triangle^2E/\triangle V^2=a$；计量点后 $V=V_2$ 时，$\triangle^2E/\triangle V^2=b$；设计量点体积为 V_{sp}，因计量点时 $\triangle^2E/\triangle V^2=0$，则 $\frac{a-b}{V_1-V_2}=\frac{a-0}{V_1-V_{sp}}$，由此可求得 V_{sp}		

3. 各类电极在滴定分析中的应用 见表 8-3。

表 8-3 各类电极在滴定分析中的应用

滴定类型	指示电极	参比电极
酸碱滴定	玻璃电极、锑电极	SCE、Ag－AgCl 电极
沉淀滴定	银电极、铂电极、汞电极、ISE	SCE、玻璃电极
氧化还原滴定	铂电极	SCE、玻璃电极
配位滴定	汞电极、银电极、ISE	SCE

提示

银量法中常用 KNO_3 盐桥将滴定液与 SCE 隔开，消除 Cl^- 干扰。

五、永停滴定法

1. 永停滴定法　其原理属于电流滴定法。它是指测量时把两个相同的指示电极插入待测溶液中，在两个电极间外加一小电压，在滴定过程中，通过监测两电极间的电流变化来确定终点的方法（工作电池是电解池）。

2. 电流产生的条件及大小

（1）条件：两个电极上同时发生反应（电解池：阴极还原，阳极氧化）。

（2）大小：$c_{氧化态} = c_{还原态}$ ⇒ 电流（I）最大；$c_{氧化态} \neq c_{还原态}$ ⇒ I 取决于 c 小的 $c_{氧化态}$ 或 $c_{还原态}$，随 c 小 $c_{氧化态}$ 或 $c_{还原态}$ 的变化趋势而变化。

3. 滴定终点的确定　见表 8-4。

表 8-4　永停滴定法确定滴定终点的方法

滴定剂	待测物	滴定曲线	滴定终点	示　例
不可逆电对	可逆电对	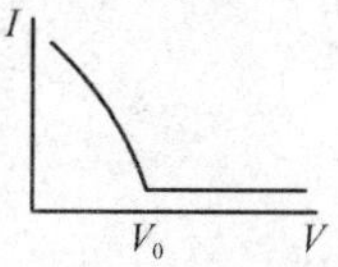 I, V_0, V	电流计指针突然回至零位附近并不再变动	$S_2O_3^{2-}$ 滴定 I_2
可逆电对	不可逆电对	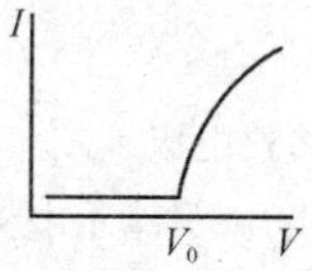 I, V_0, V	电流计指针明显偏转并不再回至零位	I_2 滴定 $S_2O_3^{2-}$，$NaNO_2$ 法测芳伯胺类药物，Karl-Fischer 法测微量水分
可逆电对	可逆电对	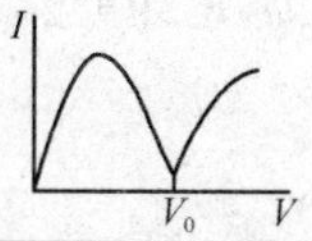 I, V_0, V	电流由小变大后降至最低点，随后又逐渐变大时，此时的最低点	Ce^{4+} 滴定 Fe^{2+}

趣味知识

2008 年城市生活垃圾清运量为 1155 亿吨，县城和建制镇生活垃圾约为 7000 万吨，全国城镇生活垃圾产生总量达 212 亿吨。近年来，生活垃圾焚烧技术取得了较大的进展，但垃圾焚烧过程也引起了一系列问题，其中一部分是由于垃圾中氯元素含量较高引起的。可以采用消解法处理垃圾样品，然后采用电位滴定法测定生活垃圾中的氯元素含量。通过氯元素分析可以明确垃圾中氯的来源、种类，可以通过控制垃圾入炉的方法来控制二噁英的生成；同时，根据氯元素的分析结果做好垃圾分类，这对重金属的污染控制也将起到积极的作用。另外，氯元素的分析对生活垃圾焚烧厂决定焚烧工艺、焚烧炉的设计、设施及设备的选择尤为重要。

经典习题

一、最佳选择题

1. “两次测量法”测溶液 pH 时,用标准缓冲溶液进行校正的主要目的是减小(　　)。
   A. 相界电位　B. 液接电位　C. 析出电位
   D. 残余液接电位　E. 空气中氧以及温度的影响
2. 碱差(或钠差) 是指(　　)。
   A. pH>9 时,由于玻璃电极对 H^+ 和 Na^+ 都有相应,pH 读数小于真实值而产生的负误差
   B. pH>9 时,由于玻璃电极对 H^+ 和 Na^+ 都有相应,pH 读数大于真实值而产生的正误差
   C. pH>9 时,由于玻璃电极对 H^+ 和 Na^+ 都有相应,pH 读数大于真实值而产生的负误差
   D. pH<1 时,由于 pH 读数小于真实值而产生的负误差
   E. pH<1 时,由于 pH 读数小于真实值而产生的正误差
3. 铜-锌原电池图解表达式是(　　)。
   A. Cu | $CuSO_4$(1mol/L) ¦¦ $ZnSO_4$(1mol/L) | Zn
   B. $ZnSO_4$(1mol/L) | Zn ¦¦ Cu | $CuSO_4$(1mol/L)
   C. $CuSO_4$(1mol/L) | Cu ¦¦ Zn | $ZnSO_4$(1mol/L)
   D. Zn | $ZnSO_4$(1mol/L) ¦¦ $CuSO_4$(1mol/L) | Cu
   E. Zn | $CuSO_4$(1mol/L) ¦¦ $ZnSO_4$(1mol/L) | Cu
4. 用盐桥连接两溶液可以消除(　　)。
   A. 相界电位　B. 液接电位　C. 不对称电位
   D. 残余液接电位　E. 残余相界电位
5. 电位滴定法的电池电极的组成是(　　)。
   A. 两支相同的指示电极　B. 两支相同的参比电极　C. 两支不同的指示电极
   D. 两支不同的参比电极　E. 一只参比电极,一只指示电极
6. 在永停滴定法中,当通过电池的电流达到最大时,反应电对氧化态和还原态的浓度为(　　)。
   A. 氧化态浓度小于还原态的浓度
   B. 氧化态浓度等于还原态的浓度
   C. 氧化态浓度大于还原态的浓度
   D. 氧化态的浓度等于零
   E. 还原态的浓度等于零
7. 在电位滴定法中,用曲线的转折点(拐点) 来确定滴定终点的方法是(　　)。
   A. $\triangle E/\triangle V$-$\overline{V}$ 曲线法　B. $\triangle^2 E/\triangle V^2$-$V$ 曲线法　C. E-V 曲线法
   D. 线性插值法;　E. 一阶微商法
8. pH 玻璃电极产生的不对称电位主要来源于(　　)。
   A. 内外参比电极不同　B. 内外玻璃膜表面特性不同
   C. 内外溶液中 H^+ 浓度不同　D. 内外溶液中 H^+ 活度不同
   E. 内外指示电极不同

二、配伍选择题

[1～4]

A. 膜电极　　B. 零类电极　　C. 第一类电极　　D. 第二类电极　　E. 第三类电极

以下电极又称为

1. 金属-金属离子电极(　　)。

2. 惰性金属电极(　　)。

3. 离子选择电极(　　)。

4. 金属-金属难溶盐电极(　　)。

[5～8]

A. 相界电位　　B. 残余液接电位　　C. 液接电位　　D. 不对称电位　　E. 析出电位

下列概念是指

5. 两种组成不同或组成相同而浓度不同的溶液接触界面两边间存在的电位差(　　)。

6. SCE 在标准缓冲溶液和待测溶液中产生的液接电位不完全相等所产生的两者之差(　　)。

7. 相界面两边形成的双电层而产生的稳定的电位差(　　)。

8. 膜电极两侧溶液 pH 相等时，膜电位应等于零，但实际并不为零的这一电位(　　)。

[9～11]

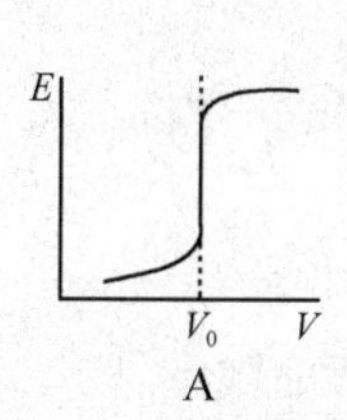

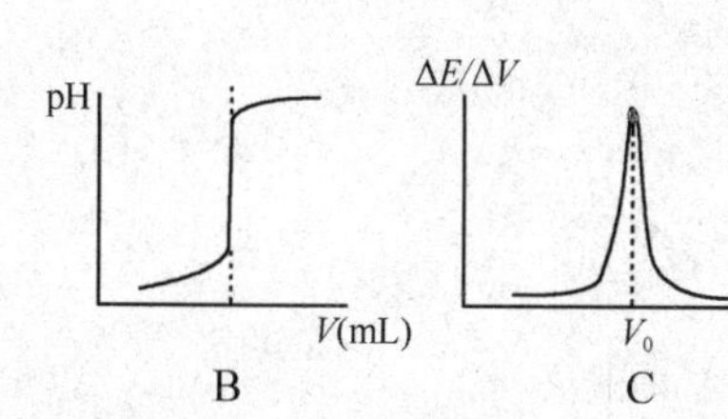

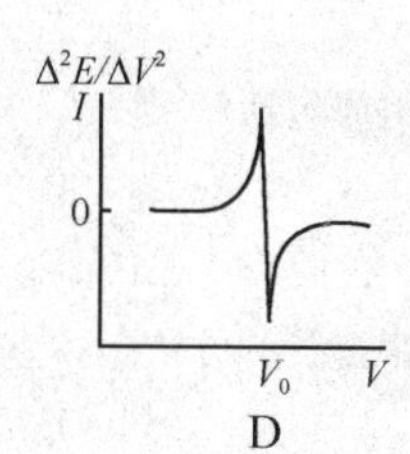

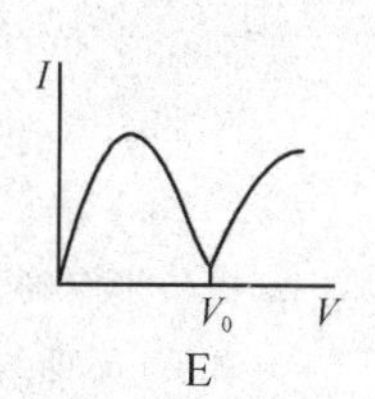

下列确定滴定终点方法的滴定曲线示意图是

9. 一阶微商法(　　)。

10. 二阶微商法(　　)。

11. $E-V$ 曲线法(　　)。

[12～15]

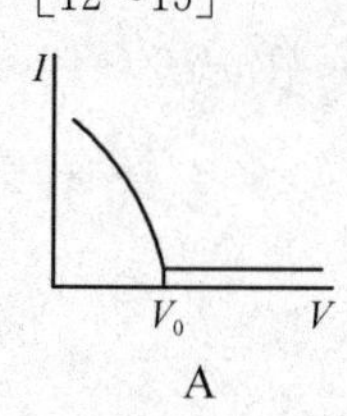

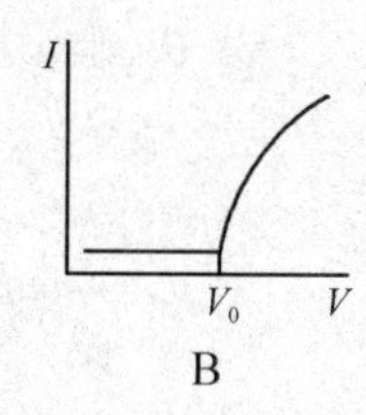

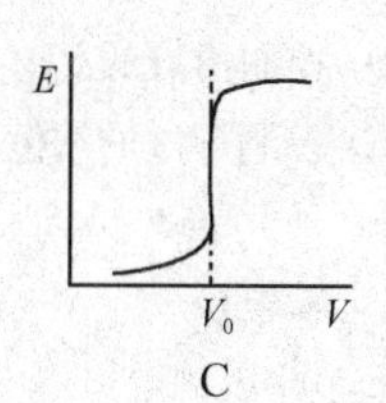

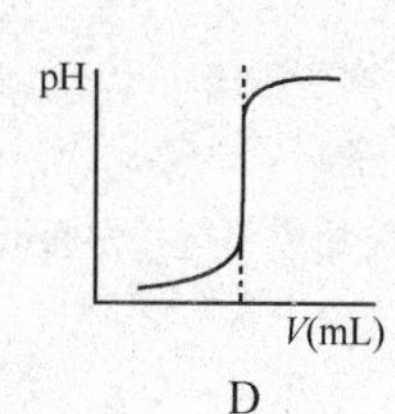

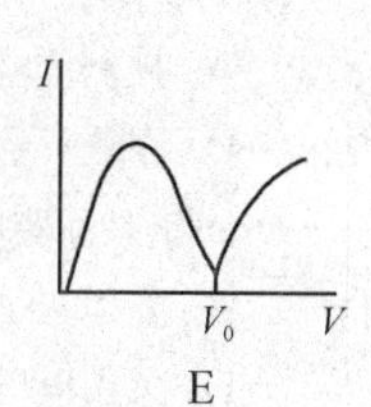

下列滴定的滴定曲线示意图是

12. 用 $NaNO_2$ 标准溶液滴定磺胺嘧啶(　　)。

13. 用 I_2 液滴定 $Na_2S_2O_3$ 溶液(　　)。

14. 用 NaOH 标准溶液滴定 HCl 溶液(　　)。

15. 用 $Ce(SO_4)_2$ 标准溶液滴定 $FeSO_4$ 溶液(　　)。

[16～18]

A. 增大　　B. 减小　　C. 为零　　D. 不变　　E. 几乎不变

下列电极电位产生的变化是

16. 氟电极的电极电位随着氟离子浓度的增大(　　)。

17. 甘汞电极的电位随电极内 KCl 溶液浓度的增大(　　)。

18. 银-氯化银电极的电位随电极内 KCl 溶液浓度的增大(　　)。

[19～22]

A. 流动载体电极　B. 酶电极　C. 气敏电极　D. 均相膜电极　E. 刚性基质电极

下列离子选择电极属于

19. 氟电极(　　)。

20. 氨电极(　　)。

21. 钙电极(　　)。

22. 玻璃电极(　　)。

三、多项选择题

1. 电化学分析中常被测量的电化学参数有(　　)。
   A. 电压　B. 电流　C. 电量
   D. 电导　E. 电动势

2. 属于膜电极的是(　　)。
   A. 玻璃电极　B. 甘汞电极　C. Ag - AgCl 电极
   D. 氟电极　E. 铂电极

3. 饱和甘汞电极的组成包括(　　)。
   A. Hg　B. Hg_2Cl_2　C. $HgCl_2$
   D. KCl 溶液　E. 饱和 KCl 溶液

4. 电位滴定确定滴定终点的方法是(　　)。
   A. $I - V$ 曲线法　B. $E - V$ 曲线法　C. $\Delta I / \Delta V - \overline{V}$ 曲线法
   D. $\Delta E / \Delta V - \overline{V}$ 曲线法　E. $\Delta^2 I / \Delta V^2 - V$ 曲线法

5. 能作为酸碱滴定法的参比电极是(　　)。
   A. 银电极　B. Ag - AgCl 电极　C. 饱和甘汞电极
   D. 玻璃电极　E. 汞电极

6. TISAB 的作用包括(　　)。
   A. 控制溶液的离子强度　B. 控制溶液的 pH　C. 维持活度系数恒定
   D. 掩蔽干扰离子　E. 控制溶液的浓度

7. 属于晶体膜电极的离子选择电极是(　　)。
   A. 氨电极　B. 氟电极　C. 钙电极
   D. 卤素电极　E. pH 玻璃电极

8. 能用永停滴定法指示终点进行含量测定的是(　　)。
   A. 用基准草酸钠标定 $KMnO_4$ 溶液的浓度
   B. 用 I_2 标准液测定 $Na_2S_2O_3$ 的含量
   C. 用铈量法测定 $FeSO_4$ 的含量
   D. 用亚硝酸钠法测定磺胺类药物的含量
   E. 用 Karl - Fischer 法测定药物中的微量水。

9. 用永停滴定法滴定至化学计量点时电流降至最低点的是(　　)。
   A. 滴定剂为可逆电对，待测物为不可逆电对
   B. 滴定剂为不可逆电对，待测物为可逆电对

C. 滴定剂和待测物均为可逆电对

D. 滴定剂和待测物均为不可逆电对

E. 滴定剂和待测物可以是任何物质

10. 离子选择电极的组成包括(　　)。

A. 电极管　　B. 电极膜　　C. 外参比电极

D. 内参比溶液　　E. 内参比电极

四、填空题

1. Daniell 原电池的正极发生________反应，负极发生________反应；Daniell 电解池把发生还原反应的电极称为________，发生氧化反应的电极称为________。

2. 用 pH 玻璃电极测量溶液的 pH 时，溶液的 pH 大于 9，易产生________，溶液的 pH 小于 1，易产生________。

3. 银-氯化银电极的半电池组成为________，电极反应为________，电极电位为________。

4. 氧化还原反应的电极电位产生是由于________的结果，而膜电位的产生是于________的结果。

5. pH 玻璃电极能作为测定溶液 pH 指示电极的理论依据是________。

6. pH 玻璃电极的电极电位与溶液的 pH 呈线性关系，其斜率用 S 表示，称为________，25℃时理论上 S=________(V)。

7. $K_{X,Y}$ 值大，表明电极对待测离子选择性________，即受干扰离子的影响________。

8. 测定水中 F^- 含量时，为保持溶液的离子强度恒定，溶液中需加入的物质是________。

五、判断题(正确的打"√"，错误的打"×")

1. 银-氯化银电极的电极反应为 $\varphi=\varphi^{\theta'}_{Ag^+/Ag}-0.059\lg c_{Cl^-}$。(　　)

2. pH 玻璃电极仅对溶液中的 H^+ 有选择性响应。(　　)

3. 用盐桥可以完全消除液接电位。(　　)

4. 甘汞电极或银-氯化银电极的电极电位值，主要取决于溶液中的氯离子活度。(　　)

5. 在电位滴定法中，以 $E-V$ 作图绘制滴定曲线，滴定终点为曲线的拐点。(　　)

6. pH 玻璃电极使用前必须在水中浸泡 24 小时的主要目的是校正电极。(　　)

7. 永停滴定法的滴定过程存在可逆电对产生的电解电流的变化。(　　)

8. 用 NaOH 标准溶液滴定 HAc 的滴定体系中应选用的指示电极是 pH 玻璃电极。(　　)

六、问答题和计算题

1. 试比较电位滴定法与永停滴定法的异同点。

2. 电池：$Zn\,|\,Zn^{2+}(8.0\times10^{-4}mol/L)\,\vdots\vdots\,Fe(CN)_6^{4-}(1.0\times10^{-2}mol/L),Fe(CN)_6^{3-}(9.0\times10^{-2}mol/L)\,|\,Pt$　　已知 $\varphi^{\theta}_{Fe(CN)_6^{3-}/Fe(CN)_6^{4-}}=0.36V$，$\varphi^{\theta}_{Zn^{2+}/Zn}=-0.76V$。

(1) 写出该电池两个电极的半电池反应。

(2) 计算 25℃时的电池电动势。

(3) 说明该电池是原电池还是电解池。

3. 试回答用直接电位法测定溶液 pH 的下列问题：

(1) 常使用什么电极作指示电极和参比电极？

(2) 指示电极主要由哪几部分组成？

(3) 写出指示电极的电极电位与溶液 pH 的关系式(25℃)。

(4) 在 25℃时测得 pH＝8.0 的标准缓冲溶液的电动势为＋0.350V，测得待测溶液的电动势为

+0.424V。问该溶液的 pH 是多少？

4. 用 pH 玻璃电极与 SCE 组成电池，其电池电动势(E)与溶液 pH 间的关系可表示成 $E=K+0.059pH(25℃)$，试回答下列问题：

(1) 写出该电池图解表达式。

(2) 用"两次测量法"进行测定时，预先应进行哪些操作？其原因如何？

5. 为何在离子选择电极的测量过程中，通常要用磁力搅拌器搅拌溶液？

6. 现有原电池：Hg | Hg_2Cl_2(s)，KCl(饱和) ¦¦ Ag^+($c$mol/L) | Ag，已知 25℃时 $\varphi_{SCE}=0.242V$，$\varphi^{\theta}_{Ag^+/Ag}=0.799V$，$\varphi^{\theta}_{AgCl/Ag}=0.221V$，试计算：

(1) 当 Ag^+溶液为 30.00mL，浓度为 0.0100mol/L 时的电池电动势。

(2) 在(1)有 Ag^+溶液中加入 20.0mL NaCl 溶液(0.0100mol/L)后的电池电动势。

(3) 在(1)有 Ag^+溶液中加入 50.0mL NaCl 溶液(0.0100mol/L)后的电池电动势。

7. 将一支 ClO_4^- 离子选择电极插入 50.00mL 某高氯酸盐待测溶液，与饱和甘汞电极(为负极)组成电池。25℃时测得电动势为 358.7mV，加入 1.00mL $NaClO_4$ 标准溶液(0.0500mol/L)后，电动势变成 346.1mV。求待测溶液中 ClO_4^- 浓度。

8. 称取某一元酸 HA(M_{HA}=120g/mol) 2.00g 溶于 50.00mL 水中，30℃时，饱和甘汞电极(SCE)作正极，氢电极作负极，用 NaOH 溶液(0.2000mol/L)滴定。当酸中和一半时，测得电动势(E)为 0.58V，滴定终点时，测得电动势(E_1)为 0.82V，已知 30℃时 $\varphi_{SCE}=0.28V$，$2.303RT/F=0.060$，试回答下列问题：

(1) 写出该电池图解表示式。

(2) 计算 HA 的离解常数。

(3) 计算终点时溶液的 pH 和 OH^- 的浓度。

(4) 计算终点时消耗 NaOH 溶液的体积。

(5) 试样中 HA 的百分含量为多少。

参考答案

一、最佳选择题

1. D 2. A 3. D 4. B 5. E 6. B 7. C 8. B

二、配伍选择题

[1~4] CBAD [5~8] CBAD [9~11] CDA [12~15] BADE [16~18] BBB [19~22] DCAE

三、多项选择题

1. ABCDE 2. AD 3. ABE 4. BD 5. BC 6. ABCD 7. BD 8. BCDE 9. BC 10. ABDE

四、填空题

1. 还原 氧化 阴极 阳极

2. 碱差 酸差

3. Ag | AgCl(s) | Cl^- $AgCl + e \rightleftharpoons Ag + Cl^-$ $\varphi=\varphi^{\theta'}_{AgCl/Ag}-0.059\lg c_{Cl^-}$ (25℃)

4. 电子得失 溶液和膜界面离子发生交换

5. $\varphi_{玻}=K-0.059pH$ (25℃) 或 $\varphi_{膜}=K'+0.059\lg a_{H^+_{外}}=K'-0.059pH$ (25℃)

6. 电极系数(或玻璃电极的转换系数) 0.059

7. 低 大

8. TISAB

五、判断题

1. × 2. × 3. × 4. √ 5. √ 6. × 7. √ 8. √

六、问答题和计算题

1. 答：电位滴定法与永停滴定法的异同点见表 8-4。

表 8-4　电位滴定法与永停滴定法的异同点

	化学电池	电极系统	测定的物理量	控制条件
电位滴定法	原电池	指示电极-参比电极	电压(电动势)	很小的恒电流
永停滴定法	电解池	两个相同的铂电极	电流	很小的恒电压

2. 答：(1) 右边半电池反应：$Fe(CN)_6^{3-} + e \rightleftharpoons Fe(CN)_6^{4-}$

左边半电池反应：$Zn \rightleftharpoons Zn^{2+} + 2e$

(2) 电极电位：

$$\varphi_{Fe(CN)_6^{3-}/Fe(CN)_6^{4-}} = \varphi^{\theta}_{Fe(CN)_6^{3-}/Fe(CN)_6^{4-}} + 0.059\lg\frac{c_{Fe(CN)_6^{3-}}}{c_{Fe(CN)_6^{4-}}} = 0.36 + 0.059\lg\frac{9.0\times10^{-2}}{1.0\times10^{-2}} = 0.42V$$

$$\varphi_{Zn^{2+}/Zn} = \varphi^{\theta}_{Zn^{2+}/Zn} + \frac{0.059}{2}\lg c_{Zn^{2+}} = -0.76 + \frac{0.059}{2}\lg 8.0\times10^{-4} = -0.85V$$

电池电动势 $E = \varphi_{右} - \varphi_{左} = \varphi_{Fe(CN)_6^{3-}/Fe(CN)_6^{4-}} - \varphi_{Zn^{2+}/Zn} = 0.42 - (-0.85) = 1.27V$

(3) 此电池为原电池，因为 $E>0$，反应能自发进行。

3. 答：

(1) 测定溶液 pH 常用的指示电极是 pH 玻璃电极，参比电极为饱和甘汞电极。

(2) pH 玻璃电极主要由玻璃膜、Ag－AgCl 内参比电极、内参比溶液和电极管四部分组成。

(3) 电极电位与 pH 的关系式为：$\varphi_{玻} = K - 0.059pH$(25℃)。

(4) pH 的实用定义式为：$pH_x = pH_s + \frac{E_x - E_s}{0.059}$(25℃)

依题意得：$pH_x = 8.0 + \frac{0.424 - 0.350}{0.059} = 9.25$。

另一解法为：由 $E_s = K' + 0.059pH_s$，

得：$K' = E_s - 0.059pH_s = 0.350 - 0.059\times8 = -0.122(V)$；

因此：$E_x = K' + 0.059pH_x$，

解得：$pH_x = (E_x - K')/0.059 = [0.424 - (-0.122)]/0.059 = 9.25$

4. 答：

(1) (－) Ag，AgCl(s) | Cl^-(0.1mol/L) | 玻璃膜 | 待测液 ¦¦ KCl(饱和) | Hg_2Cl_2(s)，Hg(＋)

(2) ①玻璃电极要在水中浸泡 24 小时，原因：形成水化层，以便产生对 H^+ 有相应的膜电位；②进行温度较正，原因：使其电极电位符合 Nernst 方程式；③应用标准缓冲溶液定位，原因：减小液接电位和不对称电位的影响。

5. 答：主要原因是为了加快电极的响应速度。因为膜电位是由响应离子在敏感膜表面扩散和建立离子交换平衡而产生的。而电极达到动态平衡的速度取决于各类电极的特性和响应离子的浓度。浓度高时，相应速度快；浓度低时，相应速度慢。因此要用磁力搅拌器搅拌溶液，使其迅速达到平衡。

6. 解：(1) 电池右边电对为 Ag^+/Ag，电池电动势

$$E=\varphi_{右}-\varphi_{左}=(\varphi^{\theta}_{Ag^+/Ag}+0.059\lg c_{Ag^+})-\varphi_{SCE}$$

$$E=(0.799+0.059\lg 0.0100)-0.242=0.439V。$$

(2) 此时右边半电池溶液中的电对仍为 Ag^+/Ag，但 Ag^+ 浓度为：

$$c=(30.0\times0.0100-20.0\times0.0100)/(30.0+20.0)=2.00\times10^{-3}(mol/L),$$

因此 $E=(0.799+0.059\lg 2.00\times10^{-3})-0.242=0.398V$。

(3) 此时右边半电池溶液中的电对为 $AgCl/Ag$，Cl^- 的浓度为：

$$c=(50.0\times0.0100-30.0\times0.0100)/(30.0+50.0)=2.50\times10^{-3}(mol/L),$$

因此 $E=\varphi_{右}-\varphi_{左}=(\varphi^{\theta}_{AgCl/Ag}-0.059\lg c_{Cl^-})-\varphi_{SCE}$

$=0.221-0.059\lg 2.50\times10^{-3}-0.242=0.132V$。

7. 解法 1：

$$S=-2.303RT/F=-0.059V,$$

$$\Delta E=346.1-358.7=-12.6mV=-0.0126(V)$$

$$c_x=\frac{c_xV_S}{V_x+V_S}(10^{\Delta E/S}-\frac{V_x}{V_x+V_S})^{-1},$$

$$c_x=\frac{0.0500\times1.00}{50.00+1.00}(10^{-0.0126/-0.059}-\frac{50.00}{50.00+1.00})^{-1}=1.50\times10^{-3}(mol/L)$$

注意：此题中虽然 ClO_4^- 为阴离子，但该离子选择电极为电池的正极，因此 S 为负值。

解法 2：电池电动势 $E=\varphi_{(+)}-\varphi_{(-)}$，即 $E=\varphi_{离子选择电极}-\varphi_{SCE}=(K'-0.059\lg c_X)-\varphi_{SCE}$

依题意有：$\begin{cases}358.7\times10^{-3}=K'-0.059\lg c_x-\varphi_{SCE}\\346.1\times10^{-3}=K'-0.059\lg[(c_x\times50.00+1.00\times0.0500)/(50.00+1.00)]-\varphi_{SCE}\end{cases}$

解联立方程得：$c_x=1.50\times10^{-3}(mol/L)$

8. 解：(1) 电池图解表示式为：(－) Pt | H_2, HA ¦¦ KCl(饱和) | Hg_2Cl_2(s), Hg (＋)

(2) 电池电动势 $E=\varphi_{SCE}-\varphi_{H^+/H_2}=\varphi_{SCE}-(\varphi^{\theta}_{H^+/H_2}+0.060\lg c_{H^+})$

当酸中和一半时，$c_{HA}=c_{A^-}$，则 $c_{H^+}=K_a$，此时 $E=0.58$

因此 $E=\varphi_{SCE}-\varphi^{\theta}_{H^+/H_2}+0.060\lg c_{H^+}$，即 $0.58=0.28-0-0.060\lg c_{H^+}$，

解得：$\lg c_{H^+}=-0.5$，$c_{H^+}=K_a=1.0\times10^{-5}$

(3) 滴定终点时 $E_1=0.82$，则 $0.82=0.28-0.060\lg c_{H^+}$，解得：$pH=-\lg c_{H^+}=9.00$

$pOH=14.00-9.00=5.00$，得 OH^- 的浓度 $c_{OH^-}=1.0\times10^{-5}$ mol/L

(4) 化学计量点时得产物为 A^-，$\because c_{OH^-}=\sqrt{K_bc_{A^-}}=\sqrt{(K_w/K_a)c_{A^-}}$，

$\therefore(1.0\times10^{-5})^2=(10^{-14}/1.0\times10^{-5})c_{A^-}$，解得 $c_{A^-}=0.10(mol/L)$

根据反应：$HA + NaOH \rightleftharpoons NaA + H_2O$　有：$n_{NaOH}=n_{HA}=n_{NaA}$

即 $c_{NaOH}V_{NaOH}=c_{NaA}V_{NaA}$，$0.2000V_{NaOH}=0.10(50.00+V_{NaOH})$，解得 $V_{NaOH}=50.00mL$

即滴定终点时消耗 NaOH 体积为：50.00mL。

(5) 因此原始 $c_{HA}=c_{NaOH}V_{NaOH}/V_{HA}=0.2000\times50.00/50.00=0.2000(mol/L)$

故 $w_{HA}(\%)=\frac{c_{HA}V_{HA}M_{HA}}{m_s\times10^3}\times100=\frac{0.2000\times50.00\times120}{2.00\times10^3}\times100=60.0$

知识地图

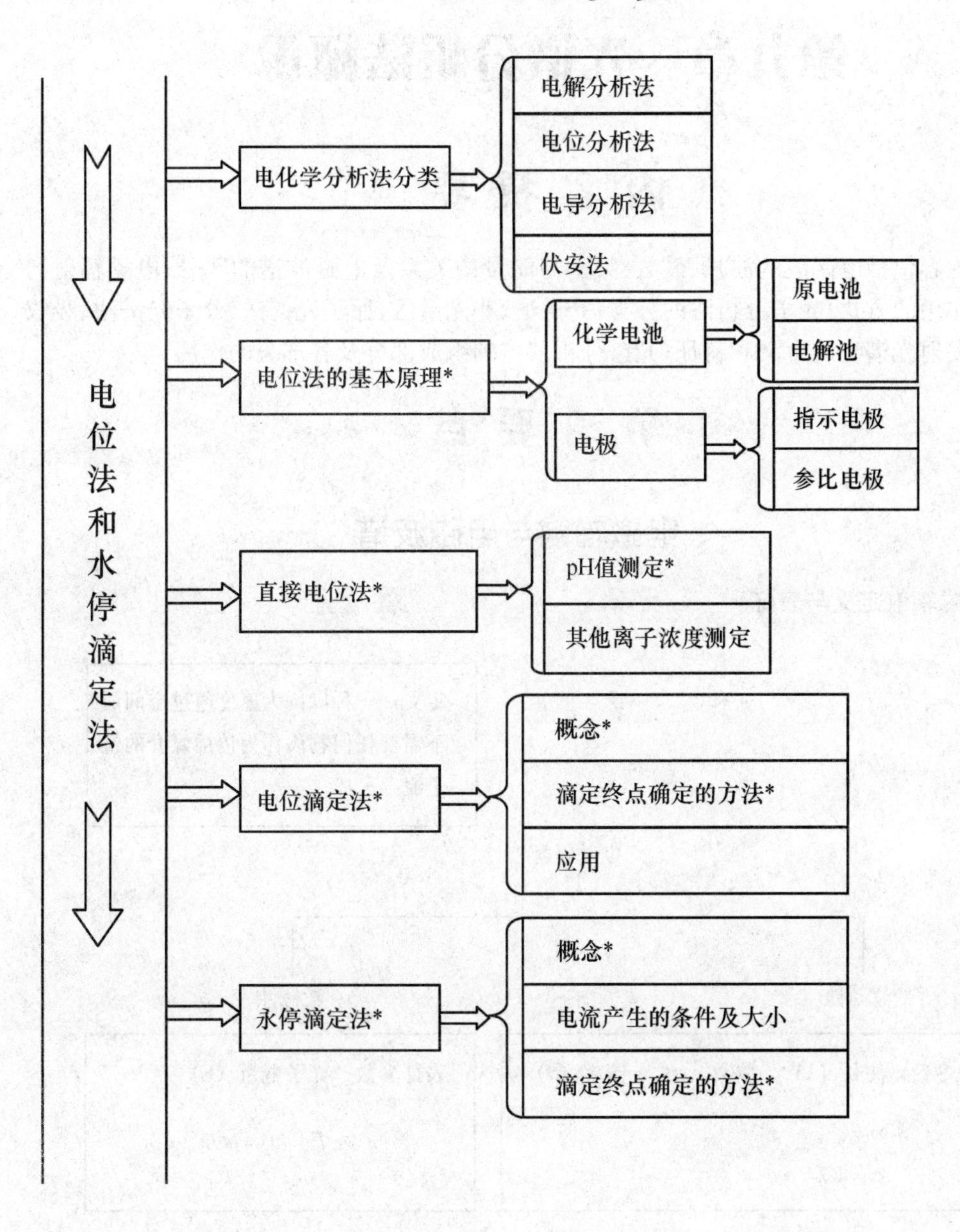
电位法和水停滴定法
电化学分析法分类
电解分析法
电位分析法
电导分析法
伏安法
电位法的基本原理*
化学电池
原电池
电解池
电极
指示电极
参比电极
直接电位法*
pH值测定*
其他离子浓度测定
电位滴定法*
概念*
滴定终点确定的方法*
应用
永停滴定法*
概念*
电流产生的条件及大小
滴定终点确定的方法*

（胡　震）

第九章　光谱分析法概论

内 容 提 要

本章内容包括电磁波的波长、波数、频率与能量的关系及电磁波谱的区分；电磁辐射与物质相互作用的方式；光学分析法的分类；光谱法、非光谱法、原子光谱法、分子光谱法、吸收光谱法和发射光谱法的含义和特征；光谱分析仪器的组成部分及各部分的作用。

学 习 要 点

一、电磁辐射与电磁波谱

1. 电磁辐射定义与表征

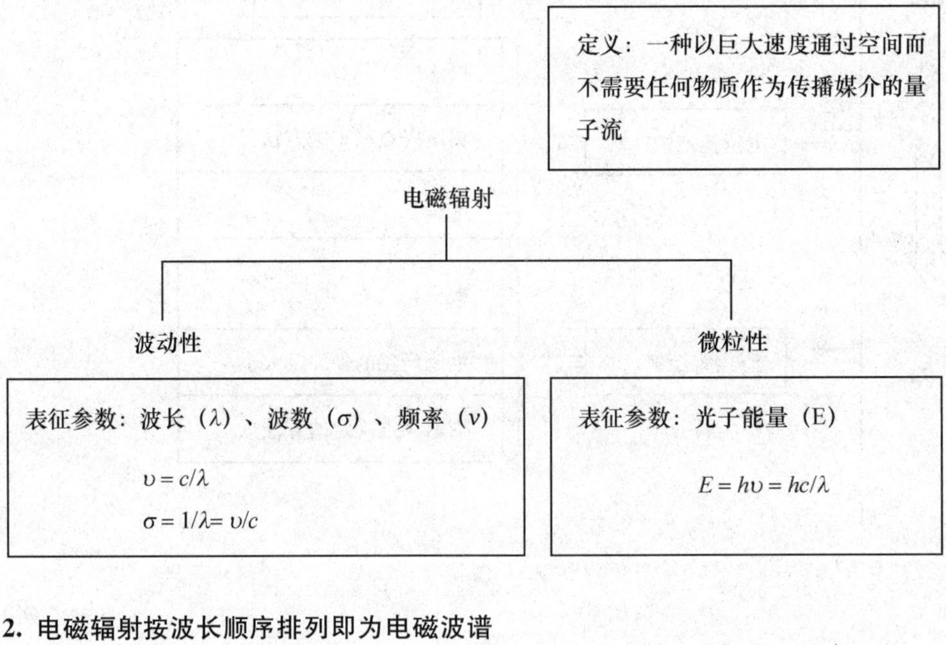

定义：一种以巨大速度通过空间而不需要任何物质作为传播媒介的量子流

电磁辐射

波动性

表征参数：波长（λ）、波数（σ）、频率（ν）

$\upsilon = c/\lambda$

$\sigma = 1/\lambda = \upsilon/c$

微粒性

表征参数：光子能量（E）

$E = h\upsilon = hc/\lambda$

2. 电磁辐射按波长顺序排列即为电磁波谱

λ 增大→

γ 射线→X 射线→紫外→可见→红外→微波→无线电波

←E 增大

二、电磁辐射与物质的相互作用

1. 电磁辐射与物质相互作用的结果　见图 9-1。

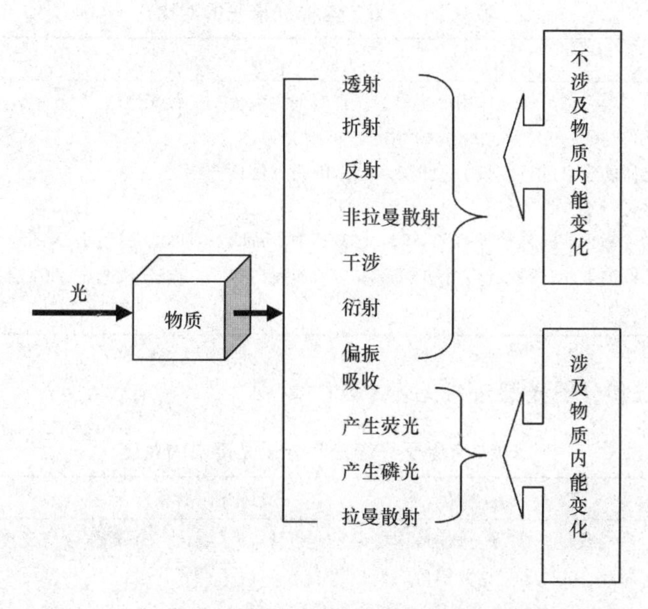

图 9-1　电磁辐射与物质相互作用的结果

2. 电磁辐射与物质的相互作用常用术语　见表 9-1。

表 9-1　电磁辐射与物质的相互作用常用术语

术　语	定　义
吸收	当电磁辐射能的能量刚好等于原子、分子或离子基态和激发态的能量差时，原子、分子或离子吸收光子的能量，从基态跃迁至激发态的过程
发射	物质以发光的形式释放能量从激发态跃迁回至基态的过程
散射	光子与介质之间发生弹性碰撞，光子能量不变但运动方向发生改变的现象
拉曼散射	光子与介质之间发生非弹性碰撞，光子的能量与运动方向都发生改变的现象
折射和反射	当光从介质 a 照射到介质 b 的界面时，一部分光在界面上改变方向返回介质 a，此现象称为光的反射；另一部分光则改变方向，以一定的折射角度进入介质 b，此现象称为光的折射
干涉和衍射	在一定条件下，光波会相互作用，当其叠加时，将产生一个其强度视各波长的相位而定的加强或减弱的合成波，称干涉。当两个波相位相同时，发生最大相长干涉，当两个波长的相位相差 180°时，则发生最大相消干涉；光波绕过障碍物或通过狭缝时，以 180°的角度向外辐射，波前进的方向发生弯曲，此现象称为衍射

三、光学分析法的分类

1. 光谱法和非光谱法 见表9-2。

表9-2 光谱法与非光谱法的对比

分类	定义	主要方法
光谱法	记录物质与电磁辐射相互作用产生能级跃迁时的光强度随波长(或相应单位)的变化,得到的图谱称光谱图。利用物质的光谱进行定性、定量和结构分析的方法称为光谱分析法	吸收光谱法、发射光谱法、散射光谱法
非光谱法	通过测量电磁辐射的某些基本性质(如反射、折射、干涉、衍射和偏振等)的变化进行分析的方法称为非光谱分析法	干射法、折射法、X射线衍射法、电子衍射法、偏振法、旋光法、浊度法、圆二色光谱法等

2. 原子光谱法和分子光谱法 见表9-3。

表9-3 原子光谱法与分子光谱法的对比

分类	定义	光谱形状	应用
原子光谱法	以测量气态原子(离子)外层或内层电子能级跃迁而产生的原子光谱为基础的分析方法	线状	测定物质元素的组成和含量
分子光谱法	以测量分子外层电子能级、振动和转动能级的跃所迁产生的分子光谱为基础的分析方法	带状	进行物质的定性、定量及结构分析

提示

原子光谱是由一条条明锐的彼此分立的谱线组成的线状光谱,每一条谱线对应一定的波长,这种线状光谱只反应原子或离子的性质,而与原子或离子来源的分子状态无关。分子由原子构成,分子中除了有电子运动外,还有组成分子的各原子间的振动以及分子作为整体的转动。这三种不同的运动状态对应着电子能级、振动能级和转动能级,且都是量子化的。这三种能级的能量差从大到小的顺序为:电子能级>振动能级>转动能级。以物质吸收电磁辐射为例,如果电磁辐射能量足够,会同时引起电子能级、振动能级和转动能级的跃迁,从而形成光谱带系。所以在分子光谱中,除转动光谱外,其他类型的分子光谱皆为带状或有一定宽度的谱线。

3. 吸收光谱法和发射光谱法 见表9-4。

表9-4 吸收光谱法与发射光谱法的对比

分类	定义	主要方法
吸收光谱法	由物质吸收相应的辐射能而产生的光谱,称为吸收光谱。利用吸收光谱进行定性、定量及结构分析的方法称为吸收光谱法	莫斯鲍尔(γ射线)光谱法、X射线光谱法、原子吸收光谱法、紫外-可见吸收光谱法、红外吸收光谱法、电子自旋共振波谱法和核磁共振波谱法

(待续)

（续表）

分 类	定 义	主要方法
发射光谱法	原子、离子或分子受到辐射能、热能、电能或化学能的激发跃迁到激发态后，以辐射的方式释放能量回到基态而产生的光谱，称发射光谱。利用物质的发射谱进行定性、定量的方法称发射光谱法	原子发射光谱法、原子荧光光谱法、分子荧光光谱法和磷光光谱法

趣味知识

19 世纪到 20 世纪中期以前对有机化合物的结构鉴定主要靠颜色反应、化学降解和合成等手段完成，工作极为困难。以 1903 年从鸦片中分离得到吗啡为例，到 1952 年完成吗啡的全合成为止，共经历前后 150 年，其工作艰辛可想而知。从紫外-可见光谱，红外光谱进入实验室后便大大加快了结构鉴定的步伐，而近 50 年来一些新技术和新型物理仪器的出现，使物质结构鉴定跨入了新阶段。应用光谱方法进行结构鉴定，不仅消耗样品少，分析速度快，而且大多数测定方法是在非破坏性过程中进行，对于珍贵的样品是一大福音。

四、光学分析仪器的基本组成

1. 分光光度计 探测物质与电磁辐射相互作用时吸收或发射的电磁辐射强度和波长关系的仪器。

2. 分光光度计的基本结构与光路图 见图 9-2。其中吸收池的位置视方法而定，或置于光源中，或置于光源和单色器之间，或置于单色器和检测器之间。

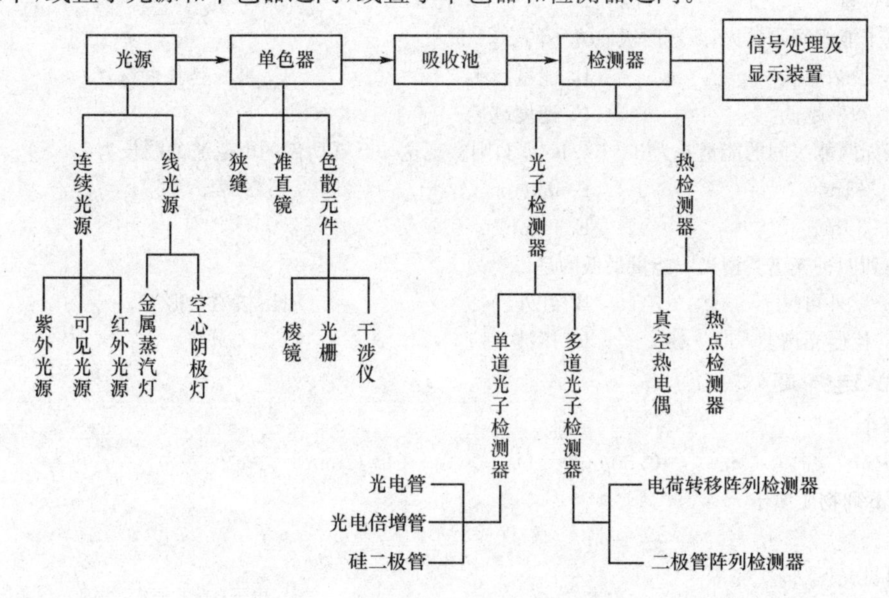

图 9-2 分光光度计的基本结构和光路图

3. 各种光学仪器的主要部件 见表 9-5。

表 9-5 各种光学仪器的主要部件

波 段	辐射源	单色器	检测器
γ 射线	原子反应堆、粒子加速器	脉冲高度鉴别器	闪烁计数管、半导体计数管
X 射线	X 射线管	晶体、光栅	
紫外	氢(氘)灯、氙灯	石英棱镜、光栅	光电管、光电倍增管
可见	钨灯、氙灯	玻璃棱镜、光栅	光电池、光电管
红外	硅碳棒、Nernst 辉光器	盐棱镜、光栅、Michelson 干涉仪	差热电偶、热辐射检测器
原子吸收	空心阴极灯	光栅	光电倍增管、光电二极管阵列
荧光	高压汞灯、氙灯	滤光器、光栅	光电倍增管
微波	速调管	单色辐射源	晶体二极管
射频	电子振荡器		二极管、晶体三极管

经 典 习 题

一、最佳选择题

1. 某化合物在波数为 $1602cm^{-1}$ 处有红外吸收，则对应的波长是（　）。

A. 3.12μm　B. 312μm　C. 6.24μm
D. 624μm　E. 624nm

2. 一个分子与光作用时，吸收了 360nm 处的光线，则该分子吸收了（　）能量。

A. 5.52×10^{-19} J　B. 5.52×10^{-17} J　C. 3.60×10^{-17} J
D. 3.60×10^{-15} J　E. 3.97×10^{-16} J

3. 电子能级间隔越大，跃迁时吸收光子的（　）。

A. 波数越大　B. 能量越小　C. 波长越长
D. 频率越低　E. 速度越慢

4. 假如两能级间的能量差为 3.61×10^{-19} J，则实现这一跃迁所需的电磁波的波长为（　）。

A. 361nm　B. 550nm　C. 2.1μm
D. 23μm　E. 361μm

5. 下列四种光谱类型光子能量最低的是（　）。

A. 紫外可见　B. 红外　C. 核磁共振
D. 拉曼光谱　E. 微波

二、配伍选择题

[1～5]

A. 25cm　B. 0.05nm　C. 50μm　D. 750nm　E. 12mm

判断下列物质属于

1. 红外区（　）。
2. 可见光区（　）。
3. 微波区（　）。
4. 无线电波区（　）。

5. X射线区(　　)。

[6～10]

A. 原子反应堆　B. 空心阴极灯　C. 氢灯　D. Nernst灯　E. 钨灯

下列辐射能所需的辐射源是

6. 紫外光光源(　　)。

7. 可见光光源(　　)。

8. 原子吸收光源(　　)。

9. γ射线(　　)。

10. 红外光光源(　　)。

三、多项选择题

1. 原子吸收光谱法属于(　　)。

A. 光谱法　C. 非光谱法　B. 原子光谱法

D. 分子光谱法　E. 吸收光谱法　F. 发射光谱法

2. 紫外-可见分光光度法属于(　　)。

A. 光谱法　C. 非光谱法　B. 原子光谱法

D. 分子光谱法　E. 吸收光谱法　F. 发射光谱法

3. 当光与物质相互作用,发生如下现象时,涉及物质内部能级变化的是(　　),不涉及物质内部能级变化的是(　　)。

A. 衍射　B. 发出荧光　C. 反射

D. 瑞利散射　E. 吸收射　F. 偏振

4. 光谱分析仪最基本的组成部分为(　　)。

A. 辐射源射　B. 分光系统射

C. 辐射检测器　D. 显示装置

四、问答题

1. 什么是吸收光谱法？什么是发射光谱法？

2. 简述原子光谱法与分子光谱法的区别。

3. 光谱分析仪三个最基本的组成部分是什么？各有什么作用？

参考答案

一、最佳选择题

1. C　2. A　3. A　4. B　5. C

二、配伍选择题

[1～5] CDEAB　[6～10] CEBAD

三、多项选择题

1. ABE　2. ADE　3. BE,ACDF　4. ABCD

四、问答题

1. 答:当辐射源所提供的辐射能量恰好满足物质从低能级向高能级跃迁所需能量,物质就吸收相应的辐射能而产生吸收光谱。利用物质的吸收光谱进行定性、定量及结构分析的方法称为吸收光谱法。构成物质的原子、离子或分子受到辐射能、热能、电能或化学能的激发跃迁到激发态后,由激发态跃迁回基态时释放能量而产生发射光谱。利用物质的发射光谱进行定性、定量的方法称为发射光谱法。

2. 答:原子光谱法是以测量气态原子或离子外层电子能级跃迁所产生的原子光谱为基础的成分分析方法。原子光谱是线状光谱,它不能给出物质分子的结构信息。分子光谱法是以测量分子中的电子能级、振动能级和转动能级跃迁所产生的分子光谱为基础的定性、定量和物质结构分析的方法。分子光谱为带状光谱,通过分子光谱可以获得关于物质结构的相关信息。

3. 答:光谱分析仪器的四个最基本的组成部分是:辐射源、分光系统、辐射检测器和显示装置。

辐射源是提供稳定的并具有一定强度的光源,分光系统的作用是将复合光分解为单色光或有一定宽度的谱带,检测和显示系统作用是将接收到的信号转变成电信号或其他相应的信号,并以一定的方式(如数据表、图谱、计算公式等)显示出来。

知识地图

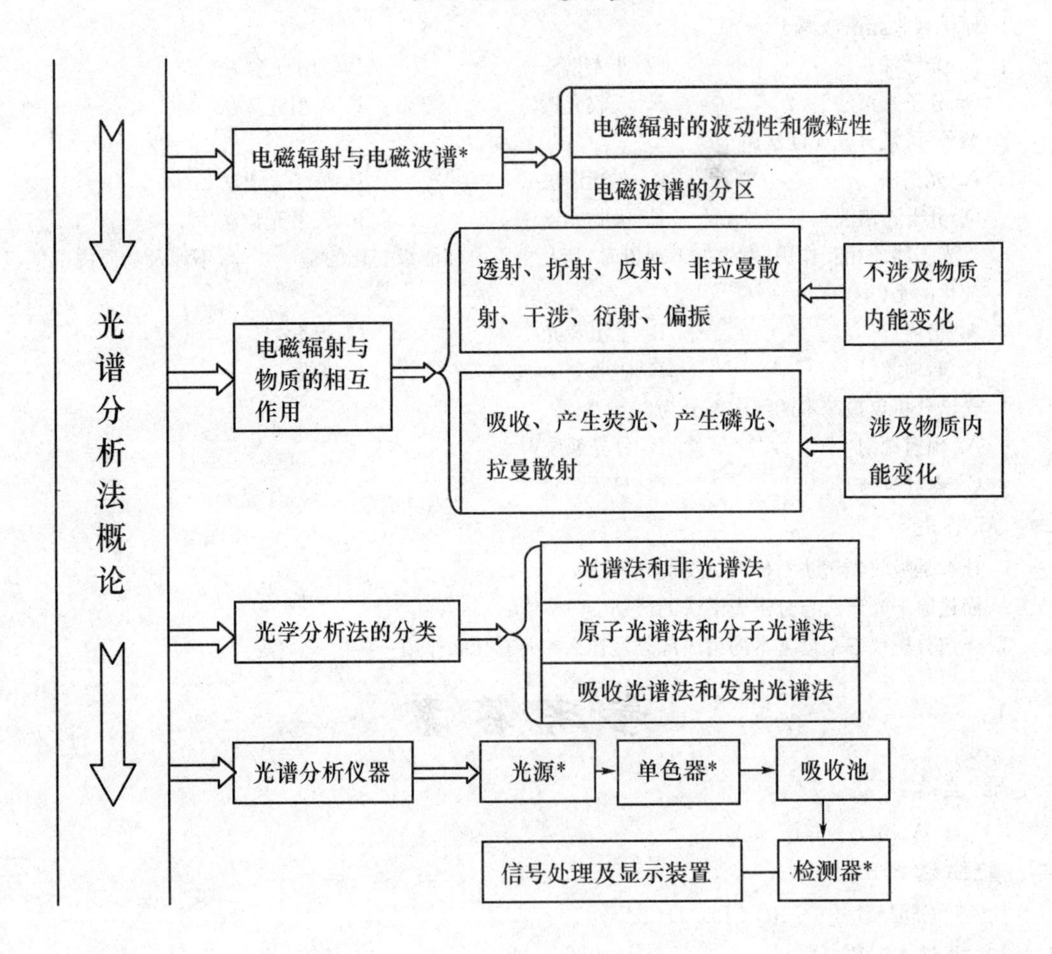

(龙　宁)

第十章　紫外-可见分光光度法

内容提要

本章内容包括紫外-可见吸收光谱产生的原因及特征；电子跃迁类型、吸收带类型、特点及影响因素，以及它们与分子结构的关系；Lambert-Beer定律的物理意义，成立条件；吸光系数的物理意义与表达方式及换算关系；偏离Lambert-Beer定律的因素；紫外-可见分光光度计的基本构造、主要部件、工作原理和使用方法；紫外-可见分光光度计几种光路类型；定性鉴别与纯度检查的方法；单组分与多组分的定量方法；紫外光谱与分子结构的关系。

学习要点

一、电子跃迁类型

1. 分子中价电子的类型　分子中价电子包括处于σ轨道上的σ电子，π轨道上的π电子和未参与成键而处于原子轨道上的n电子。在未受激发之前，它们分别处于能量较低的σ成键轨道、π成键轨道和非键轨道上，受激发后跃迁到能量高的反键轨道上。

2. 电子跃迁类型　见表10-1。

表10-1　电子跃迁类型及特点

跃迁类型	分子结构特征	吸收峰特点
$\sigma\rightarrow\sigma^*$跃迁	含σ键的分子，饱和烃类化合物分子中的电子跃迁属于此类跃迁	跃迁所需能量很大，$\lambda_{max}<150nm$
$n\rightarrow\sigma^*$跃迁	含杂原子饱和基团：如$-OH$、$-NH_2$、$-X$、$-S$等化合物产生此类跃迁	λ_{max}在200nm左右
$\pi\rightarrow\pi^*$跃迁	含共轭双键：如$-C=C-$、$-C\equiv C-$等有机物产生此类跃迁	该吸收为强吸收，ε一般$>10^4$。孤立的$\pi\rightarrow\pi^*$跃迁一般吸收峰波长小于200nm，随着双键共轭体系延长，$\pi\rightarrow\pi^*$跃迁吸收峰波长大于200nm 溶剂极性越大，吸收峰波长长移
$n\rightarrow\pi^*$跃迁	含杂原子不饱和基团：如$-N=N-$、$C=O$、$C=S$等化合物产生此类跃迁	该吸收强度弱，ε在10～100之间；λ_{max}在200～400nm 溶剂极性越大，吸收峰波长短移

3. 电子跃迁类型按跃迁能量大小排序

$$\sigma\rightarrow\sigma^* > n\rightarrow\sigma^* \geqslant \pi\rightarrow\pi^* > n\rightarrow\pi^*$$

提示

紫外-可见吸收光谱是分子吸收紫外-可见光区的电磁波而产生的吸收光谱，该区域的电磁波可引起分子中价电子发生能级跃迁，所以紫外-可见吸收光谱属于电子光谱。

趣味知识

生产尼龙的原料蓖麻油酸脱水处理时，根据所用脱水的方法和条件的不同得到不同含量的两种异构体，并且都存在于产物中。一种是 9，11-亚油酸 $CH_3(CH_2)_5CH{=}CH\text{-}CH{=}CH(CH_2)_7COOH$，另一种是 9，12-亚油酸 $CH_3(CH_2)_4CH{=}CH-CH_2-CH{=}CH(CH_2)_7COOH$。9，11-亚油酸为共轭二烯酸，其环己烷溶液在 232nm 处有一较强的吸收，而 9，12-亚油酸在紫外区无吸收。因此可借紫外光谱的测定来监视和控制脱水反应的进行。

二、紫外-可见吸收光谱中的常用术语

1. 吸收光谱(吸收曲线) 以波长 λ(nm) 为横坐标，以吸光度(A) 或透光率(T) 为纵坐标所描绘的曲线。从吸收曲线上可获得的信息包括：吸收峰(λ_{max})、吸收谷(λ_{min})、肩峰(λ_{sh})、末端吸收(图 10-1)。

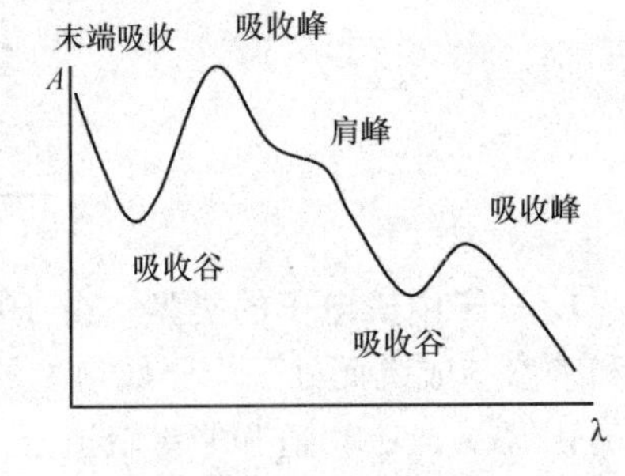

图 10-1 吸收光谱图

2. 生色团 有机化合物分子结构中含有 $\pi\rightarrow\pi^*$ 或 $n\rightarrow\pi^*$ 跃迁的基团，即能在紫外-可见光区范围内产生吸收的不饱和基团。

3. 助色团 含有非键电子的杂原子饱和基团。当它们与生色团或饱和烃相连时，能使该生色团或饱和烃的吸收峰向长波方向移动，并使吸收强度增大。

4. 蓝移 由于化合物的结构改变或受溶剂影响使吸收峰向短波方向移动的现象，又称短移(或紫移)。

5. 减色效应和增色效应 由于化合物结构改变或其他原因，使吸收强度减弱的现象称减色效应或淡色效应；使吸收强度增强的现象称增色效应或浓色效应。

6. 强带或弱带 在紫外-可见吸收光谱中，凡摩尔吸光系数 $\varepsilon_{max}>10^4$ 的吸收峰称为强带；凡 $\varepsilon_{max}<10^2$ 的吸收峰称为弱带。

三、吸收带及其与分子结构的关系(表 10-2)

表 10-2 吸收带及其与分子结构的关系

吸收带名称	化合物结构特征	对应跃迁类型	吸收峰波长(nm)	吸收峰强度
K 带	含共轭双键	共轭双键 $\pi\rightarrow\pi^*$	210～250	最强
R 带	含杂原子的不饱和基团	$n\rightarrow\pi^*$	250～500	最弱

(待续)

（续表）

吸收带名称	化合物结构特征	对应跃迁类型	吸收峰波长(nm)	吸收峰强度
E带	芳香族化合物(包括杂芳香族)	苯环内共轭系统的 $\pi\to\pi^*$	～180(E_1) ～200(E_2)	中强
B带	芳香族化合物	芳香族C=C骨架振动及环内 $\pi\to\pi^*$	230～270	中

四、影响吸收带的因素

影响吸收带的因素很多,但它的核心是受分子中电子共轭结构的影响。

1. 位阻影响　化合物中若两个发色团能很好地处于同一平面上,易产生共轭,吸收峰带长移,吸收增强。若两个发色团由于立体位阻妨碍它们处于同一平面上,不易产生共轭,使吸收峰带短移,吸收减弱。

2. 跨环效应　在有些 β、γ 不饱和酮中,由于适当的立体排列,使羰基氧的孤对电子和 C═C 双键的 π 电子发生作用,使相当于 $n\to\pi^*$ 跃迁的R带吸收长移。同时吸收强度增强。

3. 溶剂效应　极性溶剂使 $\pi\to\pi^*$ 跃迁吸收峰长移,而使 $n\to\pi^*$ 跃迁短移。后者的移动一般比前者的移动大。

4. 体系 pH 的影响　体系 pH 值无论对酸性、碱性或中性物质的紫外吸收光谱都有明显的影响。

五、朗伯-比尔定律

朗伯-比尔定律是描述物质对单色光吸收的强弱(即吸光度 A 或透光率 T)与吸光物质的浓度(c)和厚度(l)间关系的定律。

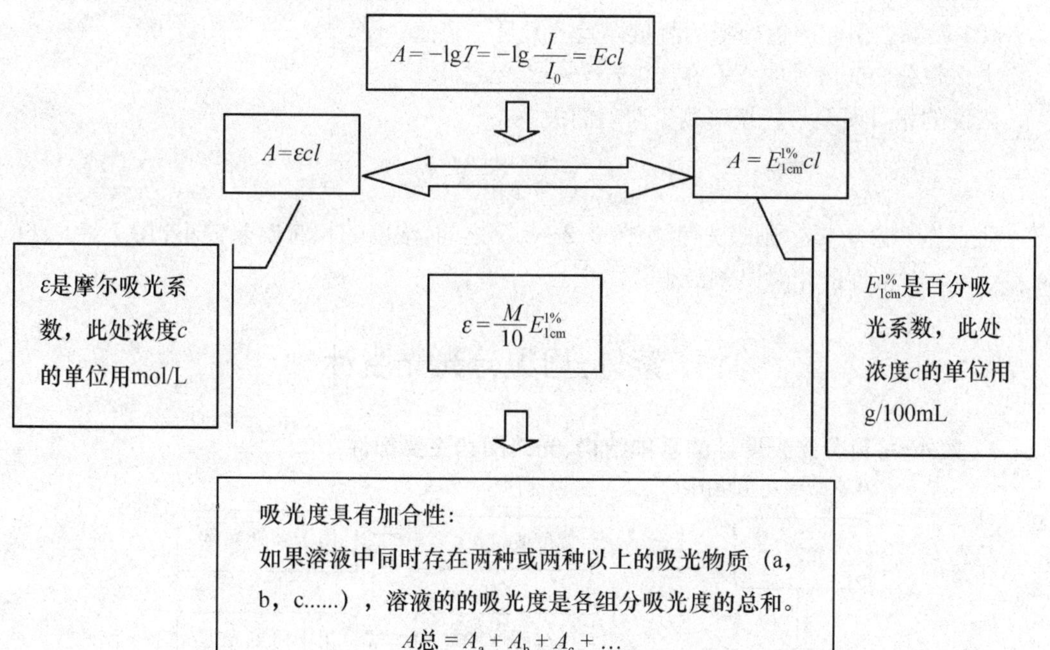

提示

吸光系数(E) 指在一定波长下,吸光物质在单位浓度及单位厚度时的吸光度。根据浓度单位不同,常分为摩尔吸光系数(ε) 和百分吸光系数($E_{1cm}^{1\%}$)。吸光系数是物质的特性常数,表明物质对某一特定波长光的吸收能力。不同物质对同一波长的单色光,可有不同的吸光系数,该值越大,表明该物质的吸光能力越强,灵敏度越高,所以吸光系数是定性和定量依据。

六、偏离比尔定律的因素

1. 影响因素

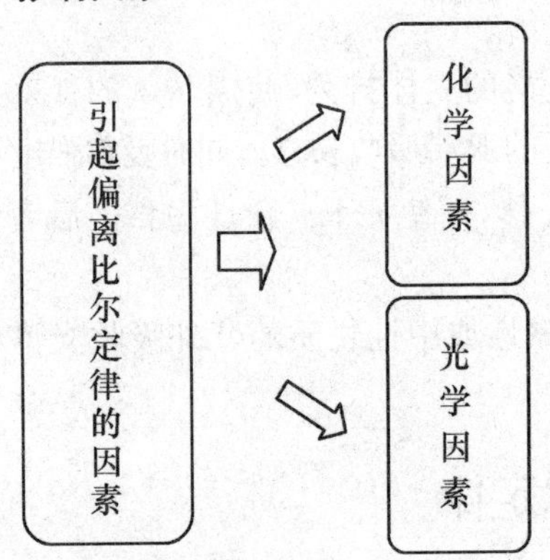

2. 透光率的测量误差$\triangle T$

(1) 来源:暗噪音与散粒噪音。

(2) 暗噪音引起的透光率的测量误差$\triangle T$是一定值。

大多数分光光度计的$\triangle T$在±0.2%～±1%之间。

浓度的相对误差与透光率测量误差的关系:

$$\frac{\Delta c}{c}=\frac{0.434\Delta T}{T\lg T}$$

假定$\triangle T$为0.5%,则吸光度A在0.2～0.7之间,浓度的相对误差较小;在T=0.368,A=0.434时浓度的相对误差最小。

七、紫外-可见分光光度计

1. 紫外-可见分光光度计的基本结构、光路图和主要部件

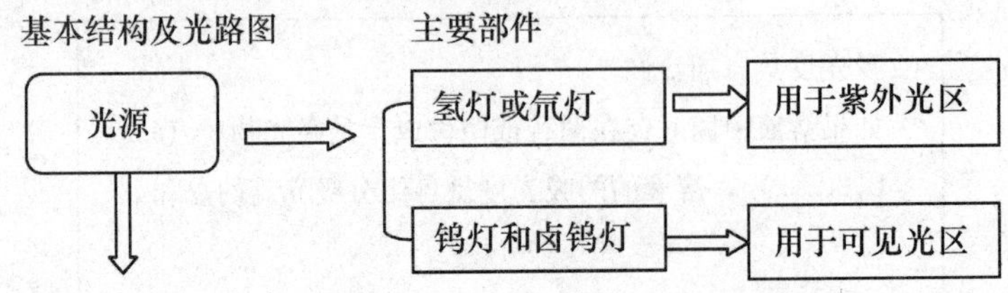

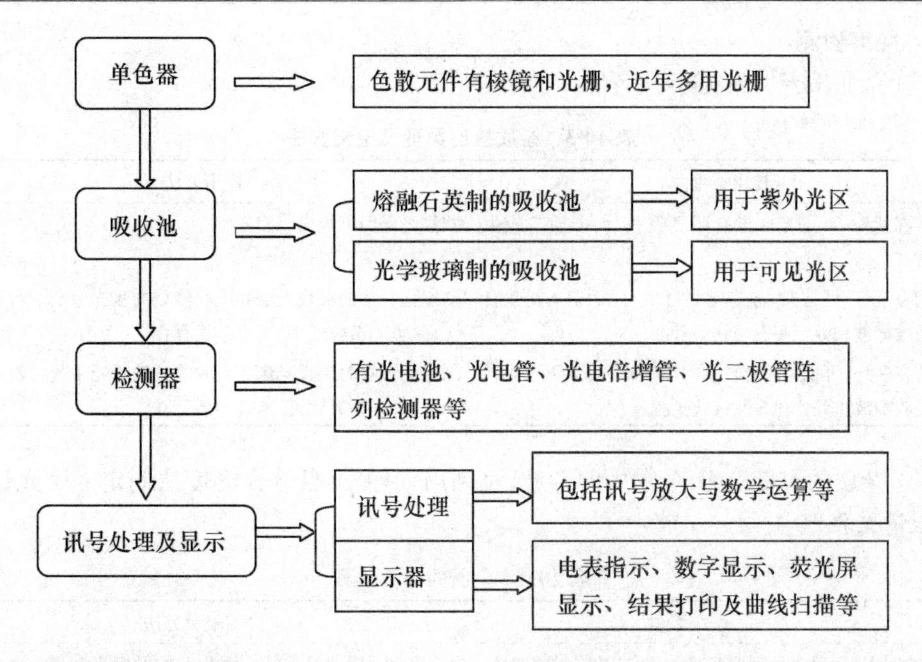

2. 分光光度计的光路类型

(1) 单光束分光光度计:从光源到检测器只有一束单色光。仪器的结构相对简单,对光源发光强度稳定性的要求高。

(2) 双光束分光光度计:光源发出的光经色散后,被旋转扇面镜分成交替的两束光,分别通过样品池和参比池,再交替照射到检测器。优点是单色光能在很短的时间内交替通过空白与试样溶液,可以减免因光源强度不稳而引入的误差。

(3) 光多道二极管阵列检测分光光度计:由光源发出,色差聚光镜聚焦后的多色光通过样品池,再聚焦于多色仪的入口狭缝上。透过光经全息栅表面色散并投射到二极管阵列检测器上。优点是在极短的时间内可获得全光光谱。

八、紫外-可见分光光度分析方法

1. 定性鉴别

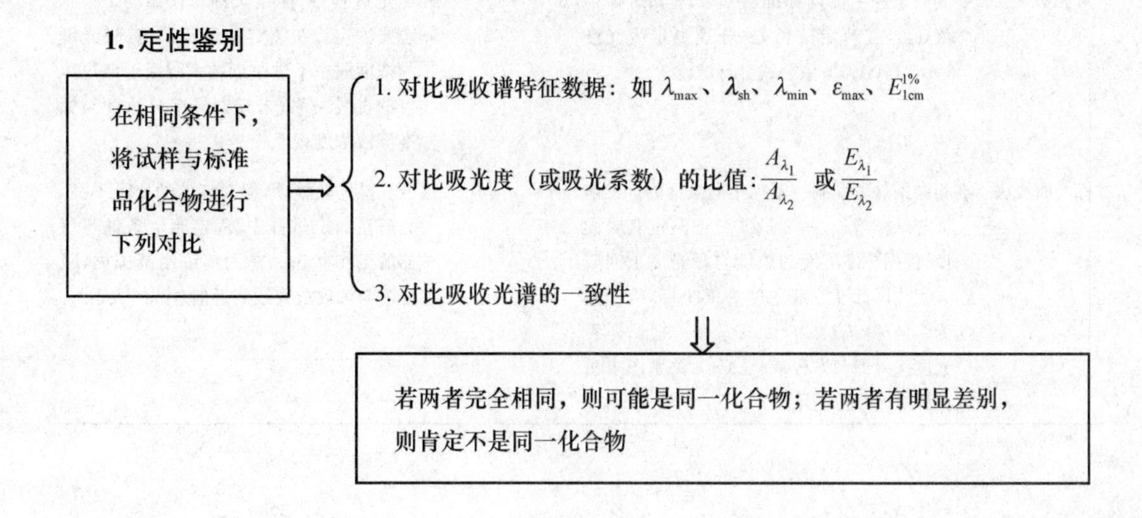

2. 纯度检测

(1) 杂质检查见表 10-3。

表 10-3 杂质检出类型及检出方法

检出类型	检出方法
化合物在紫外-可见光区没有明显吸收，而杂质有较强吸收	扫描光谱即可检出
化合物在紫外-可见光区有较强的吸收峰，而杂质在化合物吸收峰波长处无吸收或弱吸收	测定化合物的吸收光谱和吸收峰处的吸光系数。若光谱变形，吸光系数减小，则有杂质存在
化合物在紫外-可见光区有较强的吸收峰，而杂质在化合物吸收峰波长处比化合物吸收更强	测定化合物的吸收光谱和吸收峰处的吸光系数。若光谱变形，吸光系数增大，则有杂质存在

(2) 杂质的限量检测：药物中的杂质，可利用紫外-可见分光光度法制定一个允许其存在的限量见表 10-4。

表 10-4 杂质的限量检测

检出类型	限量方法
化合物在紫外-可见光区没明显吸收，而杂质有较强吸收	在杂质吸收峰波长处测化合物的吸光度值。规定化合物的吸光度值不得超过允许的限量值
化合物在紫外-可见光区有较强的吸收峰和谷，而杂质在化合物吸收峰波长处无吸收，在化合物吸收谷波长处有吸收	测定化合物吸收峰与吸收谷处的吸光度的比值。规定化合物吸光度比值不得低于最小允许值

3. 单组分样品的定量方法 见表 10-5。

表 10-5 单组分样品的定量方法比较

定量方法	操作方法	计算方法	方法的特点及要求
吸光系数法	已知吸光系数(或从文献查得)，测定待测液的吸光度 A，依公式计算浓度	$c=\frac{A}{El}$	该方法操作简便，但对分光光度计单色器的分辨率要求高，并且需要注意仪器的校正
对照法	在相同条件下配制标准溶液(c_s)和试样溶液(c_x)，在测定波长处，分别测定吸光度(A_s)与(A_x)。依公式计算浓度	$c_x=\frac{A_x}{A_s}c_s$	在测定过程中，测定条件与仪器的工作状态要固定。在测定浓度范围内，吸光度与浓度成一条过原点的直线或近似过原点的直线关系；未知试样组分浓度与标准溶液浓度相近
标准曲线法	在相同条件下配制一系列不同浓度的标准溶液与试样溶液，在测量波长下测定其吸光度，根据标准溶液的浓度与吸光度求回归方程或以标准溶液浓度为横坐标，吸光度为纵坐标，描绘 $A-c$ 关系图。把试样吸光度代入回归方程或从 $A-c$ 关系图求出试样被测组分的浓度	$A=a+bc$	该方法操作较繁琐，但对仪器的要求不高，只需在测定过程中，固定测定条件与仪器的工作状态。在测定浓度范围内，吸光度与浓度成直线或近似直线的关系

4. 多组分样品的定量方法

（1）解线性方程组：若 a、b 两组分的吸收光谱完全重叠，则在 a、b 两组分的最大吸收波长（λ_1 与 λ_2）处，分别测定试样的吸光度（$A_{\lambda_1}^{样}$ 与 $A_{\lambda_2}^{样}$），根据吸光度的加和性和 Lambert-Beer 定律，列出方程组，求试样中 a、b 组分的浓度。

过程如下：$\begin{cases} A_{\lambda_1}^{样}=A_{\lambda_1}^{a}+A_{\lambda_1}^{b}=E_{\lambda_1}^{a}c_a+E_{\lambda_1}^{b}c_b \\ A_{\lambda_2}^{样}=A_{\lambda_2}^{a}+A_{\lambda_2}^{b}=E_{\lambda_2}^{a}c_a+E_{\lambda_2}^{b}c_b \end{cases}$

求得：$c_a=\dfrac{A_{\lambda_1}^{样}E_{\lambda_2}^{b}-A_{\lambda_2}^{样}E_{\lambda_1}^{b}}{E_{\lambda_1}^{a}E_{\lambda_2}^{b}-E_{\lambda_2}^{a}E_{\lambda_1}^{b}}$，$c_b=\dfrac{A_{\lambda_2}^{样}E_{\lambda_1}^{a}-A_{\lambda_1}^{样}E_{\lambda_2}^{a}}{E_{\lambda_1}^{a}E_{\lambda_2}^{b}-E_{\lambda_2}^{a}E_{\lambda_1}^{b}}$

（2）等吸收双波长消去法：若 a、b 两组分的吸收光谱完全重叠，a 是待测物，b 是干扰物，b 的光谱上有等吸收点，则可在干扰组分 b 的等吸收波长（λ_1 与 λ_2）处，测定试样的吸光度 $A_{\lambda_1}^{样}$ 与 $A_{\lambda_2}^{样}$ 的差值，然后根据 ΔA 值计算 a 的含量。

过程如下：$\Delta A=A_{\lambda_2}^{样}-A_{\lambda_1}^{样}=(A_{\lambda_2}^{a}+A_{\lambda_2}^{b})-(A_{\lambda_1}^{a}+A_{\lambda_1}^{b})$

因为 $A_{\lambda_2}^{b}=A_{\lambda_1}^{b}$，所以　$\Delta A=A_{\lambda}^{2a}-A_{\lambda_1}^{a}=(E_{\lambda_2}^{a}-E_{\lambda_1}^{a})c_a\cdot l$

解得：$c_a=\dfrac{\Delta A}{(E_{\lambda_2}^{a}-E_{\lambda_1}^{a})\cdot l}$

提示

等吸收双波长法选择波长的原则：①干扰组分 b 在两波长处的吸光度相等。即：$\Delta A^b=A_{\lambda_2}^{b}-A_{\lambda_1}^{b}=0$，②待测组分 a 在两波长处的吸光度差值 ΔA 应足够大。

通常选待测组分最大吸收波长作测量波长 λ_2，干扰组分与 λ_2 吸光度相等的等吸收波长作参比波长 λ_1。当 λ_1 有几个波长可选时，应当选取使待测组分的 ΔA 尽可能大的波长作参比波长。若待测组分的吸收峰波长不适合作为测定波长时，也可选择吸收光谱上其他波长，但要符合上述波长选择原则。

经典习题

一、最佳选择题

1. 紫外-可见分光光度法的合适检测波长范围是（　　）。
   A. 400～800nm　　B. 200～400nm　　C. 200～800nm
   D. 10～200nm　　E. 20～800nm
2. 在吸光光度法中，透过光强度与入射光强度之比称为（　　）。
   A. 吸光度　　B. 透光率　　C. 消光度
   D. 光强比　　E. 吸光系数
3. 在符合 Lambert-Beer 的范围内，待测物质溶液的浓度、最大吸收波长、吸光度三者的关系是（　　）。
   A. 增加，不变，减小　　B. 减小，不变，减小　　C. 减小，增加，增加
   D. 增加，增加，增加　　E. 增加，减小，增加
4. 下列说法正确的是（　　）。
   A. 摩尔吸光系数随波长而改变
   B. 定量测定时一定要选择峰顶点处测定

C. 透光率与浓度呈线性关系

D. 比色法测定 $FeSCN^{2+}$ 时，选用红色滤光片

E. 摩尔吸光系数是指浓度为 1%(W/V)，厚度为 1cm 的吸光度

5. 某有色溶液，当用 1cm 吸收池时，其透光率为 T，若改用 2cm 吸收池，则透光率应为(　　)。

A. $2\lg T$　　B. $\sqrt{T}$　　C. T^2

D. $2T$　　E. $1/2T$

6. 某吸收峰为强吸收的要求是摩尔吸光系数(　　)。

A. $>10^2$　　B. $>10^3$　　C. $<10^5$

D. $>10^4$　　E. $<10^4$

7. 分子的紫外-可见吸收光谱呈带状光谱，其原因是(　　)。

A. 分子中价电子的离域性质

B. 分子振动能级的跃迁伴随着转动能级的跃迁

C. 分子中价电子能级的相互作用

D. 分子电子能级的跃迁伴随着振动、转动能级的跃迁

E. 分子电子能级的转动能级的跃迁

8. 以下物质在紫外光区有两个吸收带的是(　　)。

A. $H_2C{=}CH{-}CH{=}CH_2$　　B. $H_2C{=}CH{-}CH_2{-}CH_3$

C. $H_2C{=}CH{-}\overset{\overset{\displaystyle O}{\|}}{C}{-}CH_3$　　D. $H_3C{-}CH_2{-}CH_2{-}CH_3$

E. 乙烯

9. 用分光光度法测定溶液中的铁时，加入盐酸羟胺的目的是(　　)。

A. 作为显色剂　　B. 使 Fe^{3+} 还原为 Fe^{2+}　　C. 使 Fe^{2+} 氧化成 Fe^{3+}

D. 控制酸度　　E. 作为掩蔽剂

10. 制备一条标准曲线，通常要测定(　　)。

A. 2～3 个点　　B. 5～7 个点　　C. 9～10 个点

D. 点越多越好　　E. 2 个点

11. 紫外-可见分光光度法测定中，使用比色皿时，以下操作不正确的是(　　)。

A. 手持比色皿的毛面或对角　　B. 装待测液时用待测液润洗 3 次

C. 用镜头纸将比色皿外壁擦拭干净　　D. 用待测液将比色皿完全注满

E. 紫外光区选用石英材质的比色皿

12. 以下物质紫外-可见光谱最大吸收波长最长，吸光系数也最高的是(　　)。

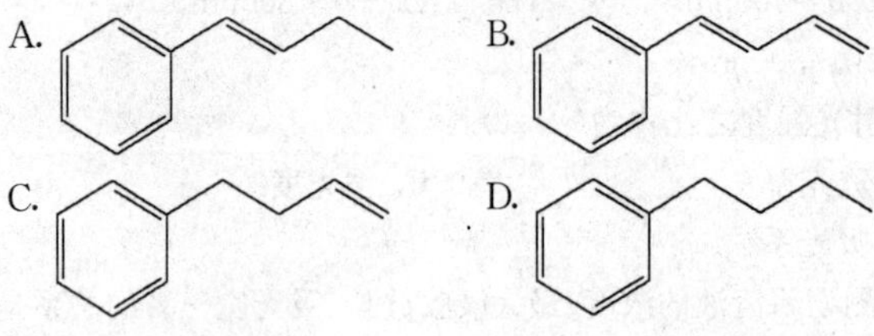

E. $H_2C{=}CH{-}CH{=}CH_2$

13. 双光束分光光度计比单光束分光光度计的优越体现在(　　)。

A. 可使用较弱的光源　　B. 可使用较宽的狭缝，增加入射光强

C. 可使用较快的扫速　　D. 可消除光源不稳定对测定的影响

E. 可使用较大的比色皿

14. 当透光率的测量误差 ΔT 为 0.5%时,分光光度计测量有色化合物的浓度相对标准偏差最小时的吸光度值为(　　)。

A. 0.363　　B. 0.334　　C. 0.443

D. 0.434　　E. 0.336

15. 用紫外-可见分光光度法测定样品浓度时,由于单色光不纯而导致 Beer 定律偏离,引起偏离的主要原因是(　　)。

A. 光强变弱　　B. 光强增强　　C. 引起杂散光

D. 各光波的 ε 值相差较大　　E. 引起光的反射

16. 丙酮的紫外-可见吸收光谱中,对于由 $n\rightarrow\pi^*$ 跃迁所引起的 315nm 的吸收峰,在下列四种溶剂中吸收波长最短的是(　　)

A. 环已烷　　B. 氯仿　　C. 甲醇

D. 水　　E. 苯

17. 有一溶液遵守 Lambert-Beer 定律,在 280nm 处,当浓度为 c 时,吸光度为 A,其浓度分别为下列几种情况时,(　　)浓度的透光率最大。

A. $0.5c$　　B. $1.5c$　　C. $3c$

D. $4.5c$　　E. $6c$

18. 助色团对谱带的影响是使谱带(　　)。

A. 谱带蓝移　　B. 波长变短　　C. 波长不变

D. 谱带红移　　E. 谱带紫移

19. Ti 元素和 Mo 元素的摩尔质量分别为 47.88g/mol 和 95.94g/mol,同样重量的两元素分别用不同显色剂显色并定容到相同体积。用分光光度法测定,前者用 1cm 比色皿,后者用 2cm 比色皿,所测得吸光度相同,此两种显色反应的摩尔吸光系数为(　　)。

A. Ti 的是 Mo 的 2 倍　　B. Ti 的是 Mo 的 4 倍　　C. Ti 的是 Mo 的$\frac{1}{2}$

D. 两者基本相同　　E. Mo 的是 Ti 的 2 倍

20. 今有两种有色配位化合物 M 和 N。已知其透光率关系为 $\lg T_N - \lg T_M = 1$,则其吸光度关系为 $A_N - A_M =$(　　)。

A. 1　　B. 2　　C. −2

D. −1　　E. 0

21. 在使用紫外可见分光光度法定量分析时,透光率的数值控制在(　　)范围可使所测物质浓度的相对误差控制较小。

A. 20%～80%　　B. 30%～60%　　C. 65%～20%

D. 80%～35%　　E. 10%～90%

22. 紫外-可见分光光度计的构造可用下面(　　)流程图表示。

A. 光源—吸收池—单色器—检测器—数据处理系统

B. 光源—吸收池—检测器—单色器—数据处理系统

C. 光源—单色器—吸收池—检测器—数据处理系统

D. 光源—单色器—检测器—吸收池—数据处理系统

E. 光源—检测器—吸收池—单色器—数据处理系统

23. 下列化合物中,在 200nm 以上的紫外光区有吸收的是(　　)

A. $CH_2{=}CHCH_2CH{=}CH_2$　B. $CH_2{=}CHCH{=}CH_2$

C. (结构式：亚甲基环戊烯，=CH_2)　D. (结构式：环己烷)　E. (结构式：甲基环己二烯，—CH_3)

二、多项选择题

1. 紫外-可见分光光度计可以用到的光源包括(　　)

A. 氦灯　B. 氘灯　C. 氢灯
D. 钨灯　E. 卤钨灯　F. 氙灯

2. 等吸收双波长法选择测定波长的依据是(　　)

A. 选择待测物的吸收光谱曲线上的两个等吸收点对应的波长
B. 选择干扰物的吸收光谱曲线上两个等吸收点对应的波长
C. 选择待测物和干扰物吸收光谱曲线上的最大吸收波长
D. 待测物在两个测定波长处的吸光度差值尽可能大

3. 用紫外可见分光光度法对物质定性可比较的参数有(　　)

A. λ_{max}　B. λ_{min}　C. $E_{1cm}^{1\%}$
D. 物质不同吸收峰吸光系数的比值
E. 整条吸收曲线

4. 标准曲线法应用过程中，应保证的条件有(　　)

A. 至少有5～7个点
B. 所有的点线性关系良好
C. 待测样品浓度应包括在标准曲线的直线范围之内
D. 测定条件改变时，标准曲线无须重新测定
E. 待测样品必须在与标准曲线完全相同的条件下测定，并使用相同的溶剂系统和显色系统

5. 通常建立一个新的比色法，需要优化的条件包括(　　)

A. 反应时间　B. 反应温度　C. 溶液的pH值
D. 反应物浓度　E. 溶剂

6. 造成偏离Lambert-Beer定律的光学因素有(　　)

A. 杂散光　B. 散射光　C. 非平行光
D. 荧光　E. 反射光　F. 复合光

三、填空题

1. 紫外-可见分光光度法是研究物质在紫外-可见光区分子________光谱的分析方法。

2. 在不饱和脂肪烃化合物分子中，共轭双键越多，吸收峰越向长波方向移动，原因是____________________________________。

3. 苯酚在碱性溶液中失去质子，会使吸收峰向长波方向移动，原因是____。

4. 称取苦味酸胺0.0250g，处理成1L有色溶液，在380nm处以1.0cm比色皿测得吸光度$A=0.760$，已知其$\varepsilon=10^{4.13}$ L/(mol·cm)，其摩尔质量为________。

5. 偏离Lambert-Beer定律的主要因素有________和________，减少偏离现象的最常用措施是________和________。

6. 巴豆醛 $CH_3CH=CH—CHO$ 有两个吸收峰，$\lambda_1=218$ nm($\varepsilon_1=1.8\times10^4$)；$\lambda_2=321$ nm($\varepsilon_2=30$)。λ_1是由________跃迁引起的；而λ_2是由________跃迁引起的。

7. 吸光物质紫外吸收光谱的峰位取决于________________。

四、问答题

1. 电子跃迁有哪几种类型？具有什么样结构的有机化合物产生紫外吸收光谱？

2. 简述导致偏离 Lambert-Beer 定律的原因。

3. 什么是吸收曲线？吸收曲线有何作用？

4. 理想的标准曲线应该是一条过原点的直线，为什么实际工作中标准曲线有时不过原点？

5. 简述紫外-可见分光光度计的主要部件及用途。

6. 如何选择紫外-分光光度法单组分的测定波长？为什么？

7. 比较紫外-可见分光光度法几种单组分定量方法的特点和适用范围。

8. 复方甲硝唑注射液含有环丙沙星和甲硝唑，它们紫外光谱如下图。现欲用双波长法分别测定这两个组分的含量，参考下图，简要描述二者的测定方法。写出二者的计算公式。

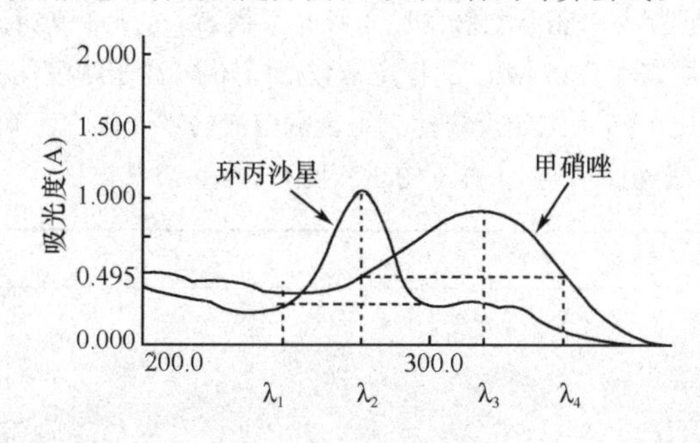

五、计算题

1. 已知某溶液的透光率为 20.0%，求(1) 该溶液的吸光度 A；(2) 若该溶液浓度为 0.004g/100mL，吸收池为 1cm，则其 $E_{1cm}^{1\%}$ 为多少？(3) 若该物质的分子量为 250，则摩尔吸光系数 ε 为多少？(4) 若其浓度降为原来的一半，在 2cm 池中的透光率为多少？

2. 已知咖啡碱 $C_8H_{10}O_2N_4 \cdot H_2O$ 的分子量为 212.1。若浓度为 1.0mg/100mL 的咖啡碱溶液在 272nm 处的 A 为 0.510。现称取 2.500g 某品牌速溶咖啡用水混合至体积为 500mL，取其中 25mL 置于含 25mL 0.1mol/L 的 H_2SO_4 的容量瓶中，经处理后，稀释至 500mL，该溶液的吸光度为 0.415。测定均在 1cm 池中进行。求(1) 计算咖啡碱的 $E_{1cm}^{1\%}$；(2) 计算速溶咖啡中咖啡碱的百分含量。

3. 精密称取盐酸米托蒽醌 10.0mg，置 100mL 量瓶中，加水 1mL 溶解后，用无水乙醇稀释至刻度，摇匀。精密量取 5mL，置 50mL 量瓶中，加 0.1mol/mL 盐酸溶液 5mL，加无水乙醇稀释至刻度，摇匀，用 1cm 池在 663nm 波长处测定吸光度为 0.562。计算 $E_{1cm}^{1\%}$ 和其百分含量。(已知 $\varepsilon = 2.95 \times 10^4$)

4. 氟尿嘧啶的测定中，精密称取标准品 12.5mg，加 0.1mol/L 盐酸溶液，溶解并定容至 50mL。之后再取 2mL 于 50mL 量瓶，用稀盐酸定容。用 1cm 比色皿测得其透光率为 28.1%。现称取试样 12.0mg，按上述相同步骤稀释，并测得透光率为 29.8%。求该试样中氟尿嘧啶的百分含量。

5. 已知双嘧达莫注射液中的主要成分双嘧达莫在 283nm 处的 $E_{1cm}^{1\%}$ 为 625。现欲移取一定体积的注射液用 0.01mol/L 稀盐酸稀释 500 倍进行测定。若要使吸光度落在 0.4～0.7 之内，应该移取注射液的体积为多少？(已知标示量为 2mL：10mg)

6. 已知某一有机弱酸的 K_a 为 6.3×10^{-5}，现分别用强酸、强碱配成两份浓度相等的溶液，并在 279nm 处用 1cm 池测定它们的吸光度，测得数据如下：pH=2 时，A=0.640；pH=12 时，A=0.380。若现在用另一份 pH=5 的缓冲溶液配成相同浓度的溶液，则该溶液的吸光度为多少？

7. 某一含酸性功能团的有色物质，当其浓度为 4.50×10^{-4} mol/L 时，在强酸性条件下，用 1cm 池测定其吸光度得 A_{420} = 0.432，A_{580} = 0.175。同样浓度下，在强碱性条件下测定吸光度得 A_{420} = 0.033，A_{580} = 0.801。现若用缓冲溶液配成相同浓度的该物质溶液，测得吸光度为 A_{420} = 0.364，A_{580} = 0.282，则该缓冲溶液的 pH 值为多少?

8. 精密称取 VB_{12} 对照品 20mg,加水准确稀释至 1000mL,将此溶液置厚度为 1cm 的吸收池中,在 $\lambda=361nm$ 处测得其吸收值为 0.414,另有两个试样,一为 VB_{12} 的原料药,精密称取 20mg,加水准确稀释至 1000mL,同样在上述条件下测得吸光度为 0.400。一为 VB_{12} 注射液,精密吸取 1.00mL,稀释至 10.00mL,同样测得其吸光度为 0.518。试分别计算 VB_{12} 原料药的百分含量及注射液的浓度。

9. 现有 a、b 两化合物的混合溶液,已知 a 组分在波长 280nm 和 240nm 处的百分吸光系数 $E_{1cm}^{1\%}$ 分别为 720 和 270;b 在上述两波长处的吸光度相等。现用 1cm 吸收池,在波长 280nm 处和 240nm 处测得 a 和 b 混合溶液的吸光度分别为 0.442 和 0.278,求 a 化合物的浓度(mg/100mL)。

10. 为测定有机胺的摩尔质量,通常将其转变成 1∶1 的苦味酸胺的加成化合物。今称取某加合物 0.0500g,溶于 95%乙醇中制成 1L 溶液,以 1cm 吸收池,在最大吸收波长测得 $A=0.750$。计算有机胺的摩尔质量(已知苦味酸的分子量为 229,苦味酸胺的摩尔吸光系数 $\varepsilon=1.0\times10^4$)。

11. 用紫外分光光度法测定配合物 ML_3 的稳定常数。已知 M 离子浓度均为 5×10^{-4} mol/L,L 配位剂按下表加入,并在 465nm 处用 1cm 池测定反应达到平衡的溶液的吸光度。已知配位剂 L 在该波长下没有吸收,并且当配位剂足量后,吸光度只与 M 离子的总浓度有关。

L(mol/L)	A
0.00	0.000
1.5×10^{-3}	0.362
2.5×10^{-3}	0.673
5.0×10^{-3}	0.673

12. 已知 NO_2^- 在波长 355nm 处 $\varepsilon_{355}=23.3$,$\varepsilon_{355}/\varepsilon_{302}=2.50$;NO_3^- 在 355nm 处的吸收可忽略,在波长 302nm 处 $\varepsilon_{302}=7.24$ 。今有一含 NO_2^- 和 NO_3^- 的试液,用 1cm 的吸收池测得 $A_{302}=1.010$,$A_{355}=0.730$。计算试液中 NO_2^- 和 NO_3^- 的浓度。

13. 5.00×10^{-4} mol/L 的 A 物质溶液的吸光度读数(1cm 池)在 440nm 处为 0.683,在 590nm 处为 0.139。8.00×10^{-5} mol/L 的 B 物质溶液的吸光度读数(1cm 池)在 440nm 处为 0.106,在 590nm 处为 0.470。现 A、B 混合溶液的吸光度读数在 440nm 处为 1.022,在 590nm 处为 0.414。求 A、B 的浓度。

14. 称取 0.2160g $NH_4Fe(SO_4)_2\cdot12H_2O$ 溶于水,移入 500mL 容量瓶中,加水稀释至刻度。取体积为 V 的此溶液于 50mL 容量瓶中,用磺基水杨酸显色后加水稀释至刻度,分别测得吸光度 A 列于下表:

标准 Fe^{3+} 溶液 V/mL	吸光度	标准 Fe^{3+} 溶液 V/mL	吸光度
0.0	0.000	6.0	0.480
2.0	0.165	8.0	0.630
4.0	0.320	10.0	0.790

以吸光度 A 为纵坐标,以铁的浓度(g/100mL)为横坐标,绘制工作曲线。吸取 5.00mL 未知溶液,稀释至 250mL,然后吸取此稀释溶液 2.00mL 于 50mL 容量瓶中,与标准溶液在相同条件下显色,测得吸光度 $A=0.555$。求试样溶液中 Fe 的浓度。

15. 镉的某种配位化合物,它的 ε 为 2.00×10^4 ,用于分析一组水溶液中镉的浓度,浓度范围为 0.50×10^{-4} 至 1.00×10^{-4} mol/L。已知吸收池为 1cm,仪器的透光率误差为±0.004,这一误差与 T 的数值无关。(1) 测得的吸光度和透光率将在什么范围?(2) 对于 Cd^{2+},浓度为 0.50×10^{-4} mol/L 和 1.00×10^{-4} mol/L 的试液,由于仪器的读数误差而造成的结果相对误差是多少?(3) 如果将(2) 中溶液稀释 5 倍再测定,则结果的相对误差是多少?

参考答案

一、最佳选择题

1.C 2.B 3.B 4.A 5.C 6.D 7.D 8.C 9.B 10.B 11.D 12.B 13.D 14.D 15.D 16.D 17.A 18.D 19.D 20.D 21.C 22.C 23.B

二、多项选择题

1.BCDEF 2.BD 3.ABCDE 4.ABCE 5.ABCDE 6.ABCEF

三、填空题

1. 吸收

2. 双键共轭形成离域大π键，降低了π和π^*轨道之间的能级差，吸收峰向长波方向移动

3. 酚羟基失去质子后，增加了一对可与苯环共轭的 p 电子

4. 443.7

5. 化学因素　光学因素　将溶液配成稀溶液　用单色光进行测定

6. $\pi \rightarrow \pi^*$　$n \rightarrow \pi^*$

7. 电子能级的能级差

四、问答题

1. 答：电子跃迁的类型有$\sigma \rightarrow \sigma^*$、$n \rightarrow \sigma^*$、$\pi \rightarrow \pi^*$、$n \rightarrow \pi^*$、电荷迁移跃迁和配位场跃迁。有机化合物通常要含有$\pi \rightarrow \pi^*$或$n \rightarrow \pi^*$跃迁的基团，如 C=C 、C=O 、—N=N— 、—NO_2 和苯环结构等。

2. 答：引起偏离 Lambert-Beer 定律的因素主要有化学因素和光学因素。化学因素包括离解、缔合或与溶剂发生相互作用等；光学因素包括非单色光、杂散光、散射光和反射光、非平行光等因素。

3. 答：吸收曲线是指以吸光度A（或透光率T）为纵坐标，以波长λ（nm）为横坐标所描绘的曲线。通过吸收曲线可知某物质对光的吸收特征，为物质定性分析提供依据，为定量分析的测量波长的选择提供依据。在定量分析中，一般选择不受干扰的λ_{max}为测量波长。

4. 答：以吸光度A为纵坐标，以浓度c为横坐标的曲线称为标准曲线，按照 Lambert-Beer 定律，它应该通过原点。但在实际工作中，可能由于：①被测物质发生离解、缔合等变化而使吸光系数发生改变；②空白溶液选择不当，不能使干扰吸收完全消除；③吸收池厚度不均匀，光学性能不一致，吸收池位置安放不妥等几方面的原因，存在系统误差，使标准曲线不过原点。

5. 答：紫外-可见分光光度计包括光源、单色器、吸收池、检测器和数据采集和处理系统。光源是用来提供连续光谱的部件，在紫外区可用氢灯或氘灯，可见光区可用钨灯或卤钨灯。单色器的作用是将来自光源的连续光谱按波长顺序色散，并从中分离出一定宽度的谱带。在单色器中最重要的是色散元件。常用的有棱镜和光栅。吸收池是盛溶液的小池，用玻璃或石英制成。检测器常用光电效应检测器，它将接收到的辐射功率变成电流进行检测。常用的有光电倍增管。光二极管阵列检测器。

6. 答：紫外分光光度法单组分的测定选择不受干扰、峰顶较平缓的最大吸收波长作测量波长。在此波长处测定有较好的重现性与较高的灵敏度。因为在最大吸收波长处，物质吸收系数随波长变化不大，甚至基本不变，由非单色光引起 Beer 定量偏离程度小。

7. 答：紫外-可见分光光度法的单组分定量方法有吸光系数法、标准曲线法、对比法。①吸光系数法：依据 Lambeer-Beer 定律：$A = Ecl$，可直接求样品浓度$c = \dfrac{A}{El}$。该方法简便，快速。但此法要求分光光度计单色器的分辨率要足够高，要注意仪器的校正和检定，否则易造成 Lambeer-Beer 定律偏离。②标准曲线法：在相同条件下配制一系列不同浓度的标准溶液，在测量波长下测定其吸光度，描绘$A-c$关系曲线，或求

回归方程。把试样吸光度代入回归方程或从 $A-c$ 关系曲线求出试样被测组分的浓度。此方法即使入射光不纯,但只要仪器的工作条件一致,A 与 c 成线性或近似线性关系,就可定量。此方法操作繁琐但实用。③对比法:当 A 与 c 成线性,且截距近似为零或可忽略不计时,可配一样品溶液和一标准溶液,根据 $\frac{A_{标}}{A_{样}}=\frac{c_{标}}{c_{样}}$,可求出样品浓度。此法要求在测定过程中,测定条件与仪器的工作状态要固定。在测定浓度范围内,吸光度与浓度成一条过原点的直线或近似过原点的直线关系,未知试样组分浓度与标准溶液浓度相近。

8. 解:测定甲硝唑时首先选择 λ_3 做测定波长,然后找到环丙沙星的等吸收点 λ_1。分别测定注射液在 λ_3、λ_1 的吸光度,代入以下公式计算。

计算公式为:$c_{甲}=\dfrac{A_3-A_1}{(E_{\lambda_3}-E_{\lambda_1})l}$

测定环丙沙星时首先选择 λ_2 作测定波长,然后找到甲硝唑的等吸收点 λ_4。

分别测定注射液在 λ_2、λ_4 的吸光度,代入以下公式计算。

计算公式为:$c_{环}=\dfrac{A_2-A_4}{(E_{\lambda_2}-E_{\lambda_4})l}$

五、计算题

1. 解:(1) $A=-\lg T=-\lg 0.20=0.699$

(2) $E_{1cm}^{1\%}=\dfrac{A}{cl}=\dfrac{0.699}{0.004\times 1}=174.8$

(3) $\varepsilon=\dfrac{M}{10}\times E_{1cm}^{1\%}=\dfrac{250}{10}\times 174.8=4370$

(4) $A=E_{1cm}^{1\%}cl=174.8\times 0.004\times 2=1.40$

(5) $T=10^{-E_{1cm}^{1\%}cl}=10^{-174.8\times\frac{0.004}{2}\times 2}=20.0\%$

2. 解:(1) $E_{1cm}^{1\%}=\dfrac{A}{cl}=\dfrac{0.510}{1.0\times 10^{-3}\times 1}=510$

(2) $咖啡碱\%=\dfrac{\frac{0.415}{510\times 1}\times\frac{500}{25}\times 5}{2.500}\times 100=3.25$

3. 解:$E_{1cm}^{1\%}=\dfrac{10\times\varepsilon}{M}=\dfrac{10\times 2.95\times 10^4}{517.4}=570.2$

$$盐酸米托蒽醌\%=\frac{\frac{A}{E_{1cm}^{1\%}l}\times\frac{50.00}{5.00}\times 1000}{m}\times 100$$

$$=\frac{\frac{0.562}{570.2}\times\frac{50.00}{5.00}\times 1000}{10.0}\times 100=98.6$$

4. 解:∵ 两份溶液的配制步骤相同,故有:$\dfrac{m_{待测}}{m_{z标准}}=\dfrac{A_{待测}}{A_{标准}}$

即:$m_{待测}=\dfrac{A_{待测}}{A_{标准}}\times m_{标准}=\dfrac{-\lg T_{待测}}{-\lg T_{标准}}\times m_{标准}=\dfrac{-\lg 29.8\%}{-\lg 28.1\%}\times 12.5=11.9(\mathrm{mg})$

$氟尿嘧啶\%=\dfrac{11.9}{12.0}\times 100=99.2\%$

5. 解:标示量为 10mg/2mL 即 0.5g/100mL。

$\because E_{1cm}^{1\%}\dfrac{V\times 0.5}{500}\times l=A$

$\therefore V_{下}=\dfrac{A_{下}}{E_{1cm}^{1\%}\times\frac{0.5}{500}\times l}=\dfrac{0.4}{625\times\frac{0.5}{500}\times 1}=0.64\mathrm{mL}$

$$V_{上}=\frac{A_{上}}{E_{1cm}^{1\%}\times\frac{0.5}{500}\times l}=\frac{0.7}{625\times\frac{0.5}{500}\times1}=1.12\text{mL}$$

6. 解：该有机弱酸在强酸性溶液中以酸式型体(HA) 存在，在强碱性溶液中以碱式型体(A^-) 存在，在弱酸性缓冲液中既有酸式型体又有碱式型体。由于三份溶液浓度一致，假设它的分析浓度为 c，在缓冲溶液中酸式型体的浓度为 c_{HA}，碱式型体的浓度为 c_{A^-}。则有：

强酸性时：$A_{HA}=E_{HA}\times c\times l$　　(1)

强碱性时：$A_{A^-}=E_{A^-}\times c\times l$　　(2)

缓冲溶液中：

$$A=E_{HA}\,c_{HA}\,l+E_{A^-}\,c_{A^-}\,l=E_{HA}\,c\,\delta_{HA}\,l+E_{A^-}\,c\,\delta_{A^-}\,l \qquad (3)$$

将(1)、(2) 和分布系数的公式代入(3)：

$$A=A_{HA}\times\frac{[H^+]}{[H^+]+K_a}+A_{A^-}\times\frac{K_a}{[H^+]+K_a}$$

代入数据：

$$A=0.64\times\frac{1.0\times10^{-5}}{1.0\times10^{-5}+6.3\times10^{-5}}+0.38\times\frac{6.3\times10^{-5}}{1.0\times10^{-5}+6.3\times10^{-5}}=0.416$$

7. 解：该有机弱酸在强酸性溶液中以酸式型体(HA) 存在，在强碱性溶液中以碱式型体(A^-) 存在，在弱酸性缓冲液中既有酸式型体又有碱式型体。假设它在缓冲溶液中酸式型体的浓度为 c_{HA}，碱式型体的浓度为 c_{A^-}，则有：

以 420nm 处为例：

强酸性时：$A_{HA}=E_{HA}(c_{HA}+c_{A^-})\,l$　　(1)

强碱性时：$A_{A^-}=E_{A^-}(c_{HA}+c_{A^-})\,l$　　(2)

缓冲溶液中：

$$A=E_{HA}\,c_{HA}\,l+E_{A^-}\,c_{A^-}\,l \qquad (3)$$

将(1)、(2) 代入(3)：$\frac{c_{A^-}}{c_{HA}}=\frac{A-A_{HA}}{A_A-A}$　　(4)

如果以 580nm 处进行推导，得到同样的公式。

将(4) 代入缓冲溶液 pH 的计算公式

$$\text{pH}=\text{p}K_a+\lg\frac{c_{A^-}}{c_{HA}}=-\lg7.0\times10^{-6}+\lg\frac{0.364-0.432}{0.033-0.360}$$

$$=-\lg7.0\times10^{-6}+\lg\frac{0.282-0.175}{0.801-0.282}=4.47$$

8. 解：$c_{对}=\frac{20.0\times10^{-3}}{1000}\times100=2.00\times10^{-3}(\text{g}/100\text{mL})$

$$E_{1cm}^{1\%}=\frac{A_{对}}{c_{对}\times l}=\frac{0.414}{2.00\times10^{-3}\times1}=207$$

原料药：$c_{样}=\frac{20.0\times10^{-3}}{1000}\times100=2.00\times10^{-3}(\text{g}/100\text{mL})$

$$c_{测}=\frac{A_{样}}{E_{1cm}^{1\%}\times l}=\frac{0.400}{207\times1}=1.93\times10^{-3}(\text{g}/100\text{mL})$$

$$VB_{12}\%=\frac{c_{测}}{c_{样}}\times100=\frac{1.93\times10^{-3}}{2.00\times10^{-3}}\times100=96.6$$

注射液：$c_{测}=\frac{A_{液}}{E_{1cm}^{1\%}\times l}=\frac{0.518}{207\times1}=2.50\times10^{-3}(\text{g}/100\text{mL})$

$$c_{VB_{12}}=\frac{2.50\times10^{-5}\times10.0}{1.00}=2.50\times10^{-4}(\text{g/mL})$$

9. 解：依题意：$A_{280nm}^{混合液}=A_{280nm}^{a}+A_{280nm}^{b}$

$$A_{240nm}^{混合液}=A_{240nm}^{a}+A_{240nm}^{b}$$

又有 $A_{280nm}^{b}=A_{240nm}^{b}$

$$\Delta A=A_{280nm}^{混合液}-A_{240nm}^{混合液}=(E_{280nm}^{a}-E_{240nm}^{a})\ c_a\ l$$

故：$c_a=\dfrac{\Delta A}{(E_{280nm}^{a}-E_{240nm}^{a})\times l}=\dfrac{0.442-0.278}{(720-270)\times 1}=0.364(\text{mg/mL})$

10. 解：B＋HA→HA·B

$$c=\frac{A}{\varepsilon\times l}=\frac{0.750}{1.0\times 10^{4}\times 1}=7.50\times 10^{-5}(\text{mol/L})$$

M(苦味酸胺) $=\dfrac{0.0500}{7.50\times 10^{-5}\times 1.0}=666.7\text{g/mol}$

M(有机胺)＝666.7－229＝437.7(g/mol)

11. 解：因为当配位剂足够量时，吸光度只与 M 离子的总浓度有关，所以根据表格中所列数据可计算配合物的摩尔吸光系数：

$$\varepsilon=\frac{A}{cl}=\frac{0.673}{5\times 10^{-4}\times 1}=1346$$

当配位剂的浓度为 1.5×10^{-3} mol/L 时，生成的 ML_3 的浓度为：

$$c=\frac{A}{\varepsilon l}=\frac{0.362}{1346\times 1}=2.69\times 10^{-4}(\text{mol/L})$$

代入稳定常数的表达式：

$$K_{ML_3}=\frac{[ML_3]}{[M][L]^3}=\frac{2.69\times 10^{-4}}{(5\times 10^{-4}-2.69\times 10^{-4})(1.5\times 10^{-3}-3\times 2.69\times 10^{-4})^3}=3.50\times 10^{9}$$

12. 解：NO_2^- 在 302nm 处的 $\varepsilon_{302}=\dfrac{\varepsilon_{355}}{2.50}=\dfrac{23.3}{2.50}=9.32$

因为吸光度具有加合性，故在两测定波长处有：

$$\varepsilon_{355(NO_2^-)}\times c_{NO_2^-}\times 1=A_{355}$$

$$\varepsilon_{302(NO_2^-)}\times c_{NO_2^-}\times 1+\varepsilon_{302(NO_3^-)}\times c_{NO_3^-}\times 1=A_{302}$$

代入数据得：$\begin{cases}23.3\times c_{NO_2^-}\times 1=0.730\\ 9.32\times c_{NO_2^-}\times 1+7.24\times c_{NO_3^-}\times 1=1.010\end{cases}$

解出：$c_{NO_2^-}=0.0313(\text{mol/L})$ $c_{NO_3^-}=0.0992(\text{mol/L})$

13. 解：$\varepsilon_{440(A)}=\dfrac{A}{cl}=\dfrac{0.683}{5.00\times 10^{-4}\times 1}=1366$

$$\varepsilon_{590(A)}=A=\frac{0.139}{5.00\times 10^{-4}\times 1}=278$$

$$\varepsilon_{440(B)}=A=\frac{0.106}{8.00\times 10^{-5}\times 1}=1325$$

$$\varepsilon_{590(B)}=A=\frac{0.470}{8.00\times 10^{-5}\times 1}=5875$$

$$\varepsilon_{440(A)}\ c_A\ l+\varepsilon_{440(B)}\ c_B\ l=1.022$$

$$\varepsilon_{590(A)}\ c_A\ l+\varepsilon_{590(B)}\ c_B\ l=0.414$$

代入数据算得：$c_A=7.12\times 10^{-4}(\text{mol/L})$ $c_B=3.68\times 10^{-5}(\text{mol/L})$

14. 解：已知铁铵矾的式量为 482.178，铁的原子量为 55.847。

500mL 铁标准溶液的浓度 $c_{Fe}=\dfrac{0.2160\times 55.84}{482.178\times 500}\times 100=5.00\times 10^{-3}(\text{g/100mL})$，按照显色反应所移取的铁标准溶液体积，计算出响应的 c_{Fe}，对应吸光度，用最小二乘计算出线性方程的斜率和截距。

回归方程为：$A=786.428\times c_{Fe}+0.00428$

将 $A_{测}=0.555$ 代入上式，解得 $c_{测}=7.00\times10^{-4}$ g/100mL，再考虑稀释的倍数，$c_{未知}=7.00\times10^{-4}\times25\times50=0.875$g/100mL

15. 解：(1)
$$A_{下}=\varepsilon cl=2.00\times10^{4}\times0.50\times10^{-4}\times1=1.00$$
$$T_{上}=10^{-A}=10^{-1.00}=0.1$$
$$A_{上}=\varepsilon cl=2.00\times10^{4}\times1.00\times10^{-4}\times1=2.00\qquad T_{下}=10^{-A}=10^{-2.00}=0.01$$

(2)
$$\frac{\Delta c}{c}\times100=\frac{0.434\Delta T}{T\lg T}=\frac{0.434\times(\pm0.004)}{0.1\times\lg0.1}=\pm1.74\%$$

同理，$T=0.01$ 时，$\frac{\Delta c}{c}\times100=\pm8.68\%$

(3) 如果将溶液稀释5倍，则：
$$A_{下}=\varepsilon cl=2.00\times10^{4}\times\frac{0.50\times10^{-4}}{5}\times1=0.200$$
$$T_{上}=10^{-A}=10^{-0.200}=0.63$$
$$A_{上}=\varepsilon cl=2.00\times10^{4}\times\frac{1.00\times10^{-4}}{5}\times1=0.400$$
$$T_{下}=10^{-A}=10^{-0.400}=0.40$$

当　$T_{上}=0.63$ 时，$\frac{\Delta c}{c}\times100=\pm1.37\%$

当　$T_{下}=0.40$ 时，$\frac{\Delta c}{c}\times100=\pm1.09\%$

知识地图

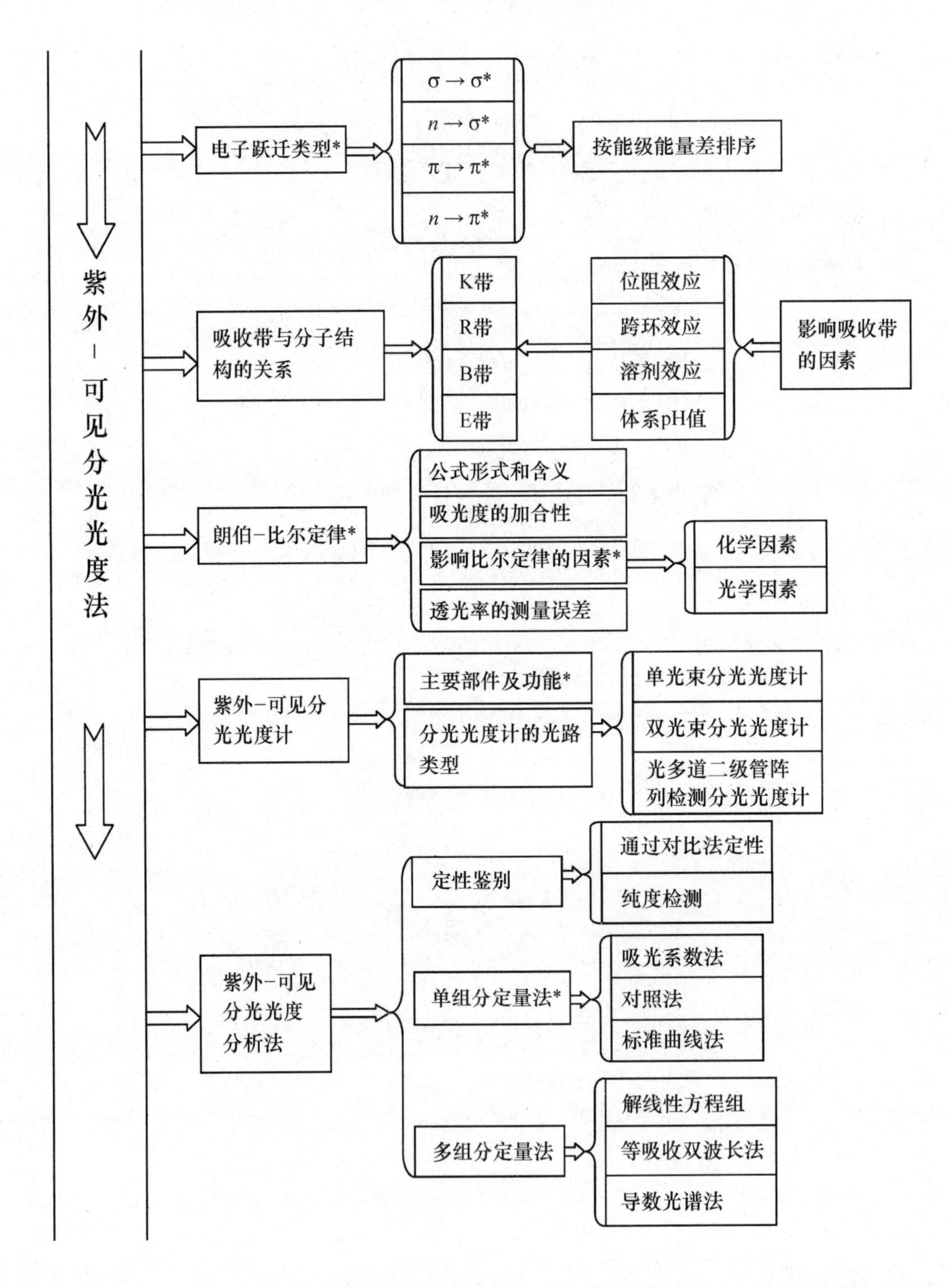

紫外-可见分光光度法
电子跃迁类型*
σ → σ*
n → σ*
π → π*
n → π*
按能级能量差排序
吸收带与分子结构的关系
K带
R带
B带
E带
位阻效应
跨环效应
溶剂效应
体系pH值
影响吸收带的因素
朗伯-比尔定律*
公式形式和含义
吸光度的加合性
影响比尔定律的因素*
透光率的测量误差
化学因素
光学因素
紫外-可见分光光度计
主要部件及功能*
分光光度计的光路类型
单光束分光光度计
双光束分光光度计
光多道二级管阵列检测分光光度计
紫外-可见分光光度分析法
定性鉴别
通过对比法定性
纯度检测
单组分定量法*
吸光系数法
对照法
标准曲线法
多组分定量法
解线性方程组
等吸收双波长法
导数光谱法

（龙　宁）

第十一章　荧光分析法

内 容 提 要

本章内容包括分子荧光的产生，荧光的定义、荧光光谱特征，荧光与分子结构的关系，影响荧光强度的外部因素，荧光定量分析的依据和定量分析方法；荧光分光光度计以及其他荧光分析技术。

学 习 要 点

一、分 子 荧 光

1. 激发单重态和激发三重态　见表 11-1。

表 11-1　激发单重态和激发三重态的区别和联系

项　目	激发单重态	激发三重态
两电子的自旋方向	相反，跃迁过程中不发生改变	相同，跃迁过程中发生改变
总自旋量子数(S)	0	1
多重性(2S+1)	1	3
是否允许基态跃迁	允许	禁阻
能量高低	较高	较低

2. 激发态的能量传递过程

(1) 无辐射跃迁(以热能形式或碰撞形式释放多余的能量)

1) 振动弛豫：激发态分子与溶剂分子碰撞，返回同一电子激发态的最低振动能级，如：$S_1^*:V_4 \rightarrow S_1^*:V_0$。

2) 内部能量转换：能量相近的两个电子激发态之间，高电子能级向低电子能级转移，如：$S_2^* \rightarrow S_1^*$。

3) 外部能量转换：激发态分子与溶剂分子或其他溶质分子碰撞，以热能的形式释放能量

(2) 辐射跃迁(以光的形式发射能量)

1) 荧光：由第一激发单重态的最低振动能级返回基态的任一振动能级，发射光量子，产生荧光。

2) 磷光：由激发三重态的最低振动能级返回基态的各个振动能级，发出光辐射，产生磷光。

3. 激发光谱与发射光谱 见表 11-2。

表 11-2 激发光谱与发射光谱的区别

	激发光谱	发射光谱
定义	不同激发波长的辐射引起物质发射某一波长荧光所得的光谱	处于激发态的分子回到基态时所产生的荧光光谱
测定方法	扫描激发光波长，测定组分分子某一波长荧光的强度，以荧光强度（F）为纵坐标，激发波长（λ_{ex}）为横坐标作图	固定激发光波长和强度，扫描组分分子发射的荧光波长，以荧光强度（F）为纵坐标，荧光波长（λ_{em}）为横坐标作图
作用	鉴别荧光物质；选择测定波长（λ_{ex}和 λ_{em}）	

4. 荧光光谱特征 见表 11-3。

表 11-3 荧光光谱三大特征

荧光光谱三大特征		
斯托克斯位移（$\lambda_{em}<\lambda_{ex}$）	荧光光谱的形状与激发波长无关	荧光光谱与激发光谱成镜像关系

提示

1852 年 Stokes 在考察奎宁和叶绿素的荧光时，用分光光度计观察到荧光的波长比入射光的波长稍长，斯托克斯位移因此而得名。

二、荧光与分子结构的关系

1. 荧光寿命 当除去激发光源后，分子的荧光强度降低到最大荧光强度的 1/e 所需的时间，用 τ_f 表示。$\ln\frac{F_0}{F_t}=\frac{t}{\tau_f}$，以 $\ln\frac{F_0}{F_t}$ 对 t 作图，直线斜率的倒数 τ_f 即为荧光寿命。利用分子荧光寿命的差别，可以进行荧光物质混合物的分析。

2. 荧光效率 又称荧光量子产率，是指激发态分子发射荧光的光子数与激发态分子吸收激发光的光子数之比，常用 φ_f 表示：$\varphi_f=\frac{\text{发射荧光的光子数}}{\text{吸收激发光的光子数}}$，$0<\varphi_f\leqslant1$。

3. 能够发射荧光的物质必须具备两个条件 有强的紫外-可见吸收和一定的荧光效率。

4. 有机化合物分子结构与荧光的关系 见表 11-4。

表 11-4 有机化合物分子结构与荧光的关系

分子结构	与荧光的关系
长共轭结构	π 电子的共轭程度越大，荧光强度越大，荧光波长长移。如芳香族化合物，$\varphi_{f蒽}>\varphi_{f萘}>\varphi_{f苯}$，$\lambda_{em蒽}>\lambda_{em萘}>\lambda_{em苯}$
分子的刚性	在同样的长共轭分子中，分子的刚性越强，荧光效率越大，荧光波长越长。如 $\varphi_{f芴}>\varphi_{联苯}$

（待续）

（续表）

分子结构		与荧光的关系
取代基	给电子取代基	使荧光效率提高，荧光波长长移，如 $-NH_2$、$-OH$、$-OCH_3$、$-NHR$、$-NR_2$ 和 $-CN$
	吸电子取代基	使荧光效率降低或熄灭，如 $-COOH$、$-NO_2$、$-C{=}O$、$-NO$、$-SH$、$-NHCOCH_3$、$-F$、$-Cl$、$-Br$ 和 $-I$
	其他基团	对荧光没有影响。如 $-R$、$-SO_3H$ 和 $-NH_3^+$

5. 影响荧光强度的外部因素　见表 11-5。

表 11-5　影响荧光强度的外部因素

外部因素	对荧光强度的影响
温度	对荧光强度有显著影响。一般随温度升高，荧光效率和荧光强度降低
溶剂	溶剂不同，荧光光谱的形状和强度都不同。一般溶剂的极性增大，荧光强度增强，荧光波长长移；溶剂黏度降低，荧光强度减弱
酸度	当荧光物质本身是弱酸或弱碱时，溶液的酸度对其荧光强度有较大影响，因此要确定最适宜的 pH 范围。如苯胺在 pH 值为 7～12 时发蓝色荧光，而在 pH <2 和 pH >13 时无荧光
荧光熄灭剂	使荧光物质的荧光强度降低的一些物质，如卤素离子、重金属离子等
散射光	散射光对荧光测定有干扰，特别是波长比入射光波长更长的拉曼光，应选择适当的激发波长予以消除

三、荧光定量分析

1. 定量依据　$F=2.3K'I_0Ecl=Kc$，适用条件：$Ecl\leqslant 0.05$（低浓度适用）。

2. 荧光定量分析方法　见表 11-6。

表 11-6　荧光定量分析方法

定量方法	适用条件	说　明
工作曲线法	对照品和样品在同一仪器和同一条件下测定	在相同条件下配制一系列不同浓度的标准溶液与试样溶液，在荧光波长下测定其荧光强度，根据标准溶液的浓度与荧光强度求回归方程或以标准溶液浓度为横坐标，荧光强度为纵坐标，描绘 $F-c$ 关系图。把试样荧光强度代入回归方程或从 $F-c$ 关系图求出试样被测组分的浓度
比例法	校正曲线过原点或近似过原点；对照品溶液浓度和样品溶液浓度接近，且在线性范围内	$\frac{F_s-F_0}{F_x-F_0}=\frac{c_s}{c_x}$　　$c_x=\frac{F_x-F_0}{F_s-F_0}\times c_s$ 比例法是工作曲线法的特例
联立方程式法	混合物中各组分荧光光谱相互重叠	利用荧光强度的加和性，列出联立方程式，求出各组分含量。适用于多组分混合物的定量分析

四、荧光分光光度计

荧光分光光度计结构简图见图 11-1。

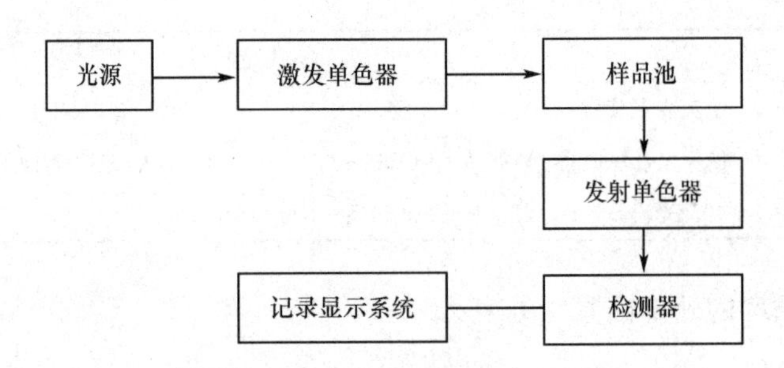

图 11-1 荧光分光光度计结构简图

1. 光源 常用的光源有氙灯和高压汞灯。激光器也可用作激发光源，可提高荧光测量灵敏度。

2. 单色器 常用光栅作为单色器。有激发单色器和发射单色器两种。激发单色器用于荧光激发光谱的扫描及选择激发波长，而发射单色器用于扫描荧光发射光谱及分离荧光发射波长。

3. 吸收池 常用四面透光的石英池。

4. 检测器 常用光电倍增管作检测器。

五、其他荧光分析技术

常见荧光分析技术比较见表 11-7。

表 11-7 常见荧光分析技术比较

分析方法	光 源	特 点	计算公式	说明及应用
激光诱导荧光分析	激光	灵敏度和选择性更好	$F=Kc$	超低浓度物质及单细胞分析
时间分辨荧光分析	脉冲激光	选择性好	$F=Kc$	得到的是混合物荧光，选择合适的延缓时间，测定被测组分不受干扰。用于免疫分析
同步荧光分析	普通光源	光谱简单而且窄，光谱重叠少，选择性高，散射光干扰少	$F_{sp}(\lambda_{ex},\lambda_{em})=KcF_{ex}F_{em}$	在激发光谱和荧光光谱中选择适宜的波长差，同时扫描发射波长和激发波长所得谱图
胶束增敏荧光分析	普通光源		$F=Kc$	胶束溶液具有一个极性的亲水基和一个非极性的疏水基，增加了极性小的物质的溶解度

经 典 习 题

一、最佳选择题

1. 对于以下芳香族化合物来说，荧光强度最强的是（ ）。

A. 苯　　B. 菲　　C. 1-氯萘
D. 蒽　　E. 甲苯

2. 某荧光物质有较强的荧光，若溶液温度升高，则荧光强度将（　　）。
A. 减弱　　B. 增强　　C. 不变
D. 无法判断　　E. 增强或减弱

3. 8-羟基喹啉在以下哪种溶剂中荧光强度最强？（　　）
A. 四氯化碳　　B. 乙腈　　C. 氯仿
D. 丙酮　　E. 环已烷

4. 苯环上的给电子基团-OH使荧光（　　）。
A. 不变　　B. 减弱　　C. 增强
D. 无法判断　　E. 不变或减弱

5. 8-羟基喹啉可以与镁形成1∶1的配合物8-羟基喹啉镁，配合物与8-羟基喹啉相比较，荧光（　　）。
A. 不变　　B. 增强　　C. 减弱
D. 无法判断　　E. 不变或减弱

6. 芴是一种比联苯刚性和共面性强的共轭芳香化合物，芴与联苯相比（　　）。
A. 易发生荧光　　B. 不易发生荧光　　C. 荧光强度减弱
D. 两者荧光强度相同　　E. 无法判断

7. 荧光分光光度计所用的光源是（　　）。
A. 氘灯　　B. 氙灯　　C. 空心阴极灯
D. 氢灯　　E. 钨灯

8. 用波长为320nm的入射光照射硫酸奎宁溶液，则在320nm处得到的发射光是（　　）。
A. 荧光　　B. 磷光　　C. 拉曼光
D. 瑞利光　　E. 化学发光

9. 测定荧光强度必须在与入射光垂直的方向上进行，这是因为（　　）。
A. 荧光只在与入射光垂直方向上产生
B. 荧光在各个方向都产生，在与入射光垂直的方向上可以减少透过光的干扰
C. 荧光只在与入射光垂直方向产生，并且在垂直方向上可以减少透过光的干扰
D. 只在与入射光垂直的方向上，荧光发射波长比入射光波长长
E. 只在与入射光垂直的方向上，荧光发射波长比入射光波长短

二、配伍选择题

[1～6]

A. 非辐射跃迁　　B. 辐射跃迁

下列激发态的能量传递过程属于

1. 荧光（　　）。
2. 振动弛豫（　　）。
3. 磷光（　　）。
4. 内转换（　　）。
5. 外转换（　　）。
6. 体系间跨越（　　）。

[7～9]

A. 斯托克斯位移　B. 荧光光谱形状与激发波长无关　C. 荧光光谱与激发光谱成镜像关系

下列现象分别属于荧光光谱的哪个特征？

7. 以 320nm 和 350nm 为激发光激发硫酸奎宁，得到的荧光光谱相同（　）。

8. 以 286nm 为激发波长激发萘，得到的荧光波长为 321nm（　）。

9. 蒽的激发光谱与荧光光谱的各大小峰都基本对称，只是位置不同（　）。

[10～15]

A. 溶剂效应　B. pH 值的影响　C. 共轭效应　D. 刚性和共面性

下列荧光现象与上面哪种效应相关？

10. 2-苯胺基萘在环己烷中的荧光峰位于 372nm，而在乙醇中的荧光峰位于 430nm（　）。

11. 荧光素和酚酞都是芳香族分子且结构相似，荧光素是强荧光物质而酚酞不发荧光（　）。

12. 苯胺分子具有蓝色荧光，而苯胺阳离子和阴离子没有荧光（　）。

13. 叶绿素 a 在乙醇中的荧光效率大于在苯中的荧光效率（　）。

14. 苯、萘和蒽的荧光波长发生红移（　）。

15. 萘和维生素 A 都具有 5 个共轭 π 键，萘的荧光强度是维生素 A 的数倍（　）。

三、多项选择题

1. 以下情况使分子荧光增强的是（　）。

A. 分子的共轭性增强　B. 分子的刚性增强　C. 分子的共面性降低

D. 分子中含有 $-NO_2$ 取代基　E. 分子中含有 $-CN$ 取代基

2. 下列叙述正确的是（　）。

A. 拉曼散射光会干扰荧光的测定

B. 温度降低一定使荧光减弱

C. 具有强的紫外可见吸收是分子能发射荧光的条件之一

D. 重金属离子通常会对荧光分子产生猝灭作用

E. 溶剂的黏度降低，荧光强度减弱。

3. 下列关于荧光分析新技术，叙述不正确的是（　）。

A. 激光诱导荧光以单色性好、强度大的激光作为光源

B. 时间分辨荧光以氙灯为光源，利用荧光物质寿命不同实现检测

C. 同步荧光分析是在激发光谱和发射光谱中选择一适宜的波长，同时扫描发射波长和激发波长，得到同步荧光光谱。

D. 同步荧光信号与所用的激发波长信号及发射波长信号的乘积成正比

E. 胶束增敏荧光分析是利用胶束溶液对荧光物质有增容、增敏和增稳的作用来提高灵敏度和稳定性的

4. 常用作荧光分光光度计的光源是（　）。

A. 氙灯　B. 高压汞灯　C. 激光器

D. 硅碳棒　E. 空心阴极灯

5. 使分子荧光降低的是（　）。

A. 由喹啉去苯环变成吡啶

B. 杂氮菲变成偶氮苯

C. 在苯环上引入-COOH基团

D. 8-羟基喹啉变成8-羟基喹啉锌

E. 将2-苯胺-6-萘磺酸由乙腈转入水中

四、判断题

1. 物质的分子体系中存在电子能级、振动能级和转动能级三种能级形式，当受到一定的辐射能作用时，就会发生能级间的跃迁。（　　）

2. 激发三重态中的电子自旋方向相反。（　　）

3. 激发单重态的能级比激发三重态的能级高。（　　）

4. 激发单重态的分子，通过内转换及振动弛豫，返回到第一激发单重态的振动能级，再以光量子的形式返回到基态的任一振动能级，这时发射的光叫荧光。（　　）

5. 振动弛豫是处于激发态各振动能级的分子通过与溶剂分子间的碰撞而将部分振动能量传递给溶剂分子，其电子则返回到同一电子激发态的最低振动能级的过程。（　　）

6. 磷光与荧光的一个主要区别是磷光的寿命更长，通常需要10^{-4}～10秒或更长的时间发射。（　　）

7. 荧光谱线有时呈现几个非常靠近的峰，这是因为电子返回基态时可以停留在基态的任一振动能级上。（　　）

8. 本来不发生荧光或者荧光较弱的物质与金属离子形成配合物时，如果刚性和共面性增加，则可以发射荧光或者荧光增加。（　　）

9. 当具有荧光的物质接有取代基时，荧光减弱。（　　）

10. 温度升高，物质的荧光效率和荧光强度增强。（　　）

11. 荧光猝灭就是荧光完全消失。（　　）

12. 瑞利光和拉曼光都属于散射光，其中瑞利光会干扰荧光的测定。（　　）

五、填空题

1. 分子吸收了紫外-可见光后跃迁到激发态，然后通过________跃迁和________跃迁等方式释放多余的能量而返回到基态。

2. 振动弛豫只能在______________进行，属于________跃迁。

3. 荧光物质分子具有两个特征光谱，即________和________。这两个光谱的作用是______________。

4. 能够发射荧光的物质必须同时具备两个条件，即______________和______________。

5. 荧光分光光度计由________、激发单色器、样品池、________及检测系统组成。

6. 体系间跨越是处于激发态分子的电子发生________，使分子的________发生变化的过程。

六、问答题

1. 请比较荧光和磷光的异同。

2. 为什么荧光分光光度计有两个单色器？分别有什么作用？

3. 请解释为什么荧光波长与激发光波长无关？

4. 为什么胶束增敏荧光分析能提高荧光分析法的灵敏度和稳定性？

参考答案

一、最佳选择题

1. D　2. A　3. B　4. C　5. B　6. A　7. B　8. D　9. B

二、配伍选择题

[1～6] BABAAA [7～9] BAC [10～15] ADBACD

三、多项选择题

1. ABE 2. ACDE 3. BC 4. ABC 5. ABC

四、判断题

1. √ 2. × 3. √ 4. × 5. √ 6. √ 7. √ 8. √ 9. × 10. × 11. × 12. ×

五、填空题

1. 无辐射，辐射。

2. 同一电子能级内，无辐射。

3. 激发光谱，发射光谱，鉴别荧光物质和选择测定波长的依据。

4. 强的紫外-可见吸收，一定的荧光效率。

5. 激发光源，发射单色器。

6. 自旋反转，多重性。

六、问答题

1. 答：相同点：都属于辐射跃迁。不同点：①荧光是从第一激发单重态的最低振动能级回到基态所发射出来的光，而磷光是从激发三重态的最低振动能级回到基态所发射出来的光。②两者波长不同，荧光波长比荧光波长短。③两者寿命不一样，荧光寿命短，为 10^{-9}～10^{-7} 秒。磷光寿命长，为 10^{-4}～10 秒。④荧光在常温下可检测，应用广泛；磷光常温下很难检测，仅仅能通过冷冻或固化才能检测到，应用不够普遍。

2. 答：由于荧光是发射光谱，而荧光物质需要先被激发后，才能发射荧光，因此荧光分光光度计有两个单色器，即激发单色器和发射单色器。激发单色器用于荧光激发光谱的扫描及选择激发波长，而发射单色器用于扫描荧光发射光谱及分离荧光发射波长。

3. 答：因为荧光分子无论被激发到哪一个激发态，处于激发态的分子经振动弛豫及内转换等过程最后回到第一激发态的最低振动能级，而分子的荧光发射总是从第一激发态的最低振动能级回到基态的各振动能级上，所以荧光光谱的形状与激发波长无关。

4. 答：胶束溶液即浓度在临界浓度以上的表面活性剂溶液。表面活性剂的化学结构中都有一个极性的亲水基和一个非极性的疏水基，因此极性较小而难溶于水的荧光物质在胶束溶液中溶解度显著增加。由于非极性的有机物与胶束的非极性尾部有亲和作用，减弱了荧光质点之间的碰撞，减少了分子的无辐射跃迁，增加了荧光效率，从而增加了荧光强度，因此对荧光物质具有增敏作用。由于荧光物质被分散和定域于胶束中，降低了由于荧光熄灭剂的存在而产生的熄灭作用，也降低了荧光物质的荧光自熄灭，从而使荧光寿命延长，对荧光起到增稳作用。由于胶束溶液的增容、增敏和增稳作用，使胶束增敏荧光分析法的灵敏度和稳定性大大提高。

知识地图

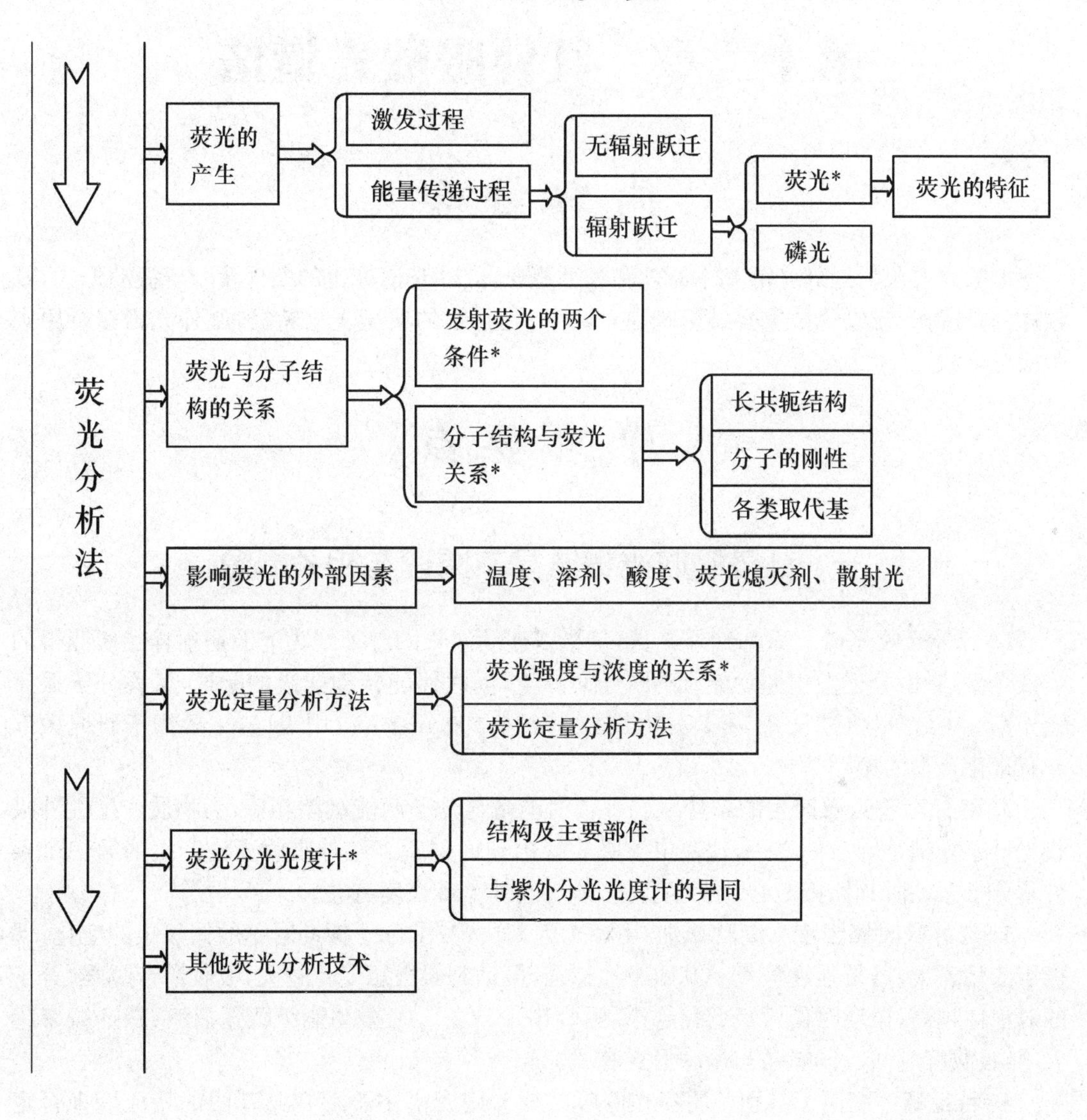
荧光分析法
荧光的产生
激发过程
能量传递过程
无辐射跃迁
辐射跃迁
荧光*
磷光
荧光的特征
荧光与分子结构的关系
发射荧光的两个条件*
分子结构与荧光关系*
长共轭结构
分子的刚性
各类取代基
影响荧光的外部因素
温度、溶剂、酸度、荧光熄灭剂、散射光
荧光定量分析方法
荧光强度与浓度的关系*
荧光定量分析方法
荧光分光光度计*
结构及主要部件
与紫外分光光度计的异同
其他荧光分析技术

（朱明芳）

第十二章　红外吸收光谱法

内容提要

本章内容包括红外光谱基本原理和相关概念,红外光谱产生的条件及分子振动形式,基频峰分布规律、吸收峰位置及其影响因素,有机化合物的典型光谱特征,红外光谱解析原则和核对步骤。

学习要点

一、红外吸收光谱法基本原理与相关概念

1. 红外吸收光谱　简称红外光谱,是指以连续波长的红外线为光源照射样品所测得的吸收光谱,它由分子发生振动能级的跃迁而产生,同时伴随转动能级的跃迁,又称分子振一转光谱。中红外区(波长 2.5～25μm,波数 4000～400cm^{-1})应用最广,主要用于研究大部分有机化合物的振动基频。

2. 红外吸收光谱产生的条件　红外辐射能量与分子两能级差相等,为物质产生红外吸收光谱必须满足的条件之一,这决定了吸收峰出现的位置。红外吸收光谱产生的第二个条件是分子振动时其偶极矩必须发生变化,这与红外谱带强度有关。

3. 红外吸收峰强度　简称峰强,由两个因素决定:①分子振动时键的偶极矩的变化:偶极矩变化愈大,谱带强度愈大。基团极性越强,振动时偶极矩变化越大,吸收谱带越强;分子的对称性越高,振动时偶极矩变化越小,吸收谱带越弱。②振动能级跃迁概率:跃迁概率越大,其吸收峰越强。③峰强与振动形式有关。

4. 特征峰　能用于鉴别基团存在的吸收峰。用光谱中不存在某基团的特征峰来否定某些基团的存在,是一个比较实用的解析方法。

5. 相关峰　由一个基团产生的一组相互依存而又相互可以佐证的吸收峰。

用一组相关峰来确定一个基团的存在,是红外光谱解析的一条重要原则,并非所有的相关峰都能被观测到,但必须找到主要的相关峰才能认定该基团的存在。

6. 基频峰　分子吸收一定频率的红外线,振动由基态跃迁至第一激发态时产生的吸收峰。由于跃迁概率大,峰强度较大,峰位置的规律性较强,一般为特征峰。

提示

(1) 完全对称的分子,没有偶极矩变化,辐射不能引起共振,无红外活性,如:N_2、O_2等;非对称分子有偶极矩,属红外活性分子,如 HCl。

(2) $\nu_{C=O}$与$\nu_{C=C}$峰都在$1660cm^{-1}$附近,$\nu_{C=O}$峰强于$\nu_{C=C}$峰。因为羰基的极性强,振动时偶极矩变化大,吸收峰强。

二、振动形式(表 12-1)

表 12-1 多原子分子的振动形式

名 称	特 点	分 类
伸缩振动 ν	键长有变化,键角无变化	对称伸缩振动 ν^s
		不对称伸缩振动 ν^{as}
弯曲振动	键长无变化,键角有变化	面内弯曲振动 β
		面外弯曲振动 γ
		变形振动 δ

提示

(1) 峰强与振动形式有关:$\nu^{as}>\nu^s$;$\nu>\beta$。

(2) 伸缩振动需要的能量较高,位于较高波数区。

(3) 不是所有的振动形式都会产生红外吸收峰。有一些振动分子没有偶极矩变化;有一些振动的频率相同,发生简并;还有一些振动频率超出了仪器可以检测的范围。

三、吸收峰的位置

1. 基本振动频率 $\sigma(\mathrm{cm}^{-1}) = 1302\sqrt{\dfrac{K}{u'}}$

说明:化学键力常数 K 越大,折合相对原子质量 u'越小,则振动吸收峰的波数越大。

结论:发生振动能级跃迁需要能量的大小取决于键两端原子的折合质量和键的力常数,即取决于分子的结构特征。

提示

(1) 含氢基团 u' 值均小,其伸缩振动的基频峰都出现在光谱的高波数区,例如ν_{C-H}、ν_{O-H}及ν_{N-H}峰都出现在谱图的左端。

(2) 折合相对原子质量相同的基团,其化学键力常数越大,伸缩振动基频峰的频率越高。例如:$\nu_{C\equiv C} > \nu_{C=C} > \nu_{C-C}$。

(3) 折合相对原子质量相同的基团，一般 $\nu>\beta>\gamma$，例如：$\nu_{C\text{-}H}>\beta_{C\text{-}H}>\gamma_{C\text{-}H}$。

(4) 与碳相连的基团(C-X)，X原子量增加，伸缩振动频率减小。例如：$\nu_{C\text{-}H}>\nu_{C\text{-}C}>\nu_{C\text{-}N}>\nu_{C\text{-}O}$

2. 基频峰的分布规律 见表12-2。

表12-2 红外光谱的四个大区

区段名称	波数 cm^{-1}	基团区域	官能团类型	振动形式
官能团特征频率区(用于确定官能团的存在)	4000～2500	氢键区	O-H N-H C-H	伸缩振动
	2500～1900	叁键区	C≡C C≡N	伸缩振动
	1900～1500	双键区	C=O C=N C=C	伸缩振动
指纹区(干扰较多，特征不强，用于辅助鉴别和比较鉴别)	1500～400	单键区	C-O C-N C-C	伸缩振动
			C-H O-H N-H	弯曲振动

提示

结构分析时常把复杂基团分成若干价键来研究，相同价键在不同环境下，吸收频率不同。如醇 ν_{OH} 3700～3200 cm^{-1}、羧酸 ν_{OH} 3400～2500 cm^{-1}。

四、影响吸收峰位置的因素(表12-3)

表12-3 影响吸收峰位置的因素

影响因素	效应名称	定 义	实 例
分子内部结构因素	诱导效应	由于取代基吸电子作用，使被取代基团周围电子云密度降低，吸收峰向高波数移动	R-CO-R $\nu_{C=O}$1715cm^{-1} R-CO-OR′ $\nu_{C=O}$1735cm^{-1} R-CO-Cl $\nu_{C=O}$1800cm^{-1}
	共轭效应	由于共轭效应的存在使吸收峰向低频方向移动	R-CO-NH_2 $\nu_{C=O}$1690cm^{-1} H_3C (结构式) $\nu_{C=O}$在1770cm^{-1} CH_3 (结构式) 羰基与双键共轭，$\nu_{C=O}$1750cm^{-1}

(待续)

（续表）

影响因素	效应名称	定义	实例
分子内部结构因素	环张力效应	由于环张力的影响，环状化合物吸收频率比同碳链状化合物吸收频率高。随着环的元数减小，环外双键被增强，吸收频率升高；环内双键被削弱，振动频率降低	环己酮 $\nu_{C=O}$ 1715cm^{-1} 环戊酮 $\nu_{C=O}$ 1745cm^{-1} 环己烯 $\nu_{C=C}$ 1639cm^{-1} 环戊烯 $\nu_{C=C}$ 1623cm^{-1} 环丁烯 $\nu_{C=C}$ 1566cm^{-1} 环丙烯 $\nu_{C=C}$ 1641cm^{-1}
	空间效应	由于空间作用的影响，基团电子云密度发生变化，引起振动频率发生变化	一般来说，当共轭体系的共平面性质被偏离或破坏时，吸收频率增高
	互变异构效应	分子发生互变异构，吸收峰也将发生位移，在红外光谱上能够出现各异构体的峰带	如乙酰乙酸乙酯的红外光谱上，可以看到酮型和烯醇型的特征吸收峰
	氢键效应	氢键的形成使形成氢键基团的伸缩振动频率明显地向低频方向移动且峰变宽，吸收强度增强。分子内氢键与浓度无关，分子间氢键与浓度有关	极稀的乙醇溶液，ν_{OH} 3640 cm^{-1}左右产生一个尖峰；浓度增加，形成氢键，ν_{OH}在 3500～3200 cm^{-1}间产生一个宽峰
	费米共振效应	由频率相近的泛频峰与基频峰的相互作用而产生，结果使泛频峰的强度增加或发生分裂	醛基 $\nu_{CH(O)}$ 2820 cm^{-1}和 2720cm^{-1}
	振动偶合效应	指分子中两个或两个以上相同的基团靠得很近时，相同基团之间发生偶合，使其相应特征吸收峰发生分裂	分子结构中有异丙基或叔丁基时，δ^{s} 1380 cm^{-1}峰发生分裂，出现双峰
外部因素	物态效应	同一种化合物在不同的聚集状态下，其吸收频率和强度都会发生变化	
	溶剂效应	极性溶剂中，极性基团的伸缩振动频率常随溶剂的极性增大而降低，其峰强增加	

提示

同一种官能团，其吸收峰的位置不是固定的，而是有一定波数范围。在研究官能团频率时要综合考虑各种因素，在查对标准谱图时，应注意测定的条件，最好能在相同条件下进行谱图的对比。

趣味知识

气态水分子是非线性的三原子分子，它的 $\sigma_1=3652\text{cm}^{-1}$、$\sigma_3=3756\text{cm}^{-1}$、$\sigma_2=1596\text{cm}^{-1}$，在液态水分子的红外光谱中，由于水分子间的氢键作用，使 σ_1 和 σ_3 的伸缩振动谱带叠加在一起，在 3402cm^{-1} 处出现一条宽谱带，它的弯曲振动 σ_2 位于 1647cm^{-1}。在重水中，由于氘的原子质量比氢大，使重水的 σ_1 和 σ_3 重叠谱带移至 2502cm^{-1} 处，σ_2 为 1210cm^{-1}。以上现象说明水和重水的结构虽然很相近，但红外光谱的差别是很大的。

五、有机化合物的典型光谱(表 12-4)

表 12-4　各类化合物主要特征峰与分子结构的关系

化合物类型		主要特征峰(cm^{-1})	特点及解释
脂肪烃类化合物	烷烃	ν_{C-H} 3000～2850 δ_{C-H} 1480～1350	(1) 烷烃的 ν_{C-H} 峰位一般都接近 3000cm^{-1},但又低于 3000cm^{-1} (2) 分子中有异丙基时,$\delta^{s}_{CH_3}$ 峰分裂成 1385cm^{-1} 和 1375cm^{-1} 强度大致相等的双峰,若有叔丁基时,$\delta^{s}_{CH_3}$ 峰分裂成 1395cm^{-1}(弱)和 1365cm^{-1}(强)不等强度的双峰 (3) 长链脂肪烃(醇),当-(CH_2) n-中的 n≥4 时,其 ρ_{CH_2} 峰出现在 722cm^{-1}左右
	烯烃	$\nu_{=C-H}$ 3100～3000 $\nu_{C=C}$ ～1650 $\gamma_{=C-H}$ 1010～650	(1) $\nu_{=C-H}$>3000cm^{-1} (2) $\nu_{C=C}$峰随着双键上取代基数目的增多而移向高波数区,共轭使其移向低波数区,对称取代键在红外区无吸收 (3) $\gamma_{=C-H}$峰是烯烃最特征的吸收峰,其峰数和位置,对双键取代类型可提供重要信息 (4) 环烯中,环元素减少,环烯双键振动频率($\nu_{C=C}$)减小
	炔烃	$\nu_{\equiv CH}$ ～3300 $\nu_{C\equiv C}$ 2260～2100	(1) $\nu_{\equiv CH}$峰很强,且比 ν_{OH} 和 ν_{NH} 峰窄,易于与 ν_{OH} 和 ν_{NH} 区分 (2) $\nu_{C\equiv C}$峰是高度特征峰,共轭使其向低波数移动,双取代和对称取代时产生弱吸收或无吸收
芳香烃类化合物		$\nu_{=C-H}$ 3100～3000 $\nu_{C=C}$ 1650～1430 泛频峰 2000～1667 $\gamma_{=C-H}$ 910～665 (苯:670 甲苯:750/700 邻二甲苯:750 间二甲苯:780/700 对二甲苯:800)	(1) $\nu_{=C-H}$峰为芳烃重要特征之一,易与烯烃混淆 (2) $\nu_{C=C}$为苯环骨架振动峰,是鉴别有无芳核存在的重要标志之一,一般是双峰,～1600cm^{-1}峰稍弱,～1500cm^{-1}峰稍强。若与取代基共轭,由于振动偶合,可能在～1580cm^{-1}及～1450cm^{-1}处出现第三或第四个 $\nu_{C=C}$峰 (3) $\gamma_{=C-H}$峰反映苯环被取代后剩余相邻质子振动偶合的情况,谱峰出现的位置与取代位置和数目有关,与取代基的种类基本无关。是判断芳环取代类型的主要依据。峰位变化规律是:随相邻氢数目的减少,其峰位逐渐移向高波数区域
醇和酚类化合物		ν_{OH} 3700～3200 ν_{C-O} 1260～1000	(1) 游离的 ν_{OH} 在 3700～3600 cm^{-1}间产生一个尖峰,这样的峰只在稀溶液中才能观察到 (2) 氢键的 ν_{OH} 在 3600～3200 cm^{-1}间产生一个宽峰,醇的ν_{OH}峰较钝且强,非常容易辨认 (3) 酚区别于脂肪醇的显著特征是酚具有芳香结构的一组相关峰 (4) ν_{C-O}峰可用于确定醇类的伯、仲、叔结构
醚类化合物		ν_{C-O-C}1280～1000	(1) 芳基醚和乙烯基醚在这个范围的两端各给出一个强峰,脂肪醚在其中的右方给出一个峰 (2) 醚没有 ν_{OH} 峰,是与醇及酚的主要区别 (3) 醇、酚和酯在这个区间也产生 ν_{C-O}强峰,可结合羰基和羟基加以区别

(待续)

（续表）

化合物类型		主要特征峰（cm^{-1}）	特点及解释
羰基类化合物	酮类	$\nu_{C=O}$ ～1715	共轭效应使 $\nu_{C\text{-}O}$ 峰向低波数移动；环酮因环张力的增大，其 $\nu_{C=O}$ 峰向高波数移动
	醛类	$\nu_{C=O}$ ～1725 $\nu_{C=H}$ ～2820及～2720	有 $\nu_{C=O}$ 峰和醛基费米共振峰，～2820cm^{-1}峰有时易被脂肪烃基 $\nu_{C\text{-}H}$ 峰掩盖，2720cm^{-1}峰特征性较强
	酰氯类	$\nu_{C=O}$ ～1800 $\nu_{C\text{-}C}$ 965～850	共轭使其向低波数移动 脂肪酰氯在965～920cm^{-1}，芳香酰氯在890～850 cm^{-1}
	羧酸类	ν_{OH} 3400～2500 $\nu_{C=O}$ 1740～1650 γ_{OH} 955～915	(1) 单体 ν_{OH}～3550cm^{-1}（尖锐），聚合体 ν_{OH} 为3400～2500 cm^{-1}区间，比醇更易形成氢键，波数低，峰形宽 (2) $\nu_{C=O}$ 峰比酮、醛、酯的羰基峰钝，特征明显 (3) 羧酸的 γ_{OH} 峰为一宽谱带，强度变化大，可作为羧基存在与否的旁证
	酯类	$\nu_{C=O}$ ～1735 $\nu_{C\text{-}O\text{-}C}$ 1300～1000	(1) $\nu_{C=O}$ 峰强度居于酮羰基和羧酸羰基之间，RCOOR'中，羰基与R共轭吸收向右移动，与单键氧与R'共轭，吸收向左移动 (2) $\nu_{C\text{-}O\text{-}C}$ 有两个峰，其中不对称伸缩振动峰位于1300～1150cm^{-1}，峰的强度大且宽，对称伸缩振动峰位于1150～1000cm^{-1}区间
	酸酐类	$\nu^{as}_{C=O}$ 1850～1800 $\nu^{s}_{C=O}$ 1780～1740 $\nu_{C\text{-}O\text{-}C}$ 1300～900	(1) $\nu_{C=O}$ 双峰之间相距约60cm^{-1}，这是酸酐区别于其他含羰基化合物的主要标志 $\nu_{C\text{-}O\text{-}C}$ 是另一强吸收
	酰胺类	ν_{NH} 3500～3100 $\nu_{C=O}$ 1680～1630 β_{NH} 1670～1510	(1) ν_{NH} 峰：伯酰胺为双峰、仲酰胺为单峰、叔酰胺无 ν_{NH} 峰 (2) $\nu_{C=O}$ 峰：由于p-π共轭，出现在较低波数区 (3) β_{NH} 峰：$\nu_{C=O}$ 峰与 β_{NH} 峰位邻近，有时会被 $\nu_{C=O}$ 峰掩盖 (4) $\nu_{C\text{-}N}$ 峰：伯酰胺～1400cm^{-1}、仲酰胺～1260cm^{-1}，峰很强
含氮类化合物	胺类	ν_{NH} 3500～3300 δ_{NH} 1650～1510 $\nu_{C\text{-}N}$ 1360～1020	(1) ν_{NH}：伯胺为双峰，仲胺单峰，叔胺无 ν_{NH} 峰。ν_{NH} 峰比 ν_{OH} 峰弱而尖 (2) δ_{NH}：伯胺位于1650～1570cm^{-1}有中到强的宽峰，脂肪族仲胺很少看到 δ_{NH} 峰，芳香族仲胺在1515cm^{-1}附近，是弱峰 (3) $\nu_{C\text{-}N}$：芳香胺中 $\nu_{C\text{-}N}$ 峰发生在较脂肪胺高的频率，是由于共轭增大了环碳与氮原子间的双键性
	硝基类	$\nu^{as}_{NO_2}$ 1590～1500 $\nu^{s}_{NO_2}$ 1390～1330	两峰峰强度大，易辨认
	腈类	$\nu_{C\equiv N}$ 2260～2215	峰形尖锐，共轭使其向低波数移动

六、红外光谱分析

1. 红外光谱解析原则

(1) 先特征，后指纹；先强峰，后次强峰；先粗查，后细找；先否定，后肯定。

(2) 寻找有关一组相关峰→佐证。

(3) 先识别特征区的第一强峰，找出其相关峰，并进行峰归属。

(4) 再识别特征区的第二强峰，找出其相关峰，并进行峰归属。

提示

由于红外光谱的复杂性，并不是每一个红外谱峰都可以给出确切的归属，因为有的峰是某些峰的倍频或合频，有些峰则是多个基团振动吸收的叠加。在解析光谱的时候，只要能给出10%～20%的谱峰的确切归属，通常可以推断分子中可能含有的官能团。

2. 基团与特征频率的相关关系 见表 12-5。

表 12-5 基团与特征频率的相关表

$\sigma(cm^{-1})$	振动类型	基团或化合物
3750～3200	ν_{OH}，ν_{NH}	伯胺和仲胺、醇、酰胺、有机酸、酚
3300～3000	$\nu_{CH(C=C-H,C\equiv C-H)}$	炔、烯、芳香族化合物
3000～2700	$\nu_{CH(C-C-H,CHO)}$	甲基、亚甲基、次甲基、醛
2500～2100	$\nu_{C\equiv C}$, $\nu_{C\equiv N}$	炔、睛
1900～1650	$\nu_{C=O}$	酯、醛、酮、羧酸、酰氯、酸酐
1680～1500	$\nu_{C=C}$，$\nu_{C=N}$, ν_{NO2}^{as}, δ_{NH}	烯、芳环、胺、硝基化合物
1475～1300	δ_{C-C-H}, δ_{OH}	甲基、亚甲基、羟基
1300～1000	ν_{C-O}，ν_{C-O-C}	醇、酚、酯、醚
1000～650	$\gamma_{=C-H}$	烯、芳香族

3. 红外光谱分析的核对步骤

(1) C=O 是否存在

羰基在 1900～1600 cm^{-1} 区间产生一个强吸收，是光谱中最强的峰。

(2) 如果C=O存在，核对是下述化合物中的哪一类。[如果C=O不存在，可直接进行(3)]

酸类：是否还有 OH。在 3400～2500 cm^{-1} 宽吸收(通常与 C-H 吸收重叠)。

酰胺：是否还有 N－H。在 3500～3100 cm^{-1} 有中等强度的吸收，有时是双峰。

酯类：是否还有 C－O。在 1300～1000 cm^{-1} 有强吸收。

酸酐类：在 1810 和 1760 cm^{-1} 附近有两个羰基吸收峰。

醛类：是否还有费米共振峰。在 2820 cm^{-1} 及 2720 cm^{-1} 附近有两个弱吸收。

酮类：上述五种选择已排除。

(3) 如果 C=O 不存在

醇、酚类：检查 OH 是否存在。在 3700～3200 cm^{-1} 附近有宽吸收峰。在 1300～1000 cm^{-1} 附近找到 C－O 伸缩峰进行确证。

胺类：检查 N－H 是否存在。在 3500～3100 cm^{-1} 附近有一个或两个中等强度吸收峰。

醚类：检查在 1300～1000 cm^{-1}附近是否存在 C－O 吸收峰。

(4) 是否存在双键、芳环

C=C 在 1650 cm^{-1}附近有弱吸收峰。

在 1650～1430 cm^{-1}区间有中等至强的吸收峰，提示芳环的存在。

参考 C－H 区确证（$\upsilon_{=C-H}>3000cm^{-1}$）。

(5) 是否存在三键

$\nu_{C\equiv N}$2250 cm^{-1}附近有中等强度窄的吸收峰。

$\nu_{C\equiv C}$2150 cm^{-1}附近有弱而窄的吸收峰，核对在 3300 cm^{-1}附近是否存在 $\nu_{\equiv CH}$峰。

(6) 是否存在硝基

在 1600～1500 cm^{-1}和 1390～1300 cm^{-1}区间有两个强吸收峰。

(7) 是否有烷烃

没有上述官能团，光谱很简单。吸收发生在 3000 cm^{-1}右侧，只在 1450 cm^{-1}和 1380 cm^{-1}附近有吸收峰。

提示

(1) 当某些特殊区域无吸收峰时，可推测不存在某些官能团，这时往往可以得出确定的结果，这种信息更有用。

(2) 当某个区域存在一些吸收峰时，不能就此断定分子中一定有某种官能团，由于各种因素的影响，峰的强度和位置可能发生一定的变化。不同官能团可能在同一区域出现特征吸收峰。

(3) 在分析特征吸收峰时，不能认为强峰即是提供有用的信息，而忽略弱峰的信息。例如异戊二烯 $\gamma_{=C-H}$835cm^{-1}的谱峰存在与否是区别天然橡胶与合成橡胶的重要标志，前者有此峰，后者则没有。

经典习题

一、最佳选择题

1. 红外光谱由以下哪种跃迁所产生（　　）。

A. 分子振动能级的跃迁　B. 分子转动能级的跃迁　C. 价电子的跃迁
D. 自旋核的跃迁　E. 分子移动能级的跃迁

2. 比较下列化合物中 $\nu_{C=O}$的大小，正确的是（　　）。

A. 醛＞酯＞酰胺　B. 酯＞醛＞酰胺　C. 酰胺＞酯＞醛
D. 醛 ＞酰胺＞酯　E. 酰胺＞醛＞酯

3. 下列哪个区域可以区分环戊烷和戊－2－烯（　　）。

A. 1610～1680 cm^{-1}　B. 2000～3000 cm^{-1}　C. 2070～2280 cm^{-1}
D. 3230～3670 cm^{-1}　E. 1800～1700 cm^{-1}

4. 根据图 12-1 的红外光谱，判断其结构可能是以下哪个化合物（　　）。

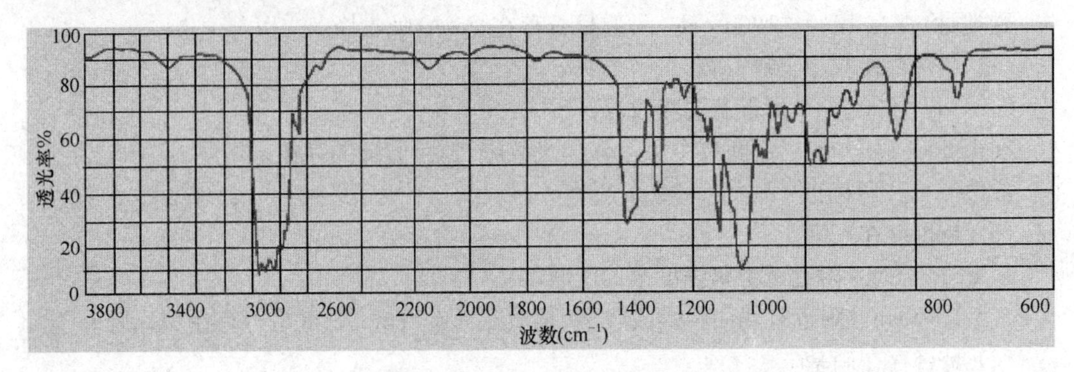

图 12-1　某化合物的红外光谱图

A. 戊-1-醇　　B. 丁-2-酮　　C. 2-甲基-辛-1-烯

D. 环戊烷　　E. 丁-2-炔

5. 下列说法错误的是(　　)。

A. 形成氢键缔合的-OH 与游离-OH 相比，峰形变宽，吸收峰向高波数方向位移

B. CO_2 的对称伸缩振动不产生红外吸收

C. 化学键力常数 K 值与波数成正比

D. 基频峰的强度主要取决于振动过程中偶极矩的变化

E. 折合相对原子质量越小，基团的伸缩振动波数越高

6. 某含氮化合物在 3500～3350cm^{-1}、2280～2200cm^{-1} 和 1750～1650cm^{-1} 区内没有红外吸收，下列最符合这些要求的化合物是(　　)。

A. 腈　　B. 伯胺　　C. 酰胺

D. 叔胺　　E. 仲胺

7. 可区分异构体 $CH_3CH_2OCH_2CH_3$ 和 $CH_3CH_2CH_2CH_2OH$ 的 IR 吸收区是(　　)。

A. 3670～3200cm^{-1}　　B. 3000～2000cm^{-1}　　C. 2280～2070cm^{-1}

D. 1750～1650cm^{-1}　　E. 1500～1350cm^{-1}

8. 按振动频率递减顺序，下列排列正确的是(　　)。

A. C=C>C≡C>C-C>C=O　　B. C=O>C=C>C≡C>C-C　　C. C-C>C=C>C=O>C≡C

D. C≡C>C=O>C=C>C-C　　E. C=O>C≡C>C=C>C-C

9. 下列各对化合物中，有相同的 IR 图谱的是(　　)。

A. (+)-戊-2-醇和(-)-戊-2-醇　　B. 己烷和环己烷　　C. 2-甲基戊烷和 3-甲基戊烷

D. 戊-2-酮和戊醛　　E. 戊-2-酮和环戊酮

10. 固体试样测红外光谱最常用的制备方法是(　　)。

A. 液体池法　　B. 夹片法　　C. 溴化钾压片法

D. 乙醇溶　　E. 氘代甲醇溶

二、配伍选择题

[1～5]

A. 3750～3200cm^{-1}　B. 2250～2000cm^{-1}　C. 1850～1650cm^{-1}　D. 3000～2800cm^{-1}　E. 1620～1450cm^{-1}

在上述特征吸收区中，

1. C≡N 伸缩振动所在的区域是(　　)。

2. 含羰基的化合物具有的吸收峰位于(　　)。

3. 含羟基的化合物具有的吸收峰位于(　　)。
4. 烷烃类化合物的 ν_{CH} 吸收峰位于(　　)。
5. 芳香烃的骨架振动 $\nu_{C=C}$ 吸收峰位于(　　)。

[6～9]

A. 使 $\nu_{C=O}$ 峰位移向低波数
B. 使 $\nu_{C=O}$ 峰位移向高波数
C. $\nu_{C=O}$ 峰位不变,峰形变窄
D. 使 $\nu_{C=O}$ 峰位移向低波数,峰宽且强
E. 使 $\nu_{C=O}$ 峰位移向高波数,峰强度也增强

下列各种因素对 $\nu_{C=O}$ 峰位、峰形或峰强的影响:

6. 吸电子诱导效应(　　)。
7. 双键共轭效应(　　)。
8. 羧酸由于氢键效应(　　)。
9. 环外羰基随着环张力增加(　　)。

[10～14]

A. 偶极矩大　　B. 跃迁概率大　　C. 分子对称性
D. 化学键力常数大　　E. 折合相对原子质量 u' 小

上述因素对吸收峰强度或位置的影响:

10. 基频峰强度大于泛频峰的原因是(　　)。
11. $\nu_{C=O}$ 峰强于 $\nu_{C=C}$ 峰的原因是(　　)。
12. CO_2 的对称伸缩振动不产生红外吸收的原因是(　　)。
13. $\nu_{C\equiv C}$ 峰比 $\nu_{C=C}$ 峰高波数的原因是(　　)。
14. ν_{C-H} 峰比 ν_{C-C} 峰高波数的原因是(　　)。

三、多项选择题

1. 电磁波的波长是 5×10^{-6}m,下列答案正确的是(　　)。
   A. 此电磁波属于 IR 光区　　B. 此电磁波属于可见光区
   C. 此电磁波的波数是 2000cm^{-1}　　D. 此电磁波可引起电子跃迁
   E. 此电磁波可引起分子振动能级跃迁。
2. 影响吸收峰位置的因素有(　　)。
   A. 诱导效应　　B. 共轭效应　　C. 化学键力常数
   D. 跃迁概率大小　　E. 屏蔽效应
3. 下列化合物可以用红外光谱进行区别的是(　　)。
   A. 顺反异构体　　B. 同分异构体　　C. 对映异构体
   D. 互变异构体　　E. 构象异构体
4. 某化合物的 IR 谱图在 3500～3000cm^{-1} 区间有吸收峰,可能存在的官能团是(　　)。
   A. 羟基　　B. 羰基　　C. 伯胺
   D. 烷基　　E. 炔烃
5. 不是所有的振动形式都会产生红外吸收峰,原因可能是(　　)。
   A. 有一些振动分子没有偶极矩变化　　B. 有一些振动频率相同,发生简并
   C. 有一些分子间形成氢键,峰消失　　D. 有一些振动频率超出了仪器可以检测的范围
   E. 有一些基频振动跃迁概率大

四、问答题

1. 某红外光谱在 3300、2950、2860、2120、1465 和 1382cm^{-1}有吸收峰，它与下述化合物中哪一个相符？这些峰分别由哪些振动引起？

A. $CH_3CH_2-C\equiv CCH_2CH_2CH_3$　　B. $CH_3CH_2HC=CHCH_2CH_2OH$

C. $CH_3-CH=CH-OCOCH_3$　　D. $HC\equiv CCH_2CH_2CH_3$

2. 图 12-2 是含有 C、H、O 的有机化合物 A 的红外光谱图，回答下列问题：

(1) 该化合物是脂肪族还是芳香族？

(2) 是否为醇类？

(3) 是否为醛、酮、羧酸类？

(4) 是否含有双键或三键？

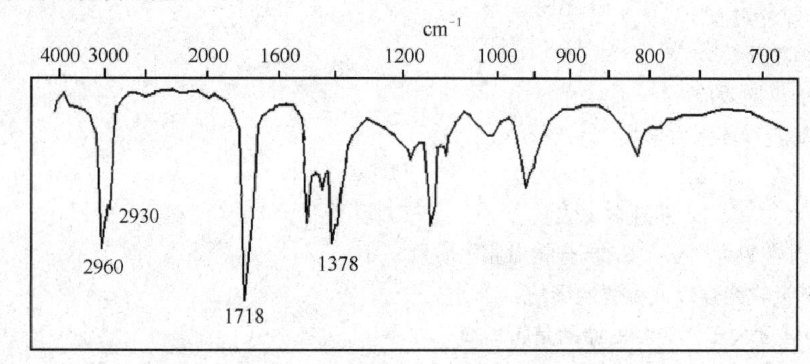

图 12-2　化合物 A 的 IR 光谱图

3. 指出下列振动形式中，哪些是红外活性振动？哪些是红外非活性振动？

(1) CH_3-CH_3　　ν_{C-C}

(2) CH_3-CCl_3　　ν_{C-C}

(3) $O=C=O$　　$\nu^{S}_{C=O}$

(4) SO_2　　$\nu^{S}_{S=O}$

(5) $CH_2=CH_2$　　$\nu^{S}_{C=C}$

4. 图 12-3、12-4 和 12-5 是酮、醇、烯烃类化合物的三张 IR 谱图，根据特征吸收加以分析判断。

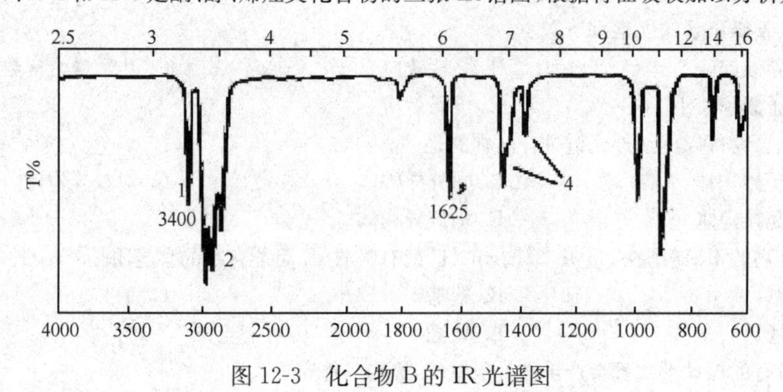

图 12-3　化合物 B 的 IR 光谱图

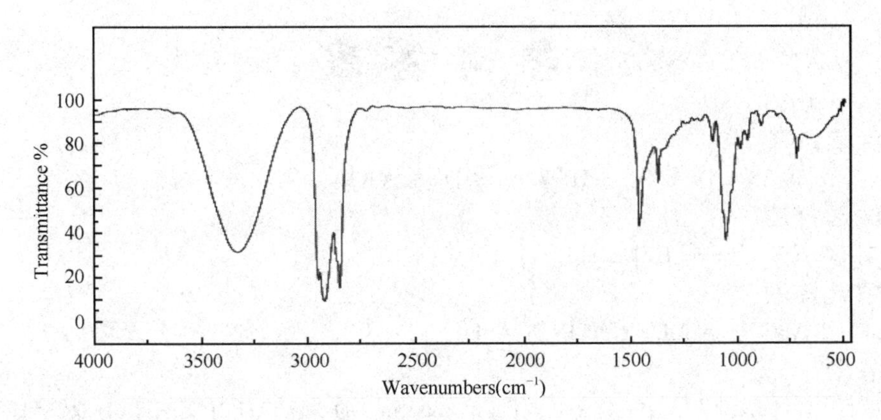

图 12-4 化合物 C 的 IR 光谱图

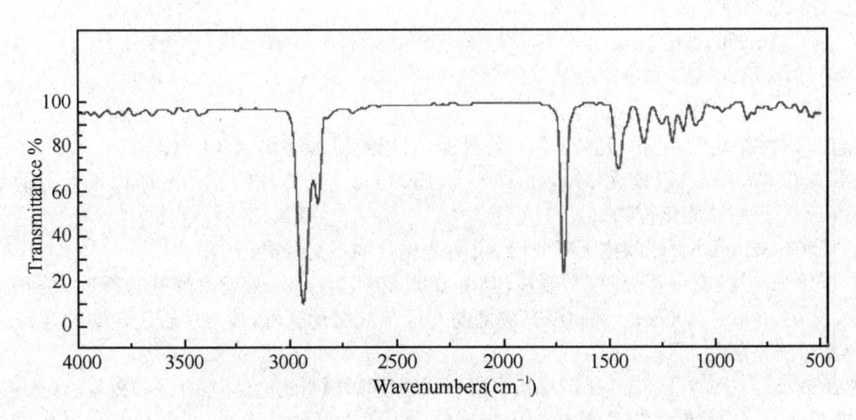

图 12-5 化合物 D 的 IR 光谱图

五、波谱解析题

1. 分子式为 $C_9H_{10}O$ 的化合物 E 红外光谱如图 12-6 所示，通过图谱解析，推测它的结构。

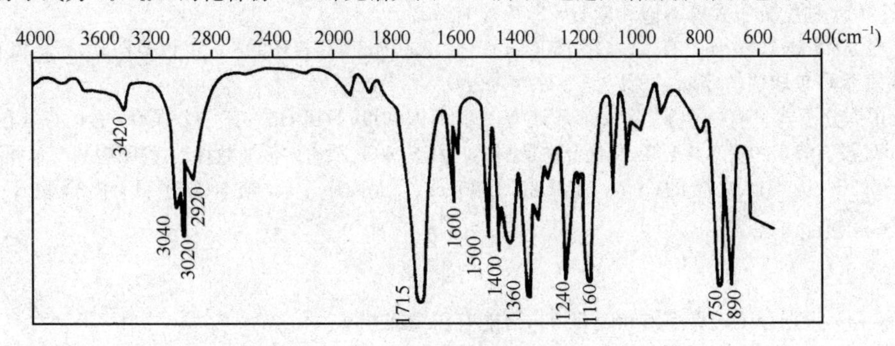

图 12-6 化合物 E 的 IR 光谱图

2. 已知某化合物的分子式为 C_4H_8O，其红外光谱在 2960、2924、2870、2845、2720、1721、1464 和 $1380cm^{-1}$ 有吸收峰，推断其结构并说明各峰归属。

参考答案

一、最佳选择题

1. A　2. B　3. A　4. D　5. A　6. D　7. A　8. D　9. A　10. C

二、配伍选择题

[1～5] BCADE　[6～9] BADE　[10～14] BACDE

三、多项选择题

1. ACE　2. ABC　3. ABDE　4. ACE　5. ABD。

四、问答题

1. 答：是化合物D，因为A中三键是二取代，无3300cm^{-1}的$\nu_{\equiv CH}$峰；B中无三键，有双键和羟基，应该无$\nu_{C\equiv C}$2120cm^{-1}峰，C也没有三键，有双键和羰基特征，B和C应该有1650cm^{-1}附近的$\nu_{C=C}$峰。

各峰振动形式：3300：$\nu_{\equiv CH}$

2950，2860：ν_{C-H}

2120：$\nu_{C\equiv C}$

1465和1382cm^{-1}：δ_{CH}

2. 答：红外活性振动（$\Delta\mu\neq0$）是(2)(4)；红外非活性振动（$\Delta\mu=0$）有(1)(3)(5)。

3. 答：(1) 在3000cm^{-1}以上无ν_{C-H}，在1600～1500 cm^{-1}无芳环的$\nu_{C=C}$，所以不是芳香族化合物。2960和2930 cm^{-1}是脂肪族化合物。

(2) 在3500～3200 cm^{-1}区间内无吸收峰，说明此化合物不是醇类。

(3) 在1718 cm^{-1}处有一强吸收，有羰基，但在2820和2720 cm^{-1}处没有醛基的费米共振峰，故可否定醛类化合物；又在3500～2400cm^{-1}区间没有羧基的OH伸缩振动宽峰，故也可否定羧酸的存在。

该化合物只能是酮类。

(4) 在1650 cm^{-1}($\nu_{C=C}$)及2200 cm^{-1}($\nu_{C\equiv C}$)没有明显吸收，说明此化合物除C=O外，没有三键或双键。

4. 答：B是烯烃，C是醇类，D是酮类。因为B有$\nu_{C=CH}$ 3300cm^{-1}峰和$\nu_{C=C}$ 1625cm^{-1}峰，是烯烃的特征峰；C在3600 cm^{-1}～3200 cm^{-1}有ν_{O-H}峰，在3000 cm^{-1}～2700 cm^{-1}有ν_{C-H}($-CH_2-$)峰，无羰基和双键吸收峰，说明是脂肪醇。D在1900 cm^{-1}～1650 cm^{-1}有$\nu_{C=O}$峰，无ν_{O-H}峰和$\nu_{C=C}$峰。

五、波谱解析题

1. 答：(1) 根据分子式算不饱和度$U=5$，可能有苯环。

(2) 在3040和3020cm^{-1}有ν_{C-H}，在1600 cm^{-1}～1500 cm^{-1}有芳环的$\nu_{C=C}$骨架振动，750和690cm^{-1}(双峰)代表苯环单取代的$\gamma_{=C-H}$，所以是芳香族化合物。

(3) 根据分子式只有一个氧，除去苯环还有一个不饱和度，1715 cm^{-1}有一个强峰，是$\nu_{C=O}$，在2820和2720 cm^{-1}处没有醛基的费米共振峰，此化合物是酮类。由于$\nu_{C=O}$没有向低波数移动，说明羰基与苯环不共轭。

(4) 2920 cm^{-1}是烷烃的υ_{C-H}，1450和1380 cm^{-1}是δ_{CH_2,CH_3}，结合分子式，化合物E的结构为：

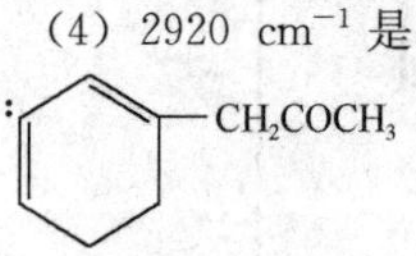

CH_2COCH_3

2. 答：(1) 根据分子式算不饱和度$U=1$，可能有双键或羰基。

(2) 在3000cm^{-1}以上无$\nu_{C=C-H}$，在1650 cm^{-1}左右无双键的$\nu_{C=C}$振动，1721cm^{-1}是$\nu_{C=O}$，所以无双键，有羰基结构，2845、2720cm^{-1}处有醛基的费米共振峰，此化合物是醛类。

(3) 2960、2924、2870cm^{-1}有烷烃的ν_{C-H}，1464cm^{-1}中强峰代表δ_{CH}，1380cm^{-1}说明有甲基，且没有分裂，应该是直链脂肪醛。

(4) 结合分子式和不饱和度，化合物的结构为：丁醛$CH_3CH_2CH_2CHO$。

知识地图

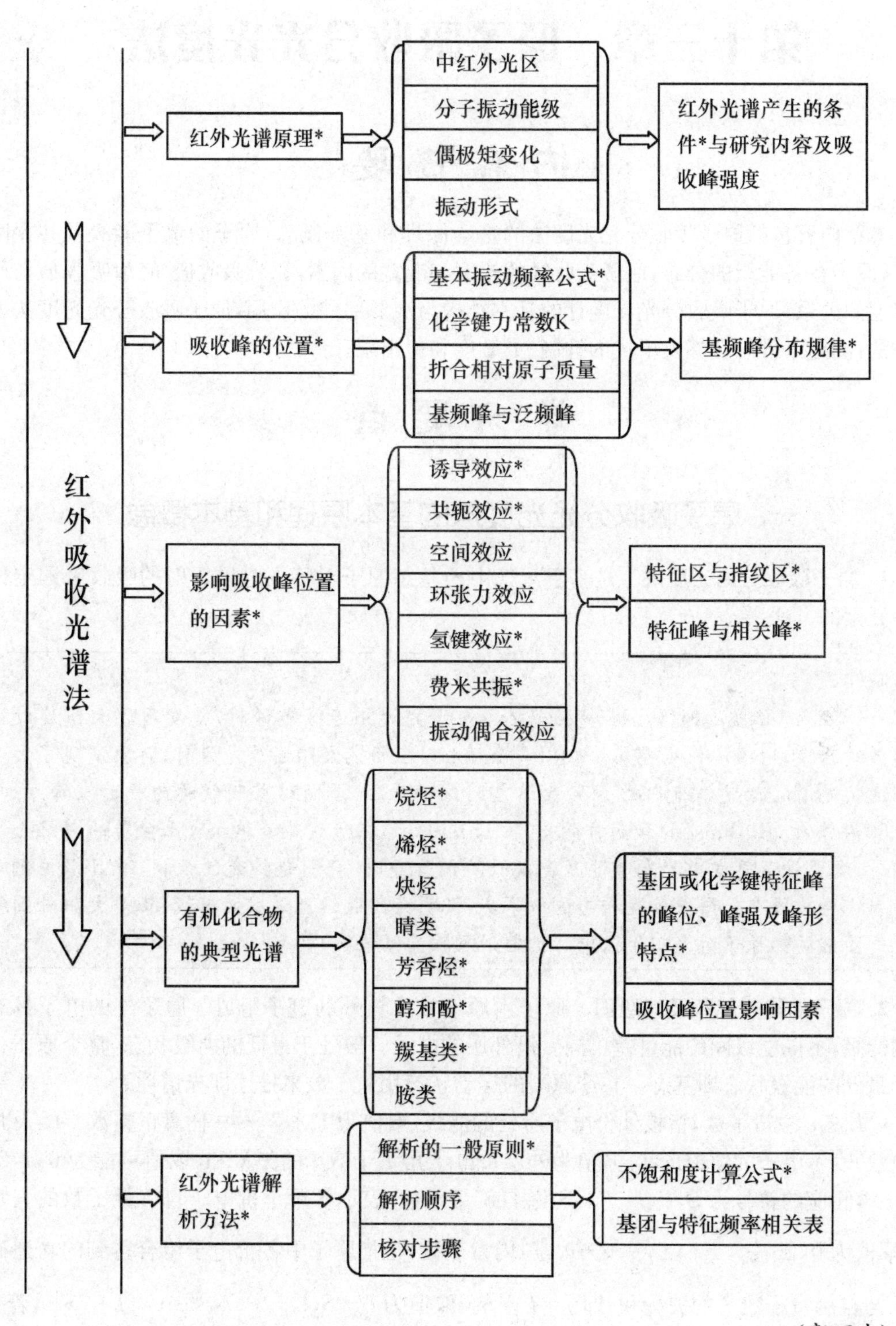
红外吸收光谱法
红外光谱原理*
中红外光区
分子振动能级
偶极矩变化
振动形式
红外光谱产生的条件*与研究内容及吸收峰强度
吸收峰的位置*
基本振动频率公式*
化学键力常数K
折合相对原子质量
基频峰与泛频峰
基频峰分布规律*
影响吸收峰位置的因素*
诱导效应*
共轭效应*
空间效应
环张力效应
氢键效应*
费米共振*
振动偶合效应
特征区与指纹区*
特征峰与相关峰*
有机化合物的典型光谱
烷烃*
烯烃*
炔烃
腈类
芳香烃*
醇和酚*
羰基类*
胺类
基团或化学键特征峰的峰位、峰强及峰形特点*
吸收峰位置影响因素
红外光谱解析方法*
解析的一般原则*
解析顺序
核对步骤
不饱和度计算公式*
基团与特征频率相关表

（郭丽冰）

第十三章　原子吸收分光光度法

内容提要

本章内容包括原子吸收分光光度法的基本原理和基本概念:原子的量子能级及共振吸收线,原子在各能级的分布,原子吸收线的轮廓和变宽的因素,积分吸收值、峰值吸收值与原子浓度的关系,原子吸收分光光度计的基本结构与主要部件的作用,原子吸收分光光度法实验方法:测定条件的选择及干扰的抑制、灵敏度和检出限、定量分析方法。

学习要点

一、原子吸收分光光度法的基本原理和基本概念

1. 原子吸收分光光度法　是基于蒸气中的基态原子对特征电磁辐射的吸收来测定试样中元素的方法。

趣味知识

1802 年,伍朗斯顿(W. H. Wollaston)在研究太阳连续光谱时,就发现了太阳连续光谱的暗线。1817 年,福劳霍费(J. Fraunhofer)在研究太阳连续光谱时,再次发现了太阳连续光谱的暗线,当时不了解产生这些暗线的原因,就将这些暗线称为福劳霍费线。1860 年本生(R. Bunson)和克希荷夫(G. Kirchhoff)在研究碱金属和碱土金属的火焰光谱时,发现钠蒸气发出的光通过温度较低的钠蒸气时,会引起钠光的吸收,并且根据钠发射线与暗线在光谱中位置相同这一事实,证明太阳连续光谱中的暗线,正是太阳外围大气圈中的钠原子对太阳光谱中的钠辐射吸收的结果。

2. 原子的量子能级及能级图　原子由原子核及核外的电子组成。原子外的电子具有不同能级,不同能级间的能量差不同。最外层的电子一般处于最低的能级状态,整个原子也处于最低的能级状态即基态。整个原子的运动状态用量子数来描述即光谱项。

$n^M L_J$ [n:主量子数,指核外价电子所处的能级,取值为 1,2,3 …… 任意正整数。L:总角量子数,表示电子的轨道形状,其值为外层价电子角量子数 l 的矢量和,取值可能为 0,1,2,3 ……,相应的符号为 S、P、D、F。S:总自旋量子数:表示各单个价电子自旋量子数的矢量和,取值为 $0,\pm\frac{1}{2},\pm1,\pm\frac{3}{2}$ ……。J:内量子数,是指原子中各价电子组合得到的轨道磁矩 L 与自旋量子数 S 的矢量和,即 $J=L+S$。取值为 $L+S, L+S-1, \cdots\cdots, |L-S|$,若 $L \geqslant S$, J 有 $(2S+1)$ 个数值;若 $L<S$, J 有 $(2L+1)$ 个数值。M:表示光谱项中光谱支项的数

目，数值上 $M=2S+1$。]

原子中可能存在的能级状态及能级跃迁用图解的形式表示，称为原子的能级图。

3. 原子在各能级的分布　玻尔兹曼常数理论和实验证明，在不同温度下，当达到热力学平衡时，激发态原子数可以忽略，因此，基态的原子数近似地等于被测元素的总数（原子浓度），即所有原子的吸收都是在基态进行的。

4. 共振线　原子在基态与第一激发态之间跃迁产生的谱线称为共振线。各元素的原子结构和外层电子排布不同，从基态跃迁至第一激发态吸收的能量不同，共振线各具特征性。共振线是元素所有谱线中最强、最灵敏的特征谱线，故常用作为分析线进行定量分析。

5. 原子吸收线的轮廓　以透过光强（I_ν）或吸收系数（K_ν）为纵坐标、频率（ν）为横坐标描述的曲线。

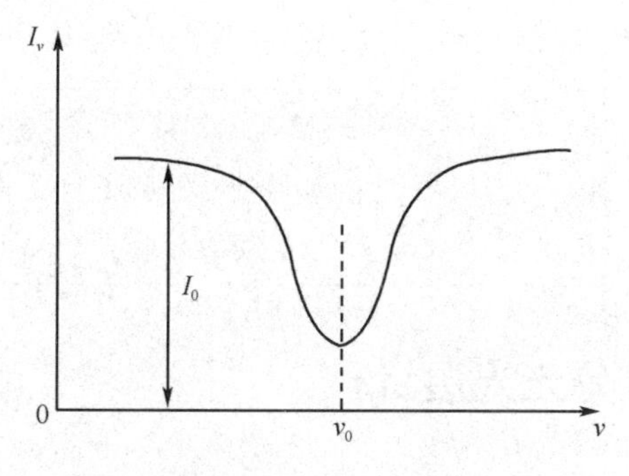

曲线最低点 ν_0（中心频率）

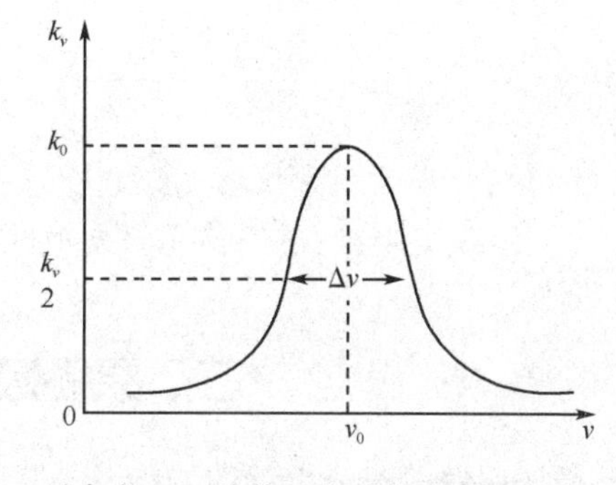

最高点 K_0（峰值吸收系数或中心吸收系数）

$\Delta\nu$（半宽度）是中心频率（ν_0）吸收系数 K_0 一半时，所对应的谱线轮廓上两点间的距离。

6. 谱线变宽的因素

（1）自然宽度 $\Delta\nu_N$：无外界条件影响下，谱线固有的宽度。激发态原子的寿命短，吸收线的自然宽度宽。

（2）多普勒变宽（热变宽）$\Delta\nu_D$：由无规则的热运动产生的变化。测定的温度越高，被测元素的原子质量越小，原子的相对热运动越剧烈，热变宽越大。

（3）压力变宽：由于吸光原子与蒸气中原子相互碰撞而引起能级的微小变化，使发射或吸收的光量子频率改变而导致变宽。

1）赫鲁兹马克变宽 $\Delta\nu_R$：（共振变宽）：被测元素激发态原子与基态原子间碰撞引起的谱线变宽。试样原子蒸气浓度越大，共振变宽越宽。

2）劳伦茨变宽 $\Delta\nu_L$：被测元素原子与其他外来粒子（原子、分子、离子、电子）相互碰撞而引起的谱线变宽。原子区内气体压力的增加和温度升高，劳伦茨变宽越宽。

提示

除上述因素外，影响谱线变宽的还有电场变宽、磁场变宽、自吸变宽等。在通常实验条件下，吸收线轮廓主要受 Doppler（多普勒）变宽和 Lorentz（劳伦茨）变宽的影响。锐线光源发射线轮廓主要受 Doppler 变宽和自吸变宽的影响。

7. 原子吸收的测量方法　积分吸收法与峰值吸收法。

（1）积分吸收：原子蒸气所吸收的全部能量，即原子吸收曲线下所包括的整个面积称积分吸收。积分吸收 $\int K_\nu d\nu = KN$，与待测元素原子的总数 N 呈线性关系。

（2）峰值吸收：原子吸收曲线轮廓的中心频率或中心波长所对应的峰值吸收系数 K_0 称峰值吸收，$K_0 = KN$，与待测元素原子的总数 N 呈线性关系。

现行仪器采用峰值吸收测量法代替积分吸收法进行定量分析。

8. 原子吸收值与原子浓度的关系 $A=-\lg\frac{I_\nu}{I_0}=0.434K_\nu L$，式中 K_ν 为吸收系数，I_ν 为透过光强，I_0 为入射光强度，L 为原子蒸气厚度。采用锐线光源，用最大吸收 K_0 代替 K_ν，测定条件一定时，原子吸收值与原子浓度的关系可表示为：

$$A=-\lg\frac{I_\nu}{I_0}=K'c$$

提示

峰值吸收代替积分吸收进行定量的必要条件：①锐线光源的发射线与原子吸收线的中心频率完全一致；②锐线光源发射线的半宽度比吸收线的半宽度更窄。

二、原子吸收分光光度计

1. 原子吸收分光光度计的结构及光路图

2. 原子吸收分光光度计的主要部件

（1）光源
- ①作用：发射待测元素的特征谱线。
- ②要求：发射辐射波长的半宽度要明显小于吸收线的半宽度，辐射强度大、稳定且背景信号小。
- ③常用光源：空心阴极灯。

（2）原子化器
- ①作用：将试样中的待测元素转变成原子蒸气。
- ②火焰原子化器：包括雾化器、燃烧器。优点是操作简单，火焰稳定，重现性好；缺点是原子化效率低。
- ③石墨炉原子化：在石墨管中原子化，优点是试样用量少，原子化效率几乎达 100%；缺点是测定重现性差，操作复杂。
- ④低温原子化法（化学原子化法）：常用的有汞低温原子化法和氢化物法。

（3）单色器
- ①作用：将所需的共振吸收线与邻近干扰线分离。
- ②常用元件：光栅。

（4）检测系统
- ①作用：将单色器分出的光信号进行光电转换。
- ②常用元件：电倍增管。

三、原子吸收分光光度法测定条件的选择

1. 进样量 通过实验测定吸光度值与进样量的变化，选择达到最满意的吸光度要求的进样量为合适的进样量。

2. 分析线 通常选择共振吸收线作为分析线。

3. 狭缝宽度 较宽的狭缝有利于增加灵敏度，提高信噪比。谱线简单的元素可选用较大的狭缝宽度；多谱线的元素宜选择较小的狭缝，以减少干扰，改善线性范围。

4. 空心阴极灯的工作电流 在保证放电稳定和足够光强的条件下，尽量选用低的工作电流。实际工作中，通过绘制吸光度－灯电流曲线选择最佳灯电流。

5. 原子化条件 火焰原子化法中分析线在短波区的元素宜用氢火焰，易电离元素宜高温火焰；石墨炉原子化法中干燥阶段采用稍低于溶剂沸点的温度；热解、灰化阶段保证被测元素没有明显损失，将试样加热到尽可能的高温。原子化阶段选择吸收信号最大时的最低温度。

提示

火焰原子化法中火焰的选择要保证原子化效率；石墨炉原子化法干燥、灰化、原子化和净化几个阶段的温度与持续时间，均要通过实验选择。

四、原子吸收分光光度法的干扰因素及消除方法（表 13-1）

表 13-1　原子吸收分光光度法的干扰因素及消除方法

干扰因素	引起原因	消除方法
电离干扰	被测元素在原子化过程中发生电离，使基态原子数减少，使吸光度降低	加入消电离剂，它的电离电位比被测元素低，更易电离，如测定 Ca 时加入 KCl
基体干扰（即物理干扰）	试样的物理性质（如表面张力、黏度、比重、温度等）变化，使吸光度下降	采用标准加入法定量或配制与被测试样组成相似的标准溶液
光学干扰		
光谱线干扰	试样中共存元素的吸收线与被测元素的分析线相近产生干扰，使分析结果偏高	化学方法分离干扰元素或另选灵敏度较高的分析线；例如测 Fe 用 271.903nm 时，Pt 271.904nm 有重叠干扰，可先选 Fe248.33nm 为分析线
非吸收线干扰（背景干扰）	原子化过程中生成的气体分子、氧化物、盐类等对共振线的吸收及微小固体颗粒使光产生散射而引起的干扰，使吸光度增大	邻近非共振线校正、连续光源背景校正、塞曼（Zeeman）效应法
化学干扰	被测元素与其他共存组分之间发生化学反应而生成难挥发或难离解的化合物而产生的干扰，使吸光度降低	加入释放剂、保护剂、基体改进剂，适当提高原子化温度

五、灵敏度和检出限(表 13-2)

表 13-2 灵敏度和检出限

	定 义	计算公式
灵敏度	能产生 1%吸收(或吸光度为 0.0044)信号时,所对应的被测元素的浓度或被测元素的质量	特征浓度(火焰原子法) $s_c=\dfrac{0.0044\times c_x}{A}$ (μg/ml) 特征质量(石墨炉原子法) $s_m=\dfrac{0.0044\times m_x}{A}=\dfrac{0.0044c_xV}{A}$ (g 或 μg)
检出限	以给出信号为空白溶液信号的标准偏差(σ)的 3 倍时所对应的待测元素的浓度或质量来表示	$D_c=\dfrac{c_x3\sigma}{A}$ (μg/ml) $D_m=\dfrac{m_x3\sigma}{A}=\dfrac{c_xV3\sigma}{A}$ (g 或 μg)

注:c_x 为待测元素 x 的浓度;A 为多次测得吸光度的平均值;m_x 为待测元素 x 的质量;V 为试液进样体积;σ 为空白值至少 10 次连续测量的标准偏差。

六、定量分析方法

1. 标准曲线法 依次测定空白对照液和各浓度对照品溶液的吸光度 A,绘制 $A-c$ 标准曲线。在相同条件下,测定待测试样的吸光度,绘制标准曲线或回归方程,求得试样中被测元素的浓度或含量。简便、快速但仅适用于组成简单的试样。

2. 标准加入法 在相同浓度的 5~7 份样品溶液中,依次加入不同浓度的被测元素的对照品,配制成从零开始递增的一系列溶液:c_x+0,c_x+c_s,c_x+2c_s,…c_x+nc_s。在相同条件下分别测得它们的吸光度为:A_0,A_1,A_2,…A_n。以吸光度为纵坐标,标准溶液浓度为横坐标作图得一直线,延长直线至与横坐标相交,此交点与原点间的距离即相当于被测试样溶液中待测元素的浓度。此法适用于试样基体影响较大,又没有基体空白,或测定纯物质中极微量元素。注意:试样中被测元素的浓度应在 $A-c_s$ 标准曲线的线性范围内,应该进行试剂空白的扣除。

3. 内标法 在对照品溶液和试样溶液中分别加入一定量的内标元素,同时测定这两种溶液的吸光度比值 $A_s/A_{内}$、$A_x/A_{内}$,然后绘制 $A_s/A_{内}-c$ 标准曲线或求回归方程。A_s、$A_{内}$ 分别为对照品溶液中被测元素和内标元素的吸光度,c 为对照品溶液中被测元素的浓度。再根据试样溶液的 $A_x/A_{内}$,从标准曲线上或回归方程中即可求出试样中被测元素的浓度。此法可消除在原子化过程中由于实验条件变化而引起的误差。内标法的应用需要使用双波道型原子吸收分光光度计,要求内标元素应与被测元素在原子化过程中具有相似的特性。

经典习题

一、最佳选择题

1. 原子吸收光谱是由(　　)能级跃迁而产生的。
   A. 分子中电子发生电子　　B. 分子中电子发生转动　　C. 分子中电子发生振动
   D. 原子外层价电子不同　　E. 原子最内层电子不同
2. 原子吸收分光光度计中光源的作用是(　　)。
   A. 提供试样吸收的紫外光　　B. 发射待测元素原子的特征共振线
   C. 提供试样蒸发所需的能量　　D. 提供试样原子化过程所需的能量
   E. 产生具有足够强度的散射光
3. 在原子吸收分析中,加入消电离剂可以抑制电离干扰。一般来说,消电离剂的电离电位(　　)。
   A. 比被测元素高　　B. 比被测元素低　　C. 与被测元素相近
   D. 与待测元素相同　　E. 与待测元素无关
4. 原子吸收分光光度计中常用光源是(　　)。
   A. 氢灯　　B. 钨灯　　C. X-射线管
   D. 空心阴极灯　　E. 氙灯
5. 若组分较复杂且被测组分含量较低时,为了简便准确地进行分析,一般选择的方法是(　　)。
   A. 标准曲线法　　B. 内标法　　C. 标准加入法
   D. 外标法　　E. 归一化法
6. 在原子吸收光谱法分析中,下列何种干扰因素使吸光度值增加而产生正误差?(　　)
   A. 物理干扰　　B. 化学干扰　　C. 电离干扰
   D. 非吸收线干扰　　E. 光谱线干扰
7. 下列可消除背景干扰的方法是(　　)。
   A. 加入消电离剂　　B. 加入释放剂　　C. 减少狭缝宽度
   D. 塞曼(Zeeman) 效应法　　E. 采用标准加入法定量
8. 在火焰法测定时加入高浓度的 KCl,可消除(　　)。
   A. 电离干扰　　B. 非吸收线干扰　　C. 光谱线干扰
   D. 基体干扰　　E. 化学干扰
9. 在通常的实验条件下,原子吸收线的轮廓主要受(　　)的影响。
   A. 自然变宽　　B. 多普勒变宽　　C. 赫鲁兹马克变宽
   D. 劳伦茨变宽　　E. 多普勒变宽与劳伦茨变宽
10. 由不规则热运动引起的原子吸收线轮廓变宽称为(　　)。
    A. 自然变宽　　B. 多普勒变宽　　C. 赫鲁兹马克变宽
    D. 劳伦茨变宽　　E. 自吸变宽

二、配伍选择题

[1～5]

A. 空心阴极灯　　B. 原子化器　　C. 单色器　　D. 检测器　　E. 放大器

上述各部件的作用是:

1. 提供能量,使试样干燥、蒸发并使被测元素转化为气态的基态原子(　　)。
2. 将所需的共振吸收线与邻近干扰线分离(　　)。
3. 将单色器分出的光信号进行光电转换(　　)。

4. 发射被测元素基态原子所吸收的特征共振线(　　)。

5. 将光电倍增管的信号放大(　　)。

[6～10]

A. 多普勒变宽　B. 劳伦茨变宽　C. 赫鲁兹马克变宽　D. 自然变宽　E. 磁场变宽

下述各原因引起的变宽是:

6. 外部磁场(　　)。

7. 吸光原子的激发态原子与基态原子之间的碰撞(　　)。

8. 吸光原子与其他气体分子或原子间的碰撞(　　)。

9. 原子无规则的热运动(　　)。

10. 在无外界条件影响下,谱线固有的宽度(　　)。

[11～15]

A. 化学干扰　B. 电离干扰　C. 背景干扰　D. 光谱干扰　E. 物理干扰

由于下列原因引起的干扰是:

11. 被测元素在原子化过程发生电离(　　)。

12. 试样与标准溶液物理性质差异(　　)。

13. 被测元素原子与共存组分发生化学反应生成稳定的化合物(　　)。

14. 共存元素吸收线与被测元素分析线波长接近(　　)。

15. 在原子化过程中生成的分子对光产生散射或吸收(　　)。

三、多项选择题

1. 吸收线的特征可用下列哪些参数来表征?(　　)

A. 波长　B. 谱线宽度　C. 中心频率
D. 吸收强度　E. 频率

2. 原子吸收分光光度计与紫外－可见分光光度计的主要区别是(　　)。

A. 光源　B. 单色器　C. 检测器
D. 吸收池　E. 显示器

3. 采用峰值吸收代替积分吸收必须满足的条件是(　　)。

A. 发射线半宽度小于吸收线半宽度
B. 发射线半宽度大于吸收线半宽度
C. 发射线的中心频率与吸收线中心频率相同
D. 发射线的中心频率小于吸收线中心频率
E. 发射线的中心频率大于吸收线中心频率

4. 用标准加入法进行测定可以(　　)。

A. 消除背景吸收　B. 消除基体干扰　C. 测定样品的回收率
D. 测定纯物质中极微量的元素　E. 减少谱线变宽

5. 合适的原子吸收分光光度法的测定条件是(　　)。

A. 防止试样污染　B. 选择共振线作分析线
C. 选择吸光度大且平稳的最大狭缝
D. 原子化时尽量使用高的火焰温度
E. 在保证放电稳定和足够光强条件下,尽量选择低的空心阴极灯工作电流

6. 下列哪些方法可消除化学干扰?(　　)

A. 适当提高原子化温度　B. 加入释放剂　C. 加入保护剂
D. 加入基体改进剂　E. 加入消电离剂

四、问答题

1. 在原子吸收光谱法中如何选择分析线？为什么？

2. 简述发射线和吸收线的轮廓对原子吸收分光光度法分析的影响。

3. 什么是积分吸收？什么是峰值吸收？为什么原子吸收分光光度法常用峰值吸收不用积分吸收？采用峰值吸收需要什么条件？

4. 原子吸收分光光度计与紫外－可见分光光度计的组成与光路图有何区别？为什么？

五、计算题

1. 某试样中 Ca 的含量约为 0.01%，若用原子吸收法测定 Ca，其最适宜的测定浓度是多少？应称取多少克试样制成多少体积溶液进行测定较合适？已知 Ca 的灵敏度是 0.004(μg/mL)。

2. 0.050μg/mL 的 Co 标准溶液，用石墨炉原子化器的原子吸收分光光度计，每次以 5μL 与去离子水交替连续测定 10 次，测得的吸光度如下表。求该原子吸收分光光度计对 Co 的检出限。

序号	1	2	3	4	5	6	7	8	9	10
A	0.165	0.170	0.166	0.165	0.168	0.167	0.168	0.166	0.170	0.167

3. 配制浓度为 2.00μg/mL 的含镁水溶液，测得吸光度为 0.301，请计算原子吸收分光光度法测定镁的灵敏度。

参考答案

一、最佳选择题

1. D　2. B　3. B　4. D　5. C　6. D　7. D　8. A　9. E　10. B

二、配伍选择题

[1～5] BCDAE　[6～10] ECBAD　[11～15] BEADC

三、多项选择题

1. BCD　2. ABD　3. AC　4. BCD　5. ABCE　6. ABCD

四、问答题

1. 答：原子吸收分光光度法中，应选择吸收强度大、分析灵敏度高的吸收线作分析线。共振线是电子在基态与第一激发态的能级间的跃迁中所产生的，共振线的跃迁概率大，吸收强度大，是各元素的所有谱线中最灵敏的谱线，所以常用作分析线。

2. 答：(1) 当发射线宽度＜吸收线宽度时，吸收完全，灵敏度高，校正曲线的线性好，准确度高。

(2) 当发射线宽度＞吸收线宽度时，吸收不完全，灵敏度低，校正曲线的线性差，准确度差。

(3) 发射线与吸收线的轮廓有显著位移时，吸收最不完全，灵敏度最低，校正曲线的线性最差。

3. 答：原子吸收线轮廓所包括的面积称积分吸收。原子吸收线上中心频率或中心波长所对应的峰值吸收系数称峰值吸收。积分吸收和峰值吸收都与被测元素的浓度成正比，是原子吸收法定量的依据。由于原子吸收线很窄，包括面积很小，需要单色器的分辨率高达 50 万以上的色散仪才能测得积分吸收，现在技术已可做到，但测定成本很高，为了降低成本，仍然使用分辨率低的色散仪，以峰值吸收代替积分吸收。采用峰值吸收代替积分吸收要求：光源发射线的半峰宽小于吸收线的半峰宽，发射线的中心频率或中心波长与吸收线的一致。采用锐线光源可以做到。

4. 答：两种分光光度计均由光源、单色器、吸收池(或原子化器)、检测器和记录仪组成。光路图如下：

原子吸收分光光度计的结构及光路图：

光源 ⟶ 原子化器 ⟶ 单色器 ⟶ 检测器 —— 讯号处理及显示

紫外-可见分光光度计的结构及光路图：

光源 ⟶ 单色器 ⟶ 吸收器 ⟶ 检测器 —— 讯号处理及显示

两者区别及原因见下表：

	光 源	单色器位置
原子吸收	锐线光源：原子吸收光谱是线状光谱，原子吸收线的积分吸收与样品浓度呈线性关系，但由于原子吸收线的半宽度很小，如果采用连续光源，要测定半宽度很小的吸收线的积分吸收值就需要分辨率非常高的单色器，成本很高，因此采用锐线光源，利用峰值吸收来代替积分吸收。	单色器放在原子化器后面。目的是避免火焰中非吸收光的干扰。
紫外-可见分光光度计	连续光源：紫外分光光度计测定的是分子光谱，分子光谱属于带状光谱，具有较大的半宽度，使用普通的棱镜或光栅就可以达到要求。而且使用连续光源还可以进行光谱全扫描，可以用同一个光源对多种化合物进行测定。	单色器在光源后面，吸收池前面。目的是将来自光源的连续光谱按波长色散，从中分离出一定宽度的谱带照射吸收池中的试样。

五、计算题

1. 解：在原子吸收分析中，适宜的吸光度(A)范围为0.1～0.5。依据 $s_c=\dfrac{0.0044\times c_x}{A}$ 得：

最低浓度：$c_x=\dfrac{s_cA}{0.0044}=\dfrac{0.004\times0.1}{0.0044}=0.09\ (\mu g/mL)$

最高浓度：$c_x=\dfrac{s_cA}{0.0044}=\dfrac{0.004\times0.5}{0.0044}=0.45\ (\mu g/mL)$

因为试样只要求测Ca，一般情况下，试样制成25mL溶液进行测定即可。应称的试样重的范围为：

最低：$m=\dfrac{25\times0.09}{0.01\%}\times10^{-6}=0.022\ (g)$

最高：$m=\dfrac{25\times0.45}{0.01\%}\times10^{-6}=0.11\ (g)$

分析天平称量0.022g时误差大，因此应称取0.10～0.12g试样制成25mL体积溶液测量较合适。

2. 解：求出噪声的标准偏差为 $\sigma=1.83\times10^{-3}$，吸光度的平均值为0.167，代入检测限的表达式得：

$$D_m=\frac{c_xV3\sigma}{A}=\frac{0.050\times5\times10^{-3}\times3\times1.83\times10^{-3}}{0.167}=8.2\times10^{-6}\ (\mu g)$$

$$=8.2\times10^{-12}\ (g)$$

3. 解：依据 $s_c=\dfrac{0.0044\times c_x}{A}$，求得 $s_c=\dfrac{0.0044\times2.00}{0.301}=0.0292\ (\mu g/mL/1\%)$

知识地图

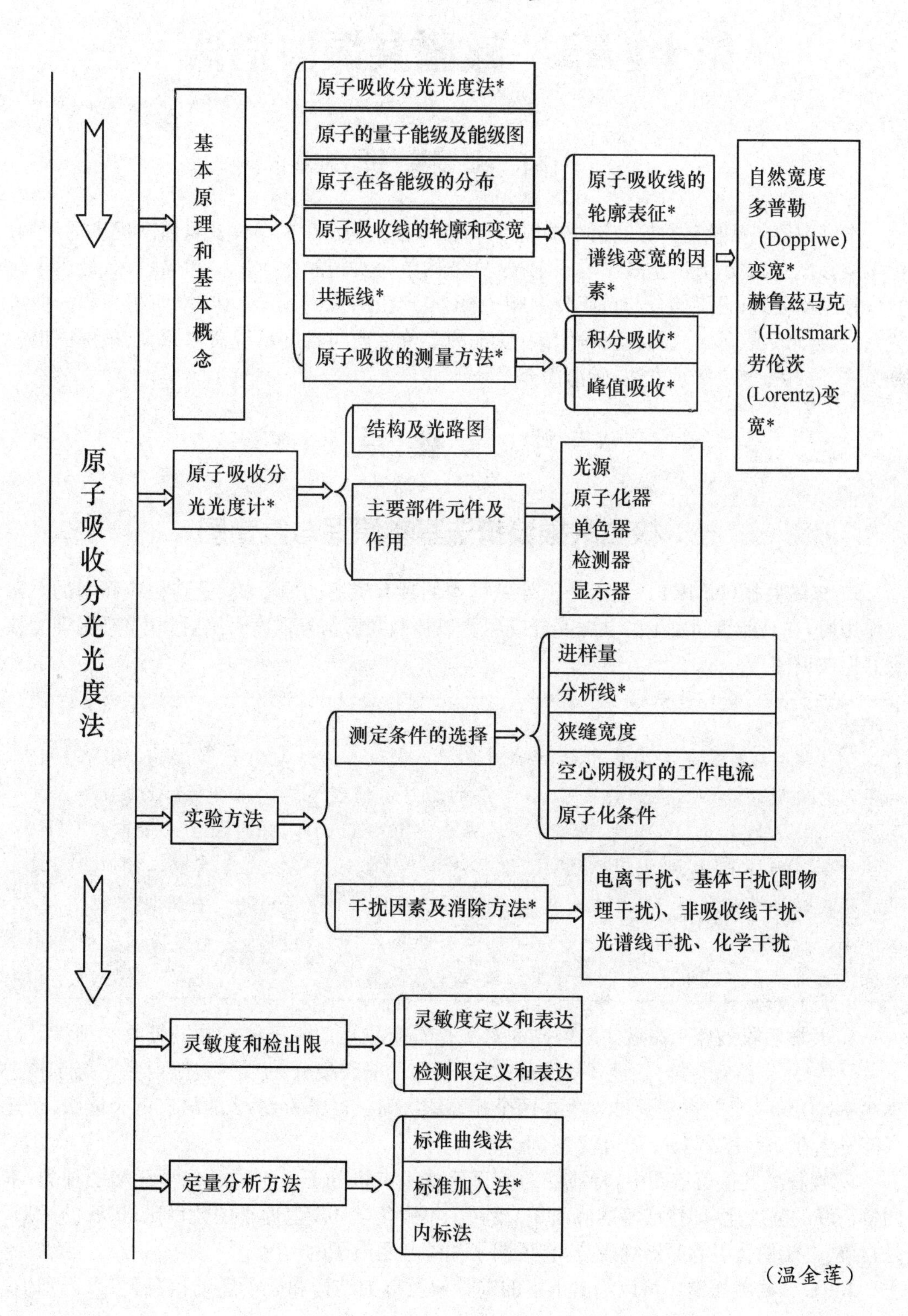

原子吸收分光光度法
基本原理和基本概念
原子吸收分光光度法*
原子的量子能级及能级图
原子在各能级的分布
原子吸收线的轮廓和变宽
原子吸收线的轮廓表征*
谱线变宽的因素*
自然宽度
多普勒(Dopplwe)变宽*
赫鲁兹马克(Holtsmark)
劳伦茨(Lorentz)变宽*
共振线*
原子吸收的测量方法*
积分吸收*
峰值吸收*
原子吸收分光光度计*
结构及光路图
主要部件元件及作用
光源
原子化器
单色器
检测器
显示器
实验方法
测定条件的选择
进样量
分析线*
狭缝宽度
空心阴极灯的工作电流
原子化条件
干扰因素及消除方法*
电离干扰、基体干扰(即物理干扰)、非吸收线干扰、光谱线干扰、化学干扰
灵敏度和检出限
灵敏度定义和表达
检测限定义和表达
定量分析方法
标准曲线法
标准加入法*
内标法

（温金莲）

第十四章　核磁共振波谱法

内容提要

本章内容包括核磁共振波谱法的基本原理、核磁共振产生的条件及氢谱图提供的信息；化学位移概念、表示方法及其影响因素；常见结构单元质子的化学位移和烯烃、芳烃质子化学位移经验公式；自旋偶合与自旋分裂相关概念、产生的原因、$n+1$ 律；峰面积与积分曲线关系；偶合常数表示方式及其影响因素；质子的等价性质与自旋系统命名原则、核磁图谱的分类；核磁共振氢谱解析方法；碳谱简介。

学习要点

一、核磁共振波谱法基本原理与氢谱图

1. 核磁共振(NMR)　是指处于外磁场中的具有磁矩的原子核，受到相应频率的电磁波作用时，在其能级间发生的共振跃迁现象。以核磁共振信号强度对照射频率作图，即为核磁共振波谱图。

趣味知识

核磁共振现象是美国斯坦福大学的 F. Block 和哈佛大学的 E. M. Purcell 于 1945 年同时发现的，为此，他们荣获了 1952 年的诺贝尔物理学奖。1951 年 Arnold 等人发现了乙醇(CH_3CH_2OH)的核磁共振信号是由 3 组峰组成的，并对应于分子中的 CH_3、CH_2 和 OH 三组质子，揭示了 NMR 信号与分子结构的关系。由于实现二维以及多维核磁共振谱等新技术用于归属复杂分子，R. R, Ernst 荣获 1991 年诺贝尔化学奖。NMR 成像技术的出现，成为医学诊断的重要手段，为此，美国保罗・劳特布尔和英国彼德・曼斯菲尔德荣获 2003 年诺贝尔生理学医学奖。

2. 共振吸收条件　核磁共振研究的对象是具有磁矩的原子核。共振吸收必须满足以下 4 个条件：①核有自旋(磁性核)；②外磁场，使核的能级裂分；③$\nu_0=\nu$：照射频率等于核进动频率；④$\Delta m=\pm1$：跃迁只能发生在两个相邻能级间。对于 $I=1/2$ 的核有两个能级，跃迁只能发生在 $m=1/2$ 与 $m=-1/2$ 之间。

3. 在核磁共振氢谱图中，特征峰的数目反映了有机分子中氢原子化学环境的种类；不同特征峰的强度比(即特征峰的峰面积)反映了不同化学环境氢原子的数目比；谱峰的峰形，是自旋-自旋偶合引起的谱峰裂分，它说明了相邻基团质子的情况。

4. ^{13}C 核磁共振谱　可以给出丰富的碳骨架及有关结构和分子运动信息，可以区别伯、

仲、叔、季碳原子。

提示

(1) $I=0$ 的核，如^{16}O、^{12}C、^{32}S 等，无自旋，没有磁矩，不能产生核磁共振现象。

(2) 只有 $I>0$ 的核才有自旋现象，$I=1/2$ 的原子核，如^{1}H、^{13}C、^{19}F、^{31}P 等，原子核可看作核电荷均匀分布的球体，并像陀螺一样自旋，有磁矩产生。C 和 H 是有机化合物的主要组成元素，是核磁共振研究的主要对象。

(3) 其他有自旋的核，如 $I=1$ 的^{2}H 和^{14}N；$I=3/2$ 的^{11}B、^{35}Cl、^{79}Br 和^{81}Br；$I=5/2$ 的^{17}O 和^{127}I，这类原子核的核电荷分布可看作一个椭圆体，电荷分布不均匀，共振吸收复杂，研究应用较少。

二、化学位移

1. 屏蔽效应　指核外电子及其他因素对抗外加磁场的现象，用屏蔽常数 σ 表示屏蔽效应的大小。进动频率(ν) 与外加磁场强度(H_0) 的关系可用 Larmor 公式表示为 $\nu=\gamma(1-\sigma)H_0/2\pi$，说明进动频率一定时，屏蔽常数增大，共振所需的磁场强度也必须增加。

提示

乙醇(CH_3CH_2OH) 的核磁共振信号中，CH_3 和 CH_2 两组质子发生共振时，CH_2 直接与吸电子基羟基相连，CH_2 的电子云密度小于 CH_3，即 CH_2 的屏蔽常数小于 CH_3 的屏蔽常数，所以 CH_2 共振发生在较 CH_3 低的磁场。

2. 化学位移　见表 14-1。

表 14-1　化学位移的表示方法

定　义	表示方法	公　式
不同化学环境的氢核共振频率不同的现象	用相对值表示，以四甲基硅烷（简称 TMS）为标准物质，以其为零点，测出样品中各类质子的共振峰与零点的距离	$\delta(\text{ppm})=\frac{\nu_{试样}-\nu_{标准}}{\nu_{标准}}\times10^6=\frac{\Delta\nu}{\nu_{标准}}\times10^6$

提示

(1) 同一化学环境的质子具有相同的化学位移，其值与所用仪器的磁场强度无关。

(2) 核磁共振谱横坐标用 δ 表示，规定 TMS 的 $\delta=0$，在它左边 δ 为正值，在它右边 δ 为负值。

(3) 横坐标自左到右表示：
- δ 值由大到小
- σ 值由小到大
- 外磁场强度由低到高

3. 影响化学位移的因素 见表 14-2。

表 14-2 影响化学位移的因素

影响因素	效应名称	不同的键	所起作用	实例(δppm)
分子结构因素	局部屏蔽效应(氢核核外成键电子云产生的抗磁屏蔽效应)		电负性强的取代基,可使邻近氢核的电子云减小,即屏蔽效应减小,共振峰向低场移动	CH_3Cl δ3.05 CH_3Br δ2.68
			电负性基团的诱导效应,随相隔的化学键越多,影响越小	CH_3OH δ3.39 CH_3CH_2OH δ1.18
	磁各向异性(由化学键,尤其是 π 键,对邻近质子产生一个各向异性的磁场)	苯环	在苯环平面的上下,感应磁场与 H_0 相反,是屏蔽作用(+) 在苯环四周,产生顺磁性磁场,是去屏蔽作用(—) 苯环的氢处于去屏蔽区,δ 值较大	苯环氢:δ=7.26 H O 7.85 7.48 7.54
		双键	双键的上下方为屏蔽区(+) 双键的两端为去屏蔽区(—) 双键上的氢处于去屏蔽区	乙烯氢 δ5.25 醛基氢:δ9.4~10.0
		叁键	三键的上下方为去屏蔽区(—) 三键的两端为屏蔽区(+) 三键上的氢处于正屏蔽区,故其化学位移值反而小于烯氢	乙炔氢 δ2.88
		单键	沿着单键键轴方向是去屏蔽区,键轴的四周是屏蔽区 只有当单键旋转受阻时才表现出来	环己烷直立键上的氢 δ 值比平伏键上的氢小
	氢键的影响		氢键缔合后,电子屏蔽作用降低,吸收峰将移向低场,δ 值增大	羟基氢在极稀溶液中不形成氢键时,δ 为 0.5~1.0;而在浓溶液中,形成氢键,则 δ 为 4~5
			分子内氢键:不因溶剂稀释而改变 δ 值 分子间氢键:样品浓度大,δ 值也大;惰性溶剂稀释时,δ 值减小	
分子间因素	溶剂效应		溶剂的各向异性效应或形成氢键 同一化合物在不同溶剂中的化学位移会有所改变	氯仿氢 δ7.27,在二甲基亚砜中 δ 为 8.2
	快速质子交换反应		连接在杂原子(如 O、N、S)上的氢是活性的,这种活性质子常发生分子间质子交换或与溶剂质子交换	当测定含有 OH、COOH、NH_2、SH 的化合物采用重水作溶剂时,这类氢可被重氢交换,不再显示吸收峰

4. 质子化学位移的经验公式

烯烃质子化学位移计算公式:$\delta = 5.28 + \sum S$ 。

苯环质子化学位移计算公式:$\delta = 7.30 - \sum Zi$ 。

5. 常见结构单元质子的化学位移(图 14-1)

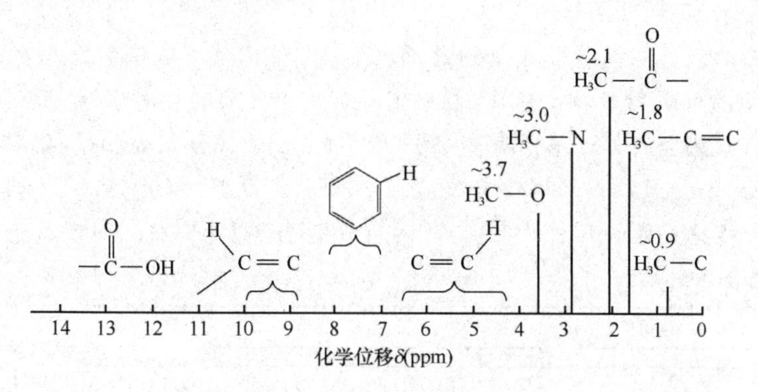

图 14-1　常见结构单元质子的化学位移

三、偶合常数

1. 自旋偶合相关概念和自旋分裂规律　见表 14-3 和表 14-4。

表 14-3　自旋偶合相关概念

名　称	定　义
自旋偶合	核自旋产生的核磁矩间的相互干扰
自旋分裂	由自旋偶合引起共振峰分裂的现象
偶合常数	裂分后小峰之间的距离称偶合常数(J)
$n+1$ 律	某基团的氢与 n 个相邻氢偶合时将被分裂为 $n+1$ 重峰,而与该基团本身的氢数目无关
自旋系统	分子中几个核相互发生自旋偶合作用的独立体系

表 14-4　自旋分裂的规律与实例

相邻氢的数目(n)	说　明	举　例	峰裂分数	裂分峰强度	各基团积分曲线高度比例
0	相邻无其他自旋核,则 H_a 在图谱中只出现一个吸收峰	CH_aCl_3	单峰(s)	1	1
1	CH_3 的共振峰分裂为 $1+1=2$,因为邻近基团只有 1 个 H	CH_3-$CHCl_2$	二重峰(d)	1∶1	3∶1
2	CH_b 邻近基团有 2 个 H	$Cl_2CH_bCH_2Cl$	三重峰(t)	1∶2∶1	1∶2
3	-CH 的共振峰分裂为 $3+1=4$,因为邻近基团甲基上有 3 个 H	CH_3 - $CHCl_2$	四重峰(q)	1∶3∶3∶1	3∶1
4	邻近基团有多个 H 原子时,如果偶合常数相等,仍服从 $n+1$ 律。如果中间 CH_2 邻近基团有两个 CH_2,$2+2+1=5$	$ClCH_2CH_2CH_2CH_3$	五重峰	1∶4∶6∶4∶1	2∶2∶2∶3
5		$CH_3CH(Br)CH_2CHO$	六重峰	1∶5∶10∶10∶5∶1	3∶1∶2
6		$ClCH$-$(CH_3)_2$	七重峰	1∶6∶15∶20∶15∶6∶1	1∶6

提示

(1) 积分曲线总高度和吸收峰的总面积相当，即相当于氢核的总个数。吸收峰面积与引起该吸收的氢核数目成正比，能确定各类质子之间的相对比例。

(2) 当自旋偶合的邻近基团有多个 H 原子时，如果偶合常数相等，仍服从 $n+1$ 律，分裂峰数为$(n+n'+1)$；如果偶合常数不相等，则裂分数目为$(n+1)(n'+1)(n''+1)$。

(3) $n+1$ 律失效的几种情况：①核的自旋量子数 $I\neq1/2$；②同碳质子化学不等价时；③高级偶合系统。

趣味知识

对于 $I\neq1/2$ 的核，峰分裂服从 $2nI+1$ 律，如氘代丙酮溶剂中，可见未完全氘代的氢(CHD_2COCD_3)的化学位移值为 2.05ppm，呈现五重峰而不是三重峰，就是因为 D 的 $I=1$。

2. 影响偶合常数的因素 见表 14-5。

表 14-5 偶合常数的影响因素

影响因素	分类	说明
间隔的键数(偶合核间隔键数增多，偶合常数的绝对值减小。)	同碳偶合(偕偶，^2J 或 J_{gem})	^2J 是负值，在 SP^3 杂化体系中单键能自由旋转，同碳质子大多是磁等价的；在 SP^2 杂化体系中双键不能自由旋转，同碳偶合重要。烯氢的 $^2J=0\sim5$Hz
	邻碳偶合(^3J 或 J vic)	在氢谱中，^3J 是最重要的一种偶合常数，SP^3 体系，$^3J=6\sim8$Hz。苯环，$^3J=6\sim10$Hz。规律：$\boldsymbol{J}_{烯}^{trans}>\boldsymbol{J}_{烯}^{cis}\approx\boldsymbol{J}_{炔}>\boldsymbol{J}_{链烷}$(自由旋转)
	远程偶合(^4J 或 ^5J)	除了具有大 π 键或 π 键的系统外，^4J 或 ^5J 都很小，可以忽略。苯环间位氢：$^4J=1\sim4$Hz；对位氢：$^5J=0\sim2$Hz
角度(当构象固定时，^3J 是两面角 α 的函数)	$\alpha=90°$时	^3J 最小
	$\alpha=0°$或 180°时	^3J 最大，$J_{180°}>J_{0°}$
	$\alpha<90°$时	随 α 的减小，^3J 增大
	α 大于 90°时	随 α 的增大，J 增大，例如 $J_{aa}>J_{ae}$(a 竖键、e 横键)
电负性	因为偶合作用是靠价电子传递的，因而取代基 X 的电负性越大，X-CH-CH-的 $^3J_{H-H}$ 越小	

提示

(1) 偶合常数 J 的单位是 Hz，^{1}H NMR 的横坐标是 ppm，则 $J(\mathrm{Hz})=\Delta\delta\times$ 仪器频率。

(2) 偶合常数 J 的大小与磁场强度无关。

(3) 偶合常数是核磁共振的重要参数之一，可用它研究核间关系、构型、构象及取代位置等。如烯烃，反式 $^3J=11\sim18\mathrm{Hz}$，顺式 $^3J=6\sim15\mathrm{Hz}$。

3. 质子的等价性质与自旋系统　见表 14-6 与表 14-7。

表 14-6　质子的等价性

名称	定义	判别原则或特点	实例
化学等价	相同化学环境的核具有相同的化学位移	有对称点、面、线的分子，即化学等价核	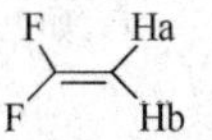 Ha 和 Hb 化学等价
磁等价	分子中一组化学等价核与分子中的其他任何一个核都有相同强弱的偶合，则这组核为磁等价或称磁全同	(1) 组内核化学位移相等。 (2) 与组外偶合核的偶合常数相等 (3) 在无组外核干扰时，组内核虽有偶合，但不产生裂分	CH_3CH_2OH：甲基 3 个 H 和亚甲基 2 个 H 都是磁等价核
磁不等价的几种情况		单键具有双键性时	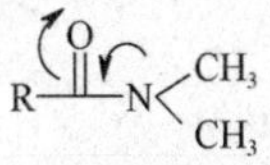 2 个甲基磁不等价
		单键不能自由旋转时	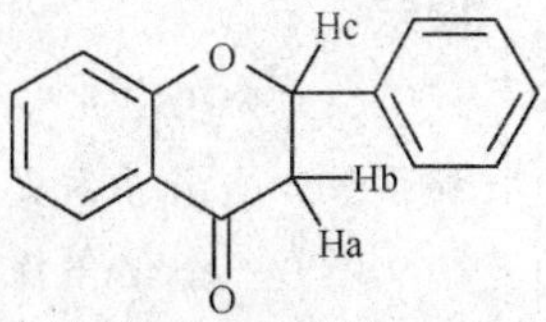 Ha 和 Hb 磁不等价
		与手性碳原子相连的亚甲基上的 2 个氢也是磁不等价	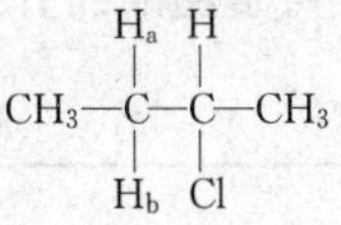 H_a 和 H_b 磁不等价

提示

磁等价核必定化学等价，但化学等价核不一定磁等价，而化学不等价必定磁不等价。如对位二取代苯，Ha 和 Ha′，Hb 和 Hb′为化学等价核，但 Ha 与 Hb 是邻位偶合，Ha′与 Hb 则为对位偶合，$J_{\mathrm{HaHb}}\neq J_{\mathrm{Ha'Hb}}$，故 Ha 和 Ha′是磁不等价。

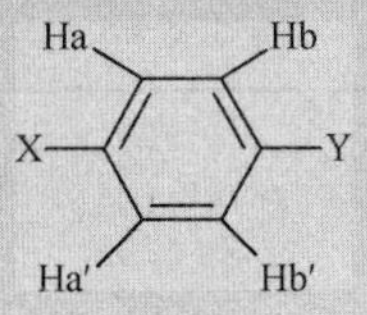

同理，Hb 和 Hb′也是磁不等价核。

表 14-7 自旋系统命名原则

分 类	命名原则	实 例
一级偶合 $\triangle\nu/J>10$	化学位移相同的核构成1个核组,用1个大写英文字母表示。若组内的核为磁等价核,则在大写字母右下角用阿拉伯数字注明该组核的数目	CH_3I A_3 系统
	一级偶合系统中涉及的氢核用英文字母表上相距较远的2个(或3个)字母来表示,如A、M、X等。右下角数字代表该类型磁等价氢核的数目	$H_3C-C(=O)-OCH_2CH_3$ 甲基为 A_3 系统,乙基为 A_2X_3 系统
高级偶合 $\triangle\nu/J<10$	高级偶合系统中涉及的氢核用英文字母表上相距较近的字母来表示,如二旋系统用AB表示,三旋系统用ABC、AB_2、ABX等	Ha、Hb、Hc、O—$COCH_3$ 烯烃质子为ABC系统,甲基为 A_3 系统
	在1个核组中的核化学等价但磁不等价,则用2个相同字母表示,并在另一个字母的右上角加撇、双撇以示区别	H_1、H_2、Cl、NO_2、H_1'、H_2' AA′BB′系统

提示

(1) 分子中化学等价核构成1个核组,相互偶合的一些核或几个核组,构成1个自旋系统。自旋系统是独立的,一般不与其他自旋系统偶合。

(2) 一个化合物可以有几个偶合系统。

4. 核磁图谱的分类 见表14-8。

表 14-8 核磁图谱的分类与特点

分 类	一级图谱	二级图谱
特点	$\triangle\nu/J>10$;等价质子之间尽管互相偶合,但不分裂,其信号为单峰;分裂的小峰数服从 $n+1$ 律;多重峰峰高比为二项式各项系数比;各组峰的中心处为该组质子的化学位移,各峰之间的裂距相等,即为偶合常数;裂分具有"向心"法则	核间干扰强,$\Delta\nu/J<10$,光谱复杂;分裂的小峰数不符合 $n+1$ 律;峰强变化不规则;峰间隔不能代表偶合常数,化学位移和偶合常数需通过计算才能求出
举例	AX、AX_2、AMX、A_2X_2 系统等	AB、ABC、AA′BB′系统等

四、核磁共振氢谱的解析方法

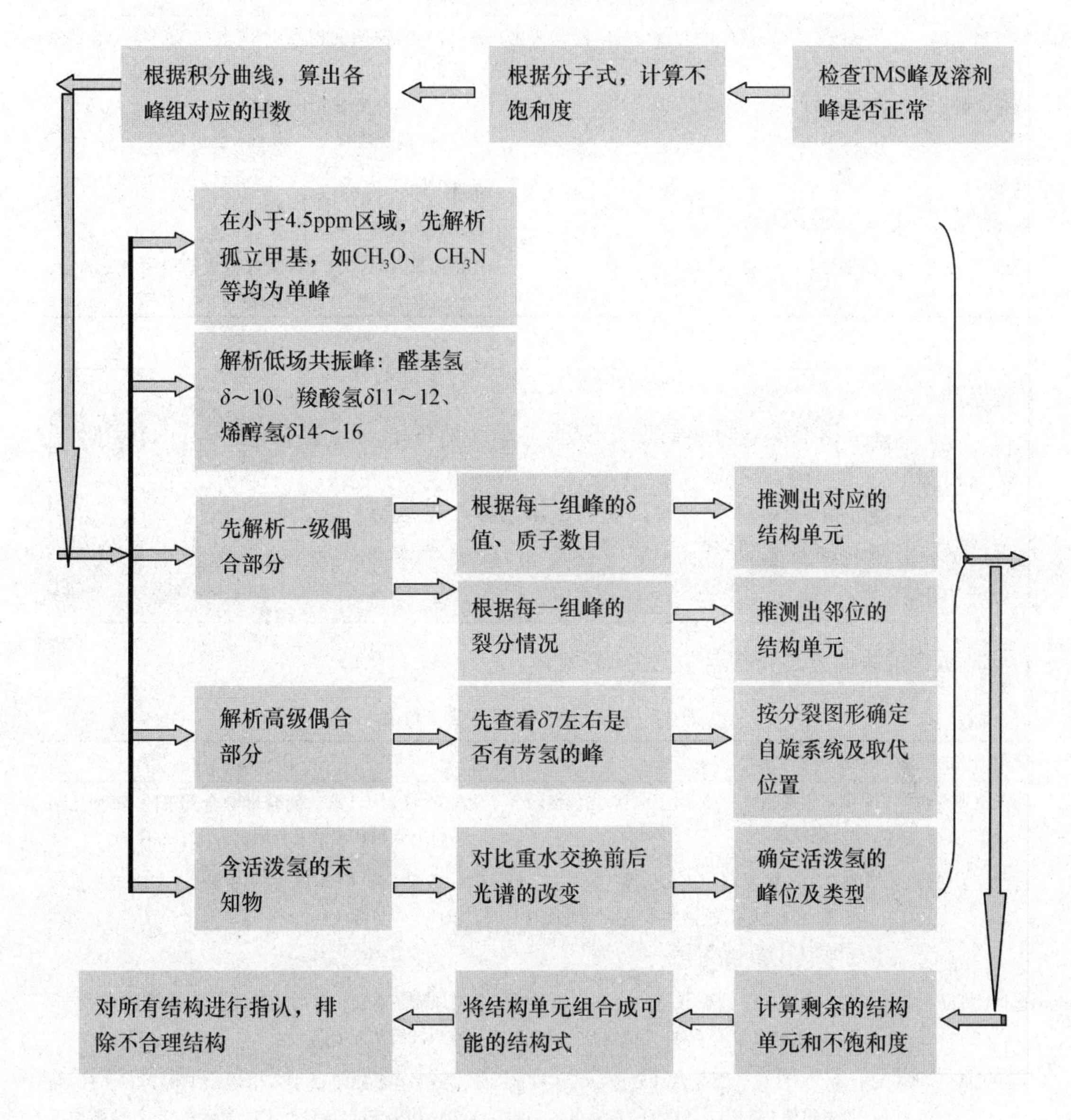

五、核磁共振碳谱和相关谱简介

1. 核磁共振碳谱特点　见表 14-9。

表 14-9　碳谱与氢谱的比较

特　点	氢　谱	碳　谱
化学位移值范围	0～20ppm，分辨率较低	0～250ppm，谱线重叠少，分辨率高
内标物	TMS	TMS

（待续）

（续表）

特点	氢谱	碳谱
信号强度	$\gamma=26.752$，谱线强度与 γ^3 成正比，信号强度高	$\gamma=6.726$，灵敏度相当于^{1}H 谱的 1/5800，信号强度低
偶合常数	^{1}H-^{1}H 偶合常数小，$J=0\sim18$Hz	^{13}C-^{13}C 偶合概率很小，不予考虑 ^{13}C-^{1}H 偶合常数大，$J=125\sim250$Hz
弛豫时间	弛豫时间短	弛豫时间 T_1 长
峰面积	峰面积与氢数目成正比	峰面积与碳数不成正比
图谱	图谱复杂，有一级和高级偶合	图谱简单，CH、CH_2、CH_3 等构成简单的 AX、AX_2、AX_3 体系，可用一级图谱解析

提示

（1）碳谱中，δ 值是最重要的参数，不同化学环境的碳，其 δ 值和相连的 H 的 δ 值有一定对应性。

（2）一般 δ 值：饱和碳＜炔碳＜烯碳＜芳香碳＜羰基碳。

（3）影响化学位移的因素：顺磁屏蔽效应、键的杂化类型、诱导效应和氢键效应等。

2. 碳谱的去偶方法和特点　见表 14-10。

表 14-10　碳谱的去偶方法与特点

简化图谱的办法	测定方法	作用
质子宽带去偶	采用宽频带照射，使氢质子饱和；去偶使峰合并，强度增加	使所有^{1}H 对^{13}C 核的偶合影响全部消除，每种化学等价的碳核在图谱上均表现为 1 个单峰
偏共振去偶	调节 H_2 的强度和频率 ν_2，使$^2J_{CH}$、$^3J_{CH}$趋于零，只有$^1J_{CH}$，碳谱中只显示出直接与 C 相连的 H 造成的裂分	CH_3 碳四重峰（q），CH_2 碳三重峰（t），CH 碳二重峰（d），季碳单峰（s）
选择性质子去偶	用某一特定质子共振频率的射频照射该质子，以去被照射质子对^{13}C 的偶合	使与该质子直接相连的碳被完全去偶，显单峰，其他碳则被偏共振去偶
DEPT 谱	通过改变^{1}H 核的第三脉冲宽度（θ），不同的设置将使 CH、CH_2 和 CH_3 基团显示不同的信号强度和符号	季碳原子在 DEPT 谱中不出峰 45℃时，CH、CH_2 和 CH_3 均出正峰 90℃时，CH 显示正峰，其他碳均不出峰 135℃时，CH_3、CH 显示正峰，CH_2 出负峰

3. 相关谱　^{1}H-^{1}H COSY 谱：是^{1}H 和^{1}H 核之间的位移相关谱，两轴均为^{1}H 核的化学位移。

^{13}C-^{1}H COSY 谱：是两轴分别为^{13}C 及^{1}H 核的化学位移的二维谱。

经典习题

一、最佳选择题

1. 下列原子中原子核没有自旋现象的是(　　)。

A. ^{13}C　　B. ^{1}H　　C. ^{19}F

D. ^{16}O　　E. ^{31}P

2. 当采用400MHz频率照射时,一质子在距TMS 1000Hz处发生共振,请问该质子的化学位移(ppm)是(　　)。

A. 2.5　　B. 10　　C. 0.4

D. 5　　E. 4

3. 在化合物 $CH_3—CH═CH—CHO$ 中,醛基质子化学位移出现区域为(　　)。

A. 1～2 ppm　　B. 3～4 ppm　　C. 6～8 ppm

D. 14～16 ppm　　E. 8～10 ppm

4. 在乙酸乙酯 $\underset{1}{H_3C}—\overset{\overset{O}{\|}}{C}—O—\underset{2}{CH_2}—\underset{3}{CH_3}$ 中,三种质子的化学位移值从大到小排列顺序是(　　)。

A. 1>2>3　　B. 2>1>3　　C. 3>2>1

D. 2>3>1　　E. 1>3>2

5. 磁等价核是指(　　)。

A. 化学位移相同的核

B. 化学位移不相同的核

C. 化学位移相同,对组外其他核偶合作用不同的核

D. 化学位移相同,对组外其他核偶合作用相同的核

E. 化学位移不相同,偶合常数相同的核

6. 在化合物 (Hb)(Hc)C═C(Ha)($COOCH_3$) 的^1H NMR谱中,化学位移处在最高场的氢核是(　　)。

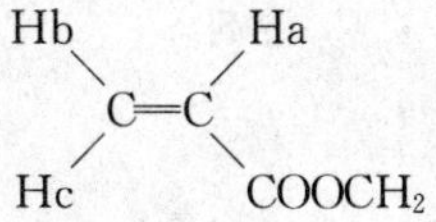

A. Ha　　B. Hb　　C. Hc

D. CH_3　　E. Hb与Hc

7. 在苯环上互为邻位的H质子间的^3J值是(　　)。

A. 0～1Hz　　B. 1～3Hz　　C. 6～10Hz

D. 12～18Hz　　E. 0～5Hz

8. 下列系统中,能观察到质子和其他原子之间自旋分裂现象的是(　　)。

A. ^{19}F-H　　B. ^{35}Cl-H　　C. ^{79}Br-H

D. ^{16}O-H　　E. ^{12}C-H

9. 某化合物的氢谱出现三个吸收峰,化学位移分别是7.2、3.7和2.1ppm,且均为单峰,其结构可能是(　　)。

A. 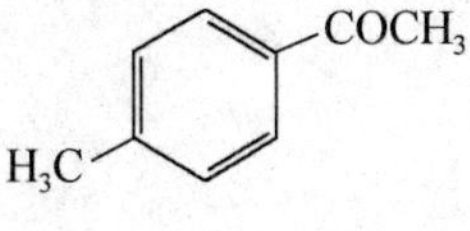 H_3C-(对位苯环)-$COCH_3$　　B. 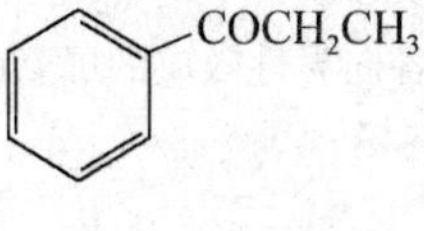 苯环-$COCH_2CH_3$　　C. 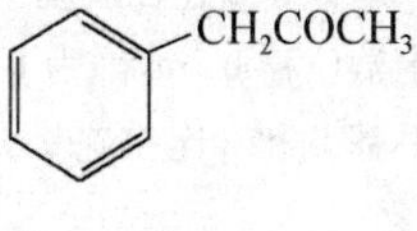 苯环-CH_2COCH_3

D. OMe, OCH_2CH_3　　　　E. Ha, Hb, $C{=}CHOCOCH_3$

10. 在甲苯的^{13}C NMR 谱中,化学环境不同的碳核数目是(　　)。

A. 5　　　　B. 3　　　　C. 7

D. 6　　　　E. 4

二、配伍选择题

[1～5]

A. 0　　B. 1/2　　C. 1　　D. 3/2　　E. 2

下列各个原子核的自旋量子数(I) 是:

1. $^{1}_{1}H$ (　　)。

2. $^{13}_{6}C$ (　　)。

3. $^{13}_{6}C$ (　　)。

4. $^{35}_{17}Cl$(　　)。

5. $^{2}_{1}H$(　　)。

[6～10]

A. A_3 系统　　B. AB 系统　　C. AA′BB′系统　　D. A_2X_3 系统　　E. AX_2 系统

下列化合物中各组氢核的自旋系统命名分别是:

6. $Cl{-}CH{=}CH{-}NO_2$ (　　)。

7. CH_3I (　　)。

8. 乙醇上的乙基 (　　)。

9. 对位取代苯上的氢(　　)。

10. $(Cl)_2CHCH_2Br$ (　　)。

三、多项选择题

1. 影响化学位移的因素是(　　)。

A. 电子云密度　　B. 磁各向异性　　C. 溶剂

D. 外磁场强度　　E. 两面角

2. 产生核磁共振吸收的条件包括(　　)。

A. $\nu_0=\nu$　　B. $\Delta m=\pm1$　　C. $I\neq0$

D. $\Delta V=\pm1$　　E. 有偶极矩变化

3. 影响偶合常数大小的因素是(　　)

A. 偶合核间隔键数　　B. 外磁场强度　　C. 电子云密度

D. 溶剂　　E. 两面角

4. 化合物乙酸乙酯的氢谱中,下列说法正确的是(　　)。

A. 有一个甲基单峰　　B. 有一个甲基三重峰　　C. 有一个亚甲基三重峰

D. 亚甲基位于最低场　　E. 有三个单峰,峰面积比为 3∶2∶3

5. 化合物 A 的氢谱中,三个甲基的化学位移值大小和解释正确的是(　　)。

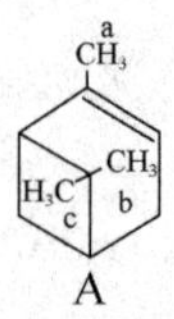

A. 甲基 a 化学位移最大,因为 a 受双键吸电子影响

B. 甲基 b 和 c 连在烷基上,化学位移相等

C. 化学位移 b>c,因为 b 位于双键各向异性效应的屏蔽区

D. 甲基 b 和 c 连在烷基上,处于较高场

E. 化学位移值大小顺序：b＞c＞a

四、问答题

1. 乙烯、乙炔质子的化学位移 δ 值分别为 5.84 和 2.8，试解释乙烯质子出现在低磁场区的原因。

2. 当采用 60MHz 频率照射时，某被测氢核的共振峰与 TMS 间的频率差（$\triangle\nu$）为 430Hz，该峰化学位移（δ）是多少 ppm？

3. 某化合物的^{1}H NMR 谱中，在 δ 为 1.91，2.10 和 4.69 处各有一单峰，试判断该化合物是下列化合物中的那一个？为什么？

A. $CH_3CH{=}CHCO_2CH_3$；　B. $CH_3CH{=}CHOCOCH_3$；　C. $CH_3COOC(CH_3){=}CH_2$

4. 图 14-2、14-3 和 14-4 是下列三个同分异构体的三张氢谱图，根据峰的化学位移和裂分情况，分析三张图对应的化合物。

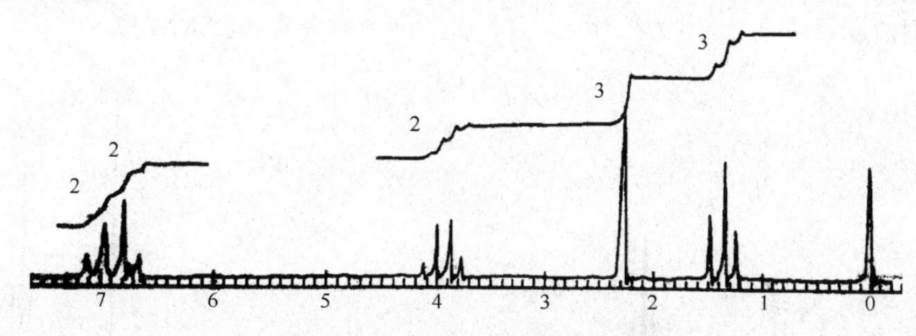

图 14-2　化合物 a 的^{1}HNMR 谱图

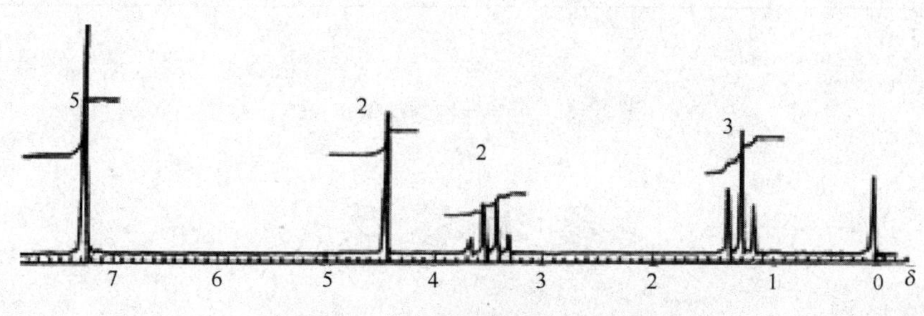

图 14-3　化合物 b 的^{1}HNMR 谱图

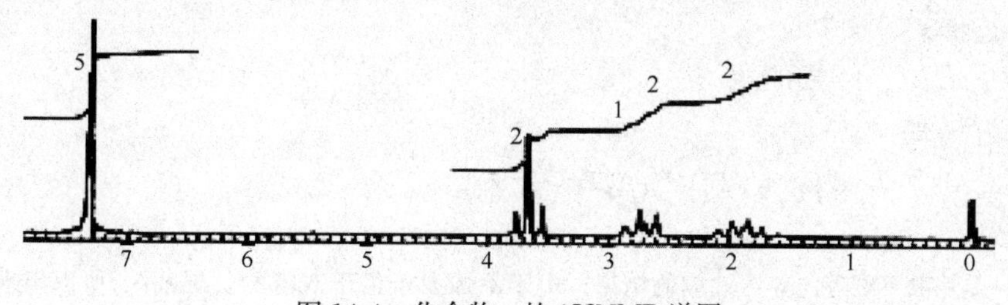

图 14-4　化合物 c 的 1HNMR 谱图

1.

H_3C—⟨苯环⟩—OCH_2CH_3

2. C_6H_5—CH_2—OCH_2CH_3

3. C_6H_5—$CH_2CH_2CH_2OH$

五、波谱解析题

1. 化合物D的分子式为$C_8H_8O_2$，它的光谱数据如下：IR1750cm^{-1}（s），^{1}H－NMR：δ＝11.95ppm(单峰,1H)，7.21ppm(单峰,5H)，3.53ppm(单峰,2H)。当D_2O加到溶液中时，δ＝11.95ppm峰消失。推测化合物D的结构，并解释为什么加入D_2O时，δ＝11.95ppm处的峰消失。

2. 有两种同分异构体，分子式为$C_4H_8O_2$，^{1}H NMR如下图14-5，推测它们的结构。

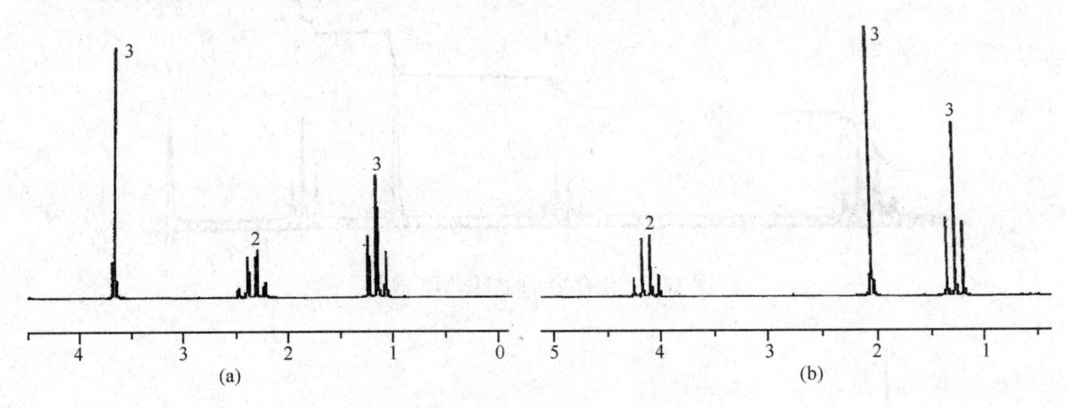

图14-5 同分异构体的氢谱图

参考答案

一、最佳选择题

1.D 2.A 3.E 4.B 5.D 6.D 7.C 8.A 9.C 10.A

二、配伍选择题

1～5.BBADC 6～10.BADCE

三、多项选择题

1.AB 2.ABC 3.ACE 4.ABD 5.ACD

四、问答题

1. 答：主要是由于磁各向异性效应的结果。由于乙烯质子位于双键的负屏蔽区，所以出现在低磁场区，三键上的氢处于正屏蔽区，乙炔质子化学位移小于乙烯质子。

2. 答：$\delta = \frac{430}{60\times10^6}\times10^6 = 7.17(\text{ppm})$。

3. 答：是化合物C。因为只有C有三组不同化学位移的氢，且邻位都没有氢偶合，所以都是单峰，δ1.91为乙酰基甲基，δ2.10是与双键碳相连的甲基，δ4.69是烯烃末端双键的氢。

化合物A和B应该有四组不同化学环境的氢，烯烃上的氢不是单峰，烯烃上的甲基是二重峰。A连着氧的甲基是单峰，δ为3～4；化合物B中也有δ1.91的乙酰基甲基。

4. 答：三个化合物在 δ7ppm 左右都有峰，是苯环的氢，图 a 是两个二重峰，积分曲线高度比为 2∶2，说明苯环为对位取代，对应化合物 1；图 b 和 c 都是 5 个氢的单峰，说明是单取代苯，图 a 和图 b 都有 δ4 附近的四重峰和 δ1～1.5 的三重峰，是乙基的特征，与氧相连，图 b 还有 δ4.5，相当于两个氢的单峰，是亚甲基特征，说明图 b 对应着化合物 2；图 c 只有单取代苯环为单峰，其他基团都有邻位氢偶合，为多重峰，峰面积比为 5∶2∶1∶2∶2，对应着化合物 3。

五、波谱解析题

1. 解：由化合物 D 的分子式 $C_8H_8O_2$，计算不饱和度为 5，分子中可能有一个苯环。δ=7.21ppm(5H)是单取代苯环上的特征峰。单峰，表明与苯环相连的是烷基，δ=3.53ppm(单峰，^{2}H) 是与苯环相连的亚甲基，且邻位没有氢。IR1750cm^{-1}(s)，说明有羰基，^{1}H－NMR：δ=11.95ppm(单峰，1H)，当加入 D_2O 时，δ=11.95ppm 峰消失，说明有羧基。结合分子式和不饱和度，化合物 D 是苯乙酸。当 D_2O 加到溶液中时，羧酸-OH 的质子被氘取代，因此 δ=11.95ppm 的峰消失。

2. 解：由化合物的分子式计算不饱和度为 1，可能有羰基。图 a 和 b 都有一个甲基单峰，不同的是化学位移，图 a δ3.7(3H, S) 为甲氧基(CH_3O-)，图 b δ2.1(3H,S) 为乙酰基的甲基峰。两个图都有四重峰和三重峰，峰面积比为 2∶3，是乙基特征，图 a δ2.4(2H,q)，说明亚甲基连着羰基，图 b δ 4.3(2H,q)，表示亚甲基与 O 相连(酯基)。

因此，推测图 a 对应的化合物结构为：CH_3-OCO-CH_2CH_3，图 b 对应的化合物结构为：$CH_3COO—CH_2CH_3$。

知识地图

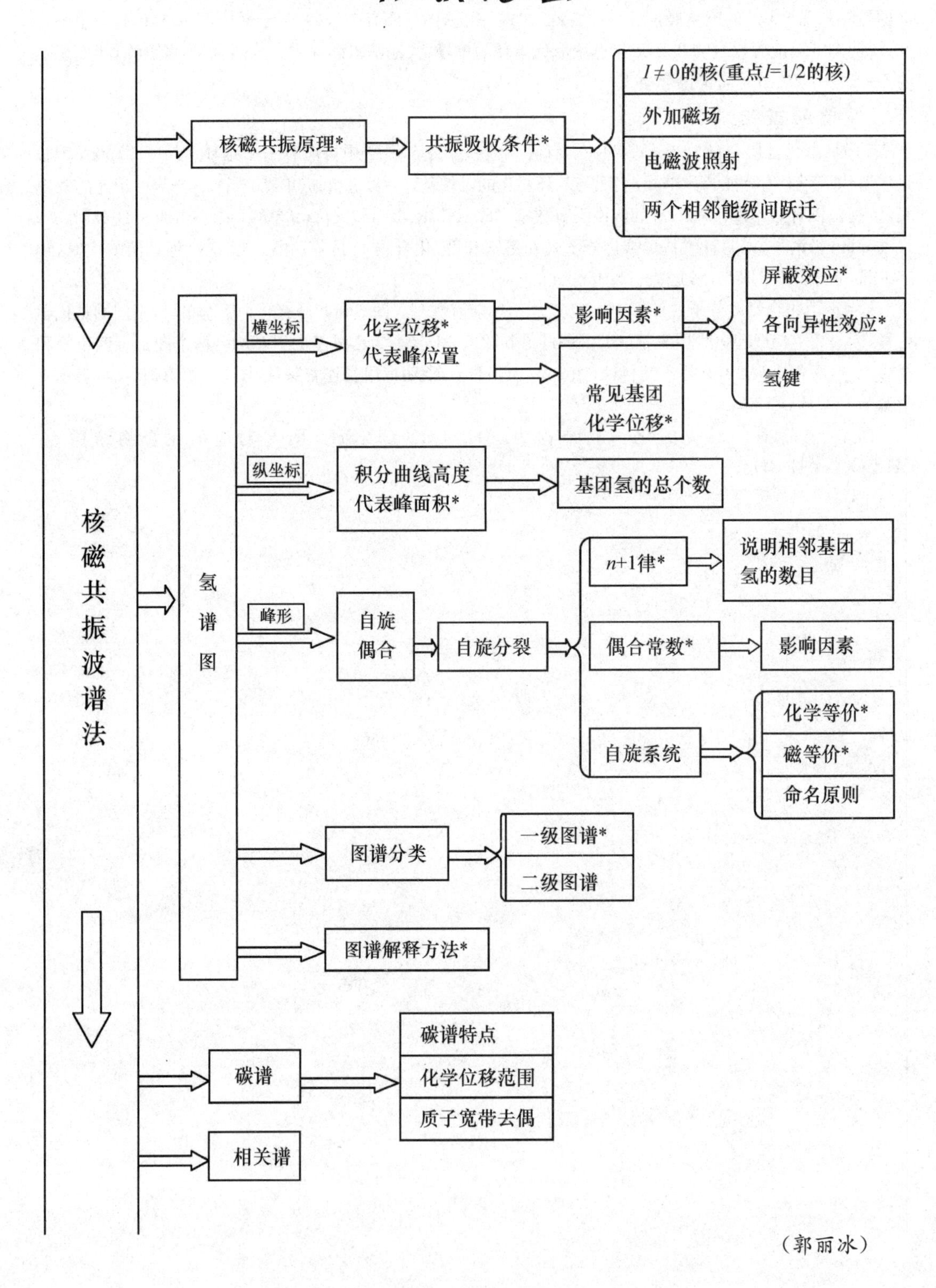

核磁共振波谱法
核磁共振原理*
共振吸收条件*
$I\neq0$的核(重点I=1/2的核)
外加磁场
电磁波照射
两个相邻能级间跃迁
氢谱图
横坐标
化学位移*
代表峰位置
影响因素*
屏蔽效应*
各向异性效应*
氢键
常见基团
化学位移*
纵坐标
积分曲线高度
代表峰面积*
基团氢的总个数
峰形
自旋
偶合
自旋分裂
n+1律*
说明相邻基团
氢的数目
偶合常数*
影响因素
自旋系统
化学等价*
磁等价*
命名原则
图谱分类
一级图谱*
二级图谱
图谱解释方法*
碳谱
碳谱特点
化学位移范围
质子宽带去偶
相关谱

（郭丽冰）

第十五章　质谱法

内 容 提 要

本章内容包括质谱法的基本原理、特点及表示方法；质谱仪：样品导入系统、各种离子源和质量分析器的结构、原理和特点；质谱中的主要离子（分子离子、碎片离子、同位素离子、亚稳离子）及其裂解类型（单纯开裂和重排开裂）；质谱分析法：分子式的测定、有机化合物的结构鉴定及质谱解析；有机化合物的综合解析。

学 习 要 点

一、质谱法的基本原理、特点及表示方法

1. 质谱法的基本原理　质谱法是将被测物质由样品导入系统送入离子源进行离子化，产生的离子在质量分析器中按离子的质荷比（m/z）分离并依次进入检测器，并测量各种离子谱峰的强度而实现分析目的的分析方法。如图 15-1 所示。

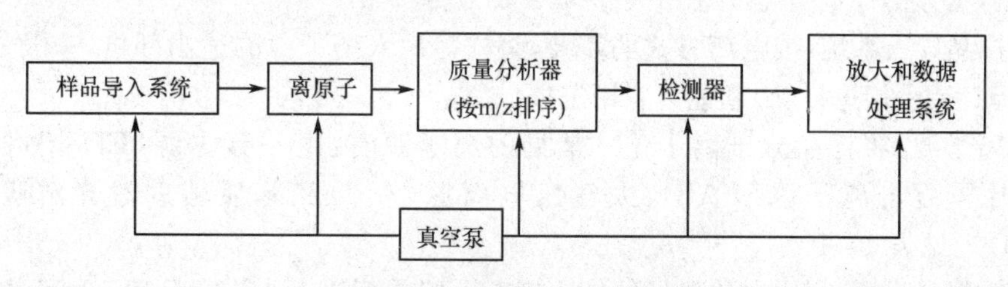

图 15-1　质谱基本原理示意图

> **提示**
>
> 质量是物质的固有特征之一，不同的物质有不同的质量谱——质谱，利用这一性质，可以进行定性分析（包括分子质量和相关结构信息）；谱峰强度也与它代表的化合物含量有关，可以用于定量分析。

2. 质谱法特点
- 灵敏度高：样品用量少（几微克），检测限可达 10^{-11} g。
- 分析速度快：1 秒至几秒。
- 应用范围广：能用于无机、有机和生物的气、液和固三态样品的分子量测定、结构推导和同位素分析。

3. 质谱的表示方法
- 质谱图（棒图）
  - 纵坐标：离子峰的相对强度或相对丰度（强度最大的峰为基峰，其强度为 100%）。
  - 横坐标：离子的质荷比（m/z）。
- 质谱表：以表格形式表示质谱数据（m/z 值与相对强度）。

趣味知识

质谱技术因解决各种科学研究的前沿难题而屡次获奖，获诺贝尔奖的有 8 位：①J. J. Thompson（1906 年诺贝尔物理学奖，发明质谱技术并用于研究气体的电导）；②F. W. Aston（1922 年诺贝尔化学奖，用质谱仪发现非放射性元素的同位素）；③W. Paul（1980 年诺贝尔物理学奖，发明离子阱质谱原理与技术）；④R. F. W. Curl、R. E. Smalley 和 H. W. Kroto（1996 年诺贝尔化学奖，用质谱仪观察到激光轰击下产生的碳 60）；⑤K. Tanaka 和 J. B. Fenn（2002 年诺贝尔化学奖，发明生物大分子质谱技术）。

二、质谱仪

1. 质谱仪的组成 质谱仪主要由高真空系统、样品导入系统、离子源、质量分析器、离子检测器及记录装置五个部分组成。其中离子源和质量分析器是质谱仪的核心部件。

(1) 高真空系统：为了降低背景以及减少离子间或离子与分子间的碰撞导致的能量改变。质谱仪必须处于高真空状态（$10^{-4}\sim10^{-6}$ Pa）。

(2) 样品导入系统：按电离方式的需要，将样品送入离子源的适当部位，一般分为直接进样（用探针或直接进样器）和色谱联用进样。

(3) 离子源：将样品分子离子化。常见的离子源有：电子轰击源（EI）、化学电离源（CI）、快原子轰击离子源（FAB）、大气压电离源（API）和基质辅助激光解吸电离源（MALDI）。见表 15-1。

(4) 质量分析器：利用电或磁场的作用将离子按质荷比大小进行分离。因为电压 V 与不同 m/z 离子的轨道半径相关。常见的有磁质量分析器（$R=\sqrt{\frac{2V}{H^2}\frac{m}{z}}$）、四极杆质量分析器和离子阱质量分析器。

(5) 离子检测器：将离子流信号转化为电信号，并放大得到质谱图。

表 15-1 几种离子源总结

电离方式	电离媒介	离子类型	原 理	特 点
EI	电子(70eV)	M^+碎片离子	分子在高能电子（70eV）的轰击下失去电子而电离	①能量高，谱图重现性好；②有标准谱库 EIMS 供检索；③灵敏度高、碎片离子多；④但分子离子峰弱。只适合易气化热稳定的化合物。

（待续）

（续表）

电离方式	电离媒介	离子类型	原　理	特　点
CI	气相离子（CH_4、异丁烷等）	$[M+H]^+$ $[M-H]^-$ $[M+NH_4]^+$	高能电子（70eV）轰击媒介分子使之电离，媒介离子将质子转移给样品分子使之电离	①分子离子峰（$M^{\dot{+}}$）或准分子离子峰强，碎片少；②谱图简单，重现性差；③只适合易气化热稳定的化合物
FAB	中性 Ar 或 Xe 原子	$[M+H]^+$ $[M+G+H]^+$ $[2M+H]^+$等	采用快速的稀有气体原子轰击样品使之离子化	①较强分子离子或准分子离子；②在离子化过程中样品无须进行加热气化。故适合于强极性、高分子量、非挥发性及热不稳定性化合物分析
API ESI	电场	$[M+H]^+$ $[M-H]^-$ $[M+Na]^+$	样品液滴在强电场作用下爆炸离子化，并气化	①分子或准分子离子强，碎片少；②适用于极性化合物及热不稳定化合物的分析
APCI	溶剂离子	$[M+H]^+$ $[M-H]^-$ $[M+Na]^+$	电场使溶剂分子离子化，然后其将电荷转移给样品分子	①分子或准分子离子强；②适用于极性较弱及热稳定化合物。
MALDI	基质离子	$[M+H]^+$ $[M-H]^-$ $[M+Na]^+$	激光使得基质分子离子化，然后基质离子将电荷转移给样品分子	①分子离子峰强；②对杂质耐受量大；③测定分子量大，主要用于生物样品分析

提示

不同质量分析器各有特点：磁质量分析器结构简单，操作方便，分辨率较高；四极杆分析具有扫描速度快（0.1s）、易与色谱联用，自动化程度高，但质量范围较窄的特点；离子阱轻便小巧，具有储留离子的作用，具有多级质谱功能，灵敏度高。

2. 质谱仪的主要性能指标

质量范围——质谱仪能够进行有效测量的离子质量范围。

灵敏度——产生具有一定信噪比的分子离子峰所需的最小样品量。

质量准确度——离子质量实测值 M 与理论值 M_0 的相对误差

质量精度 $=\dfrac{M-M_0}{m}\times 10^6$（ppm）。

分辨率——质谱仪分开相邻质量数离子的能力。

$$R=\frac{m_1}{m_2-m_1}=\frac{m_1}{\Delta m}$$

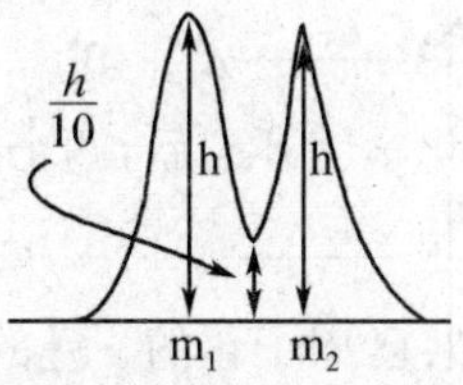

提示

如果两峰间的峰谷不大于其峰高的10%，可认为两峰已经分开。

三、质谱中的主要离子及其裂解类型

1. 当有机化合物蒸汽分子进入离子源受到电子轰击时，按下列方式形成各种类型的离子。主要离子有4类：分子离子、碎片离子、同位素离子和亚稳离子，见表15-2。

表15-2　质谱中的几种离子

离子类型	定　义
分子离子	分子受电子轰击后失去一个价电子而形成的带正电荷的离子，即 $M + e \longrightarrow M^{+\cdot} + 2e$，分子离子的 m/z 值等于化合物的分子量，其是确定分子式的重要依据
碎片离子	具有较高能量的分子离子，在离子源中进一步碎裂产生的离子为碎片离子，即 $M \xrightarrow{-e} M^{+\cdot} \xrightarrow{裂解}$ 初级碎片离子 $\xrightarrow{裂解}$ 次级碎片离子
亚稳离子	在离子源生成的离子 m_1^+，在质量分析器中的飞行途中失去中性碎片得到的离子为亚稳离子 m*，即 M_1^+（前体离子）$\xrightarrow{在离子源中裂解}$ m_2^+（产物离子）＋中性碎片 m_1^+（前体离子）$\xrightarrow{在飞行途中裂解}$ m^*（亚稳离子）＋中性碎片 $m^* = \frac{(m_2^+)^2}{m_1^+}$
同位素离子	有些元素具有一定丰度的同位素，由这些同位素形成的离子为同位素离子 常见几种元素的同位素丰度比分别为（以最轻同位素的丰度为100%计算）：$^{13}C/^{12}C$(1.12)、$^{33}S/^{32}S$(0.80)、$^{34}S/^{32}S$(4.44)、$^{37}Cl/^{35}Cl$(31.98)和$^{81}Br/^{79}Br$(97.28)。当一种元素含有两种同位素时，在质谱图中其同位素的峰强比可用 $(a+b)^n$ 求出，a 和 b 分别为氢、重同位素的丰度，n 为分子中该元素原子的数目

提示

有时质谱中会出现准分子离子：准分子离子是分子与其他离子加合产生的峰如$[M+H]^+$、$[M+Na]^+$、$[M+K]^+$等。准分子离子常由软电离（CI、APCI、ESI 和 MALDI）产生。

2. 阳离子的裂解类型　在质谱中，大多数离子峰是根据化合物自身裂解规律形成的。质谱裂解规律可分为单纯裂解和重排开裂等类型。

（1）单纯开裂：仅一个化学键发生断裂。

单纯开裂：

- 均裂：化学键开裂后，两个成键电子分别保留在各自的碎片上。

  $A—B \longrightarrow A^{\cdot} + B^{\cdot}$

- 异裂：化学键开裂后，两个成键电子全部转移到某一碎片上。

  $A—B \longrightarrow A^+ + B^-$（或B:）

- 半异裂：已离子化的 σ 键的断裂，电子被其中一个原子带走。

  $A^+ \vdots \cdot B \longrightarrow A^+ + B\cdot$

（2）重排开裂：有些离子是通过断裂两个或两个以上的键，结构重新排列形成的，这种裂解称为重排裂解，产生的离子称为重排离子。比较重要的重排的类型是 McLafferty 重排（麦氏重排）和反 Diels - Alder 重排（RDA 重排）。

重排开裂

麦氏重排

中性分子　重排离子

RDA重排

共轭烯阳离子　中性分子

麦式重排需具备以下几个条件：①结构中有 π 键；②相对于 π 键的 γ 碳上有 H 原子，③可以形成六元环过渡。重排时，分子形成六元环过渡态，γ 氢原子转移到 X 原子上，同时 β 键发生断裂，脱去一个中性分子。McLafferty 重排规律性很强，一般是满足上述条件的含有 C=O、C=N、C=S、C=C 及苯环的酮、醛、酸、酯、酰胺、羰基衍生物、烯、炔及烷基苯等化合物易发生麦式重排。

RDA 重排是不饱和环状化合物结构裂解的一种重要机制。具有环己烯结构类型的化合物均可发生 RDA 裂解，产物一般为一个共轭二烯阳离子及一个烯烃中性碎片。在脂环化合物、生物碱、萜类、甾体和黄酮的质谱上经常出现这类 RDA 重排离子。

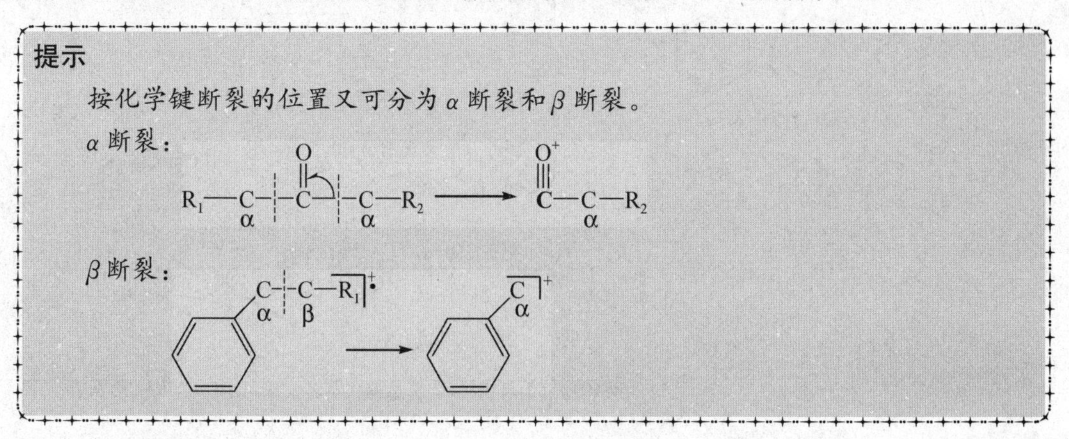

四、质谱分析法

1. 有机化合物的质谱规律　见表 15-3。

表 15-3 几类有机化合物的质谱

化合物类型	特征离子(m/z)	裂解规律烷
烃类 直链烷烃	①典型：$C_nH_{2n\pm1}$(m/z) (29、43、57、71…) $C_3H_7^+$(m/z 43) $C_4H_9^+$(m/z 57) ②C_nH_{2n}(m/z) (28、42、56、70…)	$R-(CH_2)_{n-2}-CH_2-CH_2-R_1 \longrightarrow R-(CH_2)_{n-2}-CH_2-CH_2-R_1]^{+\cdot}$ $\xrightarrow{-R_1\cdot} R-(CH_2)_{n-2}-CH_2-CH_2]^+ \xrightarrow{-CH_2=CH_2} R-(CH_2)_{n-2}]^+ \Rightarrow C_nH_{2n+1}]^+$ ①分子离子峰弱，分子离子峰随分子的C数增加而减小； ②主峰为$C_nH_{2n\pm1}$碎片离子峰(m/z 29、43、57、…)，其峰强随m/z增加而下降
支链烷烃	③C_nH_{2n-1}(m/z) (27、41、55、69…)	①支链烷烃易裂解，在分支处优先裂解，优先失去最大烷基，形成仲碳或叔碳正离子； ②碎片离子稳定性：$R_3C^+>R_2CH^+>RCH_2^+>CH_3^+$
烯烃	①典型：C_nH_{2n-1}(m/z) (27、41、55、69…) $C_3H_5^+$(m/z 41)、 ②C_nH_{2n}离子	$F-H_2C-CH_2=CH_2 \xrightarrow{-e} R-H_2C-CH_2=\overset{+}{C}H_2$ $R-H_2C-CH=CH_2]^{+\cdot} \xrightarrow{\beta裂解} H_2\overset{+}{C}-CH=CH_2+R\cdot$ ①分子离子峰比烷烃强； ②易生成烯丙基离子峰$C_3H_5^+$(m/z 41)基峰
芳烃	①(m/z)： (78、65、52、39) ②(m/z)： (77、76、64、63、51、50、38、37) (m/z91) (m/z77) (m/z65) (m/z39) CH_8^+ . (m/z92)	$C_6H_5-CO-X \rightarrow C_6H_5CO^+$ (m/z 105) $\rightarrow C_6H_5^+$ (m/z 77) $C_6H_5-X]^{+\cdot} \rightarrow C_6H_5^+$ (m/z 77) $\xrightarrow{-C\equiv CH} C_4H_3^+$ (m/z 51) X:NO_2、OR、卤素 麦氏重排：$\rightarrow$ (m/z 92) $+H_2C=CR-R$ $C_6H_5-CH_2-R]^{+\cdot} \xrightarrow{\beta裂解} R\cdot + C_6H_5\overset{+}{C}H_2 \rightarrow$ (m/z 91) $\xrightarrow{2(-C\equiv CH)}$ (m/z 39)；$\xrightarrow{-HC\equiv CH}$ (m/z 65) ①有较强分子离子峰；②烷基取代苯易生成离子(m/z 91)为基峰
醇醚类 直链醇	①M-18离子、 ②含羟基离子 (m/z 31、45、59…) ③C_nH_{2n-1}离子 (m/z 27、41、55)	$R-C(R_1)(R_2)-\overset{+\cdot}{O}H \rightarrow C(R_1)(R_2)=\overset{+}{O}H$ m/z (31+14n) $\overset{+\cdot}{O}H-CH_2-CH_2-CH_2-CH_3 \rightarrow \overset{+}{C}H_2-CH_2-\dot{C}H_2-CH_3$ M-18 ①分子离子峰很弱，容易形成M-18离子；②易形成极强的m/z31+14n峰；③C_nH_{2n-1}离子一般较强

(待续)

（续表）

化合物类型	特征离子(m/z)	裂解规律烷
醇醚类 芳香醇	①M－28离子； ②M－29离子	①苯酚M－1离子峰不强，但苄酚的M－1离子峰很强； ②M－28离子和M－29离子峰较强
醚	(m/z)：(17＋14n) (31、45、59、73)	$R_1-\overset{H_2}{C}-\overset{+\cdot}{O}-CH_2-R_2 \longrightarrow R_1-\overset{H_2}{C}=\overset{+}{O}$　m/z (17+14n) $R_1-\overset{H_2}{C}-\overset{+\cdot}{O}-CH_2-R_2 \longrightarrow R_1-\overset{H_2}{C}-\overset{+}{O}$　m/z (17+14n) 一般分子离子峰很弱
胺类 脂肪胺	m/z 30＋14n离子	$R-C(R_1)(R_2)-\overset{+\cdot}{N}H_2 \longrightarrow C(R_1)(R_2)=\overset{+\cdot}{N}H_2$　m/z (30+14n) ①脂肪胺的分子离子峰较弱，甚至不出现； ②m/z 30＋14n离子峰强
芳胺	①分子离子(M^+)； ②M－27、M－28离子(伯胺) ③m/z 106离子(烃基侧链的苯胺)	$[H_2N-C_6H_4-CH_2-R]^{+\cdot}$ $\xrightarrow{-HCN}$ $[R-CH_2-C_5H_5]^{+\cdot}$ (M–27) $\longrightarrow$ $[R-CH_2-C_5H_4]^{+}$ (M–28) $[H_2N-C_6H_4-CH_2-R]^{+\cdot} \longrightarrow H_2N-C_6H_4-CH_2^{+} \longrightarrow$ 环庚三烯正离子 m/z 106 ①芳胺类的分子离子峰很强，M－1的峰中等强度； ②伯胺的M－27、M－28离子峰较强
醛	①M－1离子、 ②R^+离子(M－29) ③CHO^+ (m/z 29) ④m/z 44＋14n离子	$(Ar)R-\overset{\overset{+\cdot}{O}}{\|\|}{C}-H$ $\xrightarrow{-H\cdot}$ $(Ar)R-C\equiv O^+$ (M-1) $\xrightarrow{-CO}$ $(Ar^+)R^+$ $\xrightarrow{-R\cdot(-Ar\cdot)}$ $R-C\equiv O^+$　m/z 29 $\xrightarrow{异裂}$ $(Ar^+)R^+$ + $H-C\equiv O^+$ (M-29) $H_2C(H)-H_2C-CH_2-CH=O^{+\cdot}$ $\xrightarrow{麦氏重排}$ $CH_2=CH_2$ ＋ $H_2C=CH-OH^{+\cdot}$　m/z 44 ①分子离子峰和M－1峰较强，芳醛强于脂肪醛； ②R^+离子(m/z M－29)和CHO^+(m/z 29)离子峰较强
酮	①分子离子(M^+) m/z：(58、72、86…) ②m/z 43＋14n离子	$R_1R_2C=\overset{+\cdot}{O}$ $(R_2>R_1)$ $\xrightarrow{均裂}$ $R_1-C\equiv O^+ + R_2^{\cdot}$ $\xrightarrow{异裂}$ $R_1-C\equiv\dot{O} + R_2^{+}$ (m/z 15+14n) ①分子离子峰明显； ②m/z 43＋14n离子峰也较强； ③有γ－H时也可麦氏重排

（待续）

（续表）

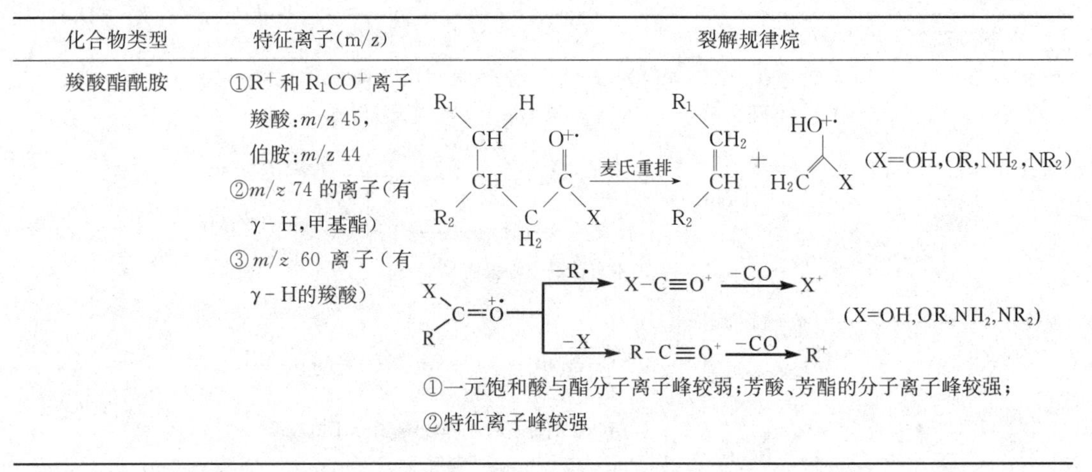

化合物类型	特征离子(m/z)	裂解规律烷
羧酸酯酰胺	①R^+和R_1CO^+离子 羧酸：*m/z* 45， 伯胺：*m/z* 44 ②*m/z* 74 的离子（有γ-H，甲基酯） ③*m/z* 60 离子（有γ-H的羧酸）	麦氏重排 (X=OH,OR,NH_2,NR_2) $-R\cdot$：$X-C\equiv O^+$ $\xrightarrow{-CO}$ X^+ $-X$：$R-C\equiv O^+$ $\xrightarrow{-CO}$ R^+ (X=OH,OR,NH_2,NR_2) ①一元饱和酸与酯分子离子峰较弱；芳酸、芳酯的分子离子峰较强； ②特征离子峰较强

2. 有机化合物的质谱解析一般程序

(1) 确认分子离子峰，确定相对分子质量。

1) 除同位素峰外，分子离子峰的 *m/z* 在谱图中一定最大，但谱图中具有最大的 *m/z* 的峰不一定是分子离子峰。

2) 分子离子的质量数服从氮规律：不含氮或含偶数个氮的化合物的 *m/z* 一定为偶数，含奇数个氮的化合物的 *m/z* 一定为奇数。

3) 含 Cl 或 Br 原子的分子利用 M 和 M+2 分子离子峰做判断。

4) 最高质荷比与相邻碎片离子间的质量差是否合理。

5) 分子离子峰的稳定性规律：芳环>共轭多烯>烯>环状化合物>羰基化合物>直链烷烃>醚>酯>胺>酸>醇>高度分支烷烃。

(2) 根据分子离子峰的丰度反映出的化合物稳定性，推测化合物的可能类别。

(3) 根据同位素峰的丰度比和高分辨质谱数据确定分子离子和重要碎片离子的元素组成，并确定可能的分子式。

(4) 解析某些主要碎片峰的归属及峰间关系，并推定结构。

(5) 根据标准谱图及其他所有信息，进行筛选验证，确定化合物的结构式。

3. 有机化合物结构综合解析

(1) 分子式的确定：
- 元素分析法：确定 C、H、O、S 等元素的含量。
- 质谱法：根据分子离子峰确定相对质量和分子式。
- 核磁共振波谱：确定 C 和 H 原子数。

(2) 根据分子式计算不饱和度。

(3) 利用各谱提供的信息初步确定结构单元：

- UV—— 判断共轭体系。
- IR—— 判断化合物类别和可能基团。
- MS——确定化合物相对分子量和分子式。
- NMR——确定碳、氢原子的数目及种类和碳氢关系等确定化合物结构。

（4）结构确证：
- 通过质谱裂解过程，验证质谱中各主要峰的产生与碎片的存在（如碎片离子、同位素离子、重排离子、亚稳离子等）。
- 将推测的不饱和度和计算的不饱和度进行对比。

（5）与标准图谱或文献光谱对比，以确证化合物的结构。

经典习题

一、最佳选择题

1. 测定有机化合物的相对分子质量应采用（　　）。

A. 气相色谱　　B. 质谱　　C. 紫外光谱
D. 核磁共振波谱　　E. 红外光谱

2. 在质谱图中，被称为基峰或标准峰的是（　　）。

A. 一定是分子离子峰　　B. 质荷比最大的峰　　C. 一定是奇电子离子峰
D. 强度最小的离子峰　　E. 相对强度最大的离子峰

3. 在下列化合物中，不能发生 Mclafferty 重排的是（　　）。

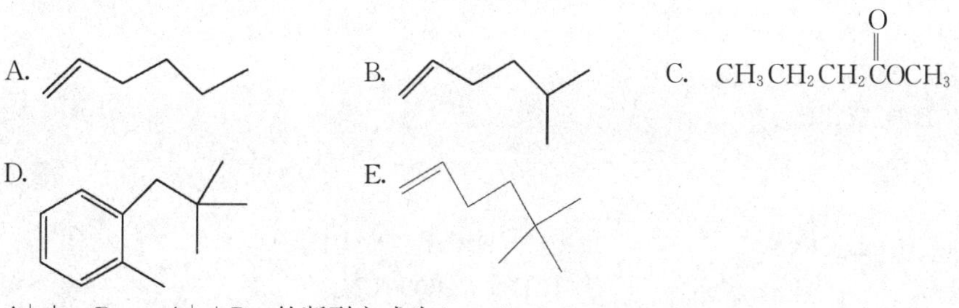

4. $A^+ \vdots \cdot B \longrightarrow A^+ + B\cdot$ 的断裂方式为（　　）。

A. 均裂　　B. 异裂　　C. 半异裂
D. RDA 重排　　E. 麦式重排

5. 在离子源中用电子轰击有机物，使它失去电子成为分子离子最易失去的电子是（　　）。

A. 杂原子上的 n 电子　　B. 双键上的 π 电子　　C. C－C 键上的 σ 电子
D. C－H 键上的 σ 电子　　E. C－R 键上的 σ 电子（R 为 N、O、F 等杂原子）

6. 3,3－二甲基戊烷：$CH_3\overset{1}{—}CH_2\overset{2}{—}\underset{\underset{CH_3}{|6}}{\overset{\overset{CH_3}{|5}}{C}}\overset{3}{—}CH_2\overset{4}{—}CH_3$ 受到电子流轰击后，最容易断裂的键位是（　　）。

A. 1 和 4　　B. 1 和 2　　C. 2 和 3
D. 4 和 5　　E. 5 和 6

7. 母离子 $m_1^+ = 108$，子离子 $m_2^+ = 80$，亚稳离子的 m/z 是（　　）。

A. 108　　B. 94.8　　C. 80
D. 59.2　　E. 28

8. 某化合物在质谱图上出现 m/z 29、43、57 的系列峰，在红外光谱图中官能团区出现如下峰：$>3000\text{cm}^{-1}$、$1720\ \text{cm}^{-1}$、$1460\ \text{cm}^{-1}$、1380cm^{-1}，则该化合物可能是（　　）。

A. 烷烃　　B. 醛　　C. 醇
D. 羧酸　　E. 酯类

9. 某种醚可能有下列所给的结构之一，该化合物质谱上出现一个强的 m/z92 离子峰，哪个结构与此数据一致？（　　）。

A. 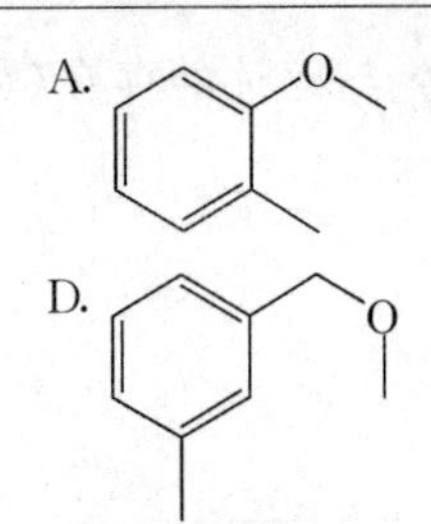
B. 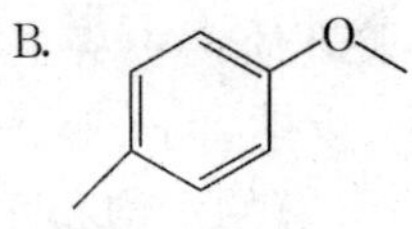
C. 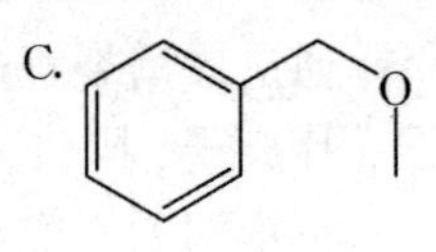
D.
E. 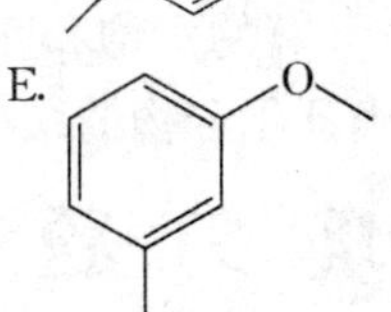

10. 化学电离的核心是(　)。

A. 质子转移　　B. 电子的转移　　C. 分子重排

D. 电子的得失　　E. 自由基的转移

二、配伍选择题

[1～5]

A. 直链烷烃　B. 烯烃　C. 羧酸　D. 醇　E. 烷基取代苯

在质谱中,下列特征离子一般对应的化合物是

1. *m/z* 15、29、43、57...(　　)。

2. *m/z* 27、41、55、69...(　　)。

3. *m/z* 31、45、59、73...(　　)。

4. *m/z* 39、51、65、77、91...(　　)。

5. *m/z* 45、59、73...(　　)。

[6～7]

A. $CH_3CH_2CH_2CH_2COOCH_3$　　B. $CH_3CH_2CH_2COO\ CH_2CH_3$

C. $CH_3CH_2CH_2COOCH_3$　　D. $(CH_3)_2CHCOOCH_3$

化合物结构推断:

6. 某化合物(M=102),红外光谱指出该化合物是一种酯,质谱图上 *m/z*74 处出现一强峰,则上面所给结构哪个与此观察值最为一致(　　)。

7. 一个酯类(M=116),质谱图上在 *m/z*57(100%)、*m/z*29(27%) 及 *m/z*43(27%) 处均有离子峰,可推测该化合物的结构符合上面哪种(　　)。

[8～10]

A. 3∶4∶1　　B. 1∶2∶1　　C. 9∶6∶1

同位素的 M、(M+2) 和(M+4) 峰的强度比:

8. 当分子中含有 2 个 Cl 原子时,由卤素同位素提供的 M、(M+2) 和(M+4) 峰的强度比是(　　)。

9. 当分子中含有 2 个溴原子时,由卤素同位素提供的 M、(M+2) 和(M+4) 峰的强度比是(　　)。

10. 当分子中含有 1 个溴原子和 1 个氯原子时,由卤素同位素提供的 M、(M+2) 和(M+4) 峰的强度比是(　　)。

三、多项选择题

1. 质谱仪的核心部件是(　　)。

A. 真空系统　　B. 样品导入系统　　C. 离子源

D. 质量分析器　　E. 检测器

2. 目前质谱仪中,有多种离子源可供选择,包括(　　)。

A. 电子轰击源(EI)　　B. 化学电离源(EI)

C. 电喷雾电离源(ESI)　　D. 大气压化学电离源(APCI)

E. 快原子轰击源(FAB)　　F. 基质辅助激光解吸电离源(MALDI)

3. 在溴己烷的质谱图中，观察到两个强度相等的离子峰，这两个峰最大可能是(　　)。

A. m/z 15　　B. m/z 29

C. m/z 93　　D. m/z 95

4. 下列化合物能发生 RDA 重排的是(　　)。

A. 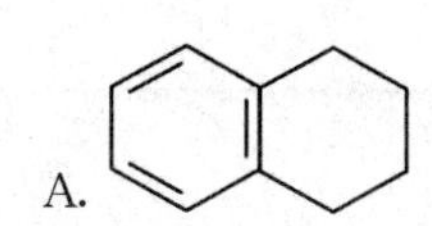

B.

C. 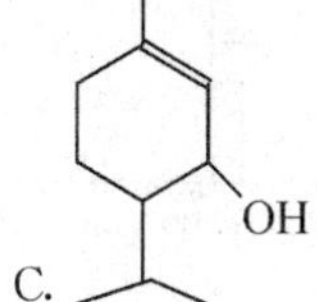

D. 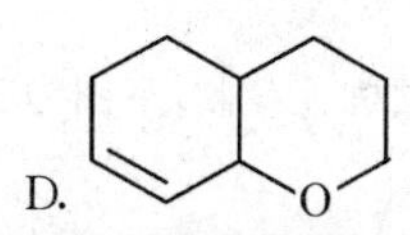

E.

5. 按分子离子的稳定性排列下列化合物的次序正确的是(　　)。

A. 苯>共轭烯烃>酮>醇　　B. 苯>酮>共轭烯烃>醇

C. 醚>酮>苯>酸　　D. 烯>酮>胺>高度分支烷烃

6. 辨认分子离子峰，以下几种说法正确的是(　　)。

A. 符合氮律情况下，分子离子峰是出现在较高质量区中质量最大的峰

B. 某些化合物的分子离子峰可能在质谱图中不出现

C. 分子离子峰一定是质谱图中质量最大、丰度最大的峰

D. 分子离子峰的丰度大小与其稳定性有关。

四、问答题

1. 质谱仪由哪些部分组成？各起哪些作用？

2. 鉴定有机物和结构的常用四大谱有哪些？它们各自提供哪些主要结构信息？

3. 试用质谱将丁醇的三个异构体加以区别。

$$CH_3CH_2CH_2CH_2OH,\quad CH_3CH_2—\underset{\displaystyle OH}{\underset{|}{CH}}—CH_3,\quad H_3C—\overset{\displaystyle CH_3}{\overset{|}{\underset{\displaystyle OH}{\underset{|}{C}}}}—CH_3$$

4. 正丁基苯的质谱图如图 15-2 所示，试解释 m/z 91 和 m/z 92 两个主要碎片离子峰的形成机制。

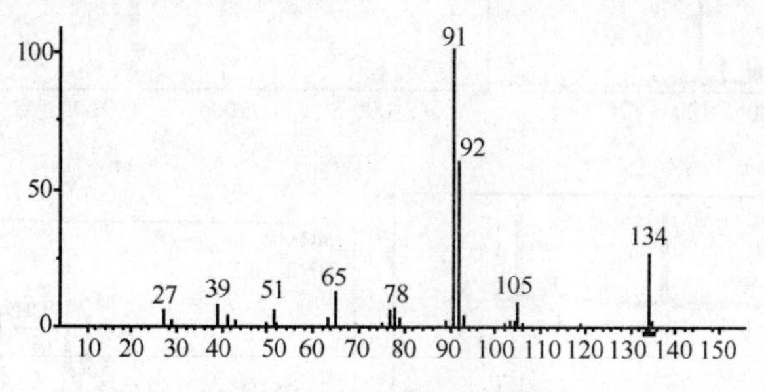

图 15-2　正丁基苯的质谱图

五、光谱解析

1. 下列两质谱由 3-甲基-2-丁酮和 3-戊酮所产生，试识别之。

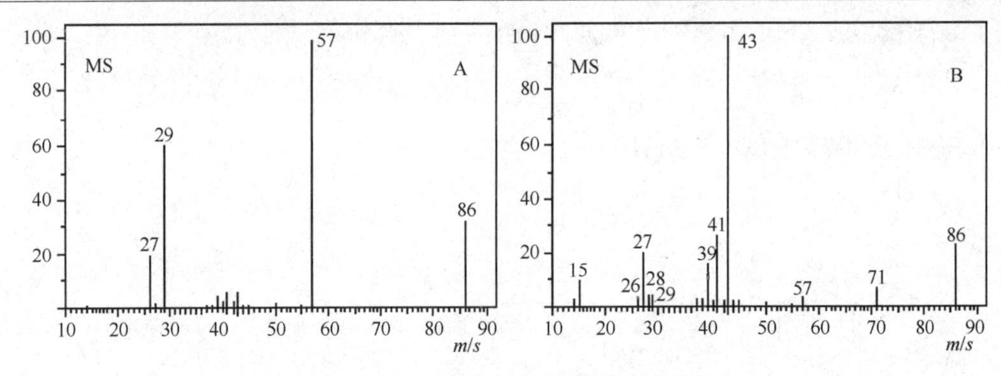

图 15-3　3-甲基-2-丁酮和3-戊酮的质谱图

2. 已知某化合物分子式为 $C_8H_8O_2$，且红外光谱显示在 3100～3700cm^{-1}之间无吸收，下图为其质谱图，试确定其分子结构。

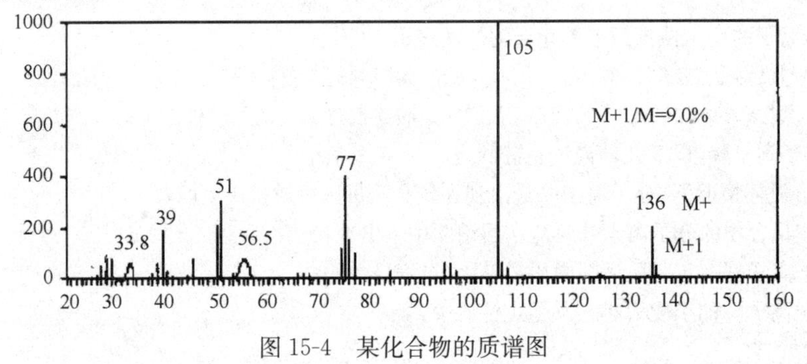

图 15-4　某化合物的质谱图

3. 某未知物的 MS、IR、^{1}H－NMR 和^{13}C－NMR 谱图如 15-5 所示，紫外光谱在 210nm 以上无吸收峰，推导其结构。

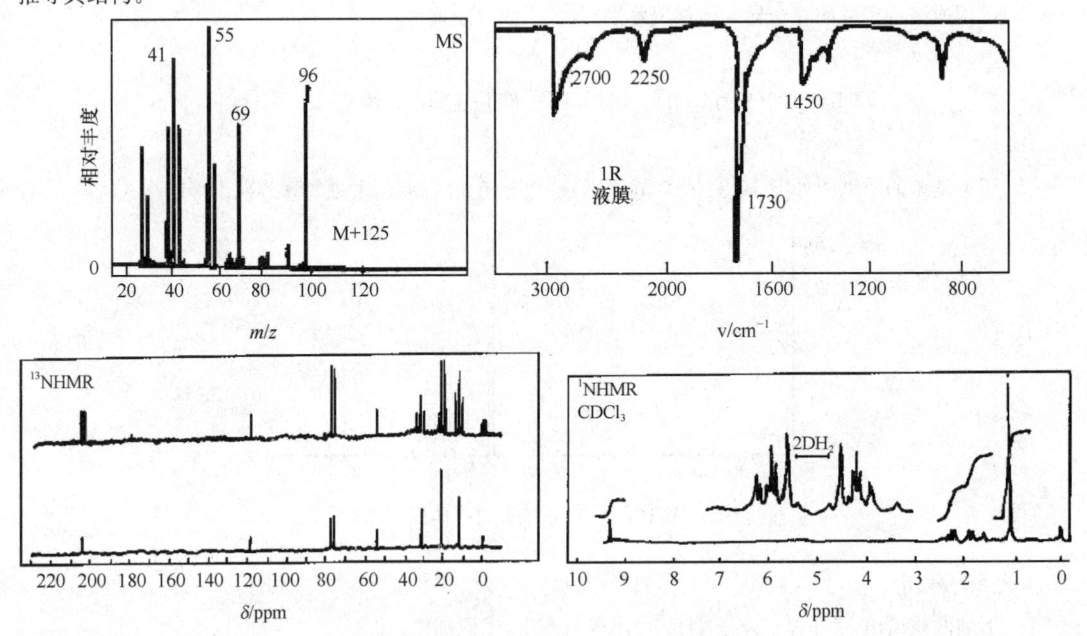

图 15-5　未知物的 MS、IR、^{1}H－NMR 和^{13}C－NMR 谱图

参考答案

一、最佳选择题

1.B　2.E　3.C　4.C　5.A　6.C　7.D　8.B　9.C　10.A

二、配伍选择题

[1～5] ABDEC　[6～7] CA　[8～10] CBA

三、多项选择题

1.CD　2.ABCDEF　3.CD　4.ABCE　5.AD　6.ABD

四、问答题

1. 答：质谱仪的组成部分有：①真空系统：其作用是保证离子在离子源和质量分析器中正常运行，消减不必要的离子碰撞和不必要的分子一离子反应减小本底与记忆效应；②进样系统：它的作用是将试样导入离子源；③离子源：其作用是使样品离子化，它是质谱仪的核心部分之一；④质量分析器：它的作用就是将离子源产生的离子按 m/z 顺序分离，它是质谱仪的核心；⑤检测器：它使质量分析器出来的具有一定能量的离子撞击到阴极表面产生二次电子，二次电子再经过多个倍增极放大产生电信号，输出并记录不同离子的信号。

2. 答：常用的四大谱：UV、IR、NMR、MS。UV：由吸收峰的位置（最大吸收波长）及强度（摩尔吸光系数），提供化合物中是否所含共轭体系或芳香体系。IR：吸收峰的位置（基团振动频率）、强度及形状能提供的最主要的结构信息是化合物中所含的官能团。^{1}H NMR：通过谱图中峰组个数、峰的位置（化学位移）、自旋偶合情况（偶合常数和自旋裂分）以及积分曲线高度比四种不同的信息直接提供化合物中各种氢的个数以及相邻氢之间的关系。MS：由质谱的分子离子峰、碎片离子峰可提供化合物的分子量、化学式、分子片段和化合物类型以及基团之间连接顺序。

3. 答：伯醇：m/z31 峰，仲醇：m/z59、m/z45 峰，叔醇：m/z59 峰。

$$CH_3CH_2CH_2CH_2\overset{+\cdot}{O}H \xrightarrow{-\dot{C}H_2CH_2CH_3} CH_2{=}\overset{+}{O}H \quad m/z\ 31$$

$$(H_3C)(CH_3CH_2)CH-\overset{+\cdot}{O}H \xrightarrow{-\dot{C}H_3} CH_3CH_2CH_2{=}\overset{+}{O}H \quad m/z\ 59$$

$$(H_3C)(CH_3CH_2)CH-\overset{+\cdot}{O}H \xrightarrow{-\dot{C}H_2CH_3} CH_3CH_2{=}\overset{+}{O}H \quad m/z\ 45$$

$$(H_3C)_3C-\overset{+\cdot}{O}H \xrightarrow{-\dot{C}H_3} (H_3C)_2C{=}\overset{+}{O}H \quad m/z\ 59$$

4. 答：

（正丁基苯分子离子 $\xrightarrow{-\dot{C}H_2CH_2CH_3}$ 苄基正离子 → 草鎓离子）

$CH_2CH_2CH_3$

m/z 91

$$C_6H_5CH_2CH_2CH(H)R \xrightarrow{-e} [C_6H_5^{+\cdot}CH_2CH_2CH_2CH_3 \text{（H 转移）}] \longrightarrow [C_6H_6{=}CH_2]^{+\cdot} + CH_2{=}CH_2{-}CH_3$$

m/z 92

五、光谱解析

1. 解：

$$\underset{\text{3-甲基-2-丁酮}}{(H_3C)(H_3CHC(CH_3))C{=}O} \xrightarrow{-e} (H_3C)(H_3CHC(CH_3))C{=}\overset{+\cdot}{O}$$

$$\xrightarrow{-\dot{C}HCH_3(H_3C)} \underset{m/z\ 43}{H_3C{-}C{=}\overset{+}{O}} \xrightarrow{-CO} \underset{m/z\ 15}{\overset{+}{C}H_3}$$

$$\xrightarrow{-\dot{H_3C}} \underset{m/z\ 71}{H_3CHC(CH_3H){-}C{=}\overset{+\cdot}{O}} \xrightarrow{-CO} \underset{m/z\ 43}{(H_3C)\overset{+}{C}HCH_3}$$

$$\underset{\text{3-戊酮}}{(H_3CH_2C)_2C{=}O} \xrightarrow{-e} (H_3CH_2C)_2C{=}\overset{+\cdot}{O} \xrightarrow{-\dot{C}H_2CH_3} \underset{m/z\ 57}{H_3CH_2C{-}C{=}\overset{+}{O}} \xrightarrow{-CO} \underset{m/z\ 29}{\overset{+}{C}H_2CH_3}$$

由 3-甲基-2-丁酮和 3-戊酮的质谱裂解规律可知：图 A 为 3-戊酮，图 B 为 3-甲基-2-丁酮。

2. 解：化合物的不饱和度 $U=\frac{2+2\times8-8}{2}=5$。

不饱和度为 5，且谱图有 m/z 77、51、39 离子峰，说明含有苯环；基峰 m/z 为 105，说明碎片离子可能是 $C_6H_5CO^+$；m/z77 峰为(105-28)，即为分子离子丢失 31 质量后，再丢失 CO；56.5、33.8 的亚稳离子表明有下列开裂过程：

$$\underset{m/z\ 105}{C_6H_5O^+} \xrightarrow{-CO} \underset{m/z\ 77}{C_6H_5^+} \xrightarrow{-C_2H_2} \underset{m/z\ 51}{C_4H_3^+}$$

剩下的结构碎片为 CH_3O-或-CH_2OH，由于红外光谱显示在 3100～3700cm^{-1}之间无吸收，因而只可能是 CH_3O-。该化合物结构为：

$$C_6H_5{-}C({=}O){-}O{-}CH_3$$

3. 解：(1) 分子式推导

由 MS 得到分子离子峰 m/z125，根据 N 规律，未知物含有奇数个 N 原子。^1H-NMR 谱中各组质子的积分高度比从低场到高场为 1∶2∶2∶6，以其中 δ9.50ppm 1 个质子为基准，可算出分子的总氢数为 11。由 ^{13}C-NMR全去耦谱可知，分子中有 6 条谱线，其中 δ21.7ppm 的谱线很强，结合氢数 δ1.15*ppm* 处的单峰(6H)，表明分子中含有 $-CH(CH_3)_2$ 基团，所以分子中有 7 个 C 原子。IR 谱中 1730cm^{-1}强峰结合氢谱中 δ9.50*ppm* 和炭谱中 δ204ppm 峰，可知分子中含有一个-CHO。

由相对分子质量125－C×7－H×11－O×1＝14，即分子含有1个N原子，所以分子式为$C_7H_{11}NO$。

算出不饱和度为：$\frac{7\times2-11+1+2}{2}=3$

(2) 结构式推导

IR中2250cm^{-1}有1个小而尖的峰，结合^{13}C－NMR谱中δ119ppm处有一个季碳信号，可确定分子中含有一个－CN基团。不饱和度和计算值相符。

^{1}H－NMR的数据分析如下：δ_H/ppm：①1.15(6H，单峰，$-CH(CH_3)_2$)；②～1.95(2H，多重峰)、～2.30(2H，多重峰)，两处多重峰对称，$-CH_2-CH_2-$(A_2B_2系统)；③9.50(1H，单峰，－CHO)。

可能组合的结构有：

A：$H_3\overset{d}{C}-\overset{c}{C}(CH_3)(CN)-\overset{b}{C}H_2-\overset{a}{C}H_2-CHO$

B：$H_3\overset{d}{C}-\overset{c}{C}(CH_3)(CHO)-\overset{b}{C}H_2-\overset{a}{C}H_2-CN$

计算两种结构中各烷基C原子的化学位移，并与实例值比较：

		a	b	c	d
计算值	A	37.4	34.5	28.5	24.1
	B	10.9	34.0	56.5	21.6
测定值		12.0	32.0	54.5	21.7

可见A结构式的计算值与测定值差别较大，未知物的正确结构式应为B。

(3) 结构验证和各谱峰数据的归属

IR中～2900cm^{-1}为CH_3、CH_2的ν_{C-H}，～1730cm^{-1}为醛基的$\nu_{C=O}$，～2700cm^{-1}为醛基的ν_{C-H}，～1450cm^{-1}为CH_3、CH_2的δ_{C-H}，～2250cm^{-1}为$\nu_{C\equiv N}$。

^{1}H-NMR：δ_H/ppm

$\underset{1.12}{H_3C}-C(\underset{1.12}{CH_3})(\underset{9.50}{CHO})-\underset{1.90}{CH_2}-\underset{2.30}{CH_2}-CN$

MS：各碎片离子峰为：m/z 96为$(M-CHO)^+$，m/z 69为$(M-CHO-HCN)^+$，基峰m/z 55为$H_3C-\overset{+}{C}(CH_2)-CH_3$，$m/z$ 41为$H_3C-\overset{+}{C}=CH_2$

UV：紫外光谱在210nm以上无吸收峰，说明醛基与腈基是不相连的，也与结构式相符。

知识地图

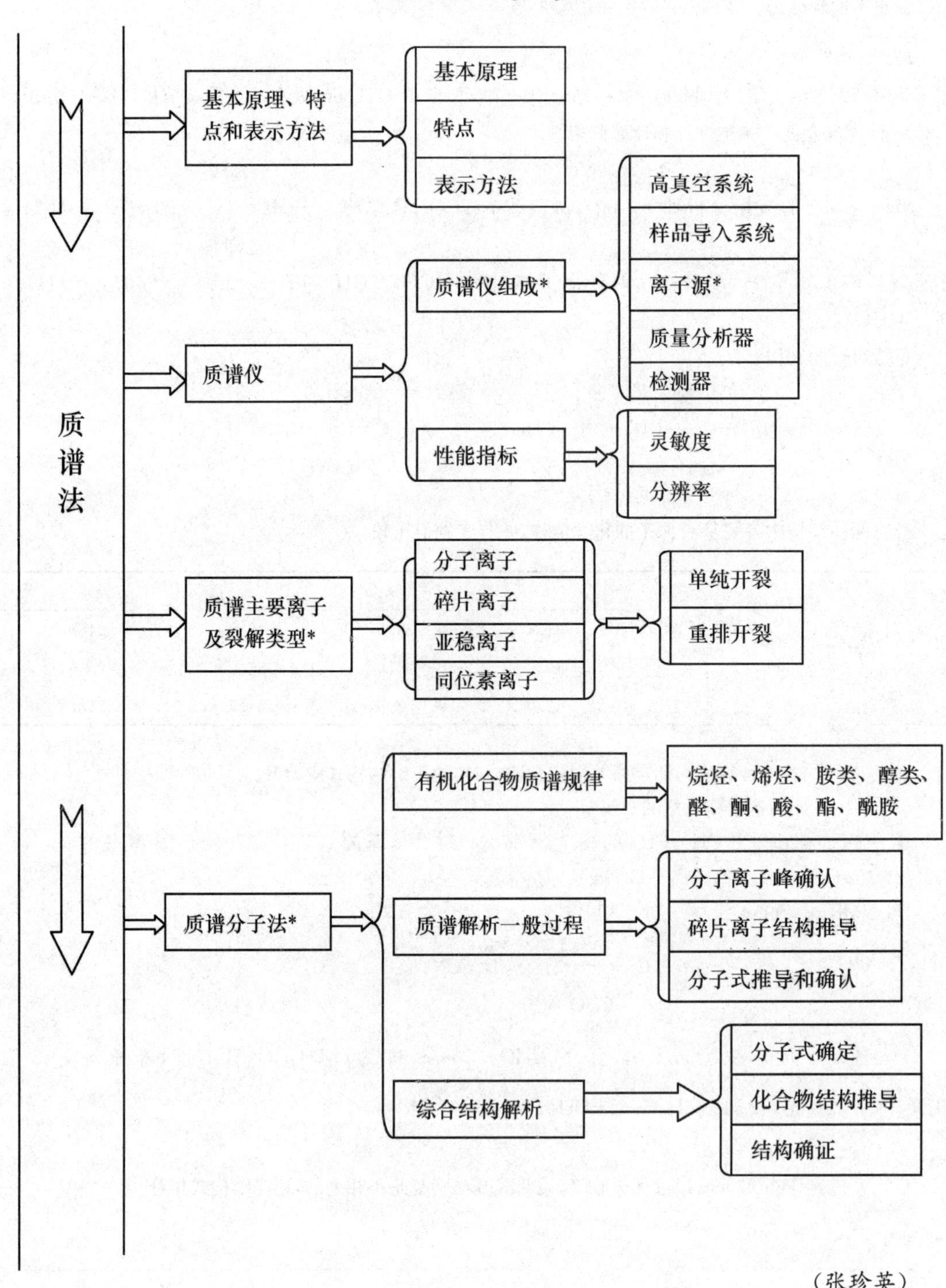

质谱法
基本原理、特点和表示方法
基本原理
特点
表示方法
质谱仪
质谱仪组成*
高真空系统
样品导入系统
离子源*
质量分析器
检测器
性能指标
灵敏度
分辨率
质谱主要离子及裂解类型*
分子离子
碎片离子
亚稳离子
同位素离子
单纯开裂
重排开裂
质谱分子法*
有机化合物质谱规律
烷烃、烯烃、胺类、醇类、醛、酮、酸、酯、酰胺
质谱解析一般过程
分子离子峰确认
碎片离子结构推导
分子式推导和确认
综合结构解析
分子式确定
化合物结构推导
结构确证

（张珍英）

第十六章　色谱分析法概论

内 容 提 要

本章内容包括色谱法的分类；色谱过程、色谱流出曲线及相关参数、分配系数与色谱分离的关系；色谱分离机制（分配、吸附、离子交换、空间排阻）；色谱分离基本理论（塔板理论和速率理论）等。

学 习 要 点

一、色 谱 过 程

色谱过程　物质分子在相对运动的两相间多次“分配”的过程。混合物中，由于结构和性质的不同，各组分与固定相作用的类型、强度也不同，导致其在固定相上滞留的时间长短也就不同，或被流动相携带移动的速率不同，即形成差速迁移而被分离。

趣味知识

俄国植物学家 Tsweet 在 1903 年首次使用色谱法：当时他将碳酸钙装于竖放着的玻璃柱中，柱上端注入植物色素，然后用石油醚从上往下冲洗，结果在柱子的不同部位看到不同颜色的色带，1906 年 Tsweet 命名这个方法为色谱。虽然现代色谱法分离的样品绝大多数是无色的，但“色谱”这一词沿用至今。它是分离分析复杂混合物最有力的手段，又叫层析法。

二、色谱法的分类

色谱法的类型较多，可以从不同的角度对其进行分类。

按流动相与固定相的状态分类：可分为气相色谱法（GC），又细分为气-固色谱法（GSC）、气-液色谱法（GLC）；液相色谱法（LC），又细分为液-固色谱法（LSC）、液-液色谱法（LLC）、固定相为化学键合相的称为化学键合相色谱法（BPC）；超临界流体色谱法（SFC）等。

按操作形式分类：可分为平面色谱法、柱色谱法、毛细管电泳法（CE）等。

按分离机制分类：可分为吸附色谱法、分配色谱法、离子交换色谱法（IEC）、分子排阻色谱法（SEC）等。

色谱法简单分类见表 16-1。

表 16-1　色谱法的分类

流动相	液体		气体	
固定相	固体	液体	固体	液体
名称	液-固色谱(LSC)	液-液色谱(LLC)	气-固色谱(GSC)	气-液色谱(GLC)
分离机制	吸附色谱、离子交换色谱或空间排阻色谱	分配色谱	吸附色谱	分配色谱
操作方式	平面色谱或柱色谱		柱色谱(填充柱或毛细管柱)	

三、色谱流出曲线和色谱参数(表 16-2)

表 16-2　色谱流出曲线和色谱参数

类别	名称	定义、表达式及相互关系	
流出曲线和色谱峰	流出曲线	由检测器输出的电信号强度对时间作图绘制的曲线	
	基线	在操作条件下,没有组分流出时的曲线。稳定的基线应是一条平行于横轴的直线,反映仪器(主要是检测器)噪声随时间的变化	
	色谱峰	流出曲线上突起部分	
	保留时间 t_R	从进样到某组分出现浓度极大点时所需时间,即从进样开始到色谱峰顶点的时间间隔	$t'_R=t_R-t_0$
	死时间 t_0	不与固定相作用(或不被固定相保留、或分配系数为零)组分的保留时间,即组分在流动相中的所消耗的时间	
	调整保留时间 t_R'	组分的保留时间与死时间之差值,即组分在固定相中滞留的时间	
	保留体积 V_R	从进样开始到组分出现浓度极大点时所消耗的流动相的体积	$V'_R=V_R-V_0$
	死体积 V_0	不被保留的组分通过色谱柱所消耗的流动相的体积,又指色谱柱中未被固定相所占据空隙的体积	
	调整保留体积 V_R'	保留体积与死体积之差,即组分停留在固定相时所消耗流动相的体积	
	相对保留值 r	两组分的调整保留时间(或调整保留体积)之比	$r_{2,1}=\dfrac{t'_{R_2}}{t'_{R_1}}=\dfrac{V'_{R_2}}{V'_{R_1}}$
	保留指数 I	把组分的保留行为换算成正构烷烃的保留行为	$I_x=100\left[z+\dfrac{\lg t'_{R(x)}-\lg t'_{R(z)}}{\lg t'_{R(z+n)}-\lg t'_{R(z)}}\right]$
色谱峰高和峰面积	峰高 h	组分出现浓度极大点时的检测信号,即色谱峰顶点至基线的距离	对称峰:$A=1.065hW_{1/2}$
	峰面积 A	色谱曲线与基线间包围的面积	不对称峰:$A=h\times(W_{0.15}+W_{0.85})$
色谱峰区域宽度	标准差 σ	正态分布色谱曲线两拐点间距离之半	$W_{1/2}=2.355\sigma$
	半峰宽 $W_{1/2}$	峰高一半处所对应的峰宽	$W=4\sigma=1.699W_{1/2}$
	峰宽 W	正态分布色谱曲线两拐点切线与基线相交的截距	
分离度	分离度 R	相邻两组分色谱峰保留时间差与两色谱峰峰宽均值之比	$R=\dfrac{(t_{R_2}-t_{R_1})}{(W_1+W_2)/2}=\dfrac{2(t_{R_2}-t_{R_1})}{W_1+W_2}$

提示

保留值是色谱的定性参数，色谱峰高和峰面积是定量参数，色谱峰区域宽度是柱效参数，分离度是衡量柱效的综合性指标。

四、分配系数与色谱分离(表 16-3)

表 16-3　分配系数、保留因子及其相互关系

参　数	定　义	表达式	相互关系
分配系数 K	在一定温度下，组分在两相间分配达到平衡时的浓度比(单位：g/mL)	$K=\frac{c_s}{c_m}$	$k=K\frac{V_s}{V_m}$
保留因子 k	在一定温度和压力下，组分在色谱柱中达分配平衡时，在固定相与流动相中的质量比	$k=\frac{m_s}{m_m}=\frac{c_sV_s}{c_mV_m}$	

提示

分配系数和保留因子与保留时间或保留体积的关系：

$$t_R=t_0(1+k)=t_0(1+K\cdot\frac{V_s}{V_m})$$

色谱分离的前提：$\Delta t'_R=t_0(k_A-k_B)\neq0$，即：$k_A\neq k_B$ 或 $K_A\neq K_B$。

五、基本色谱方法及其分离机制(表 16-4)

表 16-4　四种基本类型色谱方法及其分离机制

项　目	分配色谱法	吸附色谱法	离子交换色谱法	分子排阻色谱法
分离原理	利用被分离组分在固定相或流动相中的溶解度差别	利用被分离组分与固定相表面吸附中心吸附能力的差别	利用被分离组分离子交换能力的差别	利用被分离组分分子的线团尺寸或渗透系数的差别
固定相	涂渍在惰性载体颗粒上的一薄层液体，如鲨鱼烷	多为吸附剂，微粒、多孔、比表面积大、表面有吸附中心，如硅胶	离子交换剂，如离子交换树脂	多孔凝胶
流动相	气相色谱：常为氢气和氮气 液相色谱：有机溶剂及部分无机溶剂		具有一定 pH 值和离子强度的缓冲溶液	水和有机溶剂
洗脱顺序	正相色谱：极性弱的先被洗脱，极性强的后被洗脱，反相色谱反之	吸附能力小的组分先被洗脱，吸附能力大的组分后被洗脱	价态高、水合半径小的选择性系数大，保留能力强，后被洗脱	分子线团尺寸大或渗透系数小的先被洗脱

六、塔板理论

提示

塔板理论将色谱分离过程比拟为蒸馏过程，将连续的色谱分离过程分割成多次的平衡过程的重复，类似于蒸馏塔塔板上的平衡过程。

1. 塔板理论的前提(4 个假设)。

(1) 在色谱柱内一小段高度 H 内，组分可以在两相中瞬间达到分配平衡。

(2) 流动相进入色谱柱不是连续的，而是间歇(脉冲)式的，每次进入一个塔板体积。

(3) 试样和新鲜流动相都加在第 0 号塔板上，且忽略试样的纵向扩散。

(4) 分配系数在各塔板上是常数。

2. 相关理论

(1) 质量分配和转移。进入 N 次流动相，即经过 N 次转移后，在各塔板内组分的质量分布符合二项式分布：$(m_s + m_m)^N = 1$，转移 N 次后第 r 号塔板中的质量可由下述通式求出：

$$ {}^{N}m_r = \frac{N!}{r!\ (N-r)!} \cdot \mathrm{m}_s^{N-r} \cdot \mathrm{m}_\mathrm{m}^{r} $$

(2) 流出曲线方程。当塔板数很大时，流出曲线趋于正态分布曲线。可用正态分布方程式来讨论组分流出色谱柱的浓度变化：

$$ c = \frac{c_0}{\sigma\sqrt{2\pi}} e^{-\frac{(t-t_\mathrm{R})^2}{2\sigma^2}} $$

(3) 塔板高度。为使组分在柱内两相间达到一次分配平衡所需要的柱长：

$$ H = L/n \text{ 或 } H_{\mathrm{eff}} = L/n_{\mathrm{eff}} $$

(4) 塔板数：

$$ n = \left(\frac{t_\mathrm{R}}{\sigma}\right)^2 = 5.54\left(\frac{t_\mathrm{R}}{W_{1/2}}\right)^2 = 16\left(\frac{t_\mathrm{R}}{W}\right)^2 $$

$$ n_{\mathrm{eff}} = \left(\frac{t'_\mathrm{R}}{\sigma}\right)^2 = 5.54\left(\frac{t'_\mathrm{R}}{W_{1/2}}\right)^2 = 16\left(\frac{t'_\mathrm{R}}{W}\right)^2 $$

3. 塔板理论的优点与不足

(1) 优点：从热力学角度解释了色谱流出曲线的形状和浓度极大点的位置，阐明了保留值与 K 的关系，提出了评价柱效高低的 n 和 H 的计算式。

(2) 不足：①做出了四个与实际不相符的假设，忽略了组分在两相中传质和扩散的动力学过程；②只定性给出塔板高度的概念，却无法解释板高的影响因素；③排除了一个重要参数流动相的线速度 u，因而无法解释柱效与流速关系，更无法提出降低板高的途径。

七、速率理论

1. 速率理论范蛛姆(Van Deemter) **方程**　$H = A + B/u + C \cdot u$

2. 影响塔板高度的动力学因素　见表16-5。

表16-5 影响塔板高度的动力学因素

	涡流扩散	纵向扩散	传质阻抗
产生原因	载气携样品进柱，遇到来自固定相颗粒的阻力→路径不同	峰在固定相中被流动相推动向前、展开→两边浓度差	样品在气液两相分配，样品未及溶解就被带走，从而造成峰扩张
表达式	$\boldsymbol{A}=2\lambda\cdot \boldsymbol{d}\mathrm{p}$	$B=2\nu\cdot D_g$	$\boldsymbol{C}=\boldsymbol{C}_g+\boldsymbol{C}_l=\frac{2}{3}\cdot\frac{\boldsymbol{k}}{(1+\boldsymbol{k})^2}\cdot\frac{\boldsymbol{d}_f^2}{\boldsymbol{D}_l}$
说明	λ—填充不规则因子 $\boldsymbol{d}_f$—填充颗粒平均直径	ν—弯曲因子（$\nu\leqslant 1$），$\nu<1$填充柱，空心毛细管柱$\nu=1$ D_g—组分在载气中的扩散系数(常数)	$\boldsymbol{d}_f$—固定液液膜厚度 D_l—组分在固定液中的扩散系数
结论	固体颗粒越小，填充越实，A项越小，柱效越高	为降低纵向扩散，宜选用分子量较大的载气、控制较高线速度和较低的柱温	降低固定相的液膜厚度是减小传质阻抗的最有效方法，d_f越小柱效越高

3. 流动相线速度对理论塔板高度的影响

(1) 流动相线速度对涡流扩散项无影响。

(2) 在低线速度时纵向扩散项起主要作用，线速度升高，塔板高度降低，柱效升高。

(3) 在较高线速度时，传质阻抗项起主要作用，线速度升高，塔板高度增高，柱效降低。

(4) 对应某　流速，塔板高度最小，此流速称最佳流速。

经典习题

一、最佳选择题

1. 现有四个组分A、B、C、D，在气液色谱柱上分配系数分别为360、490、496和473，这四种组分流出色谱柱由先至后的顺序是(　　)。

A. D、B、C、A　　B. C、B、D、A　　C. A、D、B、C
D. A、B、C、D　　E. D、C、B、A

2. 在以硅胶为固定相的吸附色谱中下列叙述正确的是(　　)。

A. 组分的极性越强，吸附作用越强
B. 组分的极性越弱，越有利于吸附
C. 流动相的极性越强，溶质越容易被固定相吸附
D. 二元混合溶剂中正己烷的含量越大，其洗脱能力越强
E. 固定相含水量越大，吸附能力越强

3. 常用于评价色谱分离条件选择是否适宜的物理量是(　　)。

A. 理论塔板数　　B. 塔板高度　　C. 分离度
D. 死时间　　E. 保留时间

4. 在色谱过程中,组分在固定相中停留的时间为(　　)。

A. t_0　　B. t_R　　C. t'_R

D. K　　E. k

5. 某色谱峰,其峰高 0.607 倍处色谱峰宽度为 4mm,则半峰宽为(　　)。

A. 4.71mm　　B. 6.66mm　　C. 9.42mm

D. 3.33mm　　E. 2mm

6. 塔板理论主要阐述了(　　)。

A. 涡流扩散对色谱峰宽的影响

B. 组分在两相间的分配情况与流出曲线的形状

C. 传质阻抗对柱效的影响

D. 流速对柱效的影响

E. 柱温对塔板高度的影响

7. 在其他实验条件不变的情况下,若柱长增加一倍,则理论塔板数(　　)。

A. 不变　　B. 增加一倍　　C. 增加 $\sqrt{2}$ 倍

D. 减少 $\sqrt{2}$ 倍　　E. 减小一半

8. 关于速率理论,下列说法错误的是(　　)。

A. 考虑流速对柱效的影响

B. 属色谱动力学理论

C. 以平衡的观点描述组分在色谱柱中的分离过程

D. 说明了影响塔板高度的因素

E. 在 HPLC 中,van Deemter 方程为:$H=A+Cu$

9. 在下列因素中,对涡流扩散项有较大影响的是(　　)。

A. 填充颗粒直径　　B. 载气分子量　　C. 流动相流速

D. 柱内径　　E. 柱温

二、配伍选择题

[1～6]

A. HPLC　B. GC　C. SFC　D. CE　E. TLC　F. BPC　G. GSC　H. LLC

下列色谱方法对应的简称是:

1. 气相色谱法(　　)。

2. 键合相色谱法(　　)。

3. 超临界流体色谱法(　　)。

4. 液液分配色谱法 (　　)。

5. 高效液相色谱法(　　)。

6. 薄层色谱法(　　)。

[7～12]

A. 离子交换色谱　B. 正相色谱　C. 反相色谱　D. 气液色谱　E. 气固色谱　F. 液固色谱

指出分离下列物质,最适宜选择的色谱法是:

7. 分离易挥发、受热稳定的物质(　　)。

8. 分离极性亲水性化合物(　　)。

9. 分离疏水性化合物(　　)。

10. 分离离子型化合物(　　)。

11. 分离气体烃类、永久性气体(　　)。

12. 极性不同的化合物、异构体(　　)。

三、多项选择题

1. 某组分在色谱柱中分配到固定相和流动相中的质量为 m_A、m_B(g),浓度为 c_A、c_B(g/mL),固定相和流动相的体积为 V_A、V_B(mL),此组分的容量因子为(　　)。

A. m_A/m_B　　B. $m_B/(m_A+m_B)$　　C. c_AV_A/c_BV_B

D. c_B/c_A　　E. n_A/n_B

2. 在柱色谱法中,可以用分配系数为零的物质来测定色谱柱中(　　)。

A. 流动相体积　　B. 填料体积

C. 填料空隙体积　　D. 总体积

3. 在离子交换色谱法中,下列因素对选择性系数有影响的是(　　)。

A. 离子交换剂的性质　　B. 被分离的离子的价态

C. 流动相中盐的浓度　　D. 流动相的酸度

4. 在空间排阻色谱法中,下列叙述正确的是(　　)。

A. V_R 与 K_P 成正比

B. 调整流动相的组成能改变 V_R

C. 某一凝胶只适于分离一定分子量范围的高分子物质

D. 凝胶孔径越大,其分子量排斥极限越大

E. 渗透系数与流动相性质无关

5. 影响组分保留因子的主要因素有(　　)。

A. 温度　　B. 压力

C. 固定相体积　　D. 流动相体积

6. 影响组分调整保留时间的主要因素有(　　)。

A. 固定液性质　　B. 组分的性质

C. 载气流速　　D. 载体种类

四、问答题

1. 色谱峰可以主要用哪些参数来描述?

2. 说明保留因子(也称“容量因子”)的物理含义及与分配系数的关系,为什么容量因子(或分配系数)不等是分离的前提?

3. 色谱峰谱带展宽的原因有哪些?

4. 在吸附色谱法中,以硅胶为固定相,当用氯仿为流动相时,样品中某些组分的保留时间太短,若改用氯仿-甲醇(1∶1)时,样品中各组分的保留时间会如何变化?为什么?

五、计算题

1. 在某色谱分析中得到如下数据:保留时间 $t_R=5.0$min,死时间 $t_0=1.0$min,固定液体积 $V_s=2.0$mL,载气流速 $F=50$mL/min,计算①容量因子;②死体积;③分配系数;④保留体积。

2. 用一根 2m 长的色谱柱分离 A、B 两组分,实验结果如下:A 峰与 B 峰保留时间分别为 230s 和 250s,A、B 峰宽分别为 25s 和 20s。求两峰的分离度,若要将两峰完全分离,柱长至少为多少?

3. 在一根 2.00m 的硅油柱上分析一个混合物得到下列数据：苯、甲苯及乙苯的保留时间分别为 80s、122s、181s；半峰宽为 0.211cm、0.291cm 及 0.409cm(用读数显微镜测得)。已知记录纸速为 1200mm/h，求此色谱柱对每种组分的理论塔板数及塔板高度。

4. 在 2.0m 长的某色谱柱上，分析苯与甲苯的混合物。测得死时间为 0.20min，甲苯的保留时间为 2.10min，半峰宽为 8.55s。只知苯比甲苯先流出色谱柱，且苯与甲苯的分离度为 1.0。求：①甲苯与苯的分配系数比(α)；②苯的保留因子与保留时间；③达到 $R=1.5$ 时，柱长需几米？

参考答案

一、最佳选择题

1. C　2. A　3. C　4. C　5. A　6. B　7. B　8. C　9 A

二、配伍选择题

[1～6] BFCHAE　[7～12] DBCAEF

三、多项选择题

1. ACE　2. AC　3. ABCD　4. CDE　5. ABCD　6. ABD

四、问答题

1. 答：色谱峰可以主要用三个参数来描述：峰高(h) 或峰面积(A)，用于定量；峰位(用保留值表示)，用于定性；峰宽(W,$W_{1/2}$或σ)，用于衡量柱效。

2. 答：(1) 保留因子的物理含义：在一定的温度和压力下，达到分配平衡时，组分在固定相和流动相中的质量(m) 之比，表达式：$k=m_s/m_m$。

(2) 保留因子 k 和分配系数 K 的关系可用数学式表达为：$k=K\ V_s/V_m$。

(3) 保留因子或分配系数不等是分离的前提是因为对于 A、B 两组分，由色谱过程方程式得：

$$\begin{cases} t_{R_A}=t_0(1+K_A\cdot V_s/V_m) & ① \\ t_{R_B}=t_0(1+K_B\cdot V_s/V_m) & ② \end{cases}$$

两式相减，得：$t_{R_A}-t_{R_B}=t_0(K_A-K_B)\cdot V_s/V_m=t_0(k_A-k_B)$

要使两组分分离，则 $t_{R_A}\neq t_{R_B}$，即 $K_A\neq K_B$或者 $k_A\neq k_B$

所以，保留因子或分配系数不等是分离的前提。

3. 答：主要有如下三点：

(1) 涡流扩散项 A：由于填料粒径大小不等，填充不均匀，使同一个组分的分子经过多个不同长度的途径流出色谱柱，一些分子沿较短的路径运行，较快通过色谱柱，另一些沿较长的路径运行，发生滞后，结果使色谱峰展宽。

(2) 纵向扩散项 B：由于组分浓度分布呈"塞子"状、浓度梯度的存在，组分向"塞子"前、后扩散，造成区带展宽。

(3) 传质阻抗项 C：由于传质阻抗的存在，组分不能在两相间瞬间达到平衡，结果使有些分子移动快，另一些分子滞后，从而引起展宽。

4. 答：硅胶为固定相，有机溶剂为流动相的吸附色谱为正相色谱。对于这类色谱，固定相一定，组分一定，流动相极性增加洗脱能力增强。由于甲醇极性大于氯仿，因此流动相由氯仿变为氯仿-甲醇体系后，极性增强，洗脱能力增强，样品中各组分保留时间会变得更短，比移值变大。

五、计算题

1. 解：保留因子：$k=\dfrac{t'_R}{t_0}=\dfrac{5.0-1.0}{1.0}=4.0$

死体积：$V_m=t_0\times F_c=1.0\times 50=50\text{mL}$

分配系数：$k=K\dfrac{V_s}{V_m}\Rightarrow K=k\dfrac{V_m}{V_s}=4.0\times\dfrac{50}{2}=100$

保留体积：$V_R=t_R\times F_c=5.0\times 50=250\text{ mL}$

2. 解：分离度：$R=\dfrac{2(t_{R_2}-t_{R_1})}{W_1+W_2}=\dfrac{2(250-230)}{25+20}=0.89$

$$\left(\frac{R_1}{R_2}\right)^2=\frac{L_1}{L_2}=\frac{1.5^2}{0.89^2}\qquad \because L_1=2\text{ m}\qquad \therefore L_2=5.7\text{m}$$

3. 解：$n=5.54\left(\dfrac{t_R}{W_{1/2}}\right)^2$

$$n_{苯}=5.54\left(\frac{t_{R苯}}{W_{1/2苯}}\right)^2=5.54\left(\frac{80}{\frac{2.11}{1200/3600}}\right)^2=885,H_{苯}=\frac{L}{n_{苯}}=\frac{2000}{885}=2.2\text{mm}$$

$$n_{甲苯}=5.54\left(\frac{t_{R甲苯}}{W_{1/2甲苯}}\right)^2=5.54\left(\frac{122}{\frac{2.91}{1200/3600}}\right)^2=1082,H_{甲苯}=\frac{L}{n_{甲苯}}=\frac{2000}{1082}=1.8\text{mm}$$

$$n_{乙苯}=5.54\left(\frac{t_{R乙苯}}{W_{1/2乙苯}}\right)^2=5.54\left(\frac{181}{\frac{4.09}{1200/3600}}\right)^2=1206,H_{乙苯}=\frac{L}{n_{乙苯}}=\frac{2000}{1206}=1.7\text{mm}$$

4. 解：①$n_{甲苯}=5.54(\dfrac{t_{R甲苯}}{W_{1/2甲苯}})^2=5.54(\dfrac{2.10}{8.55/60})^2=1203$

甲苯的保留因子：$k_2=\dfrac{t'_{R_2}}{t_0}=\dfrac{t_{R_2}-t_0}{t_0}=\dfrac{2.10-0.20}{0.20}=9.5$

$$R=\frac{\sqrt{n}}{4}\left(\frac{\alpha-1}{\alpha}\right)\left(\frac{k_2}{1+k_2}\right)$$

$$\frac{\alpha-1}{\alpha}=\frac{4R}{\sqrt{n}}\left(\frac{1+k_2}{k_2}\right)=\frac{4\times 1.0}{\sqrt{1203}}\left(\frac{1+9.5}{9.5}\right)=0.127$$

甲苯与苯的分配系数比 $\alpha=1.1$

② $\alpha=\dfrac{t'_{R_2}}{t'_{R_1}}=\dfrac{t_{R_2}-t_0}{t'_{R_1}}=\dfrac{2.10-0.20}{t'_{R_1}}=1.1$，　$t'_{R_1}=1.73\text{min}$（苯的调整保留时间）

苯的保留时间：$t_{R1}=t'_{R1}+t_0=1.73+0.20=1.93\text{min}$

苯的保留因子：$k_1=\dfrac{'_{R_1}}{t_0}=\dfrac{1.73}{0.20}=8.65$

③ $\left(\dfrac{R_1}{R_2}\right)^2=\dfrac{L_1}{L_2}$　　$L_2=L_1\left(\dfrac{R_2}{R_1}\right)^2=2.0\times\left(\dfrac{1.5}{1.0}\right)^2=4.5\text{m}$

知识地图

色谱分析法概论

- 色谱法分类
  - 气相色谱法*
  - 液相色谱法*
  - 毛细管电泳法
  - 超临界流体色谱法
- 流出曲线和色谱参数*
  - 流出曲线和色谱峰
  - 保留值
  - 峰高和峰面积
  - 区域宽度
  - 分离度
  - → 相互关系
- 分配系数和色谱分离*
  - 分配系数
  - 容量因子
  - → 相互关系及色谱分离的前提
- 色谱分离机制*
  - 分配色谱法*
  - 吸附色谱法*
  - 离子交换色谱法
  - 空间排阻色谱法
- 色谱理论
  - 塔板理论
    - 质量的分配和转移
    - 流出曲线方程
    - 塔板数和踏板高度*
  - 速率理论
    - 速率理论方程
    - 影响柱效的因素*
  - → 比较两种理论的优缺点

（周　清）

第十七章　气相色谱法

内容提要

本章内容包括气相色谱法的分类、特点及仪器的基本组成；载气与固定相；气相色谱检测器性能指标、常用检测器原理和特点；分离条件选择；毛细管气相色谱法；常用定性、定量分析方法。

学习要点

一、气相色谱法分类、特点及仪器的基本组成

提示

气相色谱法是以气体为流动相的色谱方法，在分析易挥发且对热稳定的物质方面具有优势。

1. 气相色谱法分类　见表 17-1。

表 17-1　气相色谱法一般分类

分类标准	方法名称	备　注
固定相物态	气固色谱法(GSC)	固定相为固体，吸附色谱，应用较少
	气液色谱法(GLC)	固定相为液体(载体＋固定液)，分配色谱，应用较广
分离机制	吸附色谱	固定相对组分的吸附能力不同
	分配色谱	组分在固定液中溶解能力不同
色谱柱规格	毛细管气相色谱法	开管毛细管气相色谱应用较广
	填充柱气相色谱法	定量分析表现稳定

2. 气相色谱法特点

(1) 分离效能高：①固定相的高选择性；②超长毛细管柱具有极高塔板数。

(2) 灵敏度高：例：FID 可检测 10～12g/s 的有机物，ECD 可检查 10^{-14} g/mL 的电负性物质。

(3) 选择性高：众多的固定相可供选择，例如环糊精常用于分离手性化合物。

(4) 简单、快速：常在数分钟至数十分钟分析一个试样，傻瓜式、自动式操作。

(5) 应用较广泛：样品沸点 500℃以下，热稳定性应好，相对分子质量 400 以下，配合适当前处理还可分析部分高分子、生物大分子。

3. 气相色谱仪器基本组成

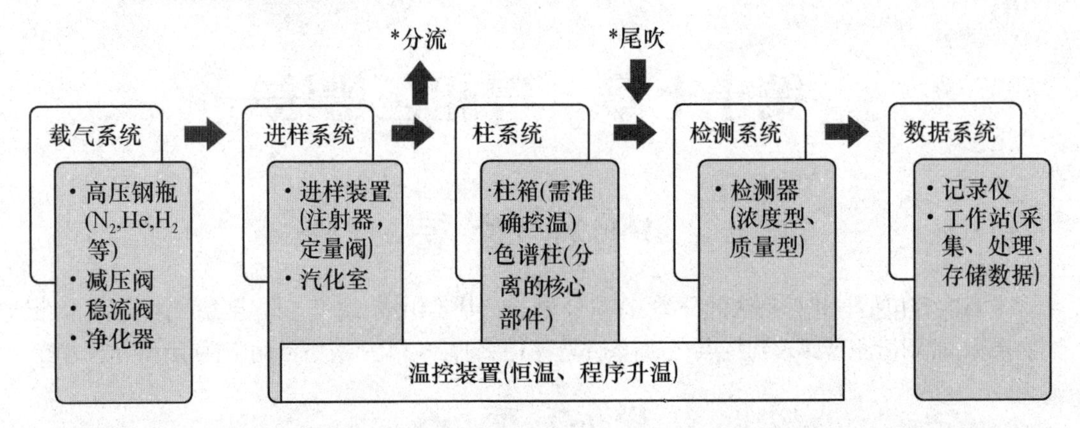

提示

分流与尾吹常见于毛细管气相色谱。柱入口分流进样由于毛细管柱承样量低、柱出口尾吹因为色谱柱内载气流量小的缘故。

二、气相色谱固定相与载气

提示

一般原则：分离永久气体(如 O_2、N_2)、低沸点有机物(如 CH_4、C_2H_6)首选气固色谱，其他分离考虑气液色谱。由此可见实际色谱分离中，气液色谱更常见。

1. 气固色谱固定相 见表 17-2。

表 17-2 常见气固色谱固定相

分类	固定相实例	特性
无机吸附剂(无机物组成)	石墨化炭黑	非极性，可分析惰性气体
	硅胶	氢键极性，可分析永久气体或低级烃
	氧化铝	有极性，可分析有机异构体
	分子筛	有极性，可分析惰性及永久气体
多孔聚合物(有机物共聚得到)	高分子多孔微球(GDX)	极性由原料而定，寿命较长，峰形对称，可分析低级醇及微量水

2. 气液色谱固定相 填充柱色谱中，此类固定相常采用载体＋固定液的形式；毛细管色谱中，此类固定相常涂布于毛细管内壁(流失较严重)或者用化学反应将固定相键合于毛细管壁上(减少固定液流失，更适用于检测器为质谱的工作环境)。

(1) 载体分类、一般要求和处理过程：硅藻土类载体较常见，天然硅藻土含铁的氧化物、铝的氧化物以及硅醇基，与对载体的要求不吻合，故此要进行钝化处理。

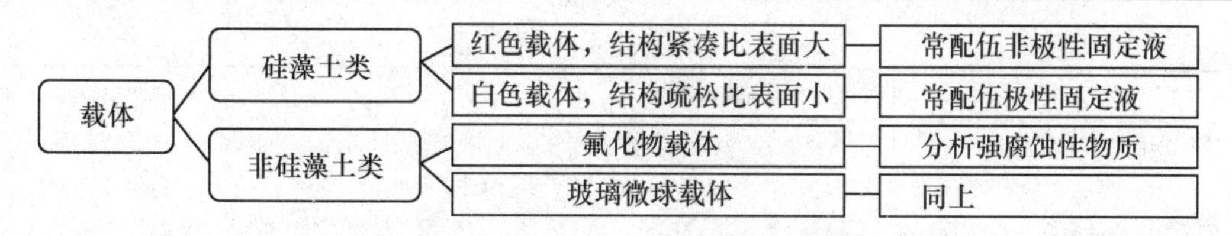

要求	处理
· 比表面积大，炷度孔径均匀	· 燃烧：红色载体，白色载体(加碱)
· 比面无(或极弱)吸附性	· 酸洗：去除铁等金属氧化物
· 热稳定性好、化学稳定性好	· 碱洗：去除氧化铝等酸性作用点
· 形状规则，机械强度好	· 硅烷化：去除硅醇基

（2）固定液：气液色谱固定相，高沸点液体：对固定液的基本要求：可均匀涂布于载体表面；不与组分、载体发生不可逆化学反应；凝固点低、蒸气压低；对试样中组分有足够的溶解能力等。

固定液种类繁多，经常使用的就有上百种，以硅氧烷类和聚酯类化合物占多数，常按化学结构或相对极性分类。

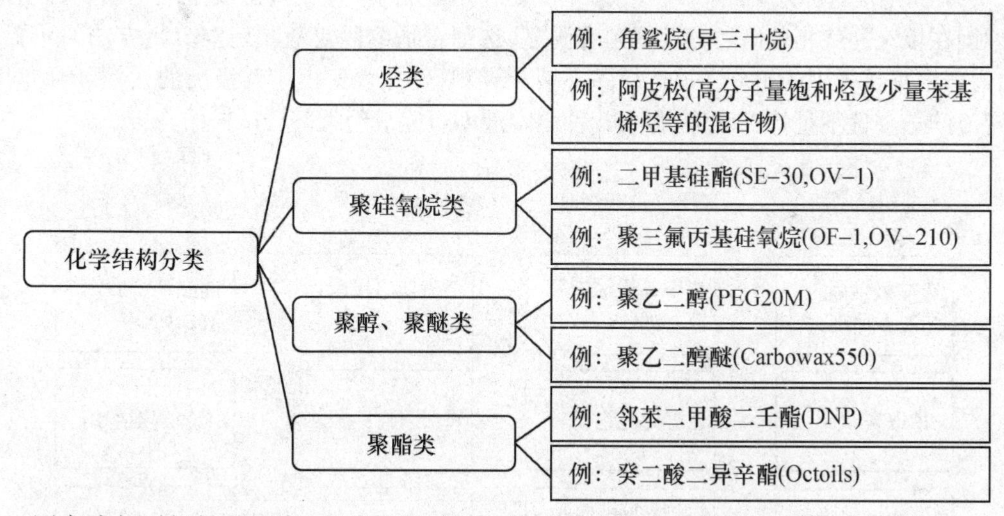

固定液相对极性的测定：以苯和环己烷（或正丁烷与丁二烯）为样品，分别在 β，β'－氧二丙腈柱（规定其相对极性为 100）、角鲨烷柱（规定其相对极性为 0）以及待测固定液柱上测定它们相对保留值的对数 q_1、q_2、q_x。分别使用公式 $q=\lg\frac{t'_R(\text{苯})}{t'_R(\text{环己烷})}$ 或 $q=\lg\frac{t'_R(\text{丁二烯})}{t'_R(\text{正丁烷})}$ 和 $P_x=100\left(1-\frac{q_1-q_x}{q_1-q_2}\right)$ 计算即可。见表 17-3。

表 17-3　常见固定液相对极性、固定液相似程度一览表

固定液	相对极性	最高使用温度(℃)	用　途	相似固定液
角鲨烷	0	150	液体烃类、酮、醛	正十六烷；液状石蜡
二甲硅油(OV-101)	＋1	350	烃类、低沸点芳烃等	阿皮松 L、M；OV-1；SE-30

（待续）

（续表）

固定液	相对极性	最高使用温度(℃)	用 途	相似固定液
邻苯二甲酸二壬酯(DNP)	+2	150	SO_2气体、气体烃、芳烃、醇、酮、酯等	邻苯二甲酸二异辛酯
聚苯基甲基硅氧烷(OV-17)	+2	350	烷烃、低沸点芳烃、多环芳烃、甾族化合物等	OV-11
聚三氟丙基甲基硅氧烷(QF-1)	+2	250	氯代烃、多元醇衍生物、硝基芳烃等	OV-202,OV-210
氰基硅橡胶(XE-60)	+3	250	脂肪酸甲酯、丙烯酰胺、苯酚、芳胺等	OV-25
聚乙二醇(PEG-20M)	+4	250	芳烃、醇、酮、酸、酯、醛、醚、卤代烃等	聚乙二醇 4000；聚乙二醇6000
丁二酸二乙二醇聚酯(DEGS)	+4	200	醇、酯、酮等	
β,β'-氧二丙腈(ODPN)	+5	100	卤代烷烃、醇、胺等	

*1. 仅极少一部分；2. 同一固定液使用温度常有不同，源于不同厂家产品、固定液纯度和添加稳定剂不同、色谱柱制备不同、使用检测器不同等原因，实际使用应视实际情况而定。

(3) 固定液选择原则：相似性原则——被分离组分的极性或基团类型应与固定液相似。该原则在填充柱气相色谱的分离上尤为明显，选择合适的固定液是建立分析方法的重要前提，需要根据试样中的组分谨慎选择固定液；毛细管气相色谱由于其极高的柱效，因此对于固定液的选择性不是特别敏感，常用几种固定液即可完成绝大部分试样的分析。

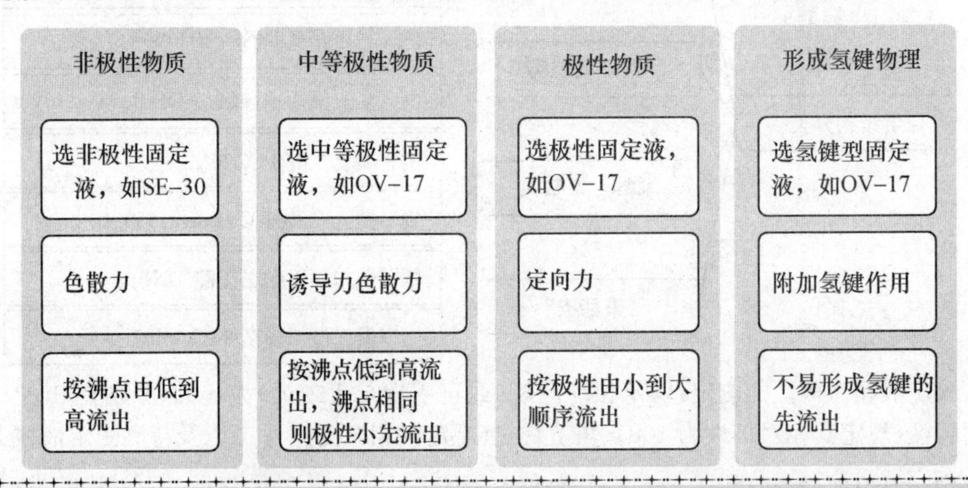

提示

当组分沸点无差别，而极性差别大时，选极性固定液；当组分极性无差别，而沸点差别大时，选择非极性固定液。例1：分离正戊烷(沸点36.2℃)和新戊烷(沸点9.5℃)。极性无差别，沸点差别大。使用非极性固定液，新戊烷先流出。例2：分离苯(沸点80.1℃)和环己烷(沸点80.7℃)。沸点差别小。使用极性固定液，苯产生诱导力而环己烷仅有色散力，环己烷先流出。例3：分离二甲胺与三甲胺。极性物质，但三甲胺无法形成氢键。选择氢键型固定液，三甲胺先流出。

3. 载气　通常条件下，气相色谱流动相（载气）对分离影响不大，选择载气主要取决于所使用的检测器。载气一般由高压钢瓶供给，经过稳压、稳流、净化后才进入色谱系统。常用载气为氮气、氦气、氢气（需特别注意安全），主要特性及匹配检测器如表 17-4 所示。

表 17-4　气相色谱常用载气

气体	黏度/(mPa·S)(400K)	热导率/($10^{-2}W·m^{-1}·K^{-1}$)(322K)	使用纯度/(%)	匹配检测器
H_2	0.0109	19.71	99.99 以上	TCD/FID 等
He	0.0243	15.74	99.9999	MS/TCD 等
Ar	0.0289	1.90	99.9999	ECD/AID 等
N_2	0.0233	2.75	99.99 以上	ECD/FID 等

三、气相色谱检测器

提示

流出色谱柱组分由检测器检测，依据组分含量变化有相应信号输出，该信号可供组分定性、定量用。检测器是气相色谱仪重要组件。

1. 检测器性能指标

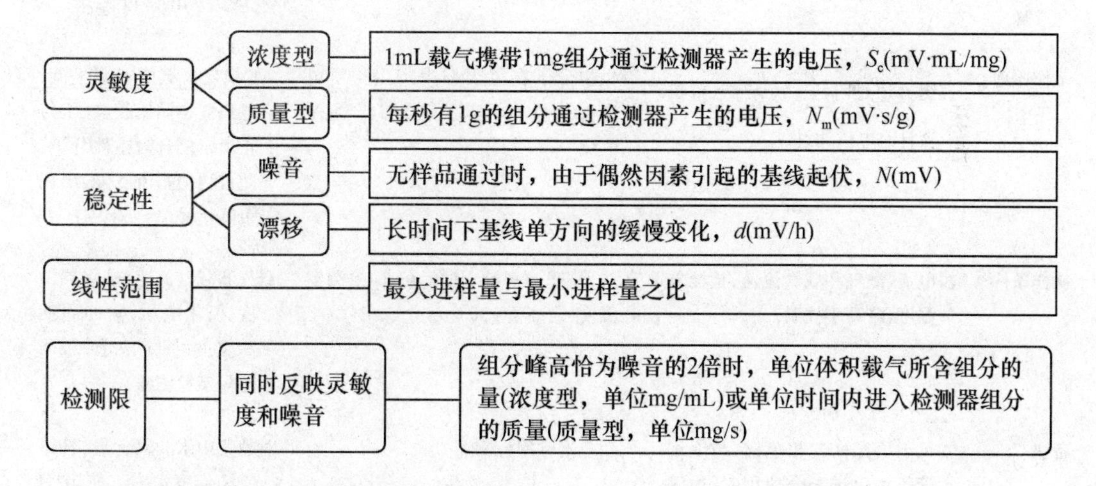

2. 常用检测器工作原理、特性　见表 17-5。

表 17-5　常用气相色谱检测器特性及工作原理

	热导检测器	氢火焰离子化检测器	电子捕获检测器
英文缩写	TCD	FID	ECD
适用性	所有化合物	有机化合物	含电负性基团
选择性	通用型	永久气体、水、甲酸等不能检测	电负性化合物信号极大

（待续）

（续表）

	热导检测器	氢火焰离子化检测器	电子捕获检测器
载气	H_2，He	N_2，H_2，He	$N_2+5\%CO_2$，$Ar+5\%CH_4$
特性	整体性质、浓度敏感	常压电离、质量敏感	常压电离、浓度敏感
破坏检测	否	是	否
线性范围	10^5	$10^6\sim10^7$	$10^2\sim10^4$
检测限	$10^{-7}\sim10^{-9}$g/mL	$10^{-11}\sim10^{-13}$g/s	$10^{-13}\sim10^{-14}$g/mL
稳定性	良	优	可
温度限/℃	450	450	200～400
结构示意	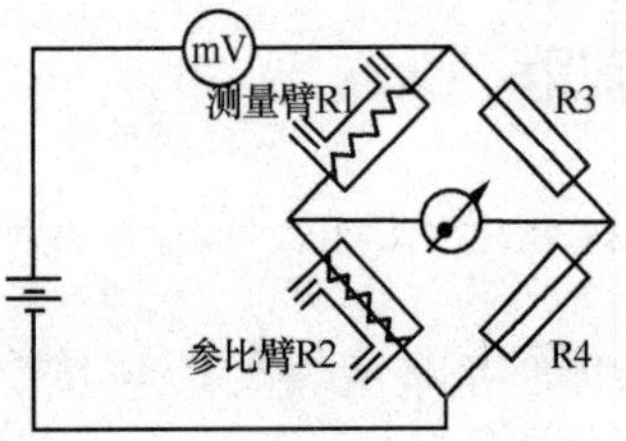	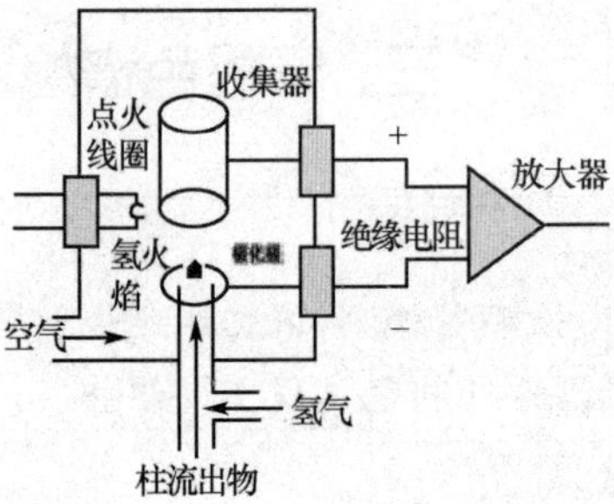	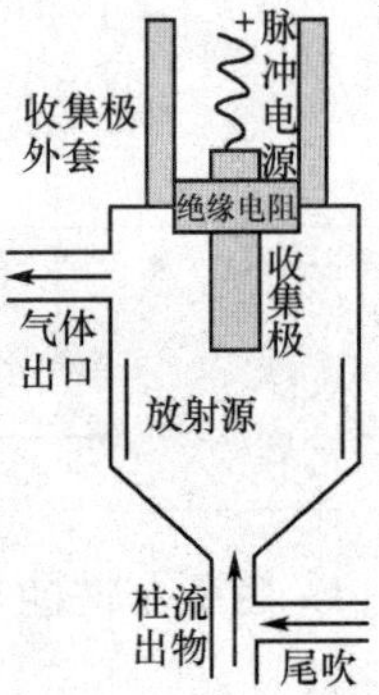
工作原理	有组分通过时，$\frac{R_1}{R_2}\neq\frac{R_3}{R_4}$，电桥检流计有电流通过	有机物分子在氢火焰中产生化学电离，在外加电场作用下移动，产生微电流	β射线电离载气形成基流。电负性物质捕获电子，与正离子复合为中性分子。此过程使基流下降，出现负峰信号
操作条件	桥电流、载气和载气流速、检测器温度（略高于柱温）	氢气流速、空燃比、氮气流速、检测器温度（需高于100℃）	载气和载气流速、检测器温度、极化电压、脉冲周期和宽度、固定液选择（严防污染检测器）
备注	常见于填充柱气相色谱，与毛细管气相色谱配合使用时，检测池腔体积应尽量小	气相色谱常用检测器	对载气中水和氧含量、管路密闭性要求高。使用^{3}H的检测器最高工作温度不超过200℃，使用^{63}Ni不超过400℃

四、分离条件的选择

1. 气相色谱速率理论　影响塔板高度因素(Van Deemter 方程)：$H=A+\frac{B}{u}+Cu=A+\frac{B}{u}+(C_g+C_l)u$。见表 17-6。

表 17-6　填充柱气相色谱与开管毛细管气相色谱对比

	A	B	C_g	C_l
填充柱	$2\lambda d_p$	$2\gamma D_g(\gamma<1)$	0	$\frac{2k}{3(1+k)^2}\cdot\frac{d_f^2}{D_l}$
	与载气流速无关，采用均匀、较小粒径载体并均匀填充可减小此项	与填充状态、组分性质、载气种类、柱温、柱压等因素有关	此项可忽略	与固定液膜厚度、组分在固定液中扩散系数有关
开管毛细管	0	$2D_g(\gamma=1)$	$\frac{r^2(1+6k+11k^2)}{24D_g(1+k)^2}$	$\frac{2k}{3(1+k)^2}\cdot\frac{d_f^2}{D_l}$
	空心管不存在涡流扩散	纵向扩散与组分性质、载气种类、柱温、柱压等因素有关	与组分性质、载气种类、柱温、毛细管内径等因素有关	与固定液膜厚度、组分在固定液中扩散系数有关

2. 实验条件的选择　$R=\frac{\sqrt{n}}{4}\left(\frac{\alpha-1}{\alpha}\right)\left(\frac{k_2}{k_2+1}\right)$，三项分别对应柱效、选择性、容量因子。首先，实际实验时柱型确定后，首选合适的固定液，增加 α 分离选择性增加而提高分离度；其次，通过涂布适当厚度的固定液、减小死体积等方法提高容量因子从而提高分离度，但需要注意过高的 k 导致分析时间变长峰形变差；第三，通过采用稍高于最佳流速的载气流速、合适的柱温使色谱柱在柱效较高的情况下工作，色谱峰变窄变高对提高分离度有利。此外，对于宽沸程的混合物，常采用程序升温以改善分离情况，缩短分析时间。

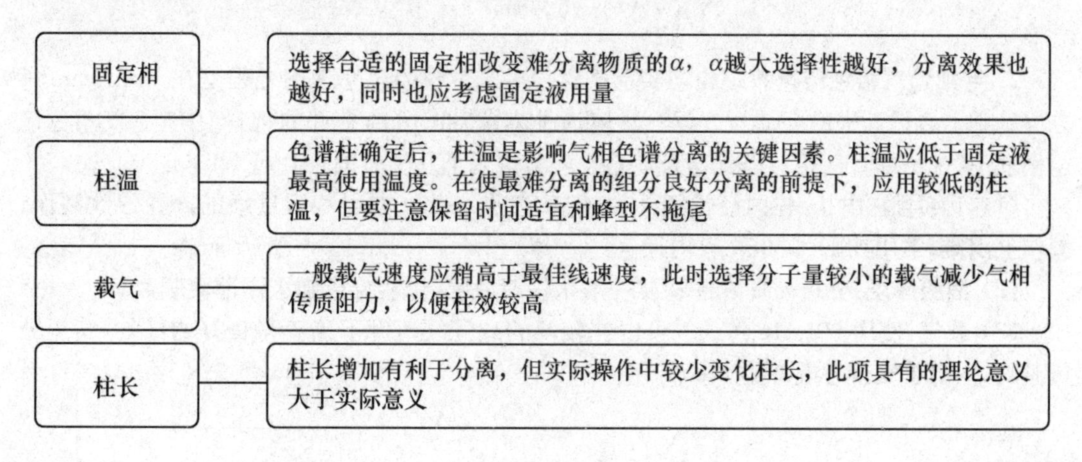

3. 样品预处理

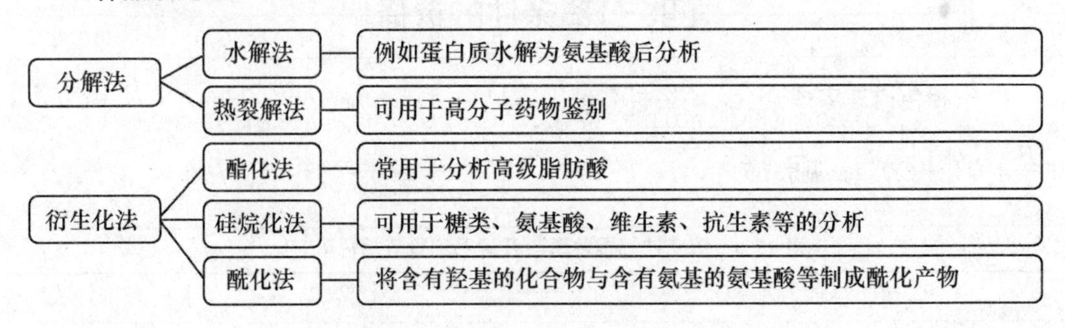

五、毛细管气相色谱法

1. 毛细管气相色谱法特点与分类 一般而言，色谱柱内径在0.1～1.0mm的气相色谱归于毛细管气相色谱，最常见开管毛细管（中空），固定液涂布于毛细管内壁（通常厚度为0.25μm）。因此毛细管气相色谱柱渗透性好、柱容量小、分离效能高（色谱柱长，柱效高）、易于实现与质谱的联用，应用范围广。

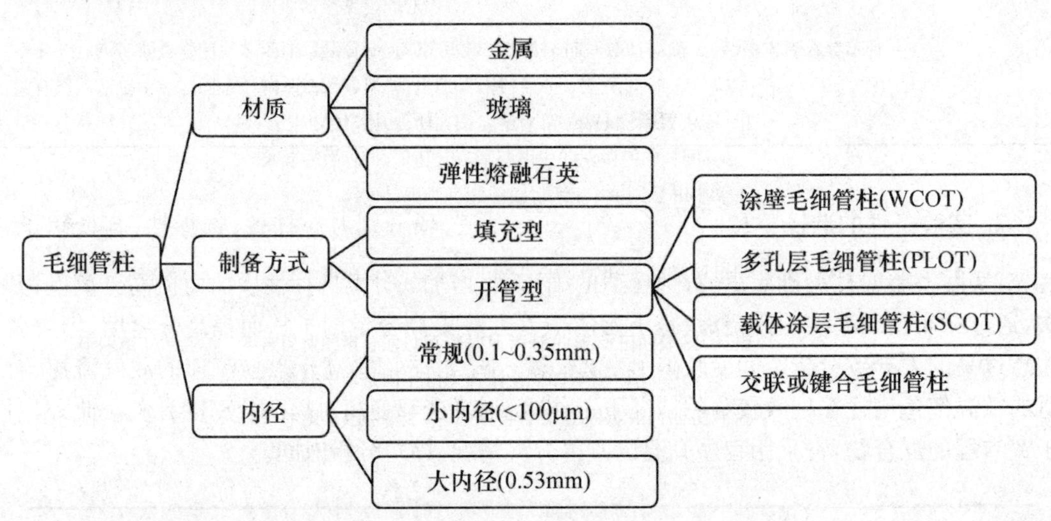

2. 毛细管气相色谱速率理论与实验条件 毛细管柱的速率理论方程是在van Deemter方程基础上改进而来的Golay方程。具体请见本章“四、分离条件的选择”中“1. 气相色谱速率理论”。毛细管气相色谱操作条件选择应考虑以下几个方面：

（1）毛细管柱内径：柱内径越细柱效越高（参见Golay方程），但过细的内径导致制作、操作上困难，常用0.1～0.35mm内径。

（2）液膜厚度：分析高挥发性物质一般采用厚液膜，快速分析则采用薄液膜。

（3）载气：使用H2、He作载气可以在较高的载气线速度下仍获得良好的柱效，缩短分析时间，但出于安全考虑常用He和N_2。

提示

毛细管气相色谱由于柱效甚高,因此对于固定液的选择不十分苛刻。

3. 毛细管气相色谱系统

(1) 毛细管柱制备:针对涂渍制备的毛细管常产生固定液流失的现象,交联毛细管柱将固定液分子以共价键形式结合在毛细管柱内表面,具有液膜稳定、热稳定性好、柱流失小、耐溶剂冲洗、寿命长等特点。此类毛细管柱常与质谱联用。

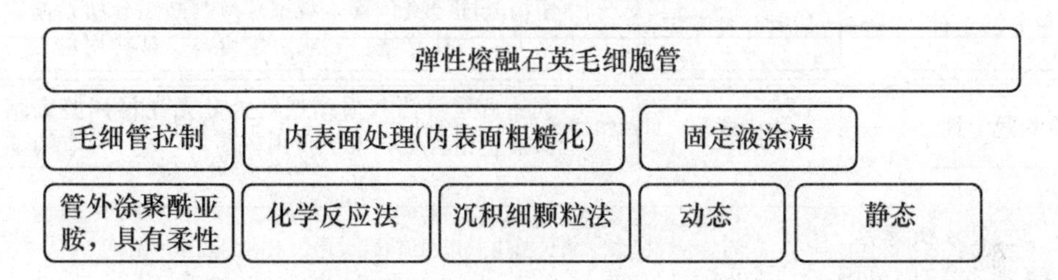

(2) 进样系统:小内径的毛细管气相色谱需要减少样品进入色谱柱的量,以免超过色谱柱负荷,常用方法是将一部分携带有气化样品的载气放空(分流)。若采用填充柱和大口径空心柱就无须分流。

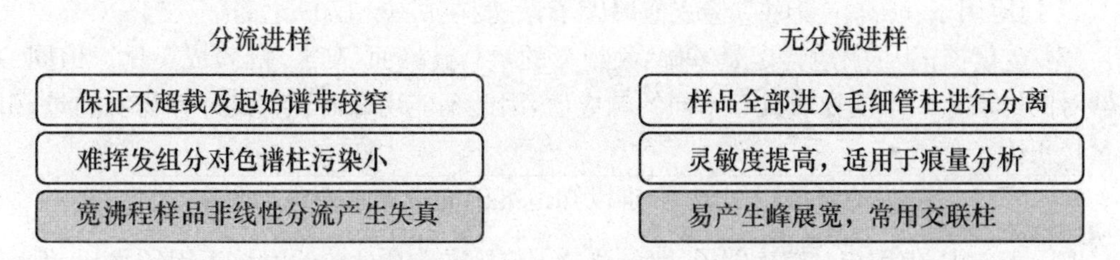

(3) 检测系统:为了减少组分柱后扩散,毛细管柱出口到检测器增加辅助气路提供尾吹气,减小由于这段死体积产生的色谱峰展宽。常见的毛细管气相色谱检测器有 FID、ECD、FPD 等。

(4) 顶空气相色谱(Headspace-gas chromatography):此方法为气相色谱样品前处理技术:通过对一个封闭平衡体系上方蒸汽的分析,间接测定液体或固体样品中挥发性成分。在药物分析中主要用于分析药品中的溶剂残留。主要包括:加热平衡、取样、进样、色谱分析几部分,药物分析中取样多为静态,可自动完成。

六、定性与定量分析

1. 定性分析方法 气相色谱法优点在于对多组分混合物具有高效的分离能力,但也有缺点,主要表现在难以对未知组分定性。气相色谱常用的定性分析方法如下。

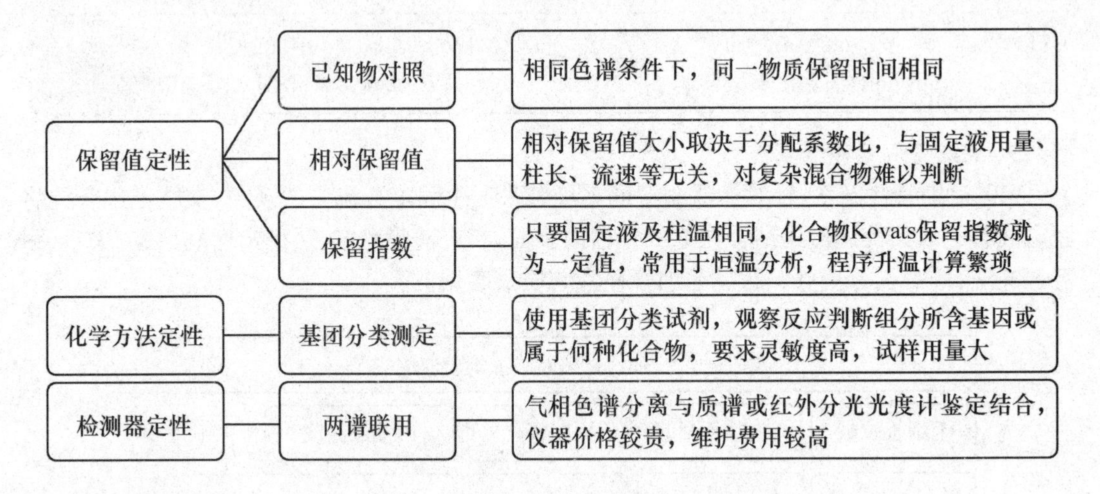

2. 定量分析方法

(1) 系统适应性试验(以外标法为例)

1) 色谱柱理论塔板数:①供试品溶液;②待测组分保留时间、半峰宽。

2) 分离度:①供试品溶液;②待测组分与相邻物保留时间、半峰宽。

3) 重复性:①对照品溶液;②进样五次,记录峰面积。

4) 拖尾因子:峰高定量时应检查拖尾因子,一般在 0.9～1.05 之间。

(2) 定量校正因子:色谱定量基础:某组分的量与其峰面积(或峰高)成正比。但同一检测器对同样质量的不同物质具有不同的响应值,因此不能用峰面积直接计算物质的量,引入定量校正因子如下。

$m_i=f'_iA_i$,f'_i 为绝对校正因子,因难以知道准确的进样量而难以测定。

实际工作中,使用相对校正因子,即待测物 i 与标准物质 s 的绝对校正因子之比,$f_i=\frac{f'_i}{f'_s}=\frac{m_i/A_i}{m_s/A_s}$,$f_i$ 为相对校正因子。今后不做特别说明,定量校正因子均指相对重量校正因子。

(3) 定量方法(见表 17-7)

内标物的选择:内标法可以消除操作条件变化带来的定量误差,定量准确度高。但内标物的选择至关重要,应满足以下条件:试样中不存在的物质,能得到对照品,与待测组分保留值接近且能良好分离,加入的量应使内标物峰面积与待测组分峰面积相近。

表 17-7 气相色谱定量方法一览表

方法名称	原 理	计算公式	特 点
归一化法	某组分质量百分含量等于其校正后的峰面积在校正后的总峰面积中所占的百分比	$w\%=\frac{f_iA_i}{\sum_{j=1}^{n}f_iA_i}\times100$	操作简便,无须准确进样,无须对照品,但需要所有组分相对校正因子,所有组分均需流出色谱柱并分离,检测器对所有组分均要有响应,不可定量微量组分,对仪器和操作条件要求不高

(待续)

（续表）

方法名称		原　理	计算公式	特　点
外标法	外标校正曲线法	确定的色谱条件下某组分峰面积（或峰高）与其浓度（或质量）在一定范围成线性关系	$A=a+bc$	操作烦琐，需要准确进样，需要对照品，无须组分相对校正因子，待测组分与其他组分分离，检测器对待测组分有响应即可，可定量微量组分，对仪器稳定性要求高
	外标对比法	确定的色谱条件下某组分峰面积（或峰高）与其浓度（或质量）在一定范围成正比	$(c_i/A_i)_{样品}=(c_i/A_i)_{对照}$	操作简便，其他同上，标准溶液与待测溶液浓度近似时误差较小，此外操作条件应完全相同，常用于临时分析
内标法	内标校正曲线法	相对确定的色谱条件下，待测物与内标物峰面积之比的比值与两者浓度的比值在一定范围内呈线性关系，当内标物浓度一定时，两者峰面积比与待测物的浓度在一定范围内呈线性关系	$\left(\frac{A_i}{A_{is}}\right)=a+bc$	操作烦琐，无须准确进样，需要待测物和内标物对照品，无须组分相对校正因子，待测组分与内标物分离，且检测器对二者有响应，可定量微量组分，对仪器要求不高，定量准确，但合适的内标物不易选择
	内标对比法	相对确定的色谱条件下，样品溶液与对照溶液中待测物与内标物峰面积的比值与两者浓度的比值在一定范围内成正比	$\frac{(A_i/A_{is})_{样品}}{(A_i/A_{is})_{对照}}=\frac{c_{i样品}}{c_{i对照}}$	操作简便，其他同上，样品和对照品中的A_i/A_{is}应接近
	内标校正因子法	待测组分与内标物质量之比等于两者经过校正的峰面积之比	$m_i=\frac{f_iA_i}{f_{is}A_{is}}m_{is}$	操作简便，若知道内标物和待测组分校正因子，只需内标物对照品，否则需要两者对照品，应保持相同的色谱条件，其他同内标校正曲线法
标准加入法		加入一定量待测组分对照品后，峰面积的增量与加入的对照品质量成正比	$m_i=\Delta m_i\frac{A_i/A_r}{A'_i/A'_r-A_i/A_r}$	操作简便，两次进样量需相同，需要待测组分对照品，无须待测组分相对校正因子，适用于难以找到内标物或色谱图复杂的情况，定量准确，要求仪器稳定性好，操作条件应相同，适用于微量分析

经典习题

一、最佳选择题

1. 气液色谱分析保留值非常接近的两组分，为了提高分离度首先考虑更改（　　）。

A. 柱温　　B. 载气　　C. 色谱柱长

D. 固定液　　E. 流动相流速

2. 若气相色谱分离的烷烃混合物中组分沸点差别大，选择(　　)固定液。

A. 非极性　　B. 中等极性　　C. 极性

D. 氢键型　　E. 强极性

3. 使用氢火焰离子化检测器，对(　　)有良好的响应。

A. SO_2　　B. CO_2　　C. CH_4

D. HCOOH　　E. H_2O

4. 开管毛细管气相色谱速率方程，其中(　　)项为0。

A. 涡流扩散　　B. 分子扩散　　C. 流动相传质阻力

D. 固定相传质阻力　　E. 流动相流速

5. 用气相色谱法定量分析时，无法定量微量组分的是(　　)。

A. 外标法一点法　　B. 归一化法　　C. 内标法

D. 标准加入法　　E. 标准曲线法

二、配伍选择题

[1～4]

A. 吸附色谱法　　B. 分配色谱法

分离下列物质最适宜的色谱法是：

1. N_2 和 CH_4 混合物分析(　　)。
2. 正庚烷、正辛烷混合物分析(　　)。
3. 以硅胶为固定相的气固色谱法在分离机制上属于(　　)。
4. 气液色谱法在分离机制上属于(　　)。

[5～9]

A. 分子筛　　B. GDX　　C. DNP

D. PEG-20M　　E. SE-30

分离以下物质合适的气相色谱固定相是：

5. 空气中的氮气和氧气分析(　　)。
6. 苯和环己烷分析(　　)。
7. 无水乙醇中微量水分析(　　)。
8. 二甲胺和三甲胺分析(　　)。
9. 正己烷和环己烷分析(　　)。

[10～13]

A. TCD　　B. FID　　C. ECD　　D. FPD

为下列测定选择合适的检测器：

10. 食品中微量硫化物(　　)。
11. 高纯氩中微量氧的测定(　　)。
12. 农产品痕量有机氯农药残留(　　)。
13. 苯和邻-二甲苯、间-二甲苯、对-二甲苯的混合物(　　)。

三、多项选择题

1. 其他条件不变，仅柱温改变会影响(　　)。

A. 涡流扩散项　　B. 分子扩散项　　C. 流动相传质阻力项

D. 固定相传质阻力项　　E. 对以上各项均无影响

2. 属于非破坏型检测器的是(　　)。

A. TCD　　B. FID　　C. FPD　　D. ECD

3. 气相色谱定量方法中，进样量需严格控制的是(　　)。

A. 归一化法　　B. 外标标准曲线法　　C. 内标标准曲线法

D. 外标对比法　　E. 内标对比法　　F. 标准加入法

4. 可用于衡量气相色谱检测器性能指标的参数有(　　)。

A. 灵敏度　　B. 检测限　　C. 线性范围

D. 噪声　　E. 漂移

5. 可用于定量微量组分且无须待测组分校正因子的定量方法是(　　)。

A. 归一化法　　B. 外标标准曲线法　　C. 内标标准曲线法

D. 外标对比法　　E. 内标对比法　　F. 内标校正因子法

G. 标准加入法

四、问答题

1. 气相色谱仪的组成部分及其作用?

2. 气液色谱固定液的选择原则? 相应的流出顺序?

3. 比较填充柱气相色谱和开管毛细管气相色谱。

五、计算题

1. 气相色谱，长 1m 的色谱柱分离 A、B 两组分，保留时间分别为 512s 和 568s，半峰宽分别为 25s 和 26s，死时间 30s。计算 B 的容量因子；A、B 的容量因子比值；若其他条件都不变，A、B 完全分离需要色谱柱长为多少?

2. 气相色谱分离正己、庚、辛烷，使用非极性固定液。按流出顺序峰面积分别为 1 207 796、1 214 732、2 014 519。已知正己、庚、辛烷的相对校正因子分别为 0.699、0.701、0.780。归一化法计算正己烷质量百分含量。

3. 标准加入法测定制剂中某有效成分 i 和 j 的百分质量分数，准确称取样品 0.3013g，丙酮溶解转移至 50mL 容量瓶，定容。精密移取 2.00mL 溶液两份各至 10mL 容量瓶，一份直接定容；另一份加入浓度为 203.0μg/mL 的 i 对照品溶液 2.00mL 后定容。上述两溶液在同样色谱条件下各进样 1μL，测得 i 峰面积分别为 131 077 和 287 113μV·s，j 峰面积分别为 99 375 和 99 418μV·s。取浓度为 203.0μg/mL 的 i 对照品溶液与浓度为 258.3μg/mL 的 j 对照品溶液各 2.00mL 混合后定容于 10mL 容量瓶，取该溶液进样 1μL，测得 i、j 峰面积分别为 150 038 和 191 051μV·s。计算样品中 i 和 j 的百分质量分数及 j 对 i 的相对校正因子。

参考答案

一、最佳选择题

1. D　2. A　3. C　4. A　5. B

二、配伍选择题

[1～4]ABAB　[5～9]ACBDE　[10～13]DACB

三、多项选择题

1. BCD　2. AD　3. BDF　4. ABCDE　5. BCDEG

四、问答题

1. 气相色谱仪一般由载气系统、进样系统、柱系统、检测系统和工作站等五部分组成。载气系统提供压力、流量稳定、运送试样组分的高纯载气(流动相)；进样系统将样品在气化室液化后，由载气带入色谱柱；色谱柱是分离的核心部分，不同组分与固定相作用力不同，产生差速迁移，经过一段距离（色谱柱长）后得以分离，先后流出色谱柱；检测器对色谱柱后流出物浓度（或质量）产生响应；工作站采集检测器的电信号得到相应的色谱图。

2.“相似性原则”，即分离非极性样品，选择非极性固定液，组分按照沸点顺序流出，沸点低的组分先流出；分离极性样品，选择极性固定液，组分按照极性顺序流出，极性小的组分先流出；分离可形成氢键的样品，选择氢键型固定液，不易形成氢键的组分先流出。

3. 列表对比如下。

表 17-8 填充柱气相色谱与开管毛细管气相色谱对比

项目		填充柱	开管毛细管
色谱柱	材质	常见不锈钢	常见石英
	内径/mm	2～6	0.1～0.5
	长度/m	0.5～4	20～200
	一般塔板数	10^3	～10^5 或 10^6
	色谱柱压降	大	小
速率方程	A	$2\lambda d_p$	0
	B	$2\gamma D_g(\gamma<1)$	$2D_g(\gamma=1)$
	C_g	忽略	$\frac{r^2(1+6k+11k^2)}{24D_g(1+k)^2}$
	C_l	$\frac{2k}{3(1+k)^2}\cdot\frac{d_f^2}{D_l}$	$\frac{2k}{3(1+k)^2}\cdot\frac{d_f^2}{D_l}$
仪器操作	进样量/μL	0.1～10	0.01～0.2
	分流进样	不分流	常分流
	定量结果	重现性好	较填充柱差

五、计算题

1. 解：B 容量因子 $k_B=\frac{t'_{R(B)}}{t_0}=\frac{568-30}{30}=17.9$

A、B 容量因子比值 $\alpha=\frac{k_2}{k_1}=\frac{t'_{R(B)}}{t'_{R(A)}}=\frac{568-30}{512-30}=1.12$

1m 长色谱柱 A、B 分离度 $R=\frac{1.177[t_{R(B)}-t_{R(A)}]}{W_{B,1/2}+W_{A,1/2}}=\frac{1.177\times(568-512)}{(25+26)}=1.29$

达到完全分离需要色谱柱长度 $\left(\frac{1.5}{1.29}\right)^2=\frac{L}{1}\Rightarrow L=1.4\text{m}$

2. 解：该色谱条件下，正己烷、正庚烷、正辛烷按照沸点顺序依次流出。因此正己烷质量百分含量为：

$$w_{正己烷}\%=\frac{A_{己}\ f_{己}}{A_{己}\ f_{己}+A_{己}\ f_{己}+A_{己}\ f_{己}}=\frac{1207796\times0.699}{1207796\times0.699+1214732\times0.701+2014519\times0.780}\times100$$
$$=25.8$$

3. 解：$w_i\%=\frac{\Delta m_i}{m_s}\times\frac{A_i}{\Delta A_i}\times100=\frac{203.0\times10^{-6}\times2.00}{\frac{0.3013}{50.00}\times2.00}\times\frac{131077}{(287113-131077)}\times100=2.83$

$$f_{ji}=\frac{A_j}{A_i}\times\frac{m_i}{m_j}=\frac{258.3}{203.0}\times\frac{150038}{191051}=0.9993$$

$$=0.9993\times\frac{99418}{(287113-131077)}\times\frac{203.0\times10^{-6}\times2.00}{\frac{0.3013}{50.00}\times2.00}\times100=2.14$$

知识地图

- 载气系统
  - 载气种类及区配检测器
- 进样系统
  - 分流进样、不分流进样操作及特点
  - 样品预处理
  - 顶空气相色谱
- 柱系统
  - 气固色普固定相、气液色谱固定相(载体+固定液)
  - 对载体和固定液要求及分类、常用载体和固定液、固定液选择原则
  - 填充柱与毛细管气相色谱速率方程(A、B、C)
  - 实验条件选择(固定相、载气、柱温、柱长等)
- 检测系统
  - 检测器性能指标(灵敏度、噪声和漂移、检测限)
  - 常用检测器工作原理与特点(TCD、FID、ECD)
- 工作站
  - 定性分析方法(保留值、化学法、仪器联用)
  - 系统适用性实验(理论塔板数、分离度、重复性、拖尾因子)
  - 定量校正因子
  - 定量方法(归一化、外标、内标、标准加入)

（唐　睿）

第十八章　高效液相色谱法

内容提要

本章内容包括高效液相色谱法的分类、特点；主要类型的高效液相色谱流动相与固定相；高效液相色谱中的速率理论及分离条件选择；高效液相色谱仪；常用定性、定量分析方法。

学习要点

一、高效液相色谱法分类、特点及仪器的基本组成

提示

高效液相色谱法是采用高效固定相、以高压输送流动相并配合高灵敏检测器的液相色谱法。

1. 高效液相色谱法的主要类型

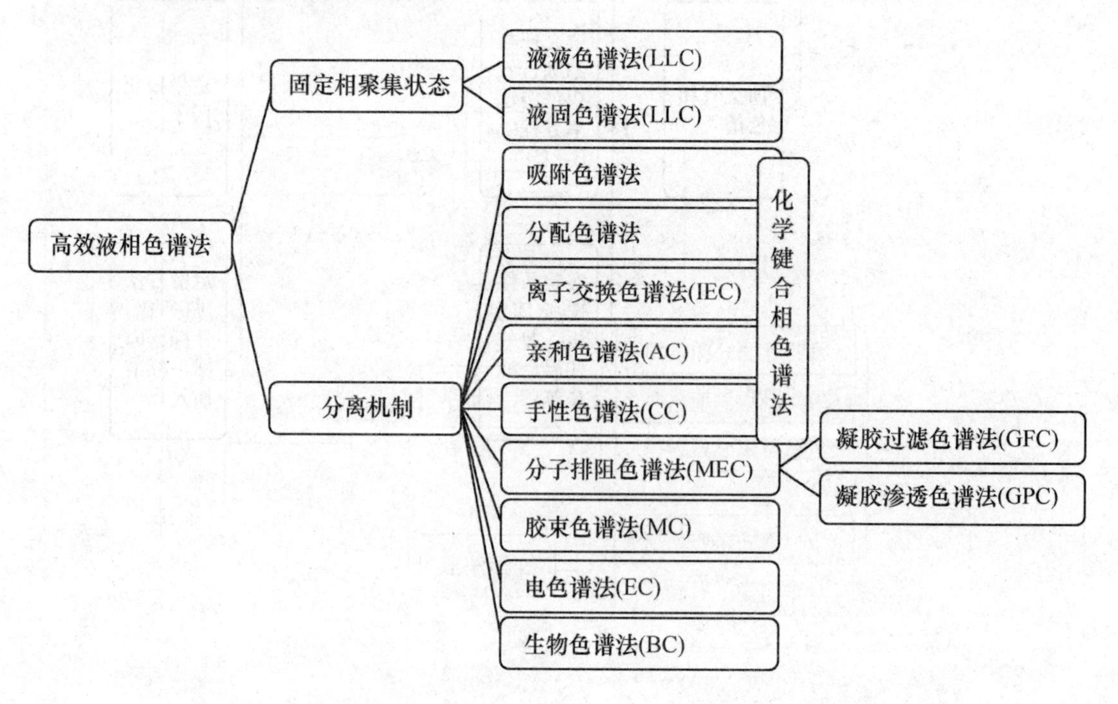

2. 高效液相色谱法特点

表 18-1　气相色谱、高效液相色谱、薄层色谱方法对比

	气相色谱	高效液相色谱	薄层色谱
流动相	高压钢瓶提供气体	高压泵驱动液体	毛细作用驱动液体
固定相	固定液种类繁多,载体颗粒细小均匀,价格较贵,反复使用	固定相种类较少,载体颗粒细小均匀,价格昂贵,反复使用	固定相种类较少,载体颗粒较大且不均匀,价格便宜,一次使用
色谱柱长/m	填充柱 0.5～4 毛细管 20～200	一般 0.05～0.25	一般 0.10～0.20
塔板数、柱效	10^3～10^6,柱效高	10^3～10^4,柱效高 塔板高度较填充柱气相色谱低一个数量级以上	几～数十,柱效低
分离效果	好	好	较好
检测器	种类繁多,灵敏度高,定量准确	种类较少,灵敏度较高,定量准确	种类少,灵敏度较高,定量误差较大
操作条件	主要变化固定液、柱温实现良好分离,成本较低,分析速度快	主要变化流动相实现良好分离,成本较高,分析速度相对较慢	主要变化流动相实现良好分离,成本低,分析速度较快(可同时分析多个试样)
样品	不宜分析热稳定性差或者蒸汽压低的样品	样品不受热稳定性和挥发性限制,应用广泛	分析挥发性样品较差

二、高效液相色谱法固定相与流动相

1. 常用化学键合相　通过化学反应将有机基团以共价键形式固定于载体表面,简称键合相。具有化学和热稳定性好、表面改性灵活、耐高压、适合梯度洗脱、载样量大、颗粒细且均匀等优点。使用时应注意水相 pH 值不得过高或过低。

表 18-2　常见化学键合相色谱法的固定相

键合相种类			键合方式		端基处理	碳覆盖率	
非极性	弱极性	极性	单点	多点	封尾	低	高
C_{18},C_8,苯基	醚基,二羟基	氨基,氰基*	Si-O-Si-R	Si-O Si—R Si-O	Si-O-Si-较短烷烃	5%～15% (C_{18}为例)	2% 以上 (C_{18}为例)
反相色谱,此类固定相 ODS 固定相应用广泛,分析非极性至中等极性化合物	使用较少,可分析酸、酚等	一般作正相色谱,分析中高极性化合物	重现性较好,柱效较高	稳定性较高	减少样品与硅羟基相互作用引起的拖尾	适合快速分析或流动相含水量高的情况	柱容量高,分辨率高,分析时间延长

*氰基键合相分离选择性与硅胶相似,但极性较硅胶弱。许多在硅胶上的分离可以用氰基键合相完成。其优点:在梯度洗脱或流动相组成改变时平衡快,对双键异构体或含不等量双键数的环状化合物具有更好的分离能力。

2. 流动相 对流动相基本要求：化学稳定性好，不与固定相发生化学反应；对试样溶解度适宜，保留因子在1～10范围，最好在2～5范围；应与检测器相适应；纯度高、黏度低。流动相的选择对高效液相色谱分离具有重要意义。

分离方程式：$R=\frac{\sqrt{n}}{4}\frac{\alpha-1}{\alpha}\frac{k_2}{k_2+1}$，式中 α 主要受溶剂种类影响；k_2 主要受溶剂配比影响。常用溶剂极性参数见表18-3，P'越大，溶剂极性越强，在正相色谱中洗脱能力越强。

表 18-3 常用溶剂极性参数 P' 和选择性参数

溶剂	X_e	X_d	X_n	P'	溶剂	X_e	X_d	X_n	P'
正戊烷	—	—	—	0.0	乙醇	0.52	0.19	0.29	4.3
正己烷	—	—	—	0.1	乙酸乙酯	0.34	0.23	0.43	4.4
苯	0.23	0.32	0.45	2.7	丙酮	0.35	0.23	0.42	5.1
乙醚	0.53	0.13	0.34	2.8	甲醇	0.48	0.22	0.31	5.1
二氯甲烷	0.29	0.18	0.53	3.1	乙腈	0.31	0.27	0.42	5.8
正丙醇	0.53	0.21	0.26	4.0	醋酸	0.39	0.31	0.30	6.0
四氢呋喃	0.38	0.20	0.42	4.0	水	0.37	0.37	0.25	10.2
氯仿	0.25	0.41	0.33	4.1					

反相键合相色谱法的溶剂强可用强度因子（S）表示，常用溶剂的 S 值列于下表，S 越大在反相色谱中洗脱能力越强。见表18-4。

表 18-4 反相色谱常用溶剂强度因子（S）

水	甲醇	乙腈	丙酮	二噁烷	乙醇	异丙醇	四氢呋喃
0	3.0	3.2	3.4	3.5	3.6	4.2	4.5

高效液相色谱法常用混合溶剂为流动相，混合溶剂强度可用下式计算。

正相键合相色谱法：$P'_{混}=\sum_{i=1}^{n}P'_i\varphi_i$，$\varphi_i$ 为该溶剂在混合溶剂中的体积分数。

反相键合相色谱法：$S_{混}=\sum_{i=1}^{n}S_i\varphi_i$，$S$ 为反相色谱溶剂强度因子。

溶剂选择性。以质子接受能力（X_e）、质子给予能力（X_d）、偶极作用力（X_n）表达，常用溶剂分为八组列表如下，溶剂选择性分类三角形见图18-1。

质子接受能力：$X_e=\frac{\lg(K''_g)_e}{P'}$；质子给予能力：$X_d=\frac{\lg(K''_g)_d}{P'}$；偶极作用力：$X_n=\frac{\lg(K''_g)_n}{P'}$

表 18-5 部分溶剂的选择性分组

组	溶剂
Ⅰ	脂肪醚，三烷基甲胺，四甲基胍，六甲基磷酰胺
Ⅱ	脂肪醇
Ⅲ	吡啶衍生物，四氢呋喃，酰胺（甲酰胺除外），乙二醇醚，亚砜
Ⅳ	乙二醇，苄醇，醋酸，甲酰胺

（待续）

（续表）

组	溶　剂
Ⅴ	二氯甲烷，二氯乙烷
Ⅵ(a)	三甲苯基磷酸酯，脂肪族酮，聚醚，二氧六环
Ⅵ(b)	砜，腈，碳酸亚丙酯
Ⅶ	芳烃，卤代芳烃，硝基化合物，芳醚
Ⅷ	氯代醇，间苯甲酚，水，氯仿

此图在流动相溶剂选择时具有指导意义。例如，Ⅰ组溶剂偏于质子接受体；Ⅷ组溶剂偏于质子给予体。同组溶剂作用力类型近似，在液相色谱分离中选择性相似；不同组溶剂选择性差别较大。通过合理选择多元溶剂组成流动相能够改变高效液相色谱分离时的选择性。

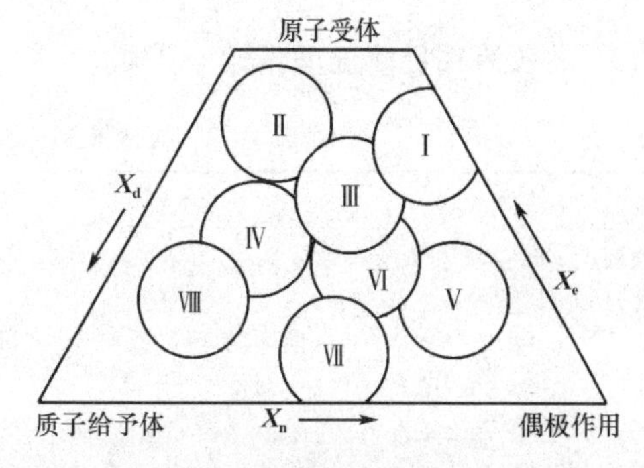

图 18-1　溶剂选择性分类三角形

3. 正相、反相键合相色谱法、反相离子对色谱法　见表 18-6。

表 18-6　常见化学键合相分类

	正相色谱	反相色谱
定义	固定相极性大于流动相极性的液相色谱	固定相极性小于流动相极性的液相色谱
常见键合相端基	$-NH_2$、$-C\equiv N$、硅胶等	$-C_8$、$-C_{18}$、苯基等
常用流动相组成	异丙醇、乙腈、正己烷	四氢呋喃、甲醇、乙腈、水
分离机制	通常认为属分配机制：组分在流动相和键合相间分配，极性强的组分分配系数大，保留时间长 也有认为属吸附机制：溶质的保留主要是其与键合极性基团之间产生的诱导、定向和氢键作用的结果	(1) 反相色谱的分离机制认识不一致 (2) 反相离子对色谱：被分析组分离子与离子对试剂生成对外呈电中性的离子对，从而增加与非极性固定相的作用
分离组分性质	中等至较高极性分子型化合物	反相色谱：非极性至中等极性分子型化合物 反相离子对色谱：离子型化合物
影响保留因素	组分性质、键合相种类、流动相强度等	反相色谱：组分性质、键合相种类、流动相强度等 反相离子对色谱：溶液 pH 值、离子对试剂碳链长度、离子对试剂浓度等
一般保留规则	极性强的组分保留时间长，流动相极性增强洗脱能力增强	反相色谱：极性强的组分保留时间短，流动相极性增强常导致洗脱能力下降 反相离子对色谱：组分和离子对试剂均充分离解、离子对试剂碳链较长、低浓度情况下增加离子对试剂浓度时保留时间延长

4. 其他高效液相色谱法

(1) 离子色谱法:①离子交换剂为固定相;②分离无机、有机阴离子、氨基酸、糖类等;③分抑制型和非抑制型两类;④电导检测器。

(2) 手性色谱法:①手性固定相或手性流动相添加剂;②分离手性化合物对映异构体。

(3) 亲和色谱法:①抗体(抗原)、酶(底物)、药物(受体)等其中之一固定于载体;②分离纯化与其有专一性亲和作用的物质;③选择性最高,常用于生物大分子分析。

三、高效液相色谱法分离条件选择

1. 高效液相色谱速率理论 见表18-7。

表18-7 高效液相色谱与填充柱气相色谱对比

	A	B	C_s	C_m	C_{sm}
高效液相色谱	$2\lambda d_p$	$2\gamma D_m=0$	0	$\frac{\omega_m d_p^2}{D_m}$	$\frac{\omega_{sm} d_p^2}{D_m}$
	一般为3~10μm,固定相常为球形,粒度均匀	液体黏度比气体黏度大约100倍,此项可忽略	此项可忽略	与固定相颗粒粒度有关、ω_m与色谱柱及填充状况有关	与固定相颗粒粒度有关、ω_{sm}与固定相颗粒被流动相占据部分的分数和容量因子有关
填充柱气相色谱	$2\lambda d_p$	$2\gamma D_g(\gamma<1)$	$C_g=0$		$C_l=\frac{2k}{3(1+k)^2}\cdot\frac{d_f^2}{D_l}$
	与载气流速无关,采用均匀、较小粒径载体并均匀填充可减小此项	与填充状态、组分性质、载气种类、柱温、柱压等因素有关		此项可忽略	与固定液膜厚度、组分在固定液中扩散系数有关

高效液相色谱流动相的流速不宜过快,一般分析型仪器流量为1mL/min左右。固定相颗粒粒度对塔板高度影响较大,但是过小的固定相颗粒造成流动相流经色谱柱时需要更高的压力,目前有商品固定相粒度小于2μm的。

2. 分离条件选择 见表18-8。

表18-8 高效液相色谱分离条件选择

	正相键合相色谱法	反相键合相色谱法	反相离子对色谱法
常用固定相	极性键合相(氨基、氰基等)	非极性键合相(C_{18}常见)	非极性键合相(C_8或C_{18})
常用流动相	烷烃为主,加适量极性调节剂,极性调节剂常从Ⅰ、Ⅲ、Ⅴ、Ⅷ组中选 常见三元或四元溶剂系统	以水为主,加入甲醇、乙腈等极性调节剂,可选择弱酸碱或缓冲盐作为抑制剂 常见水-甲醇溶剂系统	选择与待分离离子电荷相反的离子对试剂,流动相pH值应使试样与离子对试剂全离子化,有机溶剂选择与一般反相HPLC相同
可分离的代表性物质	甾体、强心苷、糖类等	芳香化合物、内酯、黄酮、生物碱等	酸、碱等

高效液相色谱对于组成较为复杂的试样，常采用梯度洗脱的操作方式得到良好的分离效果。

四、高效液相色谱仪

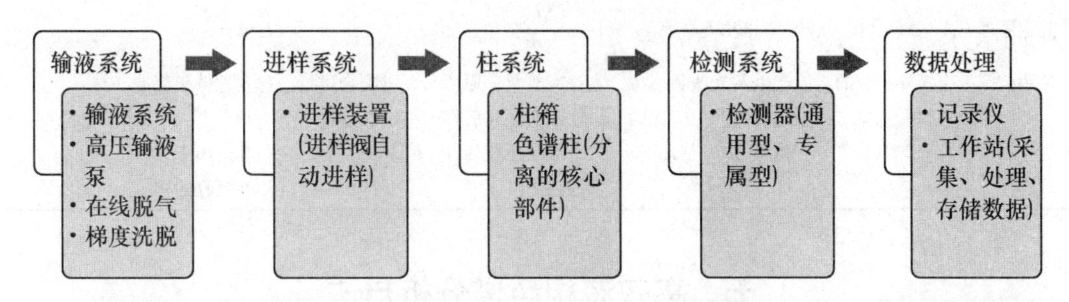

1. 输液系统　梯度洗脱分为高压梯度和低压梯度。高压梯度由两台高压泵实现，梯度曲线较好，溶剂改变速度快，且无须在线脱气装置，价格昂贵；低压梯度由一台高压泵配合比例阀实现，梯度曲线不如高压梯度，且需要在线脱气装置，但价格便宜，目前四元梯度主要是此类。

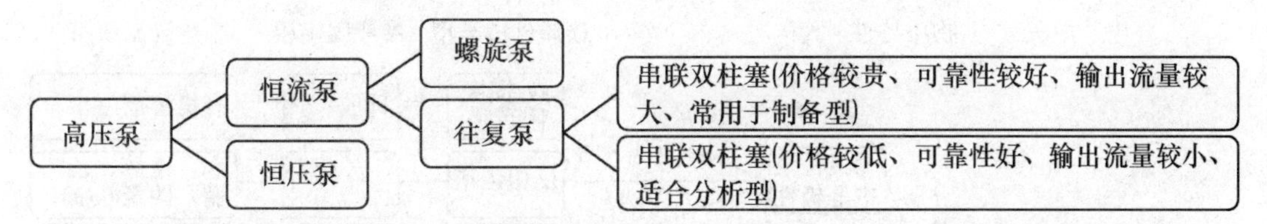

2. 进样和分离系统　自动进样和六通阀进样。使用六通阀配合定量环时，微量注射器中供试品溶液体积应超过定量环体积 3 倍以上。

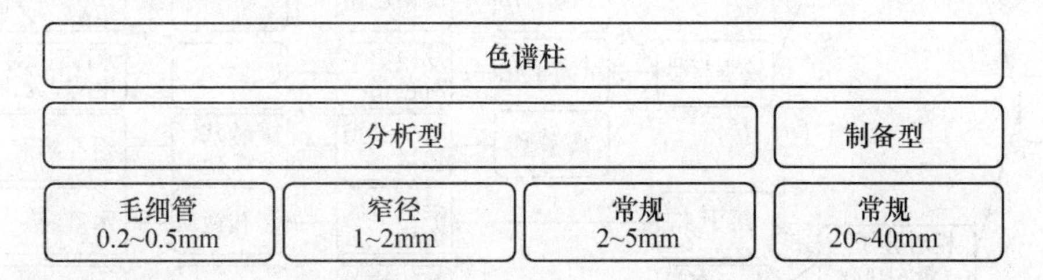

评价高效液相色谱柱。柱压、塔板数、对称因子、容量因子、选择系数、分离度等。硅胶柱以甲苯、萘、联苯为试样，无水己烷为流动相；反相键合相色谱柱可以苯磺酸钠、甲苯、萘为试样，甲醇-水(80：20，V/V)为流动相。

3. 检测系统　见表 18-9。

表 18-9　常见 HPLC 高效液相色谱检测器

	紫外-可见光	荧　光	安　培	质　谱	蒸发光散射	示差折光
类型	专属	专属	专属	通用	通用	通用
信号	吸光度	荧光强度	电流	离子流强度	散射光强度	折射率
线性范围	约 10^5	约 10^3	约 10^5	宽	较小	约 10^4
流速敏感	不敏感	不敏感	敏感	不敏感		敏感

（待续）

（续表）

	紫外-可见光	荧　光	安　培	质　谱	蒸发光散射	示差折光
温度敏感	不敏感	不敏感	敏感		不敏感	敏感
梯度洗脱	适宜	适宜	不适宜	适宜	适宜	不适宜
测定原理	$A=\varepsilon cl$	$F=2.3QKI_0\varepsilon cl$	$I=n\mathrm{F}\frac{\mathrm{d}N}{\mathrm{d}t}$		$I=\mathrm{k}m^{\mathrm{b}}$	
适用范围	有紫外吸收的物质	能产生荧光或者衍生化后能产生荧光的物质	本身有氧化还原活性或衍生化后具有氧化还原活性的物质	可以配合进行定性分析	挥发性低于流动相的组分，尤其适用于无紫外吸收的物质	

五、高效液相色谱分析方法

1. 定性定量分析方法　此部分与气相色谱类似，但定量较少使用归一化法。

2. 高效液相色谱分离方法的选择

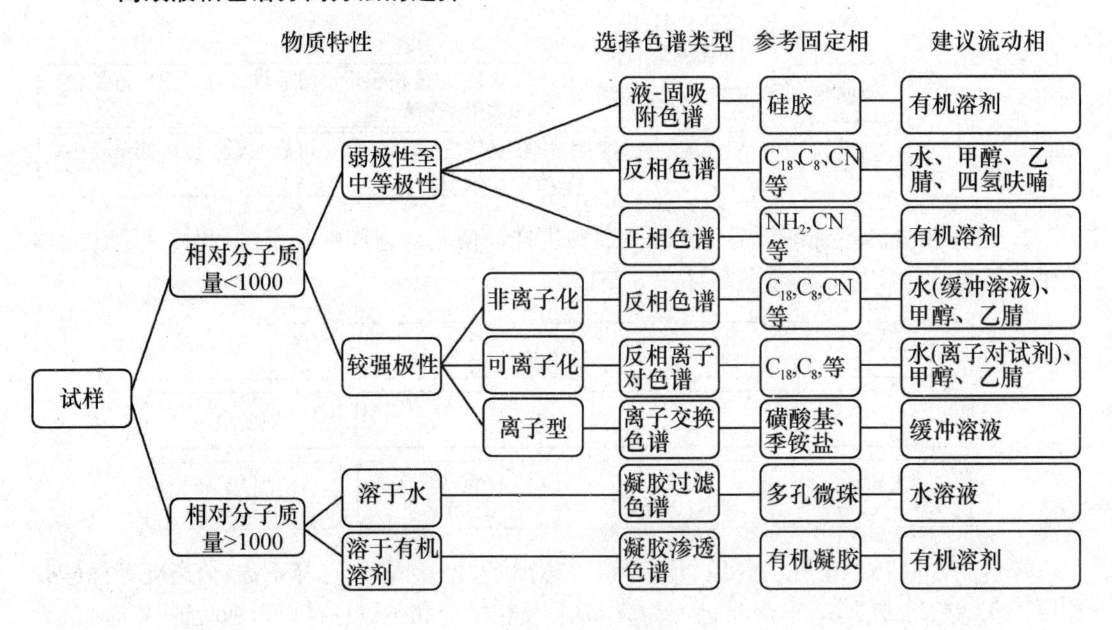

经 典 习 题

一、最佳选择题

1. 在 HPLC 中，不会引起色谱峰展宽的是（　　）。

A. 使用平均粒度更小的填料　　B. 使用低黏度的流动相　　C. 采用高灵敏的检测器

D. 减少连接管路的死体积　　E. 降低流动相速度

2. 一般而言，改变流动相的组成或比例，对（　　）色谱分离没有显著影响。

A. 分子排阻　　B. 离子交换　　C. 分配

D. 吸附　　E. 反相离子对

3. 在 HPLC 中，拟测定苯胺中微量邻氨基苯酚，合适的色谱条件应为(　　)。

A. ODS 固定相，异丙醚-正己烷流动相　B. ODS 固定相，甲醇-水流动相

C. 硅胶固定相，异丙醚-正己烷流动相　D. 硅胶固定相，甲醇-水流动相

E. 硅胶-CN 作固定相，甲醇-水流动相

4. 在 HPLC 中，分析样品中葡萄糖，首选色谱柱和检测器是(　　)。

A. 氰基柱，二极管阵列检测器　B. 氨基柱，蒸发光散射检测器

C. 硅胶柱，荧光检测器　D. ODS 柱，紫外检测器

E. 氨基柱，紫外检测器

5. 在 HPLC 中，分离(　　)的样品时，常采用梯度洗脱以期获得良好的分离效果。

A. 异构体　B. 沸点差别大　C. 官能团相同

D. 保留因子差别大　E. 沸点差别小

6. 高效液相色谱法，范氏方程中的哪一项对柱效能的影响可以忽略不计(　　)。

A. 涡流扩散项　B. 分子扩散项

C. 流动区域的流动相传质阻力　D. 停滞区域的流动相传质阻力

E. 流动相速度

7. 反相色谱法，其选择固定相、流动相性质与分离组分的性质相适应的为(　　)。

A. 非极性、极性、弱极性至中等极性　B. 极性、弱极性、弱极性至中等极性

C. 极性、弱极性、强极性　D. 非极性、极性、离子化合物

E. 极性、非极性、强极性

8. 在 10cm 的色谱柱上两组分分离度 0.95，若要使两者完全分离，色谱柱至少为(　　)cm。

A. 15　B. 20　C. 25

D. 30　E. 45

二、配伍选择题

[1～3]

A. 增大　B. 减小　C. 不变　D. 无法判断

高效液相色谱法采用 ODS 固定相、乙腈-水流动相，

1. 增加流动相水的比例，组分容量因子(　　)。

2. 增加流动相水的比例，组分调整保留时间(　　)。

3. 增加流动相乙腈的比例，死时间(　　)。

[4～7]

A. 正相色谱　B. 反相色谱　C. 离子交换色谱　D. 分子排阻色谱

选择合适的高效液相色谱法分离以下物质：

4. 高极性分子型化合物(　　)。

5. 中低极性化合物(　　)。

6. 离子型化合物(　　)。

7. 分子量大于 2000 的沥青(　　)。

[8～10]

A. UVD　B. FD　C. ELSD

用高效液相色谱法测定以下物质选择合适的检测器：

8. 制剂中的葡萄糖(　　)。

9. 食品中的黄曲霉素 B_1、B_2(　　)。

10. 盐酸小檗碱和盐酸巴马汀(　　)。

三、多项选择题

1. 以下(　　)为高效液相色谱仪配备的通用型检测器。

A. ELSD　　B. FD　　C. MS　　D. UVD

2. 高效液相色谱法,可以改变色谱柱选择性的是(　　)。

A. 改变流动相的种类　　B. 改变固定相的种类　　C. 改变填料粒度

D. 改变柱温　　E. 改变流速

3. 以下检测器对温度和流动相流速都敏感的是(　　)。

A. 紫外-可见光检测器　　B. 示差折光检测器

C. 荧光检测器　　D. 安培检测器

四、问答题

1. 何谓化学键合相色谱法? 有何特点?

2. 何谓梯度洗脱? 如何实现?

3. 比较正相色谱、反相色谱、反相离子对色谱的区别。

五、计算题

1. 高效液相色谱分离组分 A 和 B,保留时间分别为 16.0min 和 20.0min,半峰宽分别为 0.70min 和 0.90min,在该色谱柱上不被固定相保留的物质的保留时间为 2.0min。计算两组分的分配系数比;两组分分离度;以 B 计算该色谱柱有效塔板数。

2. HPLC 内标法测定对乙酰氨基酚原料药。采用咖啡因为内标物,溶液的定容和稀释与测定时相同,固定色谱条件下测得对乙酰氨基酚相对咖啡因的 $f=0.3325$。取样品 0.2008g,加入内标物咖啡因 0.6343g,以甲醇定容至 1000mL 容量瓶,取定容后的溶液 5.00mL,以流动相定容 100mL 容量瓶作为供试溶液,在同一色谱条件下进样得到数据如下表(其中 1 代表对乙酰氨基酚,2 代表咖啡因)。

表 18-8　HPLC 内标法测定对乙酰氨基酚原料药

	保留时间(min)		半峰宽(min)		峰面积(μV·s)	
	t_{R1}	t_{R2}	$W_{1/2}^1$	$W_{1/2}^2$	A_1	A_2
样品	13.23	15.02	0.558	0.591	379669	400087

计算对乙酰氨基酚与咖啡因的分离度,并判断是否完全分离;样品中对乙酰氨基酚的百分质量分数。

参考答案

一、最佳选择题

1. C　2. A　3. B　4. B　5. D　6. B　7. A　8. C

二、配伍选择题

[1~3]AAC　[4~7]ABCD　[8~10]CBA

三、多项选择题

1. AC　2. ABD　3. BD

四、问答题

1. 采用化学反应方式将固定液的官能团键合于载体表面，形成化学键合固定相。采用化学键合固定相的色谱法，称为化学键合相色谱法。化学键合相的优点在于：基本无固定液流失，增加了色谱柱重现性和寿命；热稳定性好、化学稳定性好，可在 pH 值 2～8 范围内使用；传质快，柱效高；载样量大；适宜用梯度洗脱；通过改变端基结构，可以得到从非极性至极性的固定相，应用范围广。

2. 梯度洗脱是指将两种或两种以上不同极性但可互溶的溶剂，随着时间的改变而按一定比例混合，以连续改变色谱柱中冲洗液的极性、离子强度或 pH 值等，从而改变被测组分的相对保留值，提高分离效率，加快分离速度，并取得良好分离效果的一种洗脱方式。高效液相色谱法中的梯度洗脱和气相色谱法中的程序升温作用和目的相同。不同的是在气相色谱法中通过改变温度达到目的的，而高效液相色谱法则是通过改变流动相组成来达到目的。高效液相色谱实现梯度洗脱主要有两种方法：高压梯度（两台高压泵）和低压梯度（一台高压泵配合比例阀）。

3. 液相色谱中，固定相的极性比流动相的极性弱的色谱体系称为反相色谱。例如十八烷基硅烷键合相（ODS）为固定相，以甲醇-水作流动相。反之，固定相极性比流动相强的色谱体系称为正相色谱。

	正相色谱	反相色谱	反相离子对色谱
试样	中高极性分子型	中低极性分子型	离子型化合物或离子和非离子混合物
固定相	极性（如氰基、氨基）	非（弱）极性（如 ODS）	非极性（如 ODS）
流动相	非（弱）极性（如正己烷、乙醚）	极性（如甲醇-水）	含离子对试剂的有机溶剂-水溶液
流出次序	极性高组分后流出	极性低组分后流出	可与离子对试剂形成中性离子对后流出
流动相改变对洗脱的影响	流动相极性增强洗脱能力增强	流动相极性增强洗脱能力一般减弱	离子对试剂碳链长度增加溶质容量因子增加，流动相 pH 值改变影响溶质保留值

五、计算题

1. 解：(1) $\alpha = \dfrac{t'_{R(B)}}{t'_{R(A)}} = \dfrac{20.0-2.0}{16.0-2.0} = 1.29$

(2) $R = \dfrac{1.177(t'_{R(B)} - t'_{R(A)})}{W_{1/2(A)} + W_{1/2(B)}} = \dfrac{1.177\times(20.0-16.0)}{(0.70+0.90)} = 2.9$

(3) $n_{eff} = 5.54\left(\dfrac{t'_{R(B)}}{W_{1/2(B)}}\right)^2 = 5.54\times\left(\dfrac{20.0-2.0}{0.90}\right)^2 = 2216$

2. 解：分离度 $R=\dfrac{1.177(15.02-13.23)}{(0.558+0.591)}=1.8$，大于 1.5，咖啡碱与扑热息痛（对乙酰氨基酚）完全分离。

$$w_i\% = f\times\frac{A_i}{A_s}\times\frac{m_s}{m_{样}}\times100$$

$$= 0.3325\times\frac{379669}{400087}\times\frac{0.6343}{0.2008}\times100 = 99.67$$

知识地图

- **输液系统**
  - 高压泵、流动相脱气、溶剂纯化与过滤
  - 溶剂极性参数、强度因子、选择性分组
  - 高效液相色谱法流动相选择(正相、反相、反相离子对等)
- **进样系统**
  - 自动进样、六通阀样
- **柱系统**
  - 色谱柱分类与评价方法
  - 化学键合相(非极性、弱极性、极性)，性质与特点
  - 高效液相色谱柱与填充柱气相色谱速率方程(A、B、C)*
  - 实验条件选择(正相、反相、反相离子对分离条件)*
- **检测系统**
  - 常见检测器主要性能指标
  - 常用检测器工作原理与特点(UVD、FD、ELSD等)
- **工作站**
  - 定性分析方法(参见气相色谱)
  - 系统适用性实验(理论塔板数、分离度、重复性、拖尾因子等)
  - 定量校正因子(参见气相色谱)
  - 定量方法(参见气相色谱，归一化基本不同)

（唐　睿）

第十九章　平面色谱法

内容提要

本章内容包括平面色谱法分类、基本原理、定性参数、相平衡参数的计算；薄层色谱法的类型、吸附剂和展开剂、操作方法、定性及定量方法等；高效薄层色谱法及纸色谱法的基本原理和操作方法。

学习要点

一、平面色谱法的定义及分类

1. 平面色谱法　在固定相构成的平面内进行色谱分离的一种色谱方法。

2. 平面色谱法的分类　见表 19-1。

表 19-1　平面色谱法按操作方式分类

名　称	定　义
薄层色谱法(TLC)	将固定相均匀涂布在表面光滑的平板上，形成薄层而进行色谱分离和分析的方法
纸色谱法(PC)	以纸纤维上吸附的水为固定相，以与水不互溶的有机溶剂为流动相，根据被分离组分在两相中溶解能力不同进行分离的液-液分配色谱法
薄层电泳法	带电荷的被分离物质在纸、醋酸纤维素等惰性支持体上，以不同速度向其电荷相反的电极方向泳动而进行分离的方法

二、平面色谱法参数(见表 19-2)

表 19-2　平面色谱法定性参数和相平衡参数

参数类型	定　义	表达式
定性参数	比移值 R_f：在一定条件下，溶质移动距离与流动相移动距离之比	$R_f=\dfrac{\text{原点到组分斑点质量中心的距离}}{\text{原点到溶剂前沿的距离}}=\dfrac{L_1}{L_0}$
	相对比移值 R_s：在一定条件下，被测物质与参考物质比移值之比	$R_s=\dfrac{R_{f(组)}}{R_{f(参)}}=\dfrac{\text{原点到组分斑点质量中心的距离}}{\text{原点到参考物斑点质量中心的距离}}=\dfrac{L_1}{L_2}$
相平衡参数	K、k、R_f 之间的关系	$R_f=R'=\dfrac{1}{1+k}=\dfrac{1}{1+K\cdot\dfrac{V_s}{V_m}}$
面效参数	理论塔板数 n	$n=16\left(\dfrac{L}{W}\right)^2$
	理论塔板高度 H	$H=L/n$

(待续)

（续表）

参数类型	定　义	表达式
分离参数	分离度 R	$R=\frac{2(L_2-L_1)}{(W_1+W_2)}=\frac{2d}{(W_1+W_2)}$
	分离数 SN	$SN=\frac{L_0}{W_{(1/2)\,0}+W_{(1/2)\,1}}-1$

三、薄层色谱法主要类型（表 19-3）

表 19-3　薄层色谱法的两种主要类型

	吸附薄层色谱法	分配薄层色谱法
分离原理	利用被分离组分与固定相表面吸附中心吸附能力的差别	利用被分离组分在固定相与流动相中分配系数不同
固定相	吸附剂，如硅胶、氧化铝、聚酰胺等	液体，如纸上吸附的水等
流动相	有机溶剂及部分无机溶剂	与水不互溶的有机溶剂
R_f 值比较	吸附系数大的组分 R_f 值小，吸附系数小的组分 R_f 值大	正相薄层色谱法，极性大的组分 R_f 值小，极性小的组分 R_f 值大；反相薄层色谱法反之

四、吸附薄层色谱的吸附剂和展开剂

1. 吸附剂　薄层色谱常用的几种吸附剂见表 19-4。

表 19-4　薄层色谱法常用吸附剂

	硅　胶	氧化铝	聚酰胺
结构	多孔性无定形粉末，表面有硅醇基	多孔性无定形粉末，表面有能形成氢键的基团	多孔性非晶体粉末，表面有能形成氢键的酰胺基
原理	通过硅醇基与极性基团形成氢键，由于被分离组分形成氢键的能力不同而实现分离	通过氧与极性基团形成氢键，由于被分离组分形成氢键的能力不同而实现分离	通过酰胺基与极性基团形成氢键，由于被分离组分形成氢键的能力不同而实现分离
分类	硅胶 G，自含黏合剂 硅胶 H，不含黏合剂，铺板时另加入 CMC－Na 硅胶 FH_{254}，含荧光剂，254nm 紫外光照发绿光 硅胶 FH_{365}，含荧光剂，365nm 紫外光照发光	中性氧化铝（pH7.5） 碱性氧化铝（pH9.5） 酸性氧化铝（pH4.0）	常用聚己内酰胺
选择原则	根据被测物极性和吸附剂的吸附能力：被测物极性强——弱极性吸附剂；被测物极性弱——强极性吸附剂		
注意事项	硅醇基吸水会失去吸附能力，故使用前需要在 110℃活化	氧化铝的活性同样与含水量有关，含水量越低活性越高，故使用前也需要在 110℃条件下活化	使用前需除去分子量较小的聚合物

2. 展开剂　展开剂的选择依据被测组分、吸附剂和展开剂本身的极性共同决定，具体可参考表 19-5。

表 19-5　吸附薄层色谱中组分性质、固定相、展开剂三者关系

组　分	吸附剂	流动相
极性	活性小	极性
非(弱) 极性	活性大	非极性或弱极性

提示

常用溶剂极性顺序:水>酸>吡啶>甲醇>乙醇>正丁醇>丙酮>乙酸乙酯>乙醚>氯仿>二氯甲烷>甲苯>苯>三氯乙烷>四氯化碳>环己烷>石油醚

通常根据被分离物质的极性,首先使用单一溶剂展开,由分离效果进一步考虑改变溶剂极性或者选择混合展开剂。

五、薄层色谱操作方法(表 19-6)

表 19-6　薄层色谱法的操作方法

步　骤	操作方法
制板	用专门的涂布器或手工把浆状的吸附剂均匀地涂在长条形玻璃板上
点样	用微量注射器或玻璃毛细管吸取一定量试样点在原点上
展开	将薄层板置于展开槽中,展开剂浸没点样端,展开剂借助毛细管作用上行
显色	对展开后薄层板上的斑点位置进行确定

提示 1

(1) 吸附剂,如硅胶或氧化铝等,应为 200～250 目;涂层厚度为 0.15～0.5mm;干燥后活化。

(2) 点样点距薄层板底端约 1cm;点样原点直径一般应小于 5mm;可并排点多个试样同时展开;原点间距离大于 1cm,原点与板边距离大于 0.5cm。

(3) 原点不得浸入展开剂中,为防止边缘效应常需要预饱和。

(4) 边缘效应是由于展开剂的蒸发速度从薄层中央到两边逐渐增加,导致同一组分在边缘的迁移距离要大于中心距离的现象。

(5) 预饱和是将薄层板置于密闭的盛有展开剂的展开缸中 15～30min,此时薄层板不与展开剂接触,待展开剂蒸汽与缸内大气达到动态平衡。

提示 2

制作薄层板常用的黏合剂有以下几种。

(1) 羧甲基纤维素钠(CMC-Na):有机黏合剂,制成的薄层板机械强度好,但使用腐蚀性显色剂的时候要注意掌握好用量、显色温度和时间,以免 CMC-Na 碳化影响检测。

(2) 煅石膏($CaSO_4 \cdot 1/2H_2O$):无机黏合剂,制成的薄层板机械强度较差,易脱落,制板速度要求比较快。

提示 3

薄层色谱的显色方法通常有以下几种：

(1) 在日光下观察，描出有色物质的斑点位置。

(2) 可在紫外灯(254nm 或 365nm)下观察有无暗斑或荧光斑点，并记录其颜色和位置，描出斑点。

(3) 荧光薄层板检测，在紫外灯下描出暗斑。

(4) 既无色又无紫外吸收的物质可采用显色剂显色。

六、定性和定量分析

表 19-7　薄层色谱法的定性和定量参数

目　的	方　法	操　作
定性分析	比移值 R_f 定性	试样与对照品在同一薄层板上展开，根据 R_f 及斑点的颜色进行比较定性，必要时可经过多种展开系统比较，确认是否为同一化合物
	相对比移值 R_s 定性	试样与对照品的 R_s 值比较，或与文献收载的 R_s 值比较进行定性
限量检查	杂质对照品比较法	配制一定浓度的试样溶液和规定限定浓度的杂质对照品溶液，在同一薄层板上展开，试样中杂质斑点的颜色不得比杂质对照品斑点颜色深
	主成分自身对照法	配制一定浓度的试样溶液，将其稀释一定倍数，稀释液作为对照液，在同一薄层板上展开，试样溶液中杂质斑点的颜色不得比对照溶液主斑点颜色深
定量分析	洗脱法	试样经薄层色谱分离后，选择合适的溶剂将斑点中的组分洗脱下来，再用适当的方法定量分析
	目视比较法	将一系列已知浓度的对照品溶液与试样溶液点在同一薄层板上，展开显色后，目视比较试样斑点与对照品斑点颜色的深度或面积的大小进行定量分析
	薄层扫描法	用薄层扫描仪扫描薄层板上的斑点，通过斑点对光的吸收强弱进行定量分析

七、高效薄层色谱法

特点：以经典薄层色谱法为基础，具有分离效率高、分析速度快、检测灵敏度高等优点。其操作方法见表 19-8。

表 19-8　高效薄层色谱法的操作方法

步　骤	操作方法
制板	采用喷雾技术将直径小且颗粒均匀的固定相制成高度均匀的薄层板
点样	用专用点样仪等点样，要求点样直径很小
展开、显色及定性分析	可采用与经典薄层色谱法相同的方式
定量分析	常用薄层扫描仪进行定量分析，准确度较高

八、薄层扫描法简介

1. 原理 以一定强度波长的光照射薄层板上被分离组分的斑点，测定斑点对光的吸收程度或发出荧光的强度，进行定量分析。

2. 扫描方法 选择斑点中被测组分的最大吸收波长为测定波长 λ_S，选择不被被测组分吸收的波长为参比波长 λ_R。具体扫描方法见表 19-9。

表 19-9 薄层扫描方法

	扫描方法
透射法	测定波长和参比波长下的单色光分别交替照射薄层斑点上和空白处，测定透射光的强度 $A=-\lg(\frac{T}{T_0})=\lg(\frac{T_0}{T})$（$T_0$—空白薄层透光率，$T$—被测组分斑点透光率）
反射法	测定波长和参比波长下的单色光分别交替照射薄层斑点上和空白处，测定反射光的强度 $A=-\lg(\frac{R}{R_0})=\lg(\frac{R_0}{R})$（$R_0$—空白薄层反射率，$R$—被测组分斑点反射率）

3. 定量方法 主要采用外标法。

九、纸色谱法

1. 原理 以纸为载体的平面色谱法。纸色谱过程可以看作是溶质在固定相和流动相之间连续萃取的过程，依据溶质在两相中分配系数不等而实现分离。

提示

纸色谱法出现于 20 世纪 40 年代，主要用于微量分析，但其机械强度差、传质阻抗大，使其应用和推广受到限制。

2. 色谱纸的选择

(1) 纸质地均匀，平整无折痕，有一定的机械强度。

(2) 纸纤维的松紧适宜，过疏容易使斑点扩散，过紧则流速太慢。

(3) 纸质要纯，无明显的荧光斑点。

(4) 对 R_f 值相差较小的化合物，可选用慢速滤纸；R_f 值相差较大的化合物，可选择快速滤纸。

(5) 进行制备或定量分析时，可选择载样量大的厚纸；进行定性分析时一般选择薄纸。

2. 固定相和展开剂

(1) 固定相：吸附在纸纤维上的水，通常含 20%～50%，其中 6%～7%的水以氢键的形式与纤维素结合在一起。

(2) 展开剂：一般是含水(或水饱和) 的有机溶剂。

经典习题

一、最佳选择题

1. 拟用吸附薄层色谱分离极性较强的物质，对吸附剂和展开剂的选择比较合理的是(　　)。
   A. 选择相对不活泼的吸附剂和极性较弱的展开剂
   B. 选择相对活泼的吸附剂和极性较弱的展开剂
   C. 选择相对不活泼的吸附剂和极性较强的展开剂
   D. 选择相对活泼的吸附剂和极性较强的展开剂
   E. 不用考虑吸附剂的活性和展开剂的极性
2. 薄层色谱中 R_f 值的最佳范围是(　　)。
   A. 0.3～0.5　B. 0.2～0.7　C. 0.1～0.5
   D. 0.3～0.8　E. 0～1
3. 纸色谱法适用于分离的物质是(　　)。
   A. 极性有机物　B. 非极性有机物　C. 离子
   D. 饱和烃类　E. 各类物质
4. 甲乙两化合物，经过同一 TLC 系统展开后，他们的 R_f 值相同，则甲乙两者(　　)。
   A. 肯定为同一物质　B. 可能为同一物质　C. 肯定不是同一物质
   D. 无法判断　E. 可能不是同一物质
5. 下列色谱参数中数值在 0～1 之间的是(　　)。
   A. 分离度 R　B. 比移值 R_f　C. 相对比移值 R_s
   D. 分配系数 K　E. 相对保留值 $\gamma_{1,2}$

二、配伍选择题

[1～5]

A. 非(弱) 极性　B. 中等极性　C. 极性
D. 活泼　E. 不活泼

下列关于薄层色谱展开剂的选择：

1. 分离极性物质，选择不活泼的吸附剂和(　　) 的展开剂。
2. 经干燥、活化后的硅胶是(　　) 的吸附剂。
3. 分离弱极性物质，选择(　　) 的吸附剂和弱极性的展开剂。
4. 分离中等极性物质，选择活泼或中等活泼的吸附剂和(　　) 的展开剂。
5. 氯仿是(　　) 的展开剂。

三、多项选择题

1. 在薄层色谱法中，使两组分相对比移值发生变化的主要原因有(　　)。
   A. 改变薄层厚度　B. 改变固相粒度　C. 改变展开温度
   D. 改变固定相种类　E. 改变展开剂配比或组成
2. 薄层色谱常用的有机物通用显色剂为(　　)。
   A. 茚三酮试液　B. 荧光黄试液
   C. 碘　D. 硫酸乙醇溶液

3. 欲使薄层色谱的展开剂流速变化，可以改变下列哪些条件(　　)。

A. 温度　　B. 展开剂种类

C. 展开剂配比　　D. 固定相粒度

四、问答题

1. 已知某混合物试样 A、B、C 三组分的分配系数分别为 440、480、520，三组分在薄层色谱上 R_f 值的大小顺序如何？

2. 何谓边缘效应？产生的原因是什么？如何防止？

3. 薄层色谱的显色方法有哪些？

4. 在硅胶薄层板 A 上，以氯仿-甲醇(1：3)为展开剂，某物质的 R_f 值为 0.42；在硅胶板 B 上，用相同的展开剂，此物质的 R_f 值降为 0.35，A、B 两种硅胶板，哪一种的活性较大？为什么？

5. TLC(硅胶为固定相)分离由 A、B 两组分混合而成的样品，得到如右图的结果。请回答：

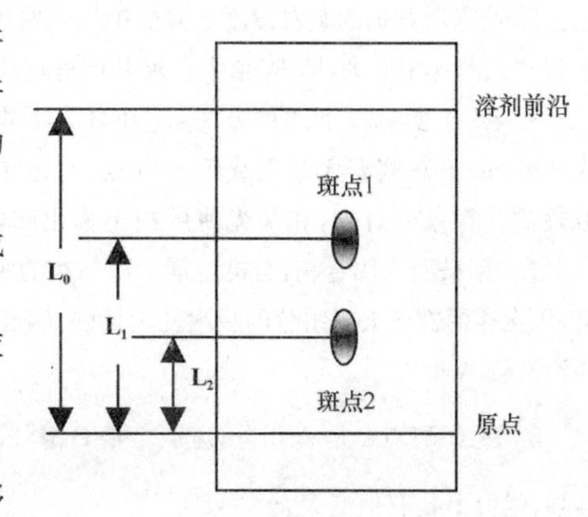

(1) 已知组分 A 的极性大于 B，判断斑点 1、2 所对应的组分？

(2) 列出斑点 1 比移值的计算式。

(3) 若其他条件不变，展开剂极性增加，B 组分的比移值将如何变化？

五、计算题

1. 某化合物在薄层板上展开后斑点距样品原点 5.0cm，溶剂前沿距样品原点 10.4cm。

(1) 计算该化合物的 R_f 值。

(2) 在相同色谱条件下展开，当溶剂前沿距样品原点 8.3cm 时，该化合物斑点的展开距离是多少？

2. A、B 物质在同一薄层板上的相对比移值为 0.80。展开后，A 物质斑点距样品原点 7.4cm，此时溶剂前沿距样品原点 12.5cm，求 B 物质展开的距离和 R_f 值。

3. 在薄层板上分离含 A、B 两组分的混合物，当溶剂前沿距样品原点 14.0cm 时，两斑点质量重心至原点的距离分别为 8.8cm 和 7.6cm，两斑点直径分别为 0.66cm 和 0.42cm。求两组分的分离度。

4. 已知某高效薄层板的分离数为 18，在该薄层板上测得如下数据：$L_0=144$mm，$R_f=0$ 的物质半峰宽为 2.4mm，试求 $R_f=1$ 的物质的半峰宽？

5. 已知某组分 A 在纸色谱上的比移值为 0.65，所用流动相与固定相的体积之比为 $V_m：V_s=0.40：0.15$，试计算该组分的分配系数。

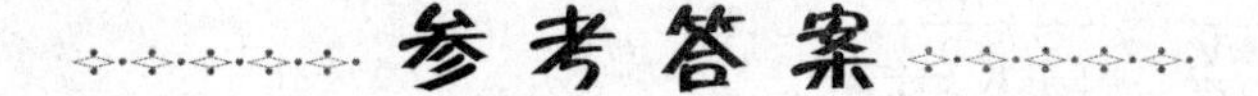

参考答案

一、最佳选择题

1.C　2.A　3.A　4.B　5.B

二、配伍选择题

[1～5] CDDBB

三、多项选择题

1. CDE　2. CD　3. ABCD

四、问答题

1. 答：∵ $R_f = \dfrac{1}{1+K\dfrac{V_s}{V_m}}$，$V_s$、$V_m$ 一定，K 越大，R_f 越小

∴ $R_{fA} > R_{fB} > R_{fc}$

2. 答：边缘效应是指同一化合物点在同一块板上展开时，处于边缘的点，其展开后的 R_f 值大于中心的点。原因是展开剂的蒸发速度从薄层中央到两边缘逐渐增加，使边缘溶剂上升较中央快，致使近边缘溶质的迁移距离比中心大，即 R_f 值大。展开前进行预饱和可防止边缘效应。

3. 答：主要有以下四种方法：①在日光下观察，画出有色物质的斑点位置；②可在紫外灯（254nm 或 365nm）下观察有无暗斑或荧光斑点，并记录其颜色和位置，用铅笔将组分斑点描出来；③荧光薄层板检测。在紫外灯下，在荧光薄层板上描出暗斑；④既无色又无紫外吸收的物质可采用显色剂显色。

4. 答：硅胶为固定相，有机溶剂为流动相的吸附色谱为正相色谱。对于这类色谱，组分一定，流动相一定，固定相活性变大对组分的吸附能力增强，因此同样的物质，在活性大的固定相上比移值变小，因此，B 板的活性较 A 板大。

5. 答：①斑点 2 是 A 组分；斑点 1 是 B 组分；② $R_{f(\text{斑点}1)} = \dfrac{L_1}{L_0}$；③吸附色谱，流动相极性增加洗脱能力增强，组分 B 比移值变大。

五、计算题

1. 解：(1) $R_f = \dfrac{L}{L_0} = \dfrac{5.0}{10.4} = 0.48$

(2) $\dfrac{L}{L_0} = \dfrac{L}{8.3} = \quad R_f = 0.48, L = 8.3 \times 0.48 = 3.98\,(\text{cm})$

2. 解：$R_r = \dfrac{R_{f(A)}}{R_{f(B)}} = \dfrac{L_A}{L_B} = \dfrac{7.4}{L_B} = 0.80 \qquad L_B = \dfrac{7.4}{0.80} = 9.2(\text{cm})$

$R_{fB} = \dfrac{L_B}{L_0} = \dfrac{9.3}{12.5} = 0.74$

3. 解：$R = \dfrac{2(L_A - L_B)}{W_A + W_B} = \dfrac{2(8.8-7.6)}{0.66+0.42} = 2.22$

$R > 1.5$，故两组分完全分离

4. 解：$SN = \dfrac{L_0}{(W_{1/2})_0 + (W_{1/2})_1} - 1 = \dfrac{144}{2.4 + (W_{1/2})_1} - 1 = 18$

$(W_{1/2})_1 = 5.2\,\text{mm}$

5. 解：$R_f = \dfrac{1}{1+K\dfrac{V_s}{V_m}} = \dfrac{1}{1+K\dfrac{0.15}{0.40}} = 0.65$

$K = 1.44$

知识地图

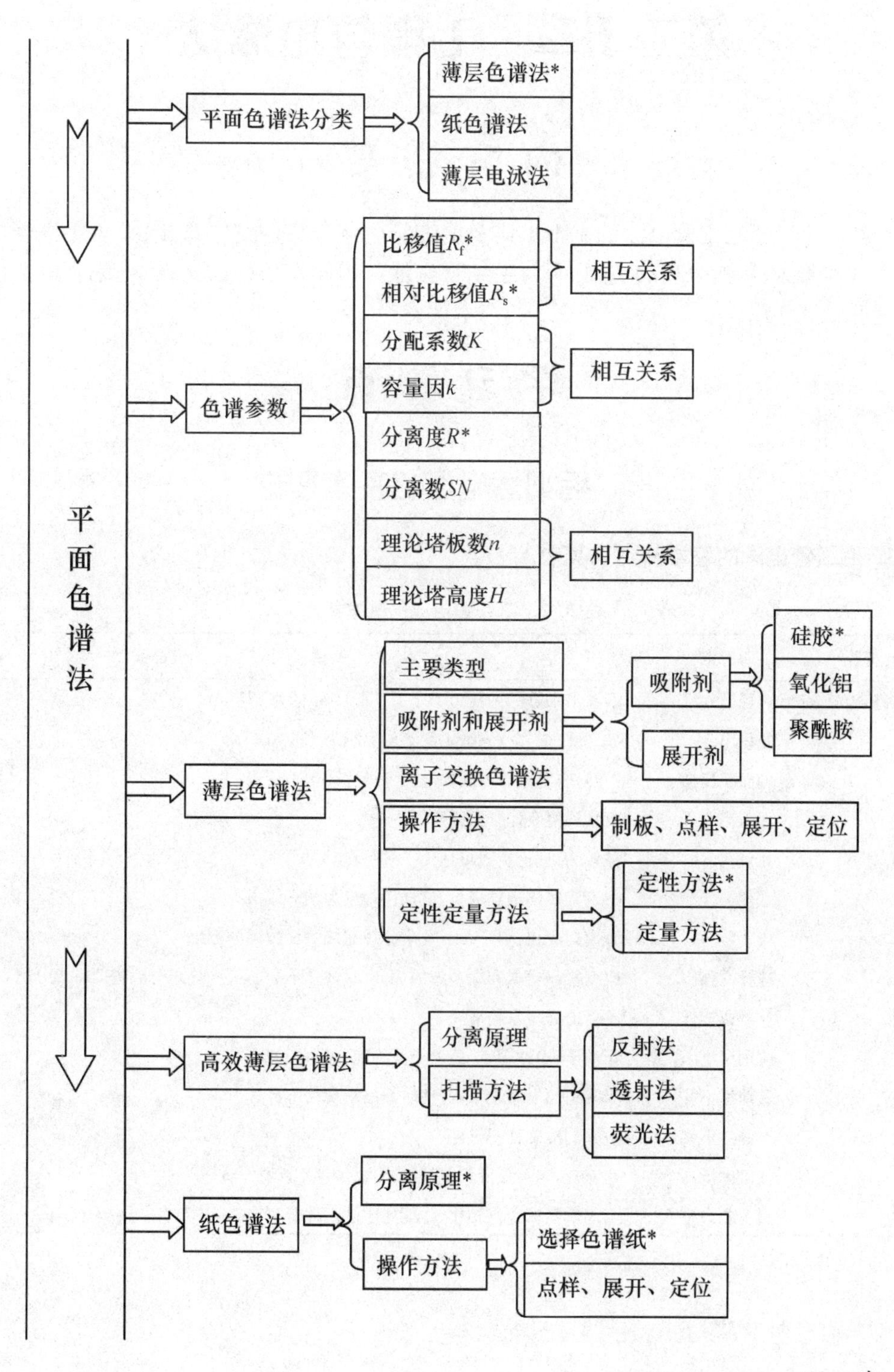

平面色谱法
平面色谱法分类
薄层色谱法*
纸色谱法
薄层电泳法
色谱参数
比移值R_f*
相对比移值R_s*
相互关系
分配系数K
容量因k
相互关系
分离度R*
分离数SN
理论塔板数n
理论塔高度H
相互关系
薄层色谱法
主要类型
吸附剂和展开剂
吸附剂
硅胶*
氧化铝
聚酰胺
展开剂
离子交换色谱法
操作方法
制板、点样、展开、定位
定性定量方法
定性方法*
定量方法
高效薄层色谱法
分离原理
扫描方法
反射法
透射法
荧光法
纸色谱法
分离原理*
操作方法
选择色谱纸*
点样、展开、定位

（周　清）

第二十章　毛细管电泳法

内容提要

本章内容包括毛细管电泳的基本术语及毛细管电泳分离的基本理论；评价毛细管电泳分离的基本参数，影响分离的主要因素，毛细管电泳色谱操作条件的选择；毛细管电泳仪的主要部件及其作用。

学习要点

一、毛细管电泳的基本理论

1. 毛细管电泳的基本特点　见表20-1。

表20-1　毛细管电泳的基本特点

特点分类	特　点	说　明
结构特点	内径微米级	石英毛细管的内径为25～100 μm，外径为375 μm
	容积小	如100 cm × 75μm毛细管的容积为4.4 μL
	侧面积比大	散热快，毛细管两端的电压可高达几十千伏
	无阻流介质	可使用凝胶作分子筛介质
优点	高效	柱效高，理论板数可达10^5～$10^6 m^{-1}$
	低耗	溶剂和试样消耗极少，试样用量仅为纳升级
	快速	分离速度快，数十秒至数十分钟完成一个试样的测定
	选择性强	改变操作模式和缓冲液的成分，对性质不同的各种分离对象进行有效分离
	仪器成本低	不需要高压泵输液
	应用广泛	正离子、中性分子、负离子及细胞
缺点	重现性不好	吸附引起电渗现象，迁移时间的重现性不好
	准确性不够	进样的准确性不够好
	灵敏度不高	光路短，与高效液相色谱相比，灵敏度不够高
	制备能力差	与高效液相色谱相比，不能用于制备性分离

2. 毛细管电泳的基本概念和计算式　见表 20-2。

表 20-2　毛细管电泳法的基本概念和计算公式

基本概念	定义及说明	计算公式
电泳	电介质中带电粒子在电场作用下向与其电性相反方向迁移的现象	$\mu_{ep}=\mu_{ep}E=\frac{\mu_{ep}V}{L}$
毛细管电泳	以高压直流电场为驱动力，毛细管为分离通道，根据样品中各组分淌度和分配行为的差异而实现分离的一类分析技术	
电泳淌度(电泳迁移率)	在给定缓冲溶液中，溶质在单位电场强度下单位时间内移动的距离，即单位电场强度下的电泳速度	$\mu_{ep}=\frac{\varepsilon\zeta_i}{4\pi\eta}$（空心毛细管的淌度）
有效淌度	实际溶液中的粒子淌度	$\mu_{eff}=\sum\alpha_i\gamma_i\mu_{ep}$
绝对淌度	在无限稀释溶液中测得的淌度	
Zeta 电势	当毛细管在溶液中，固体与液体表面形成双电层，该双电层的电位差	
电渗	液体相对于带电的管壁移动的现象	
电渗流	当扩散层的离子在电场中发生迁移时，离子携带溶剂一起移动的现象	$u_{os}=\mu_{os}E=\frac{\varepsilon\zeta_{OS}}{4\pi\eta}E$
电渗淌度	单位电场强度下的电渗流的迁移速率	$\mu_{os}=u_{os}/E$
表观淌度	粒子在毛细管内的电渗淌度与电泳淌度的矢量和	$\mu_{ap}=\mu_{eff}+\mu_{os}$
表观迁移速度	粒子在毛细管内的电渗速度与电泳速度的矢量和	$u_{ap}=u_{eff}+u_{os}=(\mu_{eff}+\mu_{os})E$

3. 毛细管电泳的柱效和分离度　见表 20-3。

表 20-3　毛细管电泳的柱效和分离度

名　称	说　明	计算式
柱效	理论塔板数	$n=5.54(\frac{t_m}{W_{1/2}})^2$，$n=\frac{L_d^2}{\sigma^2}$；$n=\frac{\mu_{ap}VL_{ef}}{2DL}$（在 HPCE 中）
	塔板高度	$H=\frac{L_d}{n}$
迁移时间	流出曲线最高点所对应的时间	$t_m=\frac{L_d}{\mu_{ap}E}=\frac{LL_d}{\mu_{ap}V}$
区带展宽		$\sigma^2=2Dt_m$
分离柱效方程		$n=\frac{\mu_{ap}VL_d}{2DL}$
分离度	将淌度相近的组分分开的能力	$R=\frac{2(t_{m_2}-t_{m_1})}{W_1+W_2}=\frac{t_{m_2}-t_{m_1}}{4\sigma}$，$R=\frac{\sqrt{n}}{4}\cdot\frac{\Delta u}{u}$ $R=\frac{1}{4\sqrt{2}}\Delta\mu_{eff}\left[\frac{VL_d}{DL(\mu_{eff}+\mu_{os})}\right]^{1/2}$

4. 影响谱带展宽的因素

(1) 纵向扩散的影响:由扩散系数和迁移时间决定。

(2) 焦耳热与温度梯度的影响:在毛细管内部形成温度梯度,中心温度高,导致区带展宽。

(3) 溶质与管壁间的相互作用:存在吸附与疏水作用,造成谱带展宽。

(4) 进样的影响:进样塞长度太大时,引起峰展宽。

(5) 其他因素影响:电分散作用及"层流"现象。

二、毛细管电泳的主要分离模式

1. 毛细管电泳的主要分离模式 见表20-4。

表 20-4 毛细管电泳的主要分离模式比较

名称及缩写	分离模式	分离原理	主要操作条件	应用
毛细管区带电泳(CZE)	电泳	样品组分间荷质比的差异	分离电压、缓冲溶液、pH值、添加剂	带电化合物
胶束电动毛细管色谱(MEKC)	色谱	物质分子与胶束作用的强弱不同,在两相间的分配系数不同	表面活性剂、流动相(包括缓冲溶液、pH值、离子强度)、有机添加剂	中性化合物和带电化合物
毛细管电色谱(CEC)	电泳和色谱	被测组分的分配系数不同和电泳淌度不同	固定相、流动相、缓冲溶液	与HPLC一致
毛细管凝胶电泳(CGE)	电泳	溶质分子大小与电荷质量比差异		蛋白质和核酸等
毛细管等电聚焦(CIEF)	电泳	等电点差异		蛋白质、多肽
毛细管等速电泳	电泳	溶质在电场梯度下的分布差异		电泳分离的预浓缩

三、毛细管电泳仪

毛细管电泳仪包括高压电源、电解液槽、进样系统、毛细管及温度控制系统、检测器、记录/数据处理系统。

1. 高压电源 包括电源、电极槽、电极(铂丝电极)等。一般采用(0 ~ ±30kV)连续可调的直流高压电源。

2. 毛细管柱

(1) 要求:化学和电惰性,能透过紫外光和可见光,有韧性,易弯曲,耐用且便宜。

(2) 材质:聚四氟乙烯、玻璃、石英。

(3) 常用尺寸:内径为25~75 μm,外径为350~400 μm,柱长为30~100 cm。

3. 进样系统

(1) 压力进样:要求毛细管中的介质具有流动性,进样量与试样基质无关,但选择性差。

(2) 电动进样:对毛细管内的介质没限制,可实现完全自动化操作,但对离子组分存在进样偏差。

（3）扩散进样：利用浓度差扩散原理将试样分子引入毛细管。

4. 检测器

（1）要求：灵敏、检测限低，不产生区带展宽，对峰宽影响小。

（2）常用检测器：紫外检测器、荧光检测器、激光诱导荧光检测器、电化学检测器、质谱检测器

经典习题

一、最佳选择题

1. 毛细管电泳和传统电泳法的最主要区别是（　　）。

A. 高电压和压力进样　B. 毛细管和温控装置　C. 高电压和毛细管
D. 高电压和高灵敏度检测器　E. 毛细管和高灵敏度检测器

2. 毛细管区带电泳中组分能被分离的基础是（　　）。

A. 分配系数的不同　B. 荷质比的差异　C. 分子大小的不同
D. 电泳速率的不同　E. 电渗流的不同

3. 胶束电动毛细管色谱的分离机制为（　　）。

A. 电泳　B. 色谱　C. 电泳＋色谱
D. 分配　E. 萃取

4. 在毛细管区带电泳中，分离酸性物质，选择的 pH 值条件为（　　）。

A. 酸性　B. 中性　C. 碱性
D. 酸性或者碱性　E. 中性或者碱性

5. 增加电压能提高毛细管电泳的分离度，但是，电压高会使（　　）。

A. 焦耳热增加　B. 总迁移速度降低　C. 迁移时间增加
D. 缓冲液的黏度增加　E. 两极溶液的 pH 减小

6. 不带电的中性化合物的分析常采用（　　）。

A. 毛细管区带电泳　B. 毛细管电色谱　C. 胶束电动毛细管色谱
D. 毛细管凝胶电泳　E. 毛细管等速电泳

7. 电渗流的流动方向取决于（　　）。

A. 毛细管　B. 电场强度　C. 缓冲溶液
D. 试样所带电荷　E. 电压的大小

8. 与高效液相色谱相比，毛细管电泳的优点是（　　）。

A. 分离能力强，重现性好　B. 试样用量少，分析成本低　C. 检测灵敏度高，应用范围广
D. 分析速度快，准确度高　E. 分析速度快，重现性好

二、配伍选择题

[1～6]

A. 电泳　B. 色谱　C. 电泳和色谱

下列毛细管电泳的分离机制属于：

1. 毛细管区带电泳（　　）。

2. 毛细管电色谱（　　）。

3. 胶束电动毛细管色谱(　　)。

4. 毛细管凝胶电泳(　　)。

5. 毛细管等电聚焦(　　)。

6. 毛细管等速电泳(　　)。

[7～11]

A. 毛细管区带电泳　　B. 毛细管电色谱　　C. 胶束电动毛细管色谱

D. 毛细管凝胶电泳　　E. 毛细管等电聚焦

以下样品适合采用哪种电泳法分离：

7. 硝酸盐和磷酸盐的分离(　　)。

8. 中性化合物的分离(　　)。

9. 血红蛋白变体分析(　　)。

10. 手性化合物的分离(　　)。

11. 核酸片段的分离(　　)。

三、多项选择题

1. 在毛细管电泳中，引起谱带展宽的主要因素是(　　)。

A. 扩散　　B. 自热　　C. 吸附

D. 进样　　E. 检测

2. 分离机制属于电泳的毛细管色谱有(　　)。

A. 毛细管区带电泳　　B. 毛细管凝胶电泳　　C. 毛细管电色谱

D. 胶束电动毛细管色谱　　E. 毛细管等速电泳

3. 在毛细管电泳中，采用柱后检测的检测器有(　　)。

A. 紫外检测器　　B. 荧光检测器　　C. 电化学检测器

D. 质谱检测器　　E. 激光诱导荧光检测器

4. 在毛细管电泳中，以下关于缓冲溶液的选择正确的是(　　)。

A. 有足够大的缓冲容量　　B. 在检测波长的吸收低　　C. 自身的淌度低

D. 尽可能使用酸性缓冲液　　E. 要使被测组分不带电荷

5. pH 值对胶束电动毛细管色谱的影响，正确的是(　　)。

A. 改变带电组分迁移的速度　　B. 改变电渗速度

C. 改变胶束的荷电状态　　D. 不改变电泳速度

E. 不改变组分流出的先后顺序

四、判断题

1. 对于石英毛细管柱，由于表面会产生负电荷，因此产生指向正极的电渗流。(　　)

2. 对于区带毛细管电泳，Zeta 电势越大，双电层越厚，黏度越大，电渗流值越大。(　　)

3. 在毛细管电泳中，电压与塔板数成正比，因此增大分离电压可使任何难分离的物质得到分离。(　　)

4. 因为理论塔板数与溶质的扩散系数成反比，分子越大，扩散系数越小，所以毛细管电泳特别适合分离生物大分子。(　　)

5. 混合样品在毛细管电泳中的出峰顺序为正离子、中性分子、负离子。(　　)

6. 压力进样属于毛细管电泳进样方式的一种，具有进样量与试样基质无关，选择性好，组分没有偏向问题等优点。(　　)

五、填空题

1. 毛细管电泳具有________和________两种速度，粒子在毛细管内的运动速度是这两种速度的矢量和，称为________。

2. 由于石英毛细管表面因硅羟基离解而产生________电荷，使电渗流从阳极流向阴极，大小受________、________电势、________厚度和________黏度的影响。

3. 缓冲溶液的 pH 值影响粒子的迁移。若缓冲溶液的 pH 值低于溶质的 pI 值时，溶质带________电，朝________泳动，此时粒子迁移的总速度比电渗________。

4. 胶束是表面活性剂的聚集体，表面活性剂分子由________基和________基组成。表面活性剂在低浓度时以________分散在水溶液中，当浓度超过某一直时，分子缔合成________。

5. 毛细管电泳仪的基本结构包括________、________、________、________及其温度控制系统、________记录及数据处理系统。

参考答案

一、最佳选择题

1. C　2. B　3. B　4. C　5. A　6. C　7. A　8. B

二、配伍选择题

[1～6] ACBAAA　[7～11] ACEBD

三、多项选择题

1. ABCDE　2. ABE　3. CD　4. ABCD　5. ABD

四、判断题

1. ×　2. ×　3. ×　4. √　5. √　6. ×

五、填空题

1. 电泳速度，电渗速度，表观迁移速度。
2. 负，电场强度，Zeta，双电层，介质。
3. 正，阴极，快。
4. 亲水，疏水，分子形态，胶束。
5. 高压电源，电解液槽，进样系统，毛细管，检测器。

知识地图

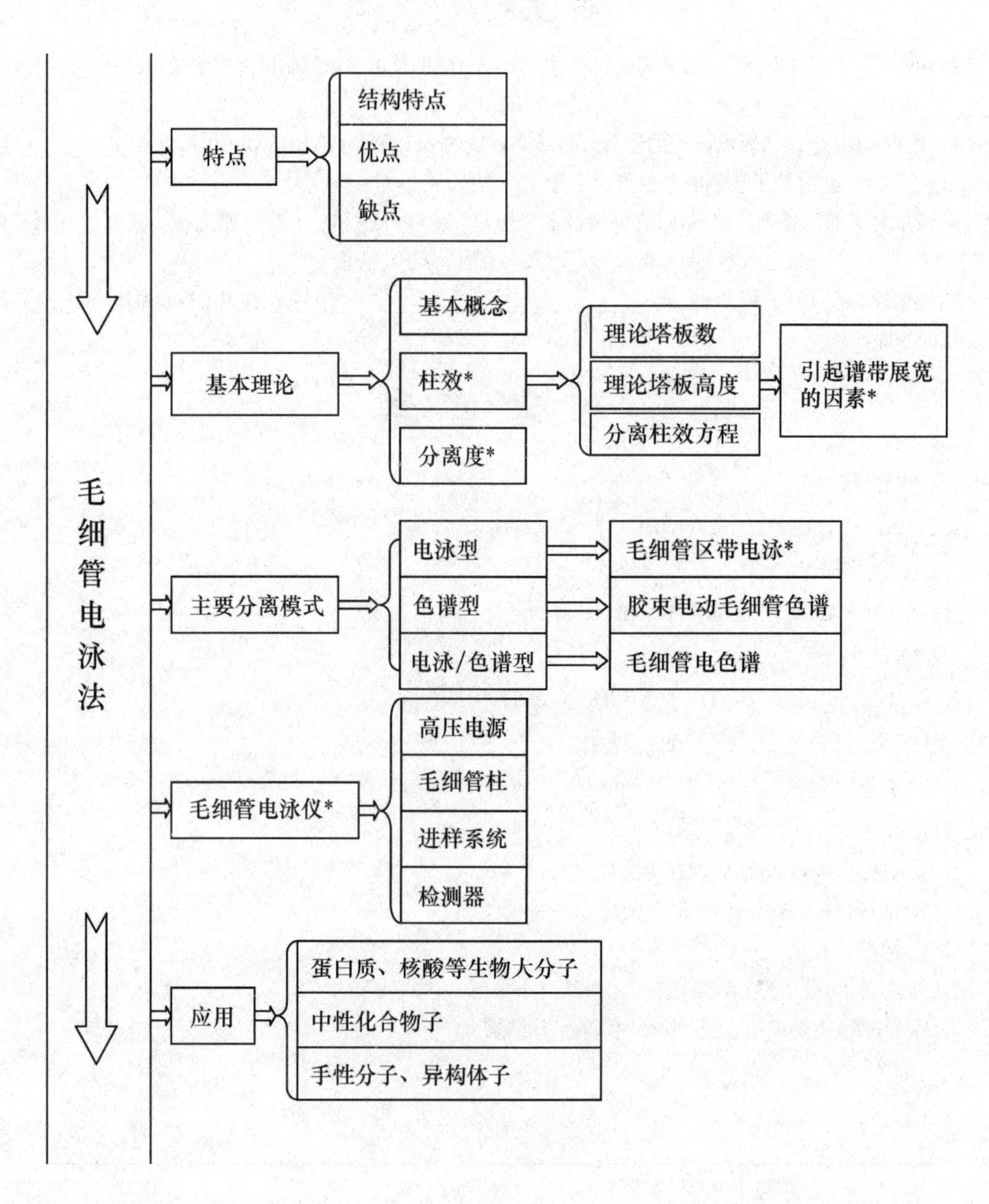

毛细管电泳法
特点
结构特点
优点
缺点
基本理论
基本概念
柱效*
分离度*
理论塔板数
理论塔板高度
分离柱效方程
引起谱带展宽的因素*
主要分离模式
电泳型
色谱型
电泳/色谱型
毛细管区带电泳*
胶束电动毛细管色谱
毛细管电色谱
毛细管电泳仪*
高压电源
毛细管柱
进样系统
检测器
应用
蛋白质、核酸等生物大分子
中性化合物子
手性分子、异构体子

（朱明芳）

第二十一章　色谱联用分析法

内容提要

本章内容包括色谱联用的基本原理及分类；色谱-质谱分析方法：色谱-质谱组成，色谱-质谱的扫描模式、色谱-质谱的特点及应用；毛细管电泳-质谱联用；其他联用分析法：气相色谱-傅里叶变换红外光谱，高效液相色谱-核磁共振波谱联用，色谱-色谱联用。

学习要点

一、色谱联用基本原理及分类

1. 色谱联用的基本原理　色谱联用是将分离能力很强的色谱仪与定性、确定结构能力很强的质谱或光谱仪通过接口结合起来的分析方法。其基本原理如图 21-1 所示。

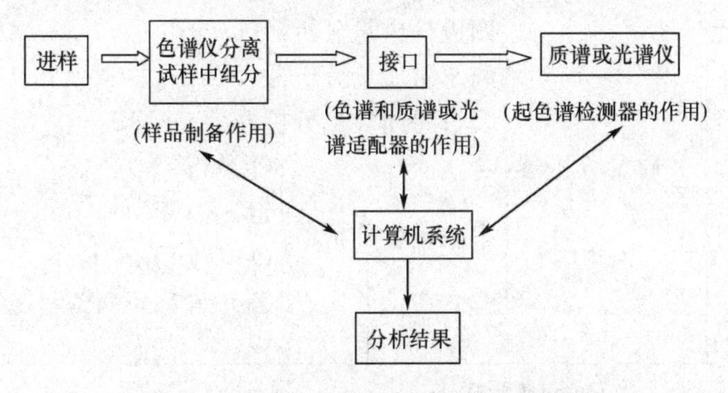

图 21-1　色谱-质谱联用工作原理方框图

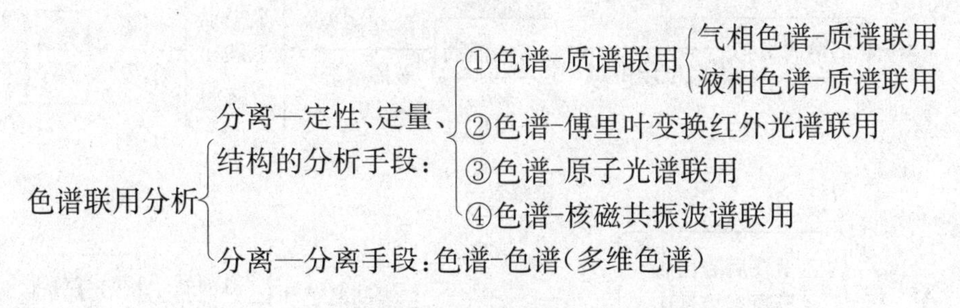

二、色谱-质谱联用分析法

色谱-质谱联用是最成熟和最成功的一类联用技术，主要包括气相色谱-质谱联用(GC－MS) 和高效液相色谱-质谱联用(HPLC－MS 和 CE－MS)。

1. 色谱-质谱组成 色谱-质谱主要包括三个部分:色谱单元、接口和质谱单元。

(1) 色谱单元:类似 GC(或 HPLC,或 CE)(流动相中不含非挥发性盐)。

(2) 接口

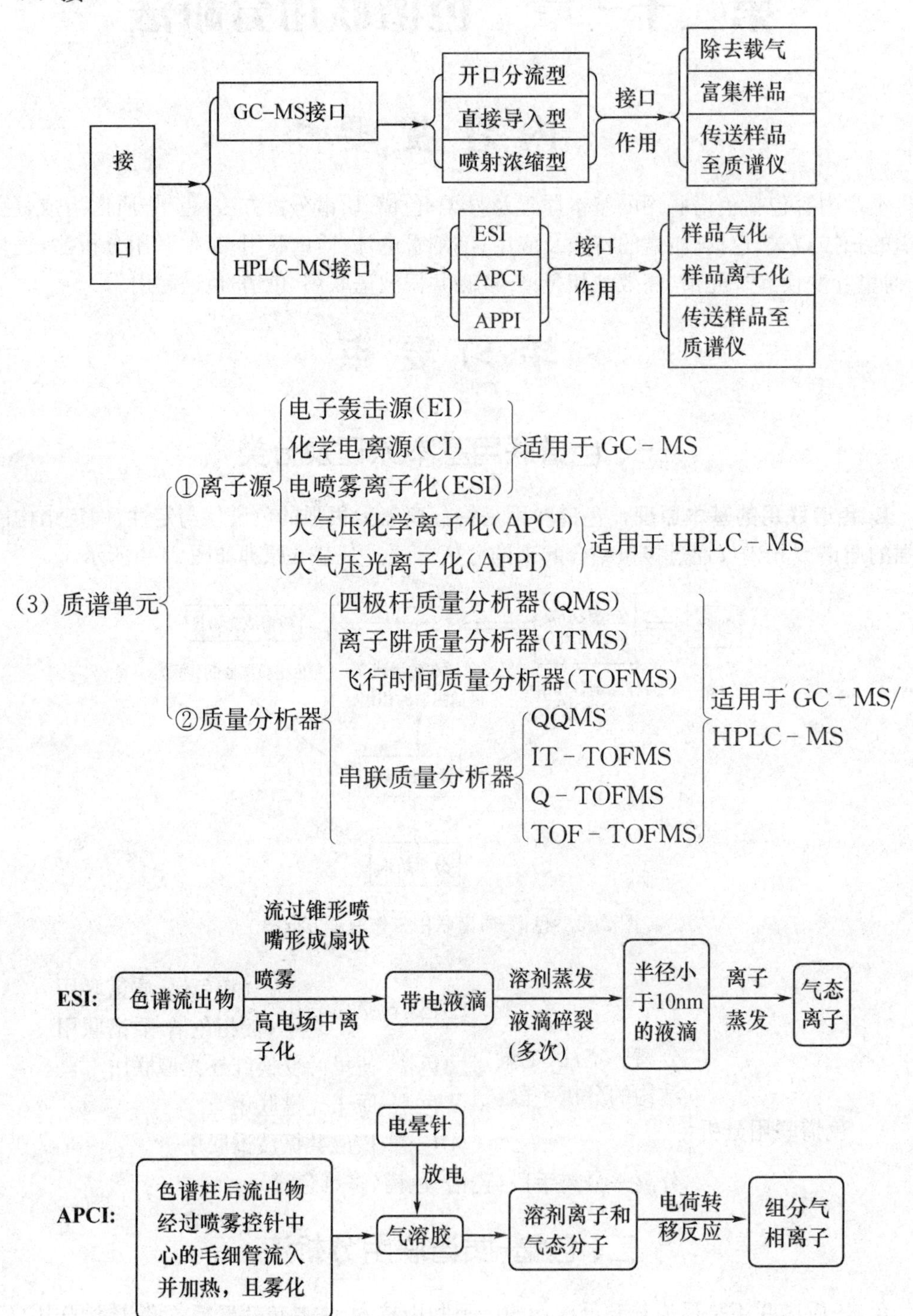

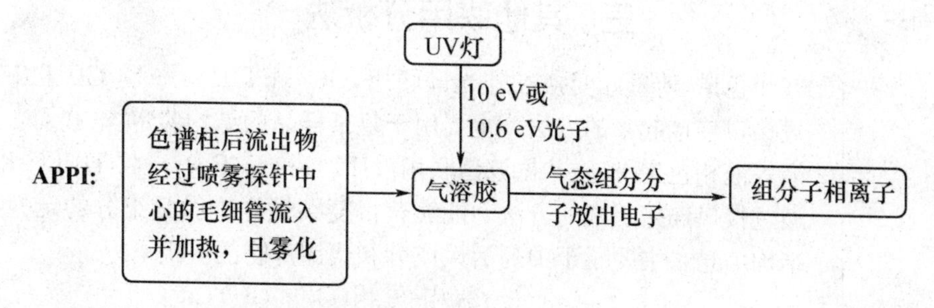

（4）几种离子源的适用范围及选择，见图 21-2。

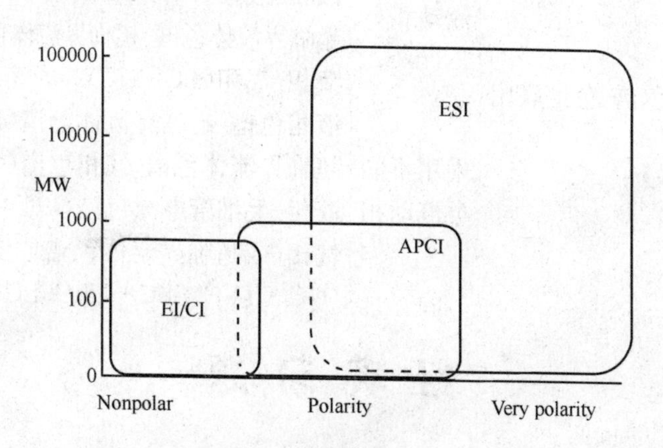

图 21-2　几种离子源的适用范围示意图

2. 色谱-质谱扫描模式

色谱-质谱扫描模式：

- ①全扫描
  - 色谱-质谱三维谱：三维分别为时间、m/z 和离子强度。
  - 质谱图。
  - 总离子流色谱图（TIC）：总离子（某一时间所有质荷比的离子）强度随时间变化作图。
  - 质量色谱图：某一质荷比的离子的强度随时间变化作图。
- ②选择离子监测（SIM）：选择某一 m/z 或 m/z 的离子进行监测，这些离子的离子强度对时间作图。主要用于定量分析。
- ③选择反应监测（SRM）：有三级分析器，在第一级中分出母离子，在第二级中发生碰撞裂解产生产物离子，在第三级中对产物离子检测。主要用于复杂样品痕量组分的快速鉴别和定量分析。

三、其他联用分析法

其他色谱联用方法
- ①气相色谱-傅里叶变换红外光谱联用(GC－FTIR)⟶将 GC 和 FTIR 通过接口连接起来的方法。主要用于复杂样品的结构鉴定。
- ②高效液相色谱-核磁共振波谱联用(HPLC－NMR)⟶将 HPLC 和 NMR 通过接口连接起来的方法。能够获得复杂试样中微量组分的定性及二级结构信息。主要用于中药活性成分和代谢产物的鉴定。
- ③色谱-色谱联用
  - 采用同类流动相
    - 气相-气相(GC－GC)
    - 液相-液相(LC－LC)
    - 超临界流体色谱-超临界流体色谱(SFC－SFC)
  - 采用不同类流动相
    - 液相-气相(LC－GC)
    - 液相色谱-超临界流体色谱(LC－SFC)
    - 超临界流体色谱-气相色谱(SFC－GC)
    - 液相-毛细管电泳色谱(LC－CE)
    - 气相(或超临界流体色谱或液相)-薄层色谱(GC－TLC、SFC－TLC、LC－TLC)

经典习题

一、A 型题(最佳选择题)

1. 在色谱联用中使色谱系统与其他分离、分析技术能够联用起来的关键装置是(　　)。

A. 色谱柱　　B. 接口　　C. 检测器

D. 真空系统　　E. 进样器

2. 下列不属于高效液相-质谱(HPLC－MS)实验条件的是(　　)。

A. 常用流动相为甲醇、水、乙腈及他们的混合物

B. 测定仲胺、叔胺类化合物一般采用正离子检测模式

C. 接口干燥气的温度一般高于分析物沸点 20℃

D. 为了改善色谱分离效果和加强样品离子化，应多向流动相中加入磷酸盐或离子对试剂

E. 色谱柱一般采用长度为 10～50mm 的 ODS 色谱柱

二、配伍选择题

[1～5]

A. 气压匹配问题　　B. 电压匹配问题　　C. 组分离子化问题

D. 色谱出峰速度和检测器扫描速度匹配问题

E. 样品信息采集问题

在下列色谱联用中，接口关键要解决的问题：

1. 在气-质联用(GC－MS) 中，接口的最关键的作用是解决(　　)。
2. 在液-质联用(HPLC－MS) 中，接口的最关键的作用是解决(　　)。
3. 在毛细管电泳-质谱联用(CE－MS) 中，接口的最关键的作用是解决(　　)。
4. 在气相色谱-傅里叶变换红外光谱联用(GC－FTIR) 中，接口的最关键的作用是解决(　　)。
5. 在高效液相-核磁共振光谱(HPLC－NMR) 中，接口的最关键的作用是解决(　　)。

[6～9]

A. 电子轰击离子源(EI)　　B. 电喷雾电离源(ESI)

C. 大气压化学电离源(APCI)　　D. 大气压光电离源(APPI)

采用液-质联用(HPLC-MS)分析下列化合物,请选择合适的离子源:

6. 非极性化合物(　　)。

7. 蒽醌类等中等极性化合物(　　)。

8. 生物碱类或羧酸类化合物(　　)。

9. 具有大的共轭体系或苯环结构的化合物(　　)。

三、多项选择题

1. 气-质联用(GC-MS)系统主要由(　　)组成。

A. 色谱单元　　B. 接口　　C. 光源　　D. 质谱单元

2. 色谱-质谱联用的扫描模式为(　　)。

A. 全扫描　　B. 波谱扫描　　C. 选择离子监测　　D. 选择反应监测

四、问答题

2008年9月,我国爆发了严重的以三鹿奶粉为代表的奶制品食品安全问题,其问题主要是向奶制品中添加了三聚氰胺及类似物三聚氰酸、三聚氰酸一酰胺三聚氰酸二酰胺等以增加产品含氮量,而研究结果表明三聚氰胺及其类似物会严重危害人体及动物身体健康。请根据分析化学知识找出一种或几种可行的方法对三聚氰胺及其类似物进行检测,并简述实验方案。

参考答案

一、A型题(最佳选择题)

1. B　2. D

二、配伍选择题

[1～5] ACBDE　[6～9] ACBD

三、多项选择题

1. ABD　2. ACD

四、问答题

答:国标GB/T 22388-2008《原料乳与乳制品中三聚氰胺检测方法》规定:三种仪器检测方法即高效液相色谱法(HPLC)、液相色谱-质谱/质谱法(LC-MS/MS)和气相色谱-质谱联用法(GC-MS, GC-MS/MS)可以作为原料乳与乳制品中三聚氰胺检测的确证方法。除此之外,强阳离子交换色谱也可以用于三聚氰胺及其类似物的分析(详情见国标GB/T 22388-2008《原料乳与乳制品中三聚氰胺检测方法》)。

知识地图

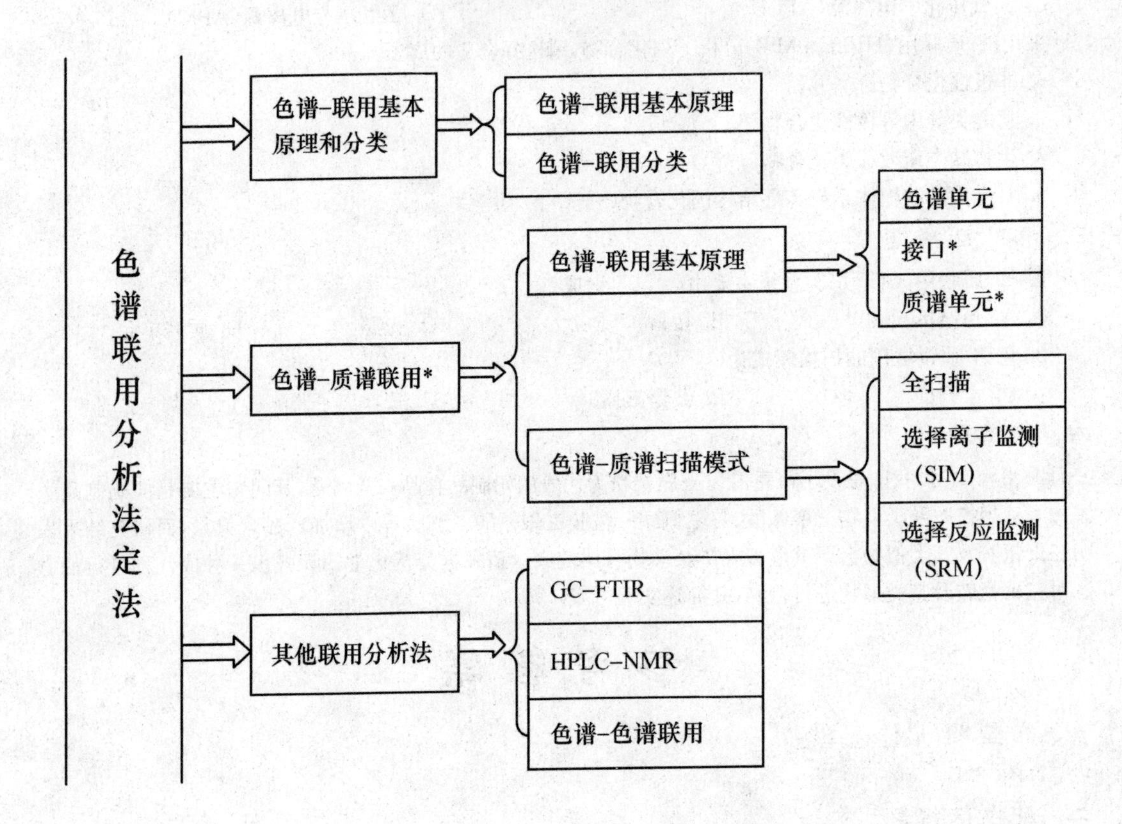
色谱联用分析法定法
色谱-联用基本原理和分类
色谱-联用基本原理
色谱-联用分类
色谱-质谱联用*
色谱-联用基本原理
色谱单元
接口*
质谱单元*
色谱-质谱扫描模式
全扫描
选择离子监测(SIM)
选择反应监测(SRM)
其他联用分析法
GC-FTIR
HPLC-NMR
色谱-色谱联用

（张珍英）

模拟试题(一)

一、选择题(共 20 分,每题 1 分)

1. 下列关于准确度叙述正确的是(　　)。

A. 准确度的大小用偏差表示

B. 准确度是指实验值之间相互接近程度

C. 精密度越高,准确度也越高

D. 准确度是指分析结果与真值接近程度

2. 用酸碱滴定法测定 $CaCO_3$,宜采(　　)滴定方式。

A. 直接滴定　　B. 返滴定　　C. 置换滴定　　D. 间接滴定

3. 浓度为 $c$mol/L 的 $KMnO_4$,其 $T_{KMnO_4/Fe}$ 的表达式为(　　)。

A. $\frac{1}{2}c_{KMnO_4}\times\frac{M_{Fe}}{1000}$(g/mL)　　B. $2c_{KMnO_4}\times\frac{M_{Fe}}{1000}$(g/mL)

C. $5c_{KMnO_4}\times\frac{M_{Fe}}{1000}$(g/mL)　　D. $\frac{1}{5}c_{KMnO_4}\times\frac{M_{Fe}}{1000}$(g/mL)

4. 用 NaOH 标准溶液滴定 0.10mol/L 等浓度的 HCl 和 H_3PO_4($K_{a_1}=6.9\times10^{-3}$,$K_{a_2}=6.2\times10^{-8}$,$K_{a_3}=4.8\times10^{-13}$)混合溶液时,滴定曲线上突跃为(　　)。

A. 1 个　　B. 2 个　　C. 3 个　　D. 4 个

5. 直接滴定 0.1mol/L 两性物 HA^-($pK_{a_1}=4$,$pK_{a_2}=6$)时,可用的标准溶液为(　　)。

A. HCl　　B. NaOH　　C. HCl 和 NaOH 均可　　D. 不能滴定

6. 下列溶剂能使 HAc、H_3BO_3、HCl 与 H_2SO_4 显示相同强度的是(　　)。

A. 纯水　　B. 丙酮　　C. 液氨　　D. 2-戊酮

7. 在配位滴定中,下列何种说法不正确?(　　)

A. 反应物发生酸效应使条件稳定常数减小不利于反应完全

B. 反应物发生配位效应使条件稳定常数减小不利于反应完全

C. 副反应系 $\alpha_Y=1$,表示 Y 没有副反应

D. 副反应系 $\alpha_M>1$,表示 M 没有副反应

8. 在含有 Fe^{3+} 溶液中用碘量法测定 Cu^{2+},由于 Fe^{3+} 氧化能力太强会与 I^- 反应而干扰测定,加入下列何种溶液,可消除干扰?(　　)

A. NaCl　　B. HCl　　C. HNO_3　　D. NaF

9. 随着 HCl 的浓度增大,AgCl 在 HCl 溶液中的溶解度先是减小然后逐渐增大,最后超过其在纯水中的饱和溶解度,原因是(　　)。

A. 开始减小是由于酸效应,后增大是由于同离子效应

B. 开始减小是由于同离子效应,后增大是由于配位效应

C. 开始减小是由于同离子效应,后增大是由于酸效应

D. 开始减小是由于配位效应,后增大是由于同离子效应

10. 在重量分析中,为使沉淀反应进行完全,对不易挥发的沉淀剂来说,加入量最好(　　)。

A. 按计量关系加入　　B. 过量 20%～30%

C. 过量 50%～100%　　D. 使沉淀剂达到近饱和浓度

11. 用离子选择电极以标准加入法进行定量分析时，要求加入标准溶液(　　)。

A. 体积要小，浓度要高　　B. 离子强度要大并有缓冲剂

C. 体积要小，浓度要低　　D. 离子强度大并有缓冲剂和掩蔽剂

12. 某物质的摩尔吸收系数越大表明(　　)。

A. 该物质的浓度越大　　B. 某波长光通过该物质的光程越长

C. 该物质对某波长光吸收能力越强　　D. 该物质产生吸收所需入射光的波长越长

13. 在下列化合物中，$\pi \to \pi^*$ 跃迁所需能量最大的化合物是(　　)。

A. 1,3-丁二烯　　B. 1,4-戊二烯

C. 1,3-环己二烯　　D. 2,3-二甲基-1,3-丁二烯

14. 欲使萘及其衍生物产生最大荧光，溶剂应选择(　　)。

A. 1-氯丙烷　　B. 1-溴丙烷　　C. 1-碘丙烷　　D. 1,2-二碘丙烷

15. 在原子吸收分光光度法中，吸收线的半宽度是指(　　)。

A. 峰值吸收系数的一半

B. 中心频率所对应的吸收系数的一半

C. 在 $K_0/2$ 处，吸收线轮廓上两点间的频率差

D. 吸收线轮廓与峰值吸收系数之交点所对应的频率的一半

16. 有一种含氧化合物，如用红外光谱判断它是否为羰基化合物，主要依据的谱带范围是(　　)。

A. 1300～1000cm^{-1}　　B. 1500～1300cm^{-1}　　C. 1950～1650cm^{-1}　　D. 3000～2700cm^{-1}

17. HF 的质子共振谱中可以看到(　　)。

A. 质子的单峰　　B. 质子的双峰

C. 质子和^{19}F 的两个双峰　　D. 质子的三重峰

18. 某化合物经 MS 检测出分子离子峰的 m/z 为 67，从分子离子峰的质荷比可以判断分子式可能为(　　)。

A. C_4H_3O　　B. C_5H_7　　C. C_4H_5N　　D. $C_3H_3N_2$

19. 两色谱峰的相对保留值 r_{21} 等于(　　)。

A. $\frac{t_{R_2}}{t_{R_1}}$　　B. $\frac{t'_{R_2}}{t'_{R_1}}$　　C. $\frac{t'_{R_1}}{t'_{R_2}}$　　D. $\frac{t_{R_1}}{t_{R_2}}$

20. 在以甲醇-水为流动相的反相色谱中，增加甲醇的比例，组分的保留因子 k 和保留时间 t_R 将(　　)。

A. k 和 t_R 减小　　B. k 和 t_R 增大　　C. k 和 t_R 不变　　D. k 增大，t_R 减小

二、判断题(共 10 分，每题 1 分)

1. 滴定分析结果要求相对误差小于 0.1%，则样品量至少要 0.1g。(　　)

2. 用 0.1000mol/L 的 HCl 滴定 0.1000mol/L 的 NaOH 溶液 20.00mL，消耗 HCl 20.02mL 时停止滴定，此时滴定反应刚好到了化学计量点。(　　)

3. 氧化还原滴定曲线突跃大小与滴定剂浓度无关。(　　)

4. 用重量法测定 Na_2SO_4 含量时，当 $BaSO_4$ 沉淀反应完全后要立即过滤洗涤。(　　)

5. 用铬酸钾作基准物，采用置换碘量法测定硫代硫酸钠标准溶液浓度时，置换反应要在暗处进行，目的是降低 I^- 被空气中的氧氧化的程度。(　　)

6. 离子选择性电极的电位与被测离子浓度的对数成正比或反比。(　　)

7. 若待测物、显色剂、缓冲剂有较小吸收值时，可选用不加待测液而其他试剂都加的溶液做空白溶液。(　　)

8. 溶剂的拉曼光波长与被测溶质荧光的激发光波长无关。(　　)

9. 在红外光谱中 C－H,C－C,C－O,C－Cl,C－Br 键的伸缩振动频率依次增加。(　　)

10. 荧光波长大于磷光波长,荧光寿命小于磷光寿命。(　　)

三、问答题(共 15 分,每题 5 分)

1. 有一碱样品,可能由 NaOH、Na_2CO_3、$NaHCO_3$ 或二者的混合物组成。今称取 m 克的样品溶解,以酚酞为指示剂,用 HCl 标准溶液滴定至终点,消耗 V_1 mL。再加入甲基橙指示剂,继续用 HCl 标准溶液滴定至终点,又消耗 V_2 mL。问当 $V_2 < V_1$,且 $V_2 > 0$ 时,溶液组成是什么?写出各组分含量的计算通式。

2. 何谓吸收曲线?何谓工作曲线?各有什么用途?

3. 某化合物红外光谱如下图所示,化合物结构是 A 还是 B?并说明理由?

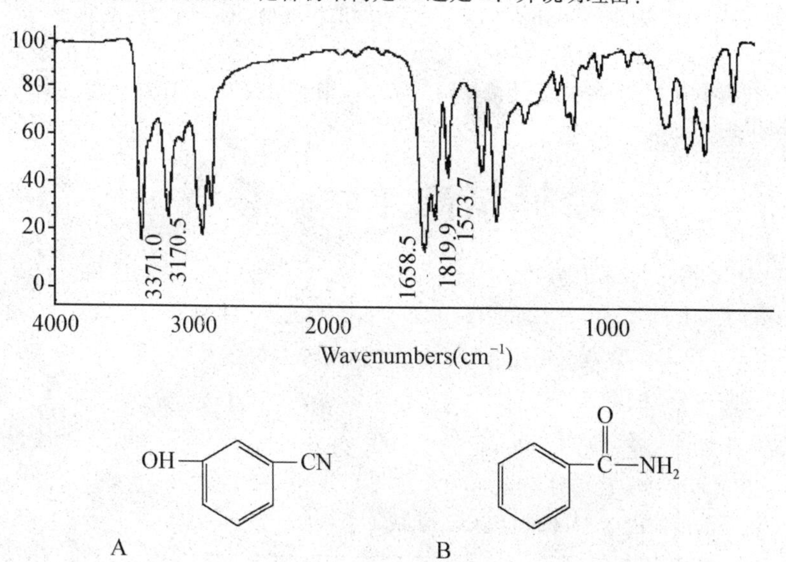

四、计算题(共 55 分)

1. 拟采用一种新方法分析水样中 Pb 含量,对含铅量为 9.82μg/mL 的标准试样进行 5 次测定,分析结果分别为 9.93、9.94、9.94、9.95、9.94μg/mL。(12 分)

(1) 计算新方法结果的平均值,标准偏差。

(2) 新方法测量值是否有可疑值?($G_{0.05,5}=1.71$)

(3) 新方法在置信度为 95%时,是否存在系统误差?($t_{0.05,4}=2.78$)

2. 用 0.2000mol/L HCl 滴定 $NH_3 \cdot H_2O$ 溶液 20.00mL,滴定至化学计量点时,消耗 HCl 溶液 20.00mL。当加入 10.00mL HCl 时,溶液的 pH 值为 9.24。(13 分)

(1) 计算 $NH_3 \cdot H_2O$ 的 pK_b 值。

(2) 计算化学计量点的 pH 值和允许误差±0.1%的滴定突跃范围。

(3) 可选下列哪一指示剂?(甲基橙、甲基红、酚酞)。

3. 摩尔质量为 125 的某吸光物质的摩尔吸光系数 $\varepsilon=2.5\times10^5$,当溶液稀释 20 倍后,在 1.0 cm 吸收池中测量的吸光度 $A=0.600$,计算在稀释前,1 L 溶液中应准确溶入这种化合物多少克?(10 分)

4. 在一根 3 m 长的色谱柱上,分离一样品,得如下的色谱图及数据。(10 分)

(1) 用组分 2 计算色谱柱的理论塔板数。

(2) 求调整保留时间 t'_{R_1} 及 t'_{R_2}

(3) 若需达到分离度 $R=1.5$ 时,所需的最短柱长为几米?

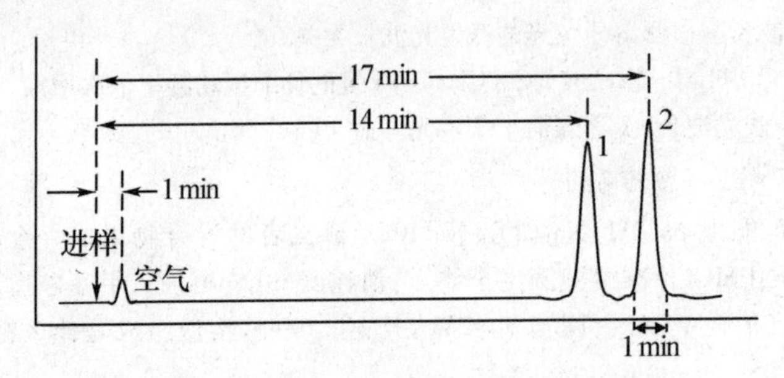

5. 25℃时测得下述电池的电动势为 0.251V：Ca^{2+} 离子选择性电极 | Ca^{2+} ($a_{Ca^{2+}}=1.00\times10^{-2}$ mol/L) ‖ SCE

(1) 用未知溶液(离子强度相等) 取代已知 Ca^{2+} 活度的溶液后，测得电池的电动势为 0.279V，问未知液的 pCa 是多少？

(2) 假定未知液中有 Mg^{2+} 存在，要使测量误差≤1%，则 Mg^{2+} 的活度应在什么范围内 ($K_{Ca^{2+},Mg^{2+}}=10^{-2}$)　(10 分)

模拟试题（一）答案

一、选择题(共 20 分，每题 1 分)

1. D　2. B　3. C　4. B　5. B　6. C　7. D　8. D　9. B　10. B　11. A　12. C　13. B　14. A　15. C　16. C　17. B　18. C　19. B　20. A

二、判断题(共 10 分，每题 1 分)

1. ×　2. ×　3. √　4. ×　5. √　6. √　7. √　8. ×　9. ×　10. ×

三、问答题(共 15 分，每题 5 分)

1. 答：$V_1>V_2>0$，溶液由 NaOH 和 Na_2CO_3 组成。

$$w_{Na_2CO_3}\%=\frac{c_{HCl}V_2\times M_{Na_2CO_3}}{1000m}\times100$$

$$w_{NaOH}\%=\frac{c_{HCl}(V_1-V_2)\times M_{NaOH}}{1000m}\times100$$

2. 答：吸收曲线：在紫外-可见分光光度法中，以波长(λ) 为横坐标，吸光度(A) 为纵坐标得到的曲线。

工作曲线：在紫外-可见分光光度法中，工作曲线是指浓度和吸光度之间的关系曲线。当溶液符合比耳定律时，此关系曲线为一条直线

吸收曲线可进行定性分析、选择定量分析的测量波长。工作曲线可进行定量分析。

3. 答：根据红外光谱图的吸收峰和 AB 分子结构的特点知：3371.0 cm^{-1} 和 3170.5 cm^{-1} 应是-NH_2 的双峰，1658.5cm^{-1} 为-CO 峰；1618.9 cm^{-1} 和 1573.7cm^{-1} 为苯环的特征峰。所以应是 B。因为在 3500～3200 无宽峰所以没有-OH，～2200 附近没有-CN 特征峰，所以不是结构 A。

四、计算题(共 55 分)

1. (12 分)

解：(1) $\bar{x}=\frac{\sum x}{n}=\frac{9.93+9.94+9.94+9.95+9.94}{5}=9.94(\mu g/mL)$

$$S=\sqrt{\frac{\sum_{i=1}^{5}(x_i-\bar{x})^2}{n-1}}=\sqrt{\frac{(9.93-9.94)^2+3\times(9.94-9.94)^2+(9.95-9.94)^2}{5-1}}$$

$= 7.1\times10^{-3}(\mu g/ml)$

(2) $G=\frac{|x_{可疑}-\bar{x}|}{S}=\frac{|9.95-9.94|}{7.1\times10^{-3}}=1.41<G_{0.05,5}$　9.95应保留。同理9.93应保留。

新方法测量值无可疑值。(1分)

(3) $t=\frac{|\bar{x}-\mu|}{S}\sqrt{n}=\frac{|9.94-9.82|}{7.1\times10^{-3}}\sqrt{5}=37.79>t_{0.05,4}$

当新方法在置信度为95%时,与标准值有很大差异,存在系统误差。(1分)

2. 解:(1) $c_{HCl}V_{HCl}=c_{NH_3\cdot H_2O}V_{NH_3\cdot H_2O}$,即 $20.00\times0.2000=c_{NH_3\cdot H_2O}\times20.00$

$c_{NH_3\cdot H_2O}=0.2000mol/L$

当加入10.00mL HCl时,生成的NH_4Cl为:$0.2000\times10.00mol$

剩余的$NH_3\cdot H_2O$为:$0.2000\times(20.00-10.00)$ mol,此时溶液为$NH_3\cdot H_2O-NH_4Cl$缓冲体系:

$$pH=pK_a+\lg\frac{c_{NH_3\cdot H_2O}}{c_{NH_4Cl}}$$

$$pK_a=pH+\lg\frac{c_{NH_4Cl}}{c_{NH_3\cdot H_2O}}=9.24+\lg\frac{0.2000\times10.00}{0.2000\times(20.00-10.00)}=9.24$$

$pK_b=14.00-pK_a=14.00-9.24=4.76$

(2) 化学计量点时产物为NH_4Cl(弱酸),溶液的pH值为:

$\because K_a.c_a=10^{-9.24}\times0.1000>20K_w$　$c_a/K_a=0.1000/10^{-9.24}>500$

$\therefore[H^+]=\sqrt{c_a\cdot K_a}=\sqrt{0.1000\times10^{-9.24}}=7.6\times10^{-6}(mol/L)$

pH=5.12

允许误差±0.1%的滴定突跃范围:

化学计量点前0.1%:剩余$NH_3\cdot H_2O$为$0.1\%\times20.00=0.02mL$,消耗HCl溶液为19.98mL,溶液为$NH_3\cdot H_2O-NH_4Cl$缓冲体系:

$$pH=pK_a+\lg\frac{c_{NH_3\cdot H_2O}}{c_{NH_4Cl}}=9.24+\lg\frac{0.02}{19.98}=6.24$$

化学计量点后0.1%:过量HCl为$0.1\%\times20.00=0.02mL$,

$$[H^+]=c_{HCl}(过量)=\frac{0.02\times0.2000}{20.00+20.02}=1.0\times10^{-4}(mol/L)$$

pH=4.00

允许误差±0.1%的滴定突跃pH值范围为:6.24～4.00

(3) 可选甲基红(或甲基橙) 作指示剂。

3. 解:已知:$M=125$,$\varepsilon=2.5\times10^5$,$l=1.0$ cm,$A=0.600$,根据:$A=\varepsilon lc$可得:

$0.600=2.5\times10^5\times1.0\times c$

$\therefore c=2.40\times10^{-6}$ mol/L

$\therefore m=20\times cV\times M=20\times2.40\times10^{-6}\times1\times125=6.0\times10^{-3}=6.0mg$

4. 解:(1) $n=16\left(\frac{t_R}{W_2}\right)^2=16\times\left(\frac{17}{1}\right)^2=4624$

(2) $t'_{R_1}=t_{R_1}-t_m=14-1=13$ min

$t'_{R_2}=t_{R_2}-t_m=17-1=16$ min

(3) $n_{有效}=16\left(\frac{t'_{R_2}}{W_2}\right)^2=16\times\left(\frac{16}{1}\right)^2=4096$

$H_{有效}=L/n_{有效}=3000/4096=0.73$ mm

$\alpha=\dfrac{t_{R_2}-t_m}{t_{R_1}-t_m}=\dfrac{t'_{R_2}}{t'_{R_1}}=\dfrac{16}{13}=1.2$

当 $R=1.5$ 时

$R=\dfrac{\sqrt{n'_{有效}}}{4}\cdot\dfrac{\alpha-1}{\alpha}$

$n'_{有效}=\left(4R\times\dfrac{\alpha}{\alpha-1}\right)^2=\left(4\times1.5\times\dfrac{1.2}{1.2-1}\right)^2=1296$

$\therefore L_{min}=n'_{有效}H_{有效}=1296\times0.73=9.5\times10^2\text{mm}=0.95\text{m}$

5. 解：(1) $E=K'-\dfrac{2.303RT}{nF}\lg c_{Ca^{2+}}$

$K'=0.251+\dfrac{0.059}{2}\times(-2)=0.192(\text{V})$

$0.279=K'-\dfrac{0.059}{2}\lg a_{Ca^{2+}}$

$\text{pCa}=\dfrac{(0.279-K')\times2}{0.059}=\dfrac{(0.279-0.192)\times2}{0.059}=2.95$

(2) $\dfrac{\Delta c}{c}\%=K_{Ca^{2+},Mg^{2+}}\dfrac{(a_{Mg^{2+}})^{\frac{n_{Ca^{2+}}}{n_{Mg^{2+}}}}}{a_{Ca^{2+}}}\times100$

$1\%=0.01\times\dfrac{(a_{Mg^{2+}})^{2/2}}{10^{-2.95}}\times100$

$a_{Mg^{2+}}=1.1\times10^{-3}(\text{mol/L})$

Mg^{2+} 的活度应小于 1.1×10^{-3} mol/L

（温金莲　高金波）

模拟试题(二)

一、选择题(共 20 分,每题 1 分)

1. 在定量测定时,所用试剂含被测组分将产生(　　)。

A. 仪器误差　　B. 操作误差　　C. 试剂误差　　D. 偶然误差

2. 在定量测定中,增加平行测定次数的目的是(　　)。

A. 消除仪器误差　　B. 消除试剂误差

C. 消除方法误差　　D. 减小偶然误差

3. 下列物质中,能直接配制标准溶液的是(　　)。

A. 浓 HCl　　B. NaCl　　C. NaOH　　D. $Na_2S_2O_3$

4. 下列各物质的水溶液,能直接进行酸碱滴定的是(　　)。

A. 0.10mol/L NaAc(HAc 的 $K_a=1.8\times10^{-5}$)

B. 0.10mol/L NH_4Cl($NH_3\cdot H_2O$ 的 $K_b=1.8\times10^{-5}$)

C. 0.10mol/L CH_3NH_2($K_b=4.2\times10^{-4}$)

D. 0.10mol/L 苯酚($K_a=1.1\times10^{-10}$)

5. 以 0.20mol/L HCl 溶液滴定 0.20mol/L 二元碱 A^{2-}(H_2A 的 $pK_{a_1}=5$,$pK_{a_1}=9$),第一化学计量点的 pH 值为(　　)。

A. 5　　B. 9　　C. 7　　D. 14.0

6. $H_2C_2O_4$ 的 pK_{a_1}、pK_{a_2} 分别为 1.25、4.23。当 $H_2C_2O_4$ 溶液的 pH 值为 2.74 时,溶液中主要存在形式为(　　)。

A. $H_2C_2O_4$　　B. $HC_2O_4^-$　　C. $C_2O_4^{2-}$　　D. $H_2C_2O_4+HC_2O_4^-$

7. 用回滴法滴测定 Al^{3+}。先加入定量过量的 EDTA 与 Al^{3+} 反应完全,剩余的 EDTA 以二甲酚橙作指示剂,用 Zn^{2+} 标准溶液滴定,终点所呈现的颜色是(　　)。

A. 二甲酚橙指示剂与 Zn^{2+} 形成的配合物颜色

B. 游离的 Zn^{2+} 的颜色

C. 游离的二甲酚橙指示剂的颜色

D. EDTA 与 Zn^{2+} 形成的配合物颜色

8. 直接碘量法加入淀粉指示剂的时间常为(　　)。

A. 滴定开始时　　B. 滴定至 50%时

C. 滴定至临近终点时　　D. 滴定至出现 I_2 的颜色时

9. 取 9mL 的浓盐酸配制 0.1mol/L 的 HCl 标准溶液 1000mL,分别用何种量器?(　　)

A. 量杯,容量瓶　　B. 量杯,量杯　　C. 移液管,容量瓶　　D. 移液管,量杯

10. 用吸附指示剂法测 Cl^-,常加入糊精,其作用是(　　)。

A. 掩蔽干扰离子　　B. 防止 AgCl 凝聚

C. 防止 AgCl 沉淀转化　　D. 防止 AgCl 感光

11. 玻璃电极在使用前需用蒸馏水浸泡 24 小时以上,其目的是(　　)。

A. 检查离子计能否使用　　B. 检查电极的好坏

C. 活化电极且降低并稳定不对稳电位值　　D. 清洗电极

12. 使分子中的电子发生电子能级跃迁的能量相当于(　　)。

A. 紫外/可见光　　B. 近红外光　　C. 微波　　D. 无线电波

13. 光度分析中,在某浓度下以 1.0 cm 吸收池测得透光率为 T。若浓度增大一倍,透光率为(　　)。

A. T^2　　B. T/2　　C. 2T　　D. $\sqrt{T}$

14. 在气相色谱法中,用于定量的参数是(　　)。

A. 保留时间　　B. 相对保留值　　C. 半峰宽　　D. 峰面积

15. 在气相色谱中,直接表征组分在固定相中停留时间长短的保留参数是(　　)。

A. 调整保留时间　　B. 死时间　　C. 相对保留值　　D. 保留指数

16. 乙炔分子的平动、转动和振动自由度的数目分别为(　　)。

A. 2、3、3　　B. 3、2、8　　C. 3、2、7　　D. 2、3、7

17. 在醇类化合物中,O－H 伸缩振动频率随溶液浓度的增加,向低波数方向位移的原因是(　　)。

A. 溶液极性变大　　B. 形成分子间氢键随之加强

C. 诱导效应随之变大　　D. 易产生振动偶合

18. 在红外光谱分析中,用 KBr 制作为试样池,这是因为(　　)。

A. KBr 晶体在 4000～400cm^{-1}范围内不会散射红外光

B. KBr 在 4000～400 cm^{-1}范围内有良好的红外光吸收特性

C. KBr 在 4000～400 cm^{-1}范围内无红外光吸收

D. 在 4000～400 cm^{-1}范围内,KBr 对红外无反射

19. 下列哪一组原子核不产生核磁共振信号?(　　)

A. $^{2}H_{1}$;$^{14}N_{7}$　　B. $^{19}F_{9}$;$^{12}C_{6}$　　C. $^{12}C_{6}$;$^{1}H_{1}$　　D. $^{12}C_{6}$;$^{16}O_{8}$

20. 下面的化合物中,哪一个将不发生 Mclafferty 重排?(　　)

A 　　B 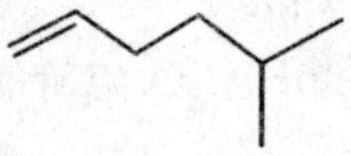　　C 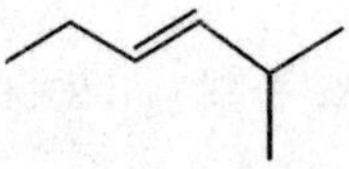　　D

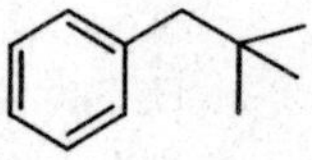

二、填空题(共 10 分,每空 1 分)

1. 标准溶液消耗体积为 20mL,结果相对误差要求小于 0.1%,则应使用绝对误差为________mL 的滴定管。

2. NH_4HCO_3 水溶液的质子条件式为________。

3. 当共存的两金属离子(M,N) 的浓度相同,且 $\lg K_{MY} - \lg K_{NY} \geqslant 5$ 时,则可用________的方法滴定 M 离子而消除 N 离子的干扰。

4. 电对的氧化形发生配位副反应将使电对电极电位________。

5. 在沉淀滴定中,在 pH=10,用铬酸钾指示剂法测定 NH_4Cl 含量,结果将________。

6. 某离子选择性电极,其选择系数为 $K_{i,j}$,当 $K_{i,j}<1$ 时,表明电极对 i 离子的响应较对 j 的响应________;当 $K_{i,j}=1$ 时,表明电极对 i,j 离子的响应________。

7. 在分光光度法中,为了保证误差在 2%以内,吸光度读数范围为________。

8. 母离子质荷比(m/z)为 120,子离子质荷比(m/z)为 105,亚稳离子(m^*) 质荷比为________。

9. 由 C,H,O,N 组成的化合物,含奇数个氮原子时,分子离子峰的质量一定是________。

三、问答题(共 15 分,每题 5 分)

1. 在定量测定时,如何知道分析结果是否存在系统误差?

2. 在液相色谱中,提高柱效的途径有哪些?其中最有效的途径是什么?

3. 与紫外-可见分光光度法相比,荧光分光光度法具有较高的灵敏度,为什么?

四、计算题(共55分)

1. 用2.0×10^{-2}mol/L EDTA滴定相同浓度的Zn^{2+},计算:①测定Zn^{2+}的最高酸度;②若pH=10,化学计量点时游离的氨浓度为0.10 mol/L,求$\lg K'_{ZnY}$;③判断在此条件下能否准确滴定Zn^{2+}(锌与氨配合物的$\lg\beta_1\sim\lg\beta_4$分别是:2.27、4.61、7.01、9.06,$\lg K_{ZnY}=16.50$; pH=3.5时,$\lg\alpha_{Y(H)}=9.48$;pH=4.0时,$\lg\alpha_{Y(H)}=8.44$;pH=4.5时,$\lg\alpha_{Y(H)}=7.50$;pH=10.0时,$\lg\alpha_{Y(H)}=0.45$,$\lg\alpha_{Zn(OH)}=2.4$)。(13分)

2. 计算在H_2SO_4(1 mol/L)溶液中,用Ce^{4+}滴定Fe^{2+}。计算:①反应的K值等于多少?判断反应是否完全;②化学计量点的电极电位;③滴定突跃的电极电位范围。($\varphi^{\theta'}_{Fe^{3+}/Fe^{2+}}=0.68$伏,$\varphi^{\theta'}_{Ce^{4+}/Ce^{3+}}=1.44$伏)。(12分)

3. (10分)在1米长的填充柱上,某镇静药物A及其异构体B的保留时间分别为5.80min和6.60min;峰底宽度分别为0.78min和0.82min;空气通过色谱柱需1.10min。计算:

(1) 载气的平均线速度。

(2) 组分B的分配比。

(3) A及B的分离度,分离是否完全?

(4) 分别计算A和B的有效塔板数和塔板高度。

(5) 达到完全分离时,所需最短柱长为多少。

4. 精密称取V_{B12}对照品20.0mg,加水准确稀释至1000mL,将此溶液置厚度为1cm的吸收池中,在λ=361nm处测得$A=0.414$。另取两个试样,一为V_{B12}的原料药,精密称取20.0mg,加水准确稀释至1000mL,同样条件下测得$A=0.390$,另一为V_{B12}注射液,精密吸取1.00mL,稀释至10.00mL,同样条件下测得$A=0.510$。试分别计算V_{B12}原料药的百分质量分数和注射液的浓度。(10分)

5. (10分)当下列电池中的溶液是pH=4.00的缓冲溶液时,在25℃测得电池的电动势为0.209V:玻璃电极|$H^+(a=x)$||SCE当缓冲溶液用未知溶液代替时,测得电池电动势如下:①0.312V;②0.088V;③−0.017V。试计算每一种溶液的pH值。

模拟试题(二)答案

一、选择题(共20分,每题1分)

1.C 2.D 3.B 4.C 5.C 6.B 7.A 8.A 9.B 10.B 11.C 12.A 13.A 14.D 15.A 16.C 17.B 18.C 19.D 20.C

二、填空题(共10分,每空1分)

1. ±0.01。2. $[H^+]+[H_2CO_3]=[NH_3]+[CO_3^{2-}]+[OH^-]$。3. 控制酸度。4. 降低。5. 偏高。6. 大,能力相同。7. 0.2~0.8。8. 91.87。9. 奇数。

三、问答题(共15分,每题5分)

1. 答:用已知含量的标准试样,按样品的测定方法,以相同的试验条件和步骤进行分析(即做对照实验),将测得结果与标准值比较(进行t检验),可知结果是否存在系统误差。或在几份相同的试样中,加入适量不同量的被测组分的纯品或对照品,以相同的试验条件和步骤进行测定(即做回收试验),计算回收率,通过回收率判断方法误差大小。回收率越接近100%,系统误差越小,准确度越高。

2. 答:液相色谱中提高柱效的途径主要有:①提高柱内填料装填的均匀性;②改进固定相,减小粒度;③选择薄壳形担体;④选用低黏度的流动相;⑤适当提高柱温。其中,减小粒度是最有效的途径。

3. 答:因为在荧光分析法中,荧光强度与激发光的强度成正比,可通过增大光源强度、增大被测样品组分发射的荧光强度,从而增大信号强度,提高荧光测定的灵敏度。另外荧光测定是直接测得被测样品组分在一定条件下发射的荧光强度,增大荧光分光度计检测器的灵敏度,可增大信号强度,也可提高荧光测定的灵敏度。而紫外-可见分光光度法测定的是光强为 I_0 的光通过被测试样与空白试样的透过光强度之比，即$\frac{I}{I_0}$（空白试样的透光率被人为调为100%，即空白试样的透过光强度为 I_0）来反映物质的吸光度 A。但无论入射光的强度怎样增加，分光光度计检测器的灵敏度如何提高，均不能改变$\frac{I}{I_0}$，即 A 值一定，所以不能提高紫外-可见分光光度法的灵敏度。因此与紫外-可见分光光度法相比，荧光分光光度法具有较高的灵敏度。

四、计算题(共55分)

1. 解：①根据 $\lg c_{Zn}K'_{ZnY}\geq 6$ 的要求

$\lg K'_{ZnY}\geq 6-\lg c_{Zn}=6-\lg 2\times 10^{-2}=8$

即 $\lg K_{ZnY}-\lg\alpha_{Y(H)}=8, \lg\alpha_{Y(H)}=\lg K_{ZnY}-8=16.50-8=8.30$

查得：pH≈4.0　故：当 $c_{Zn}=2\times 10^{-2}$ mol/L 时，滴定 Zn^{2+} 的最高酸度(最低 pH 值)是 pH=4.0

②pH=10.0 时，$\lg\alpha_{Y(H)}=0.45, \lg\alpha_{Zn(OH)}=2.4$

已知：在 $NH_3\cdot H_2O-NH_4Cl$ 缓冲溶液中，终点时 $[NH_3]=0.10$(mol/L)

$\alpha_{Zn(NH_3)}=1+\beta_1[NH_3]+\beta_2[NH_3]^2+\beta_3[NH_3]^3+\beta_4[NH_3]^4$

$=1+10^{2.27}\times 0.10+10^{4.61}\times(0.10)^2\times 10^{7.01}\times(0.01)^3+10^{9.06}\times(0.01)^4=10^{5.10}$　$\lg\alpha_{Zn(NH_3)}=5.10$

$\alpha_{Zn}=\alpha_{Zn(NH_3)}-\alpha_{Zn(OH)}-1=10^{5.10}+10^{2.4}-1=10^{5.10}$

$\lg K'_{ZnY}=\lg K_{ZnY}-\lg\alpha_{Zn(NH_3)}-\lg\alpha_{Y(H)}=16.50-5.10-0.45=10.95$

③$\lg c_{Zn}.K'_{ZnY}=\lg(2.0\times 10^{-2}\times 10^{10.95})=9.25>6$

故在上述条件下可以准确滴定 Zn^{2+}

2. 解：滴定反应：$Ce^{4+}+Fe^{2+}=Ce^{3+}+Fe^{3+}$

电极反应：$Ce^{4+}+e=Ce^{3+}$　　$\varphi^{\theta'}=1.44$ 伏　$Fe^{3+}+e=Fe^{2+}$　　$\varphi^{\theta'}=0.68$ 伏

①条件稳定常数：$\lg K'=\frac{n(\varphi_1^{\theta'}-\varphi_2^{\theta'})}{0.059}=\frac{1.44-0.68}{0.059}=12.88, K=7.5\times 10^{12}$

$\Delta\varphi=\varphi_1^{\theta'}-\varphi_2^{\theta'}=1.44-0.68=0.76V>0.4V$，反应完全

②化学计量点电位 $\varphi_{sp}=\frac{n_1\varphi_1^{\theta'}+n_2\varphi_2^{\theta'}}{n_1+n_2}=\frac{0.68+1.44}{1+1}=1.06$ 伏

③滴定突跃的电极电位范围 $\varphi_2^{\theta'}+\frac{0.059}{n_1}\times 3\sim\varphi_1^{\theta'}-\frac{0.059}{n_1}\times 3$

$$0.68+0.059\times 3\sim 1.44-0.059\times 3$$

$$0.86V\sim 1.26V$$

3. 解：(1) $u=\frac{L}{t_m}=\frac{100}{1.10}=90.90$(cm/min)

(2) $k=\frac{t_{R_B}-t_m}{t_m}=\frac{6.60-1.10}{1.10}=5.00$

(3) $R=\frac{2(t_{R_B}-t_{R_A})}{W_A+W_B}=\frac{2(6.60-5.80)}{0.78+0.82}=1.00, R<1.5$，分离不完全。

(4) $n_A=16(\frac{t'_{R_A}}{W_A})^2=16\times(\frac{5.80-1.10}{0.78})^2=581$

$n_B=16(\frac{t'_{R_B}}{W_B})^2=16\times(\frac{6.60-1.10}{0.82})^2=720$

$H_{eff(A)}=\frac{L}{n_A}=\frac{100}{581}=0.172$(cm)

$H_{eff(A)}=\frac{L}{n_B}=\frac{100}{720}=0.139(cm)$

(5) $\frac{L_1}{L_2}=\frac{R_1^2}{{R_2}^2}$ $L_2=\frac{1.5^2}{1.0^2}\times1=2.25(m)$

4. 解:由 $V_{B_{12}}$ 对照品计算 λ=361nm 的百分吸收系数 $E_{cm}^{1\%}$:$E_{1cm}^{1\%}=\frac{A}{cl}=\frac{0.414}{\frac{20.0}{1000}\times\frac{100}{1000}\times1}=207$

$V_{B_{12}}$ 原料药的百分质量分数:$V_{B_{12}}\%=\frac{A/E_{1cm}^{1\%}\cdot l}{c_{原料}}\times100=\frac{(0.390/207\times1)}{20.0/(1000\times10)}\times100=94.2$

注射液 $V_{B_{12}}$ 的浓度:$c=\frac{A}{E_{1cm}^{1\%}\cdot l}=\frac{5.10}{207\times1}\times\frac{10}{100}=2.46\times10^{-4}$ g/ml=0.246 mg/ml

5. 解:根据公式:$pH_x=pH_S+\frac{E_x-E_S}{2.303RT/F}$

(1) 当 $E_x=0.312V$ 时,$pH_x=4.00+\frac{0.312-0.209}{0.059}=5.74$

(2) 当 $E_x=0.088V$ 时,$pH_x=4.00+\frac{0.088-0.209}{0.059}=1.94$

(3) 当 $E_x=-0.017V$ 时,$pH_x=4.00+\frac{-0.017-0.209}{0.059}=0.17$

(温金莲 高金波)